棉纤维力学特性多尺度研究

张有强 著

中国纺织出版社有限公司

内 容 提 要

本书深入剖析了棉纤维在加工中与机械部件表面的复杂多场耦合作用，以及由此引发的损伤形态和力学性能变化。全面系统地分析了棉纤维的微观结构、力学性能和化学特性，详细阐述了棉纤维在拉伸、摩擦等典型加工工艺中的行为特征。借助分子动力学方法深入揭示了棉纤维损伤的微观机制，探讨了棉纤维在不同工艺条件下力学响应及失效过程，旨在优化棉纤维加工过程，提升产品质量与生产效率，推动纺织工业技术进步。

本书可供从事棉纺织品制造领域的科研人员、工程师和相关技术人员参考。

图书在版编目（CIP）数据

棉纤维力学特性多尺度研究／张有强著． -- 北京：中国纺织出版社有限公司，2025. 6. -- ISBN 978-7-5229-2780-0

Ⅰ．TS102.2

中国国家版本馆 CIP 数据核字第 2025PP6378 号

责任编辑：沈 靖　　责任校对：高 涵　　责任印制：王艳丽

中国纺织出版社有限公司出版发行
地址：北京市朝阳区百子湾东里 A407 号楼　邮政编码：100124
销售电话：010—67004422　传真：010—87155801
http：//www.c-textilep.com
中国纺织出版社天猫旗舰店
官方微博 http：//weibo.com/2119887771
三河市宏盛印务有限公司印刷　各地新华书店经销
2025 年 6 月第 1 版第 1 次印刷
开本：710×1000　1/16　印张：22.25
字数：352 千字　定价：88.00 元

凡购本书，如有缺页、倒页、脱页，由本社图书营销中心调换

前 言

在 21 世纪的今天，全球纺织工业正以前所未有的速度蓬勃发展，棉纤维作为天然纺织原料的中流砥柱，在工业加工中的表现对于最终产品质量和生产效率起着决定性作用。棉纤维与机械部件表面之间的复杂多场耦合作用所引发的损伤形态和力学性能变化，已成为棉纺织品制造领域亟待深入探究的关键课题之一。

本书聚焦于棉纤维力学特性的多尺度研究，致力于全面系统地揭示棉纤维在工业加工中的力学行为特征和损伤机制。深入解析棉纤维的微观结构、力学性能以及化学特性，是理解其在拉伸、摩擦等复杂工艺中行为表现的基础。这一多维度的特性研究不仅有助于深入探究棉纤维的内在物理和化学机制，还为精准预测其在不同加工条件下的响应提供了坚实的理论依据。

本书开篇从棉纤维的战略意义与应用前景出发，详细阐述了棉纤维特性研究与微观尺度数值模拟方法的最新进展，为后续深入讨论奠定了理论基础。在棉纤维结构与性能的章节中，深入剖析了棉纤维的微观结构和性能，使读者能够更全面、更深入地了解棉纤维。同时，书中系统介绍了棉纤维力学性能、摩擦性能、微观结构及化学性质的测试与分析方法，为学术研究和工程应用提供了精准的实验手段。通过这些实验数据，读者可以更深入地洞察棉纤维在加工过程中的行为特征。本书专设一章详细介绍分子动力学模拟原理与方法，涵盖基本原理、模拟工具、计算参数和结果以及后处理方法及可视化等内容，旨在帮助读者有效运用这一强大工具开展相关研究。在后续章节中，本书从棉纤维的力学行为与微观特性、摩擦行为的理论与实验研究以及润滑作用下棉纤维摩擦损伤行为的分子动力学模拟等多个角度进行了深入探讨。通过分子动力学模拟，书中揭示了棉纤维在不同工艺条件下的微观损伤机制，并提出了优化棉纤维加工过程的理论基础，为纺织工业的发展提供了新的思路和方法。

本书第 5 至第 7 章的内容是作者所在团队近年来的研究成果，主要包括：应用分子动力学模拟技术揭示棉纤维在不同拉伸条件下的力学响应机制，探索其损伤演化规律；通过实验研究结合数值模拟分析棉纤维与金属部件的摩擦磨损特性，提出改善摩擦行为和减少磨损的优化策略。本书基于实验研究和数值模拟相结合的方法，以力学、材料学和化学为理论支撑，涵盖了棉纤维的力学性能、摩擦行为及损伤机理等多个应用领域，突出体现了纺织工程学、材料科学、力学以及化学等多学科交叉的特点，成为棉纺织品制造领域乃至纤维材料学科中一个新兴的、极具特色的研究方向。

本书凝聚了作者所在团队多年来从事棉纤维力学特性等相关工作的研究成果，全书由张有强教授统筹指导并亲自执笔，罗树丽、凡鹏伟、高杰等进行数据整理与绘图，研究生耿刘源、袁洋、栗伟杰、史康雯、熊恒玮、王一飞、闫哲等参与了本书部分章节的修订工作，在此一并表示感谢。

本书的编写旨在为棉纺织品制造领域的研究人员、工程师和学术界提供一本全面、系统且深入的参考资料。我们期望本书的出版能够为读者提供科学的理论支持与实践指导，助力他们更好地理解和掌控棉纤维的加工过程，从而提升产品质量和生产效率，推动棉纺织品制造行业的持续发展。尽管本书力求全面覆盖棉纤维力学特性多尺度研究的前沿成果，然而，鉴于该领域仍处于快速发展之中，书中内容可能存在不足之处。我们诚恳地希望广大读者提出宝贵意见，以便我们进一步完善本书内容，共同推动这一研究方向的不断进步。

作者

2024 年 12 月

目 录

第一章 绪论 ·· 1
 第一节 棉纤维研究的战略意义与应用前景 ··············· 1
 第二节 棉纤维特性研究与微观尺度数值模拟方法的进展 ··· 6
 参考文献 ··· 20

第二章 棉纤维的结构与性能 ······························ 21
 第一节 概述 ·· 21
 第二节 棉纤维的微观结构 ······························ 22
 第三节 棉纤维的性能 ·································· 27
 第四节 小结 ·· 32
 参考文献 ··· 32

第三章 棉纤维的性能测试与分析方法 ····················· 33
 第一节 概述 ·· 33
 第二节 棉纤维的力学性能测试技术 ······················ 34
 第三节 棉纱线的摩擦性能测试技术 ······················ 44
 第四节 棉纤维的微观结构、化学性能分析方法 ··········· 46
 第五节 小结 ·· 49
 参考文献 ··· 50

第四章 分子动力学原理与方法 ···························· 51
 第一节 概述 ·· 51
 第二节 分子动力学模拟的基本原理 ······················ 52
 第三节 分子动力学模拟的工具 ·························· 67
 第四节 分子动力学的计算参数和结果 ··················· 73

第五节　分子动力学的后处理方法及可视化 …………………………… 74
   第六节　小结 …………………………………………………………… 76
   参考文献 ………………………………………………………………… 77

第五章　棉纤维的力学性能与微观特性 ………………………………… 78
   第一节　概述 …………………………………………………………… 78
   第二节　棉纤维力学性能的表征与分析 ……………………………… 79
   第三节　基于分子动力学的棉纤维力学性能与微观特性研究 ………… 115
   第四节　棉纤维在精梳过程中的力学性能与理化特性 ………………… 129
   参考文献 ………………………………………………………………… 152

第六章　棉纤维摩擦行为的理论与实验研究 …………………………… 153
   第一节　概述 …………………………………………………………… 153
   第二节　棉织物与金属摩擦接触行为研究 …………………………… 154
   第三节　棉纤维素与金属铬滑动摩擦行为的分子动力学研究 ………… 174
   第四节　机械摩擦作用下棉纤维微观损伤机理的研究 ………………… 204
   第五节　棉纤维素与聚乙烯滑动摩擦行为的分子动力学研究 ………… 233
   第六节　棉纤维间摩擦损伤测试表征 ………………………………… 263
   第七节　基于分子动力学模拟的棉纤维间摩擦磨损行为 ……………… 276
   第八节　基于分子动力学的纤维素晶体横向弹性模量及压缩变形机理
　　　　　分析 …………………………………………………………… 295
   参考文献 ………………………………………………………………… 315

第七章　水润滑作用下棉纤维摩擦损伤行为的分子动力学模拟 ……… 316
   第一节　概述 …………………………………………………………… 316
   第二节　非晶态棉纤维对铬滑动水润滑的分子动力学研究 …………… 317
   第三节　水润滑条件下晶体纤维素在铬表面滑动的摩擦特性 ………… 325
   第四节　含水率对棉纤维素力学行为及微观特性的影响 ……………… 336
   参考文献 ………………………………………………………………… 349

第一章 绪论

第一节 棉纤维研究的战略意义与应用前景

一、棉纤维产业现状

棉花是主要天然纤维原料,也是世界范围重要大宗国际贸易商品。在北纬40°至南纬30°之间的广阔地带,种植棉花的国家和地区有70多个,形成了亚洲东南部、北美洲、拉丁美洲、非洲四大产棉区。国家统计局数据显示,中国不仅是主要的棉花生产国,也是最重要的棉花消费国和纺织服装出口国。中国棉花种植面积近年来稳定在5000万亩左右、产量在600万吨左右,加上强大的纺织工业产能,中国棉业在世界上占有十分重要的地位。新疆是中国最大、世界重要优质棉产区,2023年新疆棉花种植面积占全国的84.9%、产量占全国的90.9%(图1-1、图1-2),形成"世界棉花看中国,中国棉花看新疆"的格局[1-2]。棉花产业是新疆地区经济发展支柱产业,在新疆社会长期安全稳定发展中发挥重大作用。

棉纤维作为棉花的核心成分,是纺织工业中的重要原料[3],而且在人类文明发展史上扮演了重要角色。从古至今,棉纤维以其独特的柔软性、舒适性和保暖性,成为人们日常生活中不可或缺的一部分[4]。随着科技的发展和市场需求的不断变化,棉纤维的应用领域也在不断拓展,从传统的纺织品延伸到医疗卫生和工业材料等新兴市场。在现代,棉纤维的应用前景广阔,特别是在可持续发展和环保意识日益增强的背景下,棉纤维作为一种可再生、可降解的天然资源[5],其重要性愈发凸显。

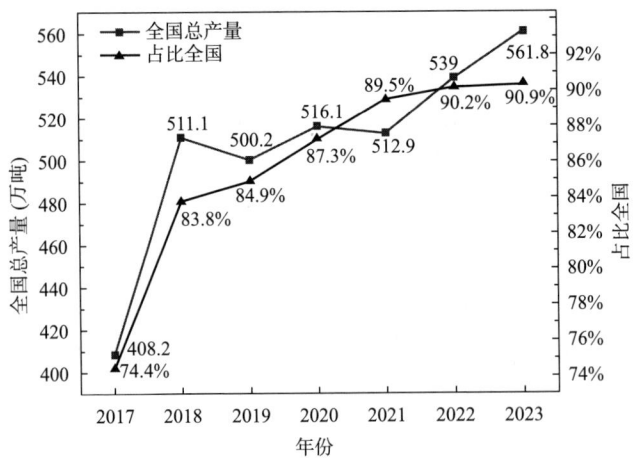

图 1-1 2017—2023 年新疆地区棉花总产量及占全国的比例

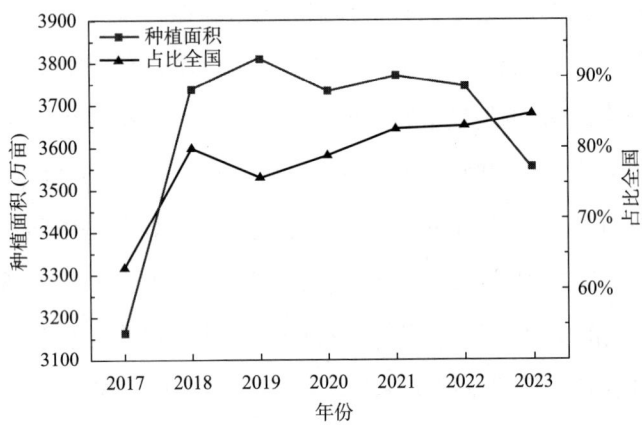

图 1-2 2017—2023 年新疆地区棉花种植面积及占全国的数据

从智能化制造到绿色生产,从新型面料设计到环保上浆技术,棉纺织行业的技术进步不仅提升了产品的品质和生产效率,也促进了行业的绿色转型[6]。例如,棉纺织行业积极推进智能制造,制定智能制造技术标准与应用规范,突破全流程智能制造部分堵点难题,建立棉纺织智能制造人才培养体系。同时,棉纺织产业也面临着一系列挑战,包括市场价格波动、气候变化、病虫害、国际贸易摩擦等。应对这些挑战,需要加大投资力度,推动棉花产业在原棉生产的基础上进行扩展并创造新的创收机会,尤其是为农民,提高棉花纤维的增值并利用棉花作物其他部分开发副产品。棉纤维产业的可持续发展是一个全产业链系统,需要政府、企业、行业专家、公益组织、媒体、大众的共同参与和努力。通过产业链上下游的开放合作、涉棉企业的跃迁式发展,可以共建优质高效、合作共赢的可持续棉花产业生态圈,塑造"中国棉花"的品牌形象,让全球更多消费者享受到优质的中国棉制品,为全球生态环境与资源保护贡献力量。

因此,棉花中棉纤维的机械损伤是一个需要关注的重点问题。随着我国农业装备的不断发展,大型机械设备的应用减轻了人们的劳动强度;然而,棉花机采及后续机加工过程中,机械设备对棉花造成的损伤是不可避免的[7],损伤的存在会导致棉花及棉制品的品质降低、力学性能下降,对棉花行业的长足发展极为不利。棉纤维材料是人类文明发展过程中不可或缺的部分,棉纤维生产、纺织加工中都会产生机械损伤行为,受损棉纤维在应用中存在多种负面效果。例如,机械损伤可能导致染色后的织物出现光痕和色斑,纤维受挤压也会产生深色斑纹。此外,纤维的擦伤和开裂也可能导致染黑织物时出现条纹,丝织物中纤维开裂可能会导致织物局部变灰或形成浅色斑纹。棉纤维品质不仅影响着纺织产品的质量,还影响纺纱、织造过程的加工效率,以及织物成品的手感风格及使用性能。在棉纤维机械加工过程中,损伤将导致棉纤维质量下降[8],进而影响后续材料的使用和加工。因此,为尽量减少棉纤维的损伤,需要对棉纤维进行构形和变形分析,了解材料变形对质点变量的影响,并明确在特定温度环境下材料的相变、弹塑性与内部热量的关系。通过实验找到最佳的工作环境,包括机械加工的温度、工艺等,从而减少机械加工中的材料损伤。

棉纤维作为纺织业的基础材料,其力学特性和摩擦特性的研究对于提高纺织品质量和加工效率具有重要意义。棉纤维的力学特性,如弹性模量、抗拉强度等,对织物的刚度、硬度和可剪裁性有直接影响[9]。了解这些特性有助于优化纺织工艺,提高成品的耐用性和舒适度。例如,弹性模量的空间变化揭示了纤维的各向异性,这对于设计具有特定力学性能的织物至关重要。又如,棉纤维的摩擦特性对纱线的强力和均匀度有显著影响[10],摩擦系数与纤维的线密度和天然转曲数相关,这些特性共同决定了纺织材料的手感和质量。在实际应用中,通过调整纤维的摩擦特性,可以改善纱线的加工性能和最终产品的触感。

研究棉纤维的基本结构特性,如分子链取向和晶体结构,有利于理解其力学特性和摩擦特性。例如,通过X射线衍射(XRD)数据获得的棉纤维晶体结构信息可以用于评估纤维的弹性模量,进而预测其在实际应用中的表现。开发用于解释棉纤维摩擦过程的模型,以及测量纤维之间或其他表面摩擦的实验技术,对于理解和控制纤维的加工行为至关重要[11]。这些研究有助于改进纺织机械的设计,减少纤维损伤,提高生产效率。棉纤维的摩擦学特性与其实际接触行为密切相关,研究这一关系有助于深入理解摩擦过程中的物理机制,为提升纺织品的耐用性和舒适性提供科学依据[12]。对新疆长绒棉纤维力学特性及断裂形态进行分析,可知纤维直径、试样长度和拉伸速度对单根长绒棉纤维的力学特性和形态变化有显著影响。这些因素的交互作用对纤维的断裂强力和伸长率有直接影响[13]。研究进展表明,棉纤维及其制品的摩擦性能测试方法包括点接触、线接触和面接触三种,这些方法有助于解决生产过程中由摩擦引起的问题,提高棉纤维及其制品的综合性能[14]。

综上所述,棉纤维的力学特性和摩擦特性的研究对于优化纺织工艺、提高产品质量、拓展应用领域具有重要作用。深入研究这些特性,可以促进纺织工艺的创新和优化,满足市场对高品质纺织品的需求。同时也对于促进可持续发展、开发绿色能源和材料以及推动社会经济的长期繁荣具有深远的影响。

二、棉纤维应用前景

棉纤维,作为纺织工业中广泛使用的天然纤维,其应用前景广阔且潜力巨大。从其基本特性来看,棉纤维具有优异的柔软性、吸湿性、透气性和较低的热传导性[15],使其成为制作服装、家纺等日常生活用品的理想材料。随着全球人口的增长和生活水平的提高,对这些日常生活用品的需求持续增长,为棉纤维提供了稳定的市场基础。环保和可持续性已成为全球纺织业发展的重要趋势。棉纤维作为一种可再生资源,其生物降解性和低碳特性使其在推动纺织业绿色转型方面具有关键作用。有机棉、再生棉等生态友好型棉产品的开发和推广，不仅满足了消费者对环保产品的需求，还提升了棉纤维产品的市场竞争力。此外，棉纺织行业正经历产业结构调整和优化，通过产业链整合、区域间产业转移合作等模式，提高产业集中度和整体竞争力。智能化与自动化技术的应用在提升生产效率和产品质量方面发挥了重要作用，同时为棉纤维的加工与应用提供了更多创新可能性[16]。在国际贸易方面，各国政府和行业组织通过制定贸易便利化措施和标准，促进了棉纤维国际贸易的发展。

天然纤维素是可再生生物质资源，其可再生特性使其具有广阔的应用前景。近年来，科学技术的快速发展，使纤维素生物燃料代替传统化石燃料成为主流能源来源成为可能。此外，纤维素具有优异的性能，如高长径比、高强度和显著的表面活性，使其成为合成高性能复合材料的理想基材。因此，科学家们在纤维素领域的研究和探索持续不断[17-19]。棉花不但是天然纤维素的主要来源，其纤维素含量可达 90% 以上[20]，还是关系国家经济和民生的重要战略物资。棉花涉及农业和纺织工业两大产业，作为纺织工业的主要原料，棉花制品（如棉纱、棉布和服装）也是出口创汇的重要商品。此外，棉花还用于制造轮胎帘线、火药及医药用棉等。因此，棉花的生产、流通、加工和消费与人民群众的生活息息相关，对国民经济的发展具有重要影响。籽棉经过轧棉机加工后根据工艺要求的不同，通过剥绒机剥出的棉短绒可分Ⅰ道绒、Ⅱ道绒、Ⅲ道绒。Ⅰ道绒主要用于造纸（如货币纸），而Ⅱ道绒和Ⅲ道绒主要用于化工领域，如生产电影胶片和军用无烟火药等。剥绒后的棉籽富含高蛋白，经加工处理后，可用作家畜饲料及培养食用菌的基料，也可以用作肥料。棉籽也是重要的食品用油原料，每年大约有 2 亿加仑的棉花种子油被用来生产食品，如薯条、黄油和沙拉调味品。

在技术创新的推动下，棉纤维的应用领域正不断拓展。通过化学和物理改性技术，棉纤维可以被赋予抗菌、阻燃、抗紫外线、吸湿排汗等特殊功能[21]，拓展了其在功能性纺织品、户外运动装备、医疗卫生用品等领域的应用。改性后的棉纤维可用于制作手术服、口罩、医用纱布等，提高医疗卫生用品的舒适性和功能性。棉纤维可以通过化学改性,如氧化、醚化等,制备具有特殊生物活性的化合物,使其获得抗菌、止血、高吸湿等性能,拓展其在生物医用领域的应用。

综上所述,无论是棉花中的纤维素还是棉花本身,对于现代社会的生产和生活具有不可忽视的重要性。如何有效利用大量的棉花资源,推动人们生产生活的发展,满足现代社会对高性能、可持续发展材料及绿色能源的需求,成为棉纤维科研工作者亟须解决的问题。

第二节　棉纤维特性研究与微观尺度数值模拟方法的进展

棉花是自然界中纤维素含量极高的植物,棉花中提取的纤维素在纺织、化学等多个领域具有重要的应用价值。尽管化学纤维在 20 世纪得到迅猛发展,但由于棉纤维具有独特的舒适性和优良的物理性能,它在纺织行业中仍然占据着重要的地位。

为深入探讨棉纤维的特性,研究者们已经在宏观和纳米尺度上开展了广泛的研究。宏观尺度的研究主要集中在棉纤维的物理性能、结构特性以及加工工艺对纤维性能的影响上。这些研究为棉纤维在实际应用中的表现提供了基础数据和理论支持。与此同时,随着计算机技术的进步,微观尺度的数值模拟方法在棉纤维研究中得到广泛应用。通过对棉纤维在纳米尺度上的结构和行为进行数值模拟,研究者们能够深入分析棉纤维的微观结构特征、分子互动以及其对宏观性能的影响。这些模拟方法不仅帮助揭示了棉纤维的内部结构和性能机制,还为改进棉纤维的加工和应用提供了重要的参考。

综上所述,棉纤维特性研究包含从宏观到微观的多个层面。宏观研究为棉纤维的实际应用提供了基础,而微观尺度的数值模拟则为理解其内部机制和优化性能提供了新的视角。未来的研究将继续在这两个尺度上进行深入探讨,以推动棉纤维在各领域中的应用发展。

一、棉纤维的特性与损伤机制实验研究进展

(一) 棉纤维力学性能的实验研究进展

棉纤维在机械外力作用下会发生损伤,其中拉伸引起的断裂是最基础且重要的损伤形式之一。因此,众多研究人员从纤维力学性能、形态变化以及声发射监测等方面对断裂过程进行了深入研究。

国内外学者已经在纤维力学性能方面开展了大量研究,特别是纤维在拉伸条件下的变形行为。研究表明,单根纤维的拉伸性能受到实验室温度、操作手法、检测仪器差异及参数设置的显著影响[22]。纤维的断裂强力与弹性模量之间存在较大差异,这主要是由于拉伸方法和实验操作不当造成的[23]。

单根棉纤维的拉伸性能还受其内部结构的影响。随着棉纤维经过不同的纺丝过程,其束强度逐渐增加,这主要是由于在每个加工步骤中去除了短纤维[24]。棉纤维分为弱纺织纤维和不易扩展的一般纺织纤维,不同棉花的抗拉强度值差异很大[25]。研究还发现,棉纤维的长度与韧性呈正相关,且棉纤维的线密度与强度之间呈正相关[26]。

微粒体值较高的棉花在伸长率、断裂强度和线密度方面表现更为优越。同时,单根棉纤维在不同胚珠位置的拉伸特性分析显示,位于胚珠内侧区域及小孔末端的单根棉纤维的断裂强度更高[27]。最后,研究表明,平均纤维束韧性与平均单根纤维韧性之间呈正相关[28]。

(二) 棉纤维形态特征的实验观察

棉纤维具有自然弯曲的形态和结构,这是天然棉纤维的主要特征之一。棉纤维横截面干瘪和收缩,呈现出典型的腰部形状,主要由许多同心层组成。棉纤维由三部分组成:初生层、次生层和中腔。初生层是棉纤维的外层,主要由一层蜡和果胶构成。初生层表面有脊和槽,它们呈现相同的螺旋条纹,每个螺旋角约为30°。初生层里面是次生层,占据了棉花纤维的大部分。棉花纤维停止生长后,次生细胞壁上最里面的间隙被称为中腔[29]。

近年来,电子显微镜已经成为研究纤维材料拉伸断裂形态变化的一种重要

技术手段,大量研究人员从纤维形态学特征方面展开研究。通过显微镜观察棉纤维的断裂形态,发现断裂多发生在反向层附近,断裂沿着纤维最薄弱的区域展开[30]。棉纤维在整个拉伸过程中,存在两种不同类型的变形和断裂模式,即纤维之间的分离和纤维或纤维束的断裂[31]。原纤维的反转区域是纤维相对稳定的区域。从化学、形态学、动力学和热力学对纤维断裂过程和断裂机理进行研究,发现宏观与微观断裂中结构与形态学方面的变化相一致,在变化过程中还伴随着热效应[32]。

(三)棉纤维损伤机制的实验研究

近年来对纤维损伤的研究逐渐增多,涉及多个方面和不同材料。研究发现,棉纤维的质量变化与生产现场条件、收获方法和清洁过程密切相关,其中现场生产条件和收获方法对纤维损伤的影响更为显著[33]。通过光学显微镜和扫描电镜,发现羊毛织物损伤表现为虫蛀和机械损伤,此外还存在热熔损伤,导致断截面出现特征性损害。这些研究强调了不同损伤形式对纤维性能的影响[34]。在棉纤维的损伤机制研究中,天然棉纤维和化学处理的棉纤维表现出显著差异,在干态和湿态下机械干扰棉花的可及性增加,相对较大的蛋白质精胺分子快速成色,纤维内原始纤维素结构横向分离。纤维结构对纤维的损伤所产生的影响主要来源于加工过程中纤维的拉伸断裂等情况[35]。对于碳纤维复合材料,研究确认了三种主要损伤形式:拉伸失效导致的基体开裂、复合材料层的剪切分层及因弯曲而引发的纤维断裂[36]。此外,机械损伤的研究也表明,重复冲击会导致纤维力学性能的变化,如随着机械损伤的增加,短纤维的数量增多而抗拉强度降低[37]。在超细羊毛的研究中,低损伤加工工艺的探索显示了洗毛、梳毛和染色过程中的损伤机制,为改善超细羊毛的加工性能提供了重要参考[38]。声发射和扫描电镜技术结合的研究揭示了短纤维复合材料在变形过程中初始损伤的形成及其与应力的关系,进一步丰富了对材料损伤机制的理解[39]。最后,对经实验室机洗和烘干后的棉织物进行比较研究,显示了处理样品与未处理样品之间的磨损差异,反映了化学改性对纤维性能的潜在影响[40]。以上研究为纤维损伤的理解和相关应用提供了重要的理论基础。

1. 纤维拉伸损伤研究

在纤维拉伸损伤的研究中,近年来的进展显示出不同纤维材料在不同条件下的损伤机制。2007年埃娃·萨尔娜等[41]使用JSM-5500L V f-myJeol扫描电子显微镜观察,从工艺过程的初始阶段和最后阶段选择的棉纤维,在经典和开放式纺纱系统中被转化的纱线,得出了棉织物表层的七种损伤类型;2017年约翰尼·博格朗等[42]为揭示韧皮纤维损伤机理,提出了一种新的实验装置。结合X射线显微层析成像与亚微米尺度的三维成像,探讨了韧皮纤维的损伤机制。结果显示,大麻木质纤维素纤维失效的关键损伤尺度在亚微米级别,这一发现揭示了复杂的损伤机制。刘波等[43]在纤维增强陶瓷基体复合材料的研究中,分析了摩擦剪应力、界面脱粘和纤维体积分数等参数对材料损伤的影响。研究表明,摩擦剪应力和纤维体积分数与基体的稳态开裂应力呈正相关,界面脱粘过大会导致脆性断裂,增加材料的脆弱性。此外,较大的泊松比显著增强了复合材料的韧性。总体来看,这些研究为纤维损伤的理解和相关材料的应用提供了重要的理论依据,同时揭示了不同类型纤维在加工和使用过程中面临的多种损伤机制。

2. 纤维摩擦损伤研究

在摩擦损伤方面,早在1954年,苏西奇等[44]研究了14种不同纺织材料在纱线形态下的固有磨损性能。磨损用磨损损伤来表示,与耐磨性相反。用通用磨损性能测试仪(Stoll-Quartermaster)在标准条件下绕钢筋弯曲时破坏的纤维细度定量测量了磨损损伤,与高强度尼龙复合丝的磨损损伤进行了比较。不同纺织纤维的磨损性能存在很大差异。长丝的损伤程度从低到高依次为尼龙、涤纶、黏胶长丝、奥纶腈纶、真丝。短纤纱的损伤程度从低到高依次为尼龙、涤纶、棉、聚丙烯腈变性纤维、羊毛、奥纶腈纶、黏胶短纤。短纤纱通常比相应的长丝更容易发生磨损,这一现象与其物理特性密切相关。尽管纤维的高弹性在防止磨损损伤中发挥了重要作用,但在分析不同纺织纤维的磨损行为时,还需考虑其他因素,如伸长性、纱线表面特性和摩擦力。接着在1978年,德维尔茨等[45]采用树脂整理棉织物及其对照品在加速器、通用磨损性能测试仪和洗涤轮上进行加速实验室磨损。对干磨损和湿磨损进行了测试，研究了来自实际服装的类似织物，把正常磨损寿命中发生的磨损损伤与实验室加速磨损造成的磨损进行比较。用扫描电子显微镜检查了磨损织物，说明了纤维的损伤，纤维损伤的类型取决于所采用的磨损实验方法。2007年，加雷哈吉等[46]经过自制生产精梳纱和精梳式转子纱（30公支），研究了精梳工艺对其物理力学性能的影响，并与精梳纱进行了比较。结果表明，梳丝工艺提高了纱线的均匀度和强度，降低了纱线的毛羽程度。95%置信区间的统计检验（t-stuort）证实了精梳纱和卡转子纱的韧性的统计学差异。通过长度分布曲线和扫描电镜观察，对纤维损伤进行了研究。结果表明，精梳纱的纤维平均长度和有效长度优于丝纱，短纤维含量低于丝纱。2021年，杨晓强等[47]利用MXW-5型摩擦磨损试验机进行了一系列试验，研究了不同载荷等级下材料在往复运动中的磨损情况。通过体视显微镜等工具对磨损表面的损伤进行了分析，发现随着循环次数的增加，磨痕表面会形成PTFE转移膜，起到一定的保护作用。随着磨损程度的加剧，转移膜会剥落导致纤维重新暴露在表面，使磨损程度进一步加剧。同时，随着磨损的加重，磨痕表面的氧化程度会不断加深。

另外，杨洁[48]通过实验研究了织造过程中经纬纱的力学性能损失以及纱线损伤与法向压力的相关性。研究结果显示，纤维损伤会导致织物的拉伸性能下降，而该下降幅度在织物中要大于复合材料。罗林斯等[49]通过选定的实验室磨损和洗涤试验评价了具有代表性的耐压棉织物的损伤特性，并考察了单个纤维的损伤规律。用电子显微镜照片研究发现，失效的主要机制为脆性断裂。在未经处理的棉花中，湿性损伤的主要特征是纤维表面的颤动。交联纤维的湿性损伤往往导致纤维体上厚板的剥离和熔融纤维的条带。

未经处理纤维的干性损伤特征表现为表面平滑、普遍破碎以及纤维材料块的堆积。在交联纤维中，干性损伤和湿性损伤之间的差异很小。交联纤维的主要特征是未受损纤维突然断裂，纤维像玻璃一样脆碎。陈平等[50]通过研究股线间摩擦系数对股线损伤影响，发现股线损伤随摩擦系数的减小而减小。研究初步认为滑车底径为30倍导线直径时，股线损伤在可接受范围内。

3. 棉纤维压缩损伤方面研究

在压缩损伤方面,2003年,吴林华等[51]针对在复合材料压缩载荷及吸能特性方面研究的不足,提出一种新的方式:采用不同壁厚、不同胞元数量的玻璃纤维蜂窝管结构,进行了静态压缩试验。结果表明,当蜂窝管的壁厚较小时,主要失效方式为纤维断裂;当壁厚增大时,失效形式则包括纤维断裂和纤维层的分层。高华等[52]通过声发射技术分析不同损伤阶段的声发射信号特征,发现碳纤维复合材料层合板面内压缩损伤可分为三个阶段:初始损伤阶段、裂纹迅速扩展阶段和平稳损伤阶段。在初始损伤阶段,表现为少量的基体开裂与纤维—基体界面的脱粘;在裂纹迅速扩展阶段,主要特征为纤维的剪断和失稳变形;在平稳损伤阶段,主要表现为失稳变形和分层裂纹的扩展。研究发现,不同的损伤类型可以通过声发射振幅和频率特征有效地进行识别。

2021年,尤塔·多巴塔等[53]研究了短纤维C/SiC在压缩条件下的累积损伤机理。使用应变计进行了反复的加载—卸载试验,测量了断裂前的力学性能(卸载模量和永久应变),通过观察损伤来评估裂纹密度、长度、数量和扩展角的特征。应用Basista's方程,代入损伤观测得到的裂纹密度,阐明了材料的力学性能与损伤特征之间的关系。试验发现应力—应变关系呈现非线性特征,卸载模量没有变化,但永久应变增大。裂纹主要在纤维间扩展而不发生纤维断裂,且与其他裂纹沿压缩轴的0°~30°方向相连接。通过Basista's方程和损伤特性估计的永久应变与试验结果基本一致,表明永久应变的增加源于闭合裂纹的滑动和裂纹密度增加引起的摩擦。欧阳威豪[54]通过试验测试和有限元模拟相结合的方式研究了二维三轴编织复合材料在轴向(0°)、离轴(±60°)和垂直(90°)三个方向上的面内压缩破坏机理,得出材料在不同条件下的应力—应变曲线,发现在准静态和动态压缩条件下,在轴向方向(0°)的压缩强度表现出最强的承载能力;离轴方向(±60°)承载能力次之,垂直方向(90°)承载能力最弱。维什瓦斯·迪夫塞等[55]通过开孔压缩(OHC)试验中的渐进式损伤和强度分析试验,开发了一种基于连续损伤力学的3D渐进损伤模型(PDM),其中包含LaRC05失效准则。PDM通过单元素测试并得到验证,应用于分析两种不同孔尺寸和预先存在损坏的三种不同叠层的开孔压缩(OHC)测试期间的损坏模式和强度。试验得出结论：0°层纤维扭结始于最大面内剪应力位置，并在纵向压缩和面内剪应力的共同作用下进行传播。0°主导和准备向各向同性铺层的最终破坏是由纤维在0°层中扭结控制；在±45°层中，基质开裂是导致剪切主导铺层最终破坏的原因。综上所述，国内外纤维损伤的研究主要体现在：织造过程中出现的摩擦损伤，导致纺织品染色时出现明暗不一的现象；纺纱过程中出现的拉伸损伤，导致纱线出现裂纹或缺口等问题；特定环境下对纤维的压缩损伤，导致纤维断裂或产生裂纹从而引起失效。

二、数值模拟方法在微观领域的应用

在微观领域的研究中，经典的宏观理论与唯象方法论往往不能提供直接有效的解决方案。在微观尺度上探究热力学现象的规律和内在机制，需要从微观细节着手。计算模拟技术作为研究人员在微观领域研究中使用的一个重要技术，在不同的学科领域已经取得了优异的成绩。自20世纪中叶以来，分子动力学经过不断的完善与发展，不仅能够通过模拟分子体系计算得到相关的力学性质，还可以通过控制环境变量得到实际试验时不能获取的试验数据，这些数据有助于进一步揭示试验现象的本质。

(一)材料的微观尺度计算模拟方法

分子模拟主要分为量子力学和经典力学。量子力学与经典力学研究对象都可以是原子或者分子，核心区别在于理论基础：量子力学是基于量子假说等理论，其研究体系是用波函数进行表示，描述的是微观物质的运动规律，而经典力学则基于牛顿运动定律和相对论。

量子力学模型是对体系中的电子结构进行薛定谔方程计算求解，通过分析求解得到的相关数据，得到所研究分子或者原子的相关物理或者化学性质。量子力学模型能够模拟的原子个数较少，一般是几个原子团的数量。

经典力学方法包括分子动力学方法、蒙特卡罗方法和分子力学法。其中分子力学法可追溯至1927年，理论基础为经典力学，通过半经验和经验参数的迭代计算获得分子能量和结构。分子动力学方法则基于牛顿力学,主要用于模拟分子体系的运动。

量子力学和经典力学所计算的是在平衡态下研究体系的原子或者分子的结构,因此时间因素在这两种理论中通常不被考虑。我们所了解的大多数稳定条件下的宏观现象,本质上是处在一种微观的动态平衡。如今,许多科研人员在数值模拟中采用分子动力学方法,以微观模拟来解释宏观实验中出现的有趣现象,获得研究体系的热力学参数和相关性质。

因着实物试验的限制性与试验环境的难以控制,更多科研人员将目光由实物试验转移到数值模拟,或者是用数值模拟的手段去印证试验的结果。这一方法拓宽了研究人员的研究范围。另外,随着科技的快速发展和计算机技术的不断更新,数值模拟在准确预测物理现象方面的能力日益增强,在针对纳米尺寸材料的研究中起到愈发重要的作用,并成为主要的研究手段。

(二)棉纤维微观尺度的模拟研究

研究棉纤维素的拉伸断裂行为,无论对于厘清棉花在机械采摘及后续的机械加工过程中的机械损伤、纤维断裂等问题,还是对于全面透彻地了解棉纤维素的力学性能以开发新型材料,都是必不可少的。早期计算机技术及相关的模拟技术不是很成熟,学者们主要依赖实物试验来研究棉纤维素的拉伸断裂行为。国内首个关于棉纤维素拉伸断裂行为的研究是原中国纺织大学杨序纲教授展开的[56]。该研究对单根棉纤维拉伸过程中裂缝的发生、发展和最终断裂的形态进行捕捉和展示,并提出棉纤维素中大分子间次价键的断裂和大分子主价键的断裂都会导致纤维出现裂缝,后者产生的主裂缝会导致纤维完全破坏。

随后,杨序纲等[57]从高聚物的断裂中探索了棉纤维的拉伸形变和断裂机理。在拉伸过程中,转曲的棉纤维逐步"解捻",并出现裂缝。但是棉纤维素的转曲并未消失,继续"解捻",直至纤维素拉伸断裂。棉纤维素大分子键主价键的破坏出现主裂缝,次价键的破坏引起纤维素层的相对滑移。然而,当时的试验并不能证明化学键的断裂,这些结论是根据拉伸过程中的扫描电子显微镜

(SEM)图像,结合高聚物断裂理论提出的,为后面的研究提供了一定的理论基础。

杨海杰等[58]对收获之后的籽棉进行了拉伸特性的试验与分析,发现在拉伸过程中籽棉间相互缠绕的纤维随拉伸发生分离。经过测量,籽棉间纤维分离力要小于籽棉间纤维断裂力。结果表明,随着拉伸的进行,拉伸力先是将缠结互绕的棉花分离,再作用到单根棉纤维上。试验对棉纤维素拉伸断裂行为的机理有了一定的深入,但是大分子间主价键、次价键的断裂等结论的提出大多是依据电镜图和现有的高聚物相关理论,而不是直接观察到键的断裂和生成,对于整个拉伸过程中体系能量的变化也无法进行实时测量,缺少微观层面上的分析与研究。随着计算机技术的成熟以及模拟理论的发展,再加上棉纤维素体积较小,形态卷曲,实验不容易推进、结果存在误差等限制,学者们开始利用分子动力学等相关模拟手段对棉纤维素进行拉伸模拟及相关性质展开研究,以期对棉纤维素的内在理化性质有一个清晰透彻的认知。拉梅扎尼等[59]通过分子动力学方法构建粗粒化纤维素纳米晶体,研究扭曲角度和界面能对纤维素纳米晶体拉伸性能的影响,结果表明,弹性模量、强度、韧性对扭转角度的敏感性高于界面能。相同尺寸下的纤维素纳米晶体束,扭曲角度 $\theta=0°$ 与扭曲角度 $\theta=360°$ 相比,体系的弹性模量下降 35%,从 (200 ± 10) GPa 降低到 (130 ± 10) GPa。无论是在扭曲角度 $\theta=0°$ 还是扭曲角度 $\theta=360°$ 时,界面能 ε 从 1 kcal/mol 到 10 kcal/mol 的变化过程中,体系弹性模量的上下浮动变化不超过 10%,表明界面能对纤维素纳米晶体拉伸过程中的弹性模量、强度、韧性等性质影响较小如图 1-3 所示。

彩图

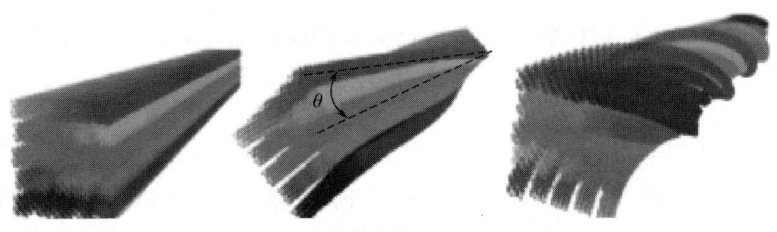

(a) 扭曲角度

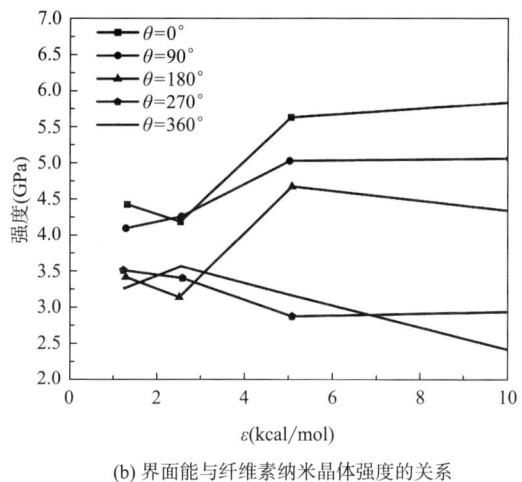

(b) 界面能与纤维素纳米晶体强度的关系

图 1-3 扭曲角度和界面能对纤维素纳米晶体强度的影响

波马等[60]运用分子动力学方法测定了纤维素纳米晶体的弹性模量,并将结果与已有的试验测试数据进行对比。研究发现,测量得到的纤维素 Iβ 晶体纵向弹性模量为 140GPa,实验数据范围为 133~155GPa,横向杨氏模量为 7GPa,实验数据范围为 2~25GPa,验证了分子动力学方法在研究纤维素性能方面的可行性与准确性。吴霞华等[61-62]首先构建纤维素的全原子模型来计算其弹性模量,分析了链长、应变状态和计算方法对纤维素链轴向模量的影响,并用变形过程中体系氢键的断裂来解释轴向模量变化的原因。进而模拟纤维素 Iβ 晶体在三个正交方向上的拉伸变形行为,分析拉伸过程中的应力—应变曲线并计算纤维素的机械性能。结果表明,纤维素 Iβ 晶体的弹性模量、泊松比、屈服应力等具有高度的各向异性。例如,在应变率 10^{-4}/ps 的拉伸过程中 X 方向的弹性模量是 21.6GPa,Y 方向的弹性模量是 7.6GPa,Z 方向的弹性模量是 107.8GPa,体系各向异性的特点非常明显,如图 1-4 所示。

塔内卡等[63]利用分子模拟技术评估了不同力场下天然纤维素晶体的弹性模量,并与实验数据进行对比。在 cff91 力场下,弹性模量的测量值在 124~155GPa 之间变化。在 COMPASS 力场中的测量值是 124.6~130.3GPa,表明

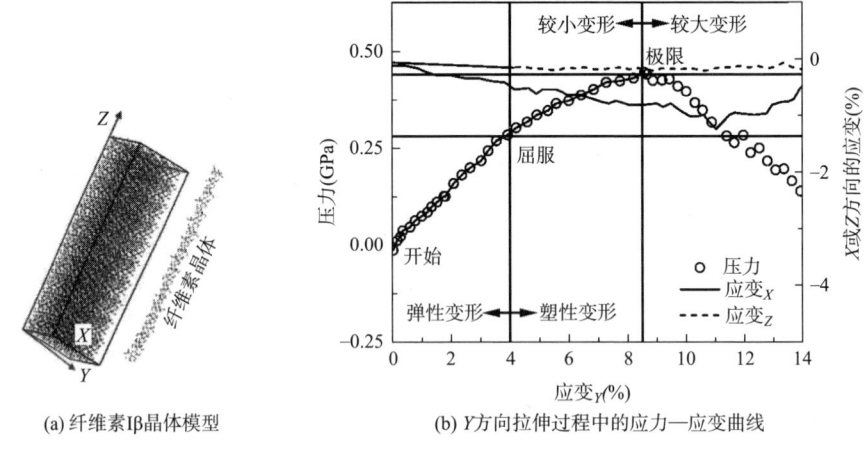

图 1-4　纤维素 Iβ 晶体模型及 Y 方向拉伸过程中的应力—应变曲线

COMPASS 力场是现阶段下最适合纤维素力学模拟的力场。纤维素分子链间的横向相互作用(即分子间)相互作用在其力学性能的表达中起着重要作用。张秀梅等[64]使用分子动力学仿真的方法,对构建的纤维素非晶结构进行拉伸变形模拟,在 ReaxFF 反应力场之下,模拟体系的密度是 1.347g/cm³,弹性模量是 9.37GPa,剪切模量是 3.94GPa,与文献给的实际参考值基本吻合,并对纤维素的微观尺度特性以及本构关系进行了分析。然而,现有研究大多集中在纤维素晶体体系上,对于纤维素非晶体系的研究涉及较少,且两者之间拉伸行为的对比也较少。这使得对纤维素微观特性的研究不够全面,是一个值得探究切入的点。

关于纤维素和其他材料混合制备开发新型复合材料的问题,学者们也对其进行了相关的研究并取得了一定的成果。阿莱姆达尔[65]将纳米纤维素和热塑性淀粉按照不同比例混合,制备得到纳米复合材料。试验结果表明,当混合体系中纳米纤维素的含量为 10%时,纳米纤维素和淀粉之间会形成强烈的氢键作用,在混合体系中形成三维网络骨架结构。经过测量,纳米复合材料的拉伸强度还有弹性模量相比较纯淀粉材料,都得到了大幅提升,分别提高 77%和 145%,其储能模量也由 112MPa 提高到 308MPa,热稳定性从 275 ℃提升到

296 ℃,其力学性能有显著的提升。鲁等[66]利用纳米纤维素的高亲水性和聚乙烯醇的高水溶性,混合制备了复合薄膜材料。试验结果表明,随着纳米纤维素含量的增加,复合薄膜材料的弹性模量随之增大。研究者将其归因于纳米纤维素和聚乙烯醇之间形成强烈的氢键作用,以及纳米纤维素自身优异的网络结构可以吸收一定程度的冲击。当纳米纤维素的含量为10%时,混合成的复合薄膜的拉伸强度和弹性模量分别提高76%和40%。

张仁华等[67]先用硅烷偶联剂对纳米纤维束进行改性,然后将改性之后的纳米纤维束和β-羟基丁酸酯混合制备复合材料。结果表明,改性后的纳米纤维素晶体会均匀分散在混合体系中形成三维网格结构,从而有效提高了纳米复合材料的拉伸强度和弹性模量,相较于纯β-羟基丁酸酯分别提高40%和120%。萨巴等[68]将纳米纤维素与环氧树脂混合制备复合材料,以研究纳米纤维素含量(0~1%)对复合材料性能的影响。结果表明,当纳米纤维素的质量分数为0.75%时,复合材料的力学性能得到显著改善。在复合材料中均匀分散的纳米纤维素可以作为支撑结构分散外界施加的压力,从而达到提高复合材料力学性能的效果。大量的研究结果表明,纤维素基复合材料在满足人类对高性能、绿色复合材料需求方面的有效性,这使对于纤维素内在理化性质研究需求愈发迫切。全面透彻地了解纤维素的理化性质对于开发更高性能的纤维素基材料是必不可少的。然而,由于纤维素自身分子链的独特性,纤维素具有很高的亲水性,其分子链条上的羟基与空气中的水分子进行结合,使纤维素基复合材料的力学性能和稳定性降低。在实际应用中如何确保材料的稳定性,是一项亟待解决的技术问题。

库拉辛斯基等[69]报道了吸湿过程中纤维素的体积应变、含水量和孔隙率之间的关系。研究结果表明,纤维素的溶胀与吸附水分子产生的空间直接相关,水与纤维素之间的相互作用导致体系力学性能下降。当含水量从0增加到50%时,无定形纤维素的体积模量和剪切模量分别降低49%和96%。这是由于系统内氢键断裂导致力学性能减弱。王等[70]对纯无定形纤维素和无定形纤维素—水进行了分子动力学模拟,计算了两者的玻璃化转变温度和力学性能。结果显示,纤维素水溶液的玻璃化转变温度相较于纯纤维素降低30K。水的存在降低了纤维素的机械强度,将弹性模量从13.64GPa降低到13.06GPa,但略微增加了其延展性和可塑性。泊松比和C_{12}~C_{44}比值分别增加1%和19.5%。作者将这种变化归因于纤维素链之间氢键的分解。水的存在使纤维素链之间的氢键数量大约从140减少到120。

易卜拉欣扎德等[71]分析了纸在吸附和解吸过程中的动态机械响应。水分吸附会导致样品膨胀,在此过程中检测到了机械损失峰值。这是由于样品中的水分子破坏承重氢键而产生的。大多数已有的研究将水分诱导的纤维素性能降解问题归因于系统中氢键网络的破坏和重整,但马林等[72]对此提出了不同看法,认为氢键在纤维素研究中的作用被夸大了。在许多研究中,氢键经常被用来解释纤维素和纤维素基材料的各种现象和性质。然而,在马林看来,氢键只是几种相互作用中的弱力之一,纤维素基材料性质变化的内在原因不能完全归于体系内氢键的变化,研究的重点应适当减少对氢键的关注。

郑凌晨等[73]为了研究棉纤维在气流场中的运动情况,结合试验内容和学者们对棉纤维已建立的相关模拟模型,通过推导计算相关纤维力学参数构建了一个新的棉纤维模型;内尔茨[74]使用全原子模型构建方法,通过使用全新的全原子力场探究了结晶纤维素Ⅰ中天然的I-a和I-b形态,并对模块化动力学仿真进行了热力学数据、角度分布和表征分析研究;汪兴梅[75]利用弹性杆模型研究大分子PENE哑铃和Hookean哑铃的结构和运动,并对这两类模型进行了比较分析;张秀梅[76]采用全原子模型构建方法,对木质纳米纤维素的晶态与非晶态纤维进行了建模,并对其力学特性进行了探究;肯-艾迟·赛特斯[77]采用聚合物的联合原子方法对纤维素纳米纤维和纤维素纳米微纤进行了分子动力学模拟,研究了这些材料的结构稳定性和力学性能;穆索卡[78]通过建立全原子模型,使用GROMACS软件结合OPLS-AA力场在平衡条件下对纤维素纳米纤维进行了分子动力学模拟,研究了纤维素纳米纤维的性能和结构稳定性。

尽管众多学者对纤维素的内在性质进行了深入研究,得到众多发现,但是大多工作的研究重点放在了纤维素晶体体系上,对于纤维素非晶体的拉伸行为研究得较少。此外,关于纤维素晶体与非晶体的对比分析,特别是在拉伸断裂机理方面的研究显得不足。这限制了我们对纤维素内在力学性能的全面了解,且不利于厘清棉花在机械采摘及后续加工过程中所面临的机械损伤和纤维断裂等问题,对于开发新型纤维素基复合材料是一个阻挠。另外,尽管存在针对水分使得纤维素及纤维素基材料发生不可控形变和性能下降的相关研究,但是大多数都是从氢键作用来进行研究,有必要从纤维素的其他微观性质来说明水分对纤维素及纤维素基材料造成的影响,为纤维素基材料更好的应用到生产生活中提供理论指导。

(三)分子动力学模拟在摩擦学的应用

探索棉纤维与金属的摩擦性质,研究接触界面的链、形态结构等微观方面的变化,对材料寿命的提升和材料的磨损失效具有重要意义。随着计算机技术的日益成熟和迅猛发展,将其应用于棉纤维与金属摩擦的研究,可以解决因素条件控制、多条件拟合等各个方面所面临的问题,为棉纤维摩擦磨损研究带来新的思路和突破,也为棉纤维摩擦学的深入研究奠定了基础。

棉纤维与金属之间的摩擦属于软材料与硬质材料的摩擦。然而,在摩擦系统的设计阶段,硬质材料的磨损往往被忽视,其一旦发生磨损,可能导致摩擦系统的永久失效。现有的经典磨损理论无法有效解释软材料对硬质材料的特殊磨损现象,因此目前尚不能从根本上提出硬质材料异常磨损的抑制技术。

棉纤维与金属材料的摩擦磨损机制复杂,不仅在一定程度上由摩擦副材料自身成分决定,还会受工况条件、润滑介质以及表面微观结构等因素的影响。外部因素的影响在实物试验当中很难控制好,但是通过分子动力学方法能够很好地从材料的基本组成单位角度解决这个问题。该方法通过模拟计算每个原子随时间的运动,分析运动轨迹及相关参数,从而探讨体系的结构与性质,同时能够精准控制影响因素,这将有助于探究不同因素对摩擦过程的影响。

在原子尺度下,利用分子动力学方法对棉纤维与铬金属表面的摩擦行为进行研究,有助于厘清其摩擦磨损的本质。研究棉纤维与金属之间的"软磨硬"磨损机制,旨在提出抑制硬质材料异常磨损的解决方案,从而减缓摩擦系统的磨损失效,具有重要的理论和工程实践意义。

参考文献

第二章　棉纤维的结构与性能

第一节　概述

棉纤维是由受精胚珠的表皮细胞经过伸长和加厚形成的种子纤维,其独特的结构与一般韧皮纤维有显著区别。棉纤维的主要组成物质是纤维素,此外,棉纤维含有少量多缩戊糖、蜡质、蛋白质、脂肪、水溶性物质、灰分等伴生物,纤维素由纤维二糖通过侧基的糖苷键聚集而成。作为一种天然的高分子纤维,棉纤维性能优异,在多个方面展现出其独特的优势。例如,棉纤维的高强度使其在纺织和服装行业中极为重要,其优良的力学性能使得棉织物在承受拉伸和摩擦时表现出色,减少磨损和撕裂的风险;棉纤维具有良好的透气性,用作夏季服装和运动服装能够有效调节体温,保持穿着的舒适性;棉纤维具有较好的耐热性,能够在一定的温度范围内保持稳定的物理性质,这一特性使得棉纤维在多种加工工艺(如染色和印花过程)中表现良好;棉纤维在常温下对稀碱的耐受能力强使其在清洗和保养时更加便捷,降低了对特定洗涤剂的依赖,棉纤维对染料的良好亲和力也是其重要特性之一,棉纤维在染色过程中能够均匀吸附各种染料,形成色泽鲜艳、色谱丰富的织物;这种染色的便利性和经济性使棉纤维成为纺织和服装行业的主要原料之一,广泛应用于服装、家纺和产业用布等领域。

随着科学技术的不断发展,资源节约和高精度材料保护成为当今社会的热门话题。棉纤维作为一种可再生的天然材料,其应用领域在不断拓展。它不仅在传统的纺织行业中发挥着重要作用,还在环保、医用材料、建筑材料等新兴领域中显出潜在的应用价值。因此,针对棉纤维的研究与开发显得尤为重要。探索其在不同领域中的应用,研究其结构与性能之间的关系,将为推动纺织行业的可持续发展和技术创新提供重要的理论基础和实践指导。未来的研究方向可以集中在提升棉纤维的功能性、改进其加工工艺以及开发新型复合材料等方面,以满足日益变化的市场需求。

第二节 棉纤维的微观结构

棉纤维为细长形,具有自然曲度(天然转曲)。棉纤维是一种类似于管状的细胞壁,内部充满纤维素和次生代谢物的结构。在显微镜下观察,棉纤维通常呈现扭曲、弯曲和分叉的形态,长度在 1~4cm 之间,直径在 12~20μm 之间。棉纤维表面充满了蜡质和细胞韧皮质,形成了熟化和不易开裂的状态,使得棉纤维的强力、弹性和柔软度有了一定的保障。棉纤维横截面呈带有中空腔的腰圆形。

棉纤维内部通常由三个部分组成:纤维素螺旋带、微纤维和列管。其中,纤维素螺旋带占据了细胞壁的绝大部分,呈绕轴线螺旋式的排列,使得棉纤维的强度和柔软度得到保障。微纤维是指在纤维素螺旋带的空隙中形成的纤维状物质,由于其结构非常细微,在光学显微镜下难以观察。列管是纤维素螺旋带之间的间隙中形成的一维管状结构,是棉纤维内部比较稳定的部分,为纤维提供了一定的强度和韧性。

棉纤维的截面由外至内主要由初生层、次生层和中腔三个部分组成(图2-1)。棉纤维初生层外的一层薄皮是表皮层,由蜡质、蛋白质、果胶物质等组成,蜡质对棉纤维具有保护作用,能防止外界水分的侵入。初生层是由网状原纤维组成的初生细胞壁。次生层是初生细胞壁中沉积的纤维素形成的原始组织,是棉纤维的主要构成部分,几乎全为纤维素组成。次生层决定了棉纤维的主要物理性质,存在于初生胞壁中,占总质量的九成。次生层又分为 S_1、S_2 和 S_3 三基本层。

中腔是棉纤维生长停止后遗留下来的内部空隙。中腔内留有少数原生质和细胞核残余物,对棉纤维本色有影响。

成熟正常的棉纤维,截面是不规则的腰圆形,中有中腔。未成熟的棉纤维,截面形态极扁,中腔很大。过成熟的棉纤维,截面呈圆形,中腔很小。

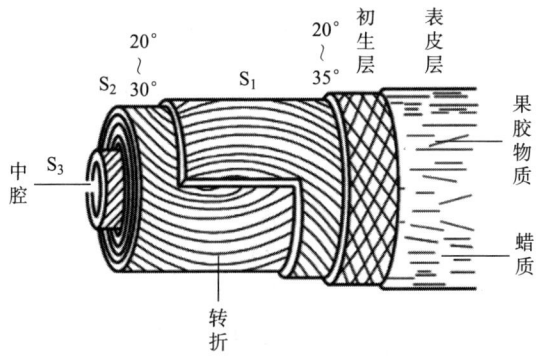

图 2-1　棉纤维截面结构示意图

阳光使叶绿素每天将水和二氧化碳结合成葡萄糖和低聚糖,在夜间运输到棉花种子内,进入棉纤维细胞腔,聚合成纤维素大分子,结晶成微原纤,沉淀在腔内壁形成 S_1 层。日积月累,最后形成日轮层(当棉株经连续光照时,将连续沉淀,不形成日轮层)。日轮每层厚度为 $0.12 \sim 0.25 \mu m$,沉积天数不同,层数不同,S_2 层厚度不同,一般累积 35~55 天。巨原纤与纤维轴呈现 20°~35°倾角螺旋排列,旋转方向周期性变化时纤维可变化 50 次以上,各日轮层间螺旋方向不同。S_2 层的厚度为 $1 \sim 4 \mu m$,由于原纤和微原纤存在间隙,这也使得棉纤维的结构存在很多微孔。次生层的最内层是 S_3 层,厚度约为 $0.1 \mu m$,且与 S_2 层拥有相似的结构特征。棉纤维截面的日轮照片如图 2-2 所示。

研究学者自 20 世纪中期便开始对棉纤维的微观结构进行研究,其中克林[1]提出的原纤结构模型表达的较为清晰,如图 2-3 所示。

棉纤维各个结构间的孔隙尺度,见表 2-1。

图 2-2　棉纤维截面的日轮照片

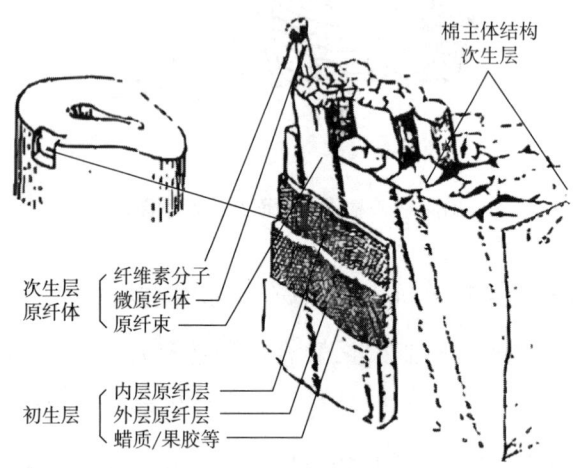

图 2-3　克林原纤结构模型

表 2-1　棉纤维各个结构间的孔隙尺度

项目	研究发表的结果(nm)	理论值(nm)	孔隙(nm)
大分子	<1	—	—
基原纤	4~17	6	—
微原纤	10~40	16	1
原纤	10~30	30~60	5~10
原纤束	60~360	100~200	5~10
日轮层	厚100~400,共25~40层	同已有结果层	层间100
细胞层(S_2)	厚3~4μm	厚3~4μm	—

第二章 棉纤维的结构与性能

根据 X 射线衍射试验的观察,纤维素聚合成纤维素大分子时,其支链呈现有规则的平行排列的区域为结晶区,而不规则的区域则为非结晶区。然而,结晶区和非结晶区之间没有明显的边界。

纤维素纤维的分子链是刚性链,结构上呈现出高度规整性,分子之间以氢键形式连接,内部存在空隙。大分子处于平衡态时呈无定形状态,定向后则表现出规整的结晶结构,在纤维素形态结构研究领域,两相共存学说得到广泛认可,其认为纤维素是由结晶区与无定形区交错结合的完整体系。

棉纤维中结晶区的纤维素分子链排列较为有序且取向较好,具有较高的密度和强度的分子间结合力,保证了纤维的强度和弹性。相比之下,无定形区的分子链取向较差,表现为分子间氢键数目减少,密度降低,间距变大和排列无序,这些特性使其具备良好的渗透性、溶胀性和化学反应性能。

棉纤维具有多级结合体型结构,即"单分子—基原纤—微原纤—原纤—巨原纤—纤维"型结构。通常这些层级之间的间隙从几 Å 到几千 Å 不等。纤维素晶体是多形性的[2-3],其固体纤维素中有五种结晶体变体。棉纤维细胞壁中次生层微原纤当中纤维素大分子结晶结构在不同处理条件下有不同的结构。天然棉纤维基原纤中的晶胞单斜晶系如图 2-4 所示。

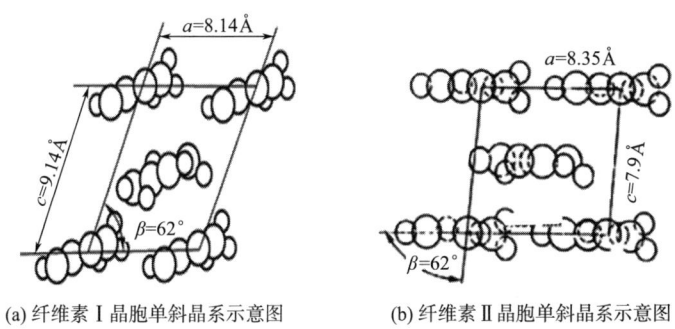

(a) 纤维素 I 晶胞单斜晶系示意图　　(b) 纤维素 II 晶胞单斜晶系示意图

图 2-4　纤维素晶胞单斜晶系示意图

纤维素类型存在四种,棉纤维结晶类型为 I 型纤维素,各个纤维素结晶晶胞的尺寸主要是棱长和相邻棱间的夹角,具体参数见表 2-2。

表 2-2　不同类型纤维素结晶晶胞结构尺寸

结晶类型	a(nm)	b(nm)	c(nm)	β(°)
纤维素Ⅰ	0.835	1.03	0.79	84
纤维素Ⅱ	0.814	1.03	0.914	62
纤维素Ⅲ	0.774	1.03	0.99	58
纤维素Ⅳ	0.811	1.03	0.79	90

纤维素是多糖类高分子化合物,由C、H、O三种元素组成,可用$(C_6H_{10}O_6)_n$通式来表示,n为聚合度,聚合度与棉纤维的分子链长度呈正相关。纤维素是由纤维二糖聚集而成的线性大分子[4],纤维二糖已被研究学者认定为纤维素的重复单元,其分子式如图2-5所示。

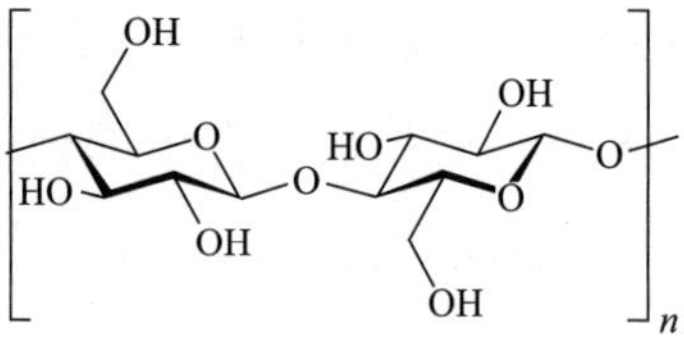

图 2-5　纤维二糖化学分子式

纤维素长链是由纤维二糖苷键相连并聚集而成的,其结构式如图2-6所示。

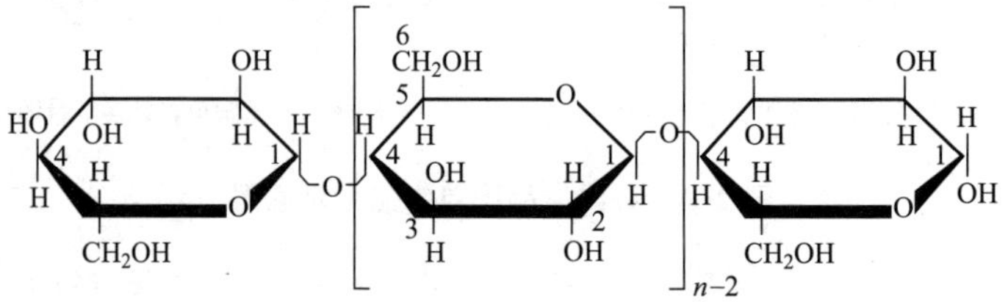

图 2-6　纤维素长链的结构式

第三节 棉纤维的性能

一、力学性能

(一)强伸度

强伸度是指材料在使用过程中受到拉伸、弯曲或者扭转作用时的变形。具体而言,棉纤维的强伸度是指棉纤维被拉伸时,断裂前所能经受住的最大的力。棉纤维的强伸度是衡量棉纤维纺纱性能和使用价值的重要指标之一,直接关系到棉纤维的强度和弹性,是确保纤维具备良好纺纱性能的基本条件。棉纤维的强度通常采用断裂强力和断裂长度来表示,而弹性则反映了棉纤维在受到外力作用后恢复原状的能力。棉纤维的强伸度与多个因素密切相关,包括其成熟度、长度、线密度以及表面摩擦性能等。与此同时,纤维单轴纵向弹性模量已通过数值模拟的方法进行了计算[5]。

棉纤维的强伸度因纤维的类别和成熟程度不同而存在显著差异,这也导致其力学性能上表现出明显的区别。具体而言,某个品种的棉纤维,其单纤维强伸度与成熟度呈正相关关系。此外,不同环境湿度下,棉纤维的强伸度也会有所变化。

(二)摩擦性能

在初整理和加工过程中,棉纤维之间以及棉纤维与其他表面之间会产生摩擦,形成阻力。当其处于相对滑动而没有切向力存在时,这个阻力被称为摩擦力。纤维的密集度和粗糙度越高,摩擦力越大。此外,纤维材料的种类也会影响纤维摩擦力。棉花的纤维细长,表面有许多微小凸起,这种特殊结构使得棉纤维具有良好的摩擦性能。根据经典的摩擦理论,摩擦接触位置的压力增大,摩擦力会随之增大。但现代摩擦理论指出,切向阻力不与压力成正比关系。无论纤维的正压力是否为零,纤维在相互滑动时切向阻力一直是存在的。在棉纤维集合体中,即使正压力为零,其产生的切向阻力使得棉纤维互抱成团。

(三) 刚性

纤维的刚性通常指纤维在小载荷条件下,其自身抵抗拉伸变形的能力,这种能力也被定义为初始模量。当初始模量较小时,纤维结构容易变形且刚性较差;初始模量较大时,刚性较强。棉纤维的刚性与棉纤维的成熟度密切相关,成熟度指的是棉纤维细胞壁的加厚程度,反映了棉纤维的生长成熟程度。正常成熟的棉纤维具有较粗的截面、高强度、多转曲、良好的弹性、丝光效果和较强的纤维间抱合力,这些特性都有助于提高棉纤维的刚性。棉纤维的刚性直接影响其纺纱性能、成纱质量,以及最终织物的手感、光泽等。

表2-3中列出了一些研究学者对于天然纤维素刚度系数的测量值。

表 2-3 天然纤维素的刚度系数

系数	测量值	方法
E_{11}(GPa)	135	Measured[6]
	138	Measured[7]
	140	Measured[8]
	168	Molecular model[9]
E_{22}(GPa)	17.7	Molecular model[10]
	27	Molecular model[11]
	18	Estimated[12]
G_{11}(GPa)	4.4	Molecular model[11]
	5.1	Molecular model[10]
V_{21}	0.011	Molecular model[13]
	0.005	Molecular model[9]
	0.047	Estimated[14]
V_{32}	0.52	Molecular model[9]

二、吸湿性能

棉纤维的集合体表面有孔洞,且分子长链中含有许多亲水基团(羟基),使棉纤维拥有较为优异的吸湿性能。一般大气条件下,棉纤维的回潮率可达8.5%左右。需要特别说明的是,不同类型棉纤维的吸湿性也不尽相同,棉纤维的吸湿性不仅影响纤维的密度等性能,还会对纤维的强伸度和刚性等机械性能产生影响,如棉纤维吸湿后,重量增加,密度先增大后减小,强伸度增加,导电性能增强,纤维膨胀等。

(一)影响棉纤维吸湿性能的内部因素

1. 亲水基团

棉纤维的主要成分是纤维素,其大分子上每个葡萄糖残基都有三个羟基,属于亲水基团。这些亲水基团对水分子具有很强的亲和力。因此,棉纤维分子结构中自由羟基的数量越多,其吸湿性能就越强。

棉纤维内的纤维素大分子上除羟基直接吸附水分以外,还存在间接吸附水分。已被吸附的水分子具有极性,可吸附其他水分子,使后来吸附的水分子积聚在上面。这些水分子排列不定,结合力也比较弱,存在于纤维内部的微小间隙成为微毛细水。当温度较高时,这种间接吸收的水分填充到纤维内部较大的间隙中,成为大毛细水。随着微毛细水和大毛细水的增加,棉纤维发生溶胀,拆解分子间的一些联结点,使得更多的自由羟基与水分子结合。

2. 分子排列

棉纤维中存在着结晶区和非结晶区。在结晶区的分子排列非常紧密有序,分子间的结合力较强,形成了稳定的结构。这种紧密的排列限制了水分子渗透,降低了其进入的可能性。由于非结晶区分子排列松散,所以水分子更容易在非结晶区中被吸附。因此棉纤维的结晶度越低,吸湿能力越强。对于单根棉纤维来说,初生层的非结晶区相对于次生层的比例更高。不成熟的棉纤维非结晶区所占比例比成熟棉纤维大,因此不成熟的低级棉常含有较高的水分。除了结晶度影响纤维的吸湿性外,在同样的结晶度下,微晶体的大小对吸湿性也有影响。一般说来,晶体较小,吸湿性较大。

3. 比表面积

棉纤维暴露在大气时,会在纤维表面吸附一定量的水汽和其他气体,这种现象通常称为物理吸附。表面吸附能力的大小与纤维的比表面积密切相关。比表面积是指单位体积的棉纤维所具有的表面积。棉纤维越细,孔隙和缝隙越多,其比表面积越大,从而吸湿性越强。因此,棉纤维的比表面积大小是影响其吸湿性的重要因素。

4. 纤维素伴生物

棉纤维主要成分为纤维素,还含有少量的果胶、蛋白质、多缩戊糖、脂肪和蜡质以及某些无机盐类等伴生物。脂肪和蜡质是疏水物质,能保护棉纤维不易受潮。果胶、蛋白质、多缩戊糖以及无机盐类中的氧化铁、氧化镁、氧化钙等是亲水物质,能够增强棉纤维的吸湿性。因此,棉纤维中纤维素伴生物的性质和含量会影响棉纤维的吸湿能力。另外,棉纤维在采集和初加工过程中保留了一定数量的杂质,这些杂质往往具有较高的吸湿能力。因此,棉纤维中杂质的含量,对棉纤维的吸湿性也有一定的影响。

(二)影响棉纤维吸湿性能的外部因素

影响棉纤维吸湿性的外部因素主要包括:大气压力、温度和相对湿度。由于地球表面上大气压力的变化不大,这里重点讨论温度和相对湿度对棉纤维吸湿性能的影响。

1. 相对湿度

棉纤维含水量与空气的相对湿度密切相关。在一定的大气压力和温度下,相对湿度越高,空气中水蒸气分压越大,即单位体积内的空气中水分子数目越多,水分子进入棉纤维中的机会越多,从而提升其吸湿能力。反之,当空气中水蒸气分压和相对湿度降低时,棉纤维吸入的水分子又散发到空气中,导致其含水量降低。当空气温、湿度不变,棉纤维含湿量达到相对平衡时,即在该条件下的最大饱和含水值。

2. 温度

在一定的大气压力和相对湿度下,当空气和棉纤维的温度升高时,棉纤维中的水分子的热运动能和棉纤维分子的热振动能都会增加。这导致棉纤维内水蒸气的蒸发压上升,其上升速度通常快于空气中水蒸气蒸发压的上升速度,因此水分子离开棉纤维表面的机会增多,吸附于表面的机会减少。此外,存在于棉纤维内部空隙中的液态水的蒸汽压力随着温度的上升而升高。由于这些原因,在一般情况下,随着空气和棉纤维温度的升高,棉纤维水分含量略有下降。但在高温高湿的条件下,由于棉纤维的热膨胀,棉纤维水分含量反而略有增大。

三、其他性能

(一)光学性能

棉纤维的光学性能包含双折射性、耐光性、二色性和折射、反射等,与纤维的组织结构关系紧密。光学性能是棉纤维的物理性质之一,直接影响着棉纤维的色泽外观、使用性能以及在特定环境下的稳定性。双折射性是指棉纤维在不同方向上对光的折射率不同,这一性质对于纺织品的透光性和光泽度有重要影响。耐光性指的是棉纤维抵抗紫外线等光照因素的能力,这对于纺织品的耐用性至关重要。二色性是指棉纤维在不同光照条件下呈现出不同的颜色,这一特性在某些特定的纺织品设计中可能会被利用。

表 2-4 中列出了常见纤维的折射率。

表 2-4 常见纤维的折射率

纤维	折射率		
	$n_{//}$	$n_{\perp}$	$n_{//} - n_{\perp}$
棉	1.573~1.581	1.524~1.534	0.041~0.051
苎麻	1.595~1.599	1.527~1.540	0.057~0.058
亚麻	1.594	1.532	0.062
黏胶纤维	1.539~1.550	1.514~1.523	0.018~0.036
羊毛	1.553~1.556	1.542~1.547	0.009~0.012

由于纤维素大分子呈现天然转曲的形态,因而沿棉纤维轴向的取向程度不同。这一情况将导致棉纤维的折射、反射等光学性能发生变化。

(二)电学性能

棉纤维的电学性能,主要是指介电系数、电阻和静电等。物体在电场作用下的电容特性被定义为介电性能,通常使用介电系数进行表示。棉纤维的介电系数为 3~6,棉纤维的回潮率和均匀度可以通过介电性能间接得到。

(三)热学性能

棉纤维的热学性能主要是比热、导热性和吸湿放热等。由于纤维内部的多孔性,纤维内部充满空气,当孔隙里充满的空气不流动时,棉纤维是热的不良导体,棉纤维的导热性能变差。棉纤维的导热系数随含湿量的增加而增大,但保暖性随含湿量的增加而下降。此外,棉纤维具有吸湿放热性能。

棉纤维在110℃以下无损伤,可短时间承受120℃至150℃的温度,150℃以上会轻微分解。生活中一些常见纤维的导热系数见表2-5。

表 2-5　常见纤维的导热系数

材料	导热系数
棉	0.071~0.073
羊毛	0.052~0.055
蚕丝	0.05~0.055

第四节　小结

本章研究了棉纤维的微观结构,揭示了棉纤维的层次组成。此外,本章还对其化学、物理结构和力学性能进行了阐述。本章内容中提及的参数是其他研究学者试验测得的,这些参数将用于后续研究中模型的构建。

―――― 参考文献 ――――

第三章 棉纤维的性能测试与分析方法

第一节 概述

近年来,随着可视化纤维力学性能测试仪的不断发展,以及声发射技术在材料断裂损伤研究领域的广泛应用,研究人员能够更加深入地探究棉纤维在拉伸和断裂过程中的力学行为,在更精细的层面上观察和分析棉纤维的性能,从而为其应用和加工提供科学依据。

本章将介绍棉纤维性能测试与分析方法,涵盖力学性能测试和理化性质评估等科学方法。通过综合应用多种先进的测试仪器和技术,深入理解棉纤维在不同加工工艺和使用条件下的性能表现,进而推动其在实际应用中的优化。

首先,采用可视化纤维力学性能测试仪与声发射技术的结合,可以实现对棉纤维在拉伸过程中的力学行为及内部结构变化的动态评估。这一方法不仅能够实时监测棉纤维的拉伸行为,还可以捕捉到其在断裂前后的微观变化,为理解材料的断裂机制提供重要的数据支持。实验装置的搭建、材料的选择、实验条件的控制以及制样流程的标准化,为棉纤维力学性能的准确评估提供了一套完善的实验流程。流程的标准化不仅提高了实验的可重复性,也确保了数据的可靠性。

其次,往复摩擦实验可以系统地分析载荷、预加张力和速度对棉纱线摩擦系数的影响。这些参数在纤维的使用和加工中至关重要,直接关系到棉纱线的耐磨性和使用寿命。通过揭示棉纱线的断裂机制,往复摩擦实验为纤维材料的摩擦损伤机理提供了坚实的实验依据。这些研究成果将有助于开发出更具耐磨性和抗拉强度的棉纤维产品,从而提高其在实际应用中的表现。

在理化性能分析方面,本研究将采用原子力显微镜分析法、拉曼光谱分析法、X射线衍射分析法、X射线光电子能谱(XPS)以及红外光谱分析法等先进技术进行分析。这些技术能够对棉纤维的表面形貌、纳米力学性能、结晶度、化学成分和分子结构的变化进行全面评估,提供有关纤维材料内在品质的重要视角。例如,借助原子力显微镜可以观察纤维的微观结构,借助拉曼光谱和红外光谱分析可研究纤维的化学组成和功能团特征。

通过系统的实验设计和多维度的分析方法,本文将为棉纤维性能的深入研究提供理论基础和实验数据支持。这不仅有助于优化棉纤维的加工工艺,提高产品性能,还能推动新型纤维材料的开发与应用,为纺织行业的可持续发展提供重要的理论指导和实际应用价值。随着这些研究的深入,棉纤维的潜在应用领域也将不断扩展,包括环保材料、功能性织物和高性能复合材料等,展现出更广泛的发展前景。

第二节　棉纤维的力学性能测试技术

一、实验装置

(一)纤维力学性能测试装置

纤维力学性能是评估纤维性能的重要指标[1-2],将可视化纤维力学性能测试仪与声发射测试装置结合,不仅能够测试分析纤维物理力学性能和形态变化,还可以监测纤维内部结构细微的变化,有助于分析提高纤维的力学性能、降低棉纤维在采收及棉纺织加工中断裂损伤。

如图3-1所示,实验中使用了自主搭建的可视化纤维力学性能测试装置。该装置主要由控制箱、力传感器、夹具、顶部观察系统和侧面观察系统组成。

该平台主要包括控制模块、数据采集模块和记录模块,从而实现纤维力学性能测试。步进电动机可以精确控制纤维拉伸,具有高精度、定位和微步位移等特点。平台使用一个数据采集卡和一台主机来实现数据采集和记录。顶部观察系统使用20倍镜头,用于观察样品发放置的位置是否准确;侧面观察系统则是选用40倍镜头,用于观察棉纤维拉伸断裂的形态变化。

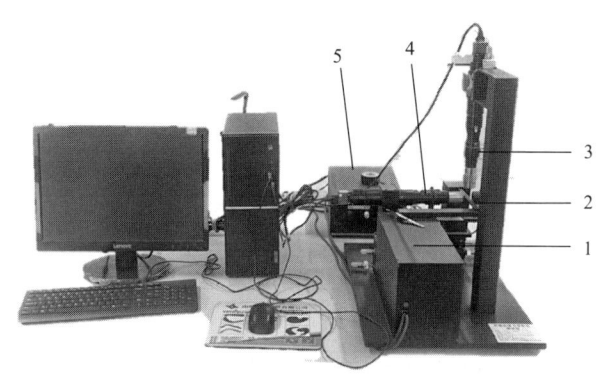

图3-1 可视化纤维力学性能测试装置

1—力传感器　2—夹具　3—顶部观察系统　4—侧面观察系统　5—控制箱

(二)声发射测试装置

声发射测试装置是一种高灵敏度检测系统,它能捕捉材料受力时内部发生的微观变化,如裂缝萌生、扩展和纤维断裂。在材料科学领域,尤其是纤维材料的力学性能研究中,这种装置发挥着关键作用。

该装置的核心组成部分包括:①传感器(换能器):用于捕捉材料内部产生的声波;②放大器:增强传感器捕捉到的微弱信号,以提高信噪比;③数据采集卡(DAQ):将放大后的信号转换为数字格式,供计算机处理;④信号处理软件:集成在计算机上,用于监测、记录和分析声发射信号。

当棉纤维受力并发生断裂或损伤时,会产生声波,这些声波通过传感器转换成电信号。电信号在放大器中被放大,以克服传输过程中的衰减和背景噪声。随后,数据采集卡捕获电信号,信号处理软件对其进行详细分析。通过这些配置,声发射测试装置能够提供棉纤维拉伸断裂过程中的详尽声发射信号数据,为研究材料的内部损伤机制和力学行为提供了重要数据。

本实验中采用的声发射测试装置型号为DS5-8B,通道数为2-8,连续数据通过率为65.5MB/s，波形数据通过率是48MB/s，接口形式采用USB 3.0接口，采用多通道同步采集。连续采集存储长度为全波形采集，所有通道可连续存储波形数据数小时，确保实验过程中数据不丢失。本实验采样率使用2个通道，每个通道10M，有8个外部参数通道，采样频率为30kHz。外部参数的转换精度为16bti，输入范围为±5V，输入信号范围为±10V。S/D转换精度为16位。采样和触发方法有信号阈值触发和外部触发。本实验主要使用信号阈值触发器。主机系统噪声为±1个采样分辨率，即±0.308mV，通道输入阻抗为50Ω，A/D转换非线性误差为0.5LSB，输入类型为单端信号。该信号分析仪能够实时采集有效的信号，保证在棉纤维拉伸断裂过程中准确采集断裂的信号。

放大器主要用于调整电路中信号的大小，为了满足放大信号、延长信号输出的距离、高低阻抗匹配等需求，声发射测试装置具有不同型号的放大器，如固定增益放大器，可调节增益放大器。棉纤维尺寸较小，纤维在传播过程中信号衰减小、采集的声发射信号幅度较强，为了确保采集到的波形数据准确有效，可调节增益开关或者增加信号衰减器，因此本实验选择40dB放大器。

传输线的主要功能是将传感器采集到的信号进行传输，通过放大器将其放大连接到计算机进行软件分析。在传递信号的过程中，周围环境的影响可能导致有效信号的部分损失，因此应尽量减少这种损失。本实验采用同一种传输线，同时在实验前及实验过程中保证传输线接触良好和正常传输。

传感器放置如图3-2所示，传感器固定在纤维力学性能测试仪的左右夹具杆上，用胶带将其固定，以防止在拉伸过程中由于夹具的移动使得传感器掉落造成实验失败。每次实验前在传感器接触表面上涂上一层凡士林，用于填补接触表面间的微小空隙，利用耦合剂的过渡效应，减少传感器与检测表面之间的声阻抗差，从而降低材料界面处的能量反射损失。凡士林也起到润滑并在一定程度上减少了接触表面间的摩擦的作用。

在进行棉纤维断裂实验时，能否准确采集到声发射信号对于分析材料的断裂机制至关重要。由于棉纤维断裂产生的信号本身十分微弱，实验过程中很容易受到各种噪声源的干扰。这些噪声如果不加以处理，可能会导致信号失真，

图 3-2 传感器放置

从而影响实验结果的准确性。因此,采取有效的噪声去除措施是实验中不可或缺的一环。数据采集主要参数见表 3-1。

表 3-1 数据采集主要参数

参数	设定值	参数	设定值
通道	1、2 通道	通道输入抗	50Ω
供电方式	外部 AC220V	信号输入型	单端信号
输入信号围	4mV	采样速度	10M
主机系统声	±0.308mV	触发模式	信号门限触发

通过综合应用噪声去除技术和优化数据采集参数,可以显著提高棉纤维断裂实验中信号采集的准确性。这不仅有助于获取更可靠的实验数据,而且对于深入理解材料的断裂行为和机理具有重要意义。通过这些方法,能够更准确地评估棉纤维的性能,为纺织材料的开发和应用提供科学依据。

二、实验材料及实验条件

(一)实验材料

实验采用的棉纤维束为新疆南疆长绒棉新海 50 号,弹性模量为 7.5GPa,泊松比为 0.85,线密度为 1.58dtex。亚麻纤维弹性模量为 6.3GPa,泊松比为 0.38,线密度为 0.29tex。黏胶纤维线密度弹性模量为 7.2GPa,泊松比为 0.79,

线密度为 1.43dtex。

(二) 实验条件

实验测试温度为 (21±2)℃,相对湿度为 (34±3)%,棉纤维制样方法参照 GB/T 14337—2022《化学纤维短纤维拉伸性能实验方法》,并将制得的样品放置 12h,以确保达到标准回潮率。在设置拉伸速度时,速度过大可能导致纤维迅速断裂且难以观察形态变化,速度过小则可能导致纤维发生蠕变,因此应选取适宜的拉伸速度[3-4]。预加张力的设置为:在左右夹头之间放入棉纤维试样,进行拉伸使纤维呈伸直状态。本实验统一预加张力为 0.05cN/tex,拉伸隔距为 0.5mm。

三、制样方法

(一) 单根棉纤维样品制备

单根棉纤维样品的制备如图 3-3 所示。在便携式显微镜下,使用镊子从棉纤维束中夹取长度≥10mm 的单根棉纤维,并将其一端固定在两个相距 10mm 的亚克力板上。夹取棉纤维时避免触碰中部,然后在棉纤维头端滴加少量手工乳白胶。随后,夹取棉纤维的另一端,确保其保持伸直状态并重复上述固定步骤。完成固定后,在悬空的棉纤维上,每隔适当距离轻轻滴加手工白胶,采用少量多次的方法进行上胶,避免在滴胶过程中触碰其他部位,以防止脱胶现象影响实验结果。待胶水静置 10h 后呈现透明发亮状态,即完成单根棉纤维样品的制备。

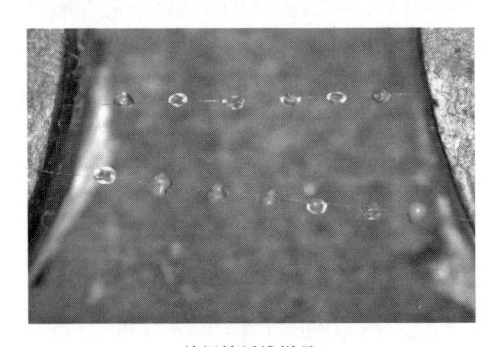

单根棉纤维样品

图 3-3 单根棉纤维样品的制备

(二)多根棉纤维样品制备

多根棉纤维样品制备有 2 种方法,其中一种方法和单根制样方法相同:先通过便携式显微镜将单根棉纤维粘在亚克力板上,再将第二根粘上,依次类推。图 3-4 为显微镜下并排排列的多根棉纤维样品。另一种方法是将多根棉纤维扭合在一起进行制样。由于实验中对多根棉纤维扭合在一起进行测试操作较困难,且进行 100 组测试发现,多根棉纤维扭合的方法对纤维力学性能没有太大影响,因此,多根棉纤维制样采用并排排列的方法。

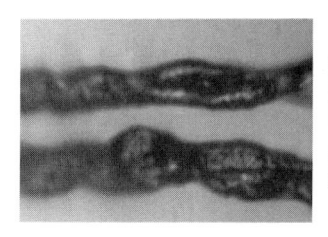

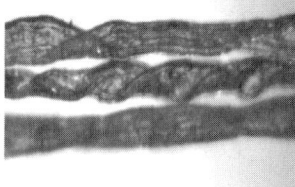

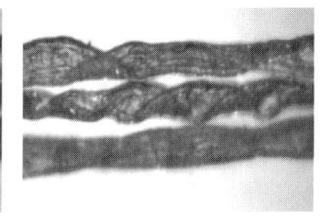

(a) 两根棉纤维　　(b) 三根棉纤维　　(c) 四根棉纤维

图 3-4　并排排列的多根纤维

完成以上所有步骤后,将棉纤维两端用剪刀剪断,轻轻地从亚克力板上取下,每隔两滴胶水用小刀割断。用镊子轻轻夹取一端放入夹具内,两端的胶水将棉纤维固定在夹具上,夹持方式示意图如图 3-5 所示。

(a) 俯视图　　(b) 侧视图　　(c) 棉纤维固定在卡箍

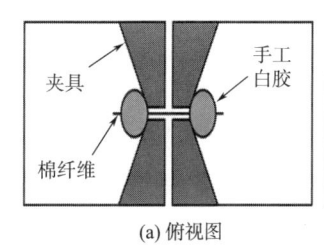

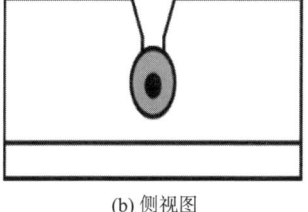

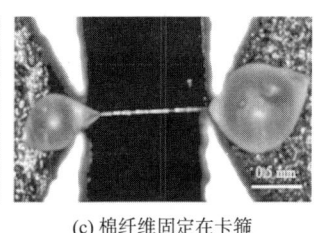

图 3-5　夹持方式示意图

四、测试方法

(一)纤维直径的测试

本文利用可视化的纤维力学性能测试装置进行纤维直径的测量。首先,将单根棉纤维稳固地夹持于装置中,随后通过细致调节旋钮以实现水平和垂直方向的精确对准,确保纤维形态在软件界面上清晰可见,利用内置的直径测量软件对纤维直径进行精确测量,如图 3-6 所示。为确保结果的准确性和可靠性,对同一棉纤维的多个位置进行重复测量,每根纤维总计进行 15 次测量,最终取其平均值作为纤维直径的测定结果。此方法不仅提高测量的精确性,也增加了实验结果的重复性和代表性。

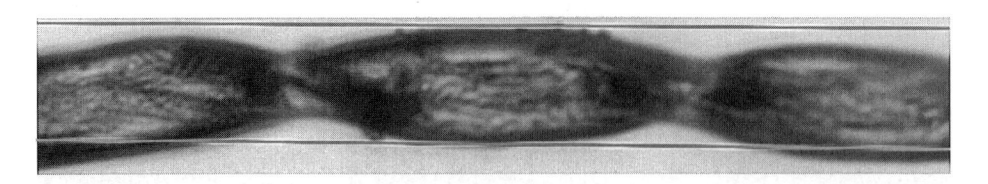

图 3-6 直径测量

直径测试结果分别见表 3-2。

表 3-2 单根棉纤维直径

次数	1	2	3	4	5	6	7	8	9	10	11	12	13	14	15
直径（μm）	15	17	14	16	17	16	16	13	17	14	15	21	17	22	12

所测得 15 次纤维直径求取平均值,得到该纤维平均直径为 16μm。

(二)纤维横截面积的计算

测量得到纤维直径之后,需计算纤维的横截面积。纤维横截面积的计算对于理解纤维的力学性能至关重要,因为它直接关系到纤维的承载能力和受力分布。纤维横截面积的计算通常基于测量得到的直径,采用以下式进行计算:

$$A = \frac{1}{4}\pi D_i^2 \times 10^{-6} \qquad (3-1)$$

式中,A 为纤维横截面积;D_i 为纤维直径。

为了确保计算结果的精确性,需要使用高精度的测量工具来获取纤维直径。在可能的情况下,进行多次测量并取平均值以减少随机误差。采用适当的数值分析方法来处理测量数据,以提高计算结果的可靠性。

(三)纤维断裂伸长率的计算

纤维伸长率是衡量纤维材料在受力过程中延展性的一个关键指标,它直接关联到材料的韧性和弹性。纤维伸长率是纤维产生的伸长率与原始长度(标距长度)的百分比。纤维的断裂伸长率为材料选择、工程设计和质量控制中的应用提供了一个标准化的度量,用以比较不同纤维材料的变形能力。计算式如下:

$$\varepsilon = \frac{L - L_0}{L_0} \times 100\% \quad (3-2)$$

$$\varepsilon_p = \frac{L_a - L_0}{L_0} \times 100\% \quad (3-3)$$

式中,ε 为纤维的伸长率;ε_p 为纤维的断裂伸长率;L_0 为纤维预加张力伸直后的长度(mm);L_a 为纤维拉伸断裂时的长度(mm);L 为纤维拉伸伸长后的长度(mm)。

(四)拉伸强度的测试

纤维采用球槽型夹持方式,首先将纤维放在一个特殊的夹具中,夹具上有一个小的 V 形缺口。当纤维被拉伸和拉紧时,从纤维上脱落的球形胶滴会固定在 V 形缺口处,通过调节旋钮将纤维拉伸方向水平和垂直进行调节,如图 3-7 所示。

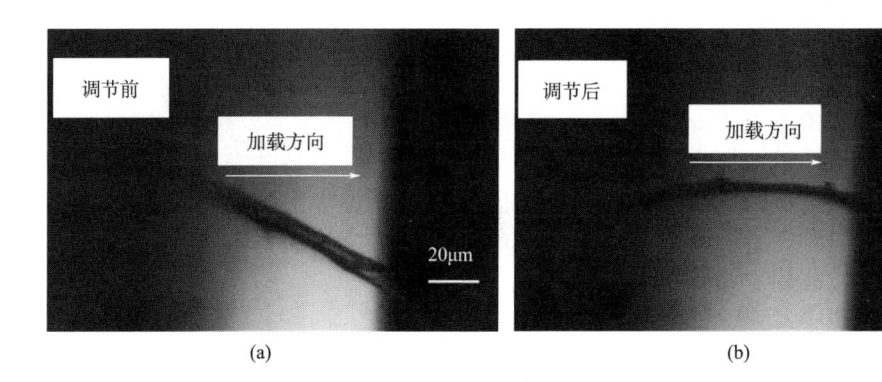

图 3-7 纤维拉伸方向水平垂直调节

单根棉纤维载荷—位移曲线如图 3-8 所示,根据图 3-8 的数据可测出棉纤维拉伸力学性能指标,其结果见表 3-3。

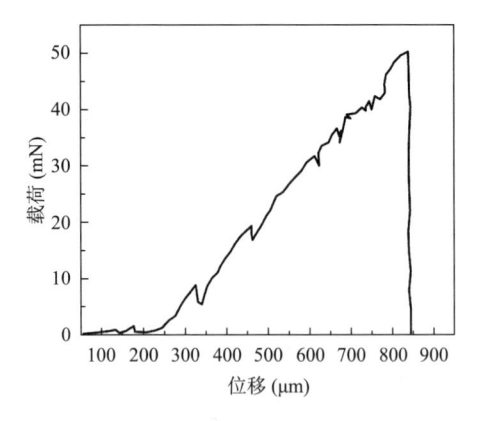

图 3-8 单根棉纤维载荷—位移曲线

表 3-3 棉纤维力学性能测试指标

应力(MPa)	应变(%)	断裂强度(MPa)	弹性模量(MPa)	断裂伸长率(%)
12.41	24.08	481.03	3.08	4.1

(五)声发射信号全波形采集

图 3-9 为典型声发射波特征参数,下面详细介绍各个参数的意义。了解这些参数能够更加清楚地对整个声发射测试过程中的信号特征进行分析,见表 3-4。

根据采集到的声发射信号,经过特征参数法对其进行分析,可以实现棉纤维断裂声发射识别。由于外界环境的干扰,在采集过程中难免会有噪声,为了区分纤维断裂与噪声信号,准确地采集到纤维拉伸断裂信号,分别在空载与有纤维试样情况下进行拉伸测试,将采集到的信号进对比,确定纤维断裂的信号,其采集信号如图 3-10 所示。

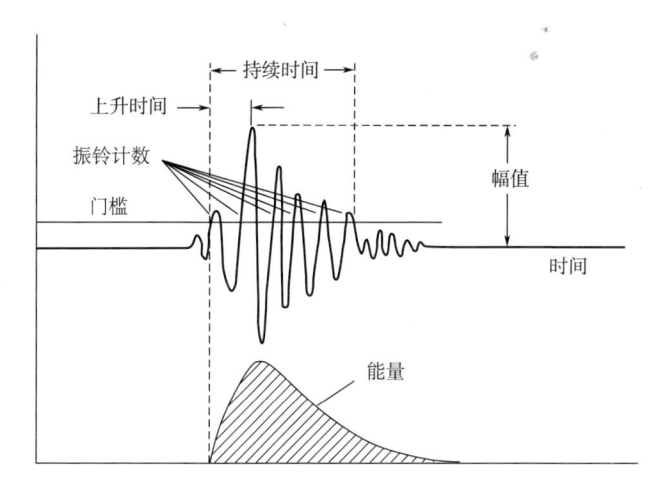

图 3-9　典型声发射波特征参数

表 3-4　典型声发射波形及特征参数示意图

参数	含义	特点和用途
撞击和撞击计数	超过门槛使某一通道获取数据的信号称之为一个撞击。所测得的撞击个数，分为总计数、计数率	反映声发射活动的总量和频度，常用于声发射活动性评价
事件计数	产生声发射的一次材料局部变化称之为一个声发射事件。可分为总计数、计数率	反映声发射事件的总量和频度，用于源的活动性和定位集中度评价，与材料内部损伤、断裂源的多少有关
幅度	信号波形的最大振幅值，通常用 dB 表示（传感器输出 1μV 为 0dB）	与事件大小有直接的关系，直接决定事件的可测性，常用于波源的类型鉴别、强度及衰减的测量
能量计数	信号检波包络线下的面积，可分为计数和计数率	反映事件的相对能量或强度。对门槛、工作频率和传播特性不甚敏感，可取代振铃计数，也用于波源的类型鉴别
振铃计数	当一个事件撞击传感器时，使传感器产生振铃。越过门槛信号的振荡次数，可分为总计数和计数率	信号处理简便，适于两类信号，又能粗略反映信号强度和频度，因而广泛用于声发射活动性评价，但受门槛值大小的影响
上升时间	信号第一次越过门槛至最大振幅所经历的时间间隔，以 μs 表示	因受传播的影响而其物理意义变得不明确，有时用于机电噪声鉴别

(a) 空载噪声声发射信号

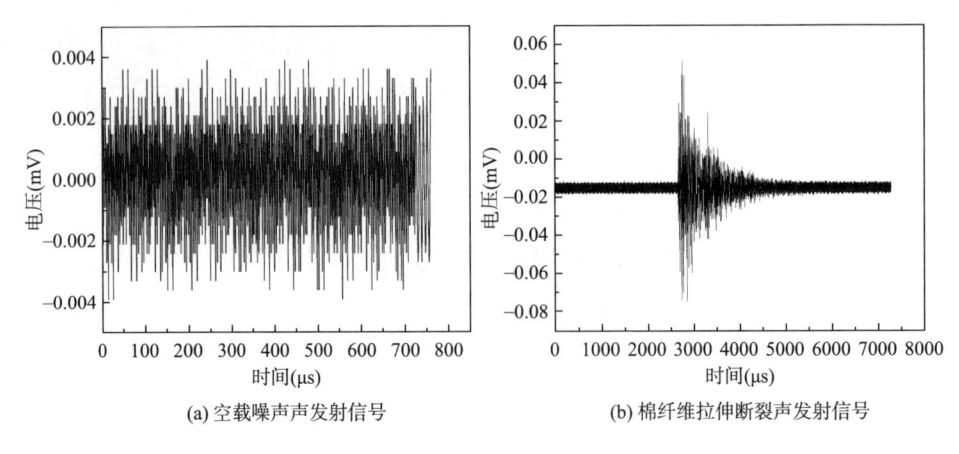

(b) 棉纤维拉伸断裂声发射信号

图 3-10 声发射信号采集

第三节 棉纱线的摩擦性能测试技术

一、实验装置

摩擦实验测试所需的实验设备及性能指标见表 3-5。

表 3-5 摩擦实验测试表征所需设备及性能参数表

设备名称	生产厂家	型号规格	指标	范围
MXW-1旋转往复摩擦磨损试验机	济南益华摩擦学测试技术有限公司	MXW-05	往复频率范围	1~80Hz
			往复行程范围	±6mm
			试验力范围	5~500N
			时间控制范围	1s~99999min
HP系列数显式推拉力计	艾德堡仪器有限公司	HP-500	负荷值范围	0.1~500N
蔡司(ZEISS)数码显微镜	卡尔蔡司(上海)管理有限公司	Smartzoom 5 PlanApo D5X	扫描台行程	130mm×100mm
			最大聚焦速度	20mm/s
			物镜放大倍率	5X
			数值孔径	0.3
			自由工作距离	30mm
			物场直径范围	0.44~4.4mm

二、实验原理

棉纱线摩擦实验是一种用于评估棉纤维与其他表面之间摩擦性能的试验方法。摩擦测试的原理基于对材料表面之间接触和相对运动时产生的摩擦力的测量。摩擦测试的基本科学原理如下。

(1)摩擦力的本质。摩擦力是两个接触表面在相对运动或即将运动时相互作用的阻力。它与表面的性质、接触方式和加载条件有关。

(2)摩擦系数。摩擦系数是无量纲的数值,定义为两个接触表面之间的摩擦力与垂直于接触面的正压力之比。它是描述材料摩擦特性的关键参数。

(3)摩擦类型的区分。摩擦分为静态摩擦(开始运动前)和动态摩擦(持续运动中)。摩擦测试也可以区分这两种状态下的摩擦特性。

(4)接触表面的形貌。接触表面的微观形貌对摩擦力有显著影响。粗糙度、纹理和表面缺陷都会改变摩擦系数。

(5)法向载荷。垂直于接触面的法向载荷会影响实际接触面积,从而影响摩擦力的大小。

(6)相对速度和温度。相对运动的速度和测试过程中的温度也会影响摩擦系数,因为它们可能改变材料的机械性能和热性能。

(7)摩擦测试的实施。摩擦测试通常涉及将一个表面以一定速度滑动过另一个表面,同时测量所需的力。

(8)数据记录和分析。测试过程中,摩擦力的数据被实时记录,并通过图表和统计分析来评估摩擦特性。

(9)摩擦力的测量方法。可以使用多种仪器进行摩擦测试,如往复式摩擦测试仪、旋转式摩擦测试仪等,它们通过传感器测量摩擦力。

本文棉纱线摩擦实验采用往复式摩擦磨损实验仪,如图 3-11 所示。图 3-12 为夹具夹持试样示意图,将准备好的试样固定于夹具上,施加适当的载荷或压力,使棉纱线之间产生摩擦力,启动实验装置进行摩擦测试。

图 3-11　往复式摩擦磨损实验仪　　　　图 3-12　夹具夹持试样示意图

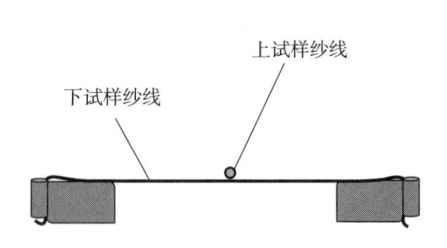

第四节　棉纤维的微观结构、化学性能分析方法

一、原子力显微镜分析法

原子力显微镜分析法(AFM)是一种高精度的表面分析技术,它通过安装在可弯曲悬臂梁上的微小探针来探测样品表面。当探针接近样品时,由于原子间的相互作用力,探针会受到向上或向下的力,导致悬臂梁发生弯曲或扭转。这种微小的形变通过激光反射系统被测量,激光照射在悬臂梁上并反射到光电探测器,从而实现对样品表面形貌的高分辨率成像。AFM 不仅能够映射表面结构,还能通过测量探针与样品之间的相互作用力来分析材料的物理性质,如弹性模量和黏附力。操作模式包括接触模式、非接触模式和轻敲模式,适用于不同样品的特性。为了确保测量的准确性,实验通常在受控的环境条件下进行,并且收集到的数据需要通过专业软件进行处理和分析。

二、拉曼光谱分析法

拉曼光谱分析法作为一种非破坏性的分析技术,在材料科学领域中具有重要应用,特别是在研究棉纤维等生物高分子材料的结构变化方面。拉曼光谱是一种基于拉曼散射效应的光谱技术,能够提供材料分子振动模式的详细信息。通过测量样品对光的非弹性散射,拉曼光谱能够揭示材料的化学结构和分子组成。本实验采用傅里叶变换红外—拉曼光谱仪(NEXUS-670,美国)对精梳前后的棉纤维样品进行测试,可以反映纤维素分子链的结晶度变化。在测试过程中,拉曼光谱仪发射的激光照射到棉纤维样品上,收集散射光并进行光谱分析。通过观察拉曼光谱中的特征峰,尤其是约 1100cm^{-1} 处的高频峰,可以评估棉纤维素分子链的结晶度变化。拉曼光谱还具备检测化学键变化的能力,如碳—碳单键和碳—氧键,这些信息对于理解精梳过程中棉纤维的化学变化至关重要。实验前,将棉纤维样品进行精梳处理,以模拟实际生产过程中的机械作用。精梳前后的棉纤维样品被用于测试,以比较精梳对棉纤维分子结构的影响。在精梳过程中发生羟基的氧化或醛基的生成等变化,可以通过拉曼光谱特定频率区域的变化来分析。此外,拉曼光谱还可以评估棉纤维中羧基含量的变化,这种变化可能由机械加工引起,可以通过拉曼光谱中相应的特征峰来识别。通过分析这些化学键的变化,可以深入了解棉纤维经过机械加工后分子结构的变化及其对棉纤维性能的影响[5-8]。

三、X 射线衍射分析法

X 射线衍射分析法是一种在材料科学中广泛使用的技术,用于研究材料的晶体结构和化学组成。该技术基于布拉格定律,当 X 射线波与材料中的原子平面相互作用时,会发生衍射现象。通过测量衍射波的强度和角度,可以确定材料的晶体结构和结晶度。X 射线衍射仪(DX-2007BH)适用于各种材料的晶体结构分析。用该设备对精梳前后棉纤维进行结晶度测试,测试条件为:Cu 靶,电压 40kV,电流 40mA,扫描范围 5.0°~60.0°。结晶度指数(CI)通过峰高法计算得出,CI 是衡量材料结晶程度的指标。CI 由 200 峰的高度比(I_{200})和(002)衍射峰之间的最小值强度(I_{min})决定,这一比值能够反映棉纤维中结晶区域与非结晶区域的比例,从而评估纤维的结晶度,公式如下:

$$CI = \frac{I_{200} - I_{min}}{I_{200}} \quad (3-4)$$

通过比较精梳前后棉纤维的 X 射线衍射图谱,可以分析机械加工对棉纤维结晶度的影响。结晶度的变化直接关联到棉纤维的物理性能,如强度和韧性。

除了 X 射线衍射分析,实验还采用 X 射线光电子能谱仪(型号 Thermo ES-CALAB250XI),在 1486.6 eV 的 Al Kα 单频光源下进行测试。X 射线光电子能谱(XPS)能够提供材料表面化学成分的定性和定量信息,通过分析棉纤维表面的化学键和元素组成的变化,可以评估机械加工对棉纤维化学结构的影响。

X 射线衍射分析法和 X 射线光电子能谱测试的综合应用,为棉纤维的结构和化学分析提供了全面的技术手段。通过这些分析,可以深入了解精梳等机械加工过程对棉纤维结晶度、化学成分以及结构的影响,从而为改进纺织材料的加工工艺和提升产品性能提供科学依据。

四、红外光谱分析法

在材料科学研究中,摩擦损伤对材料性能的影响是一个重要的研究领域。特别是在纺织材料中,了解摩擦如何影响棉纤维的化学结构和性能,对于提高材料的耐用性和功能性至关重要。使用傅里叶变换衰减全反射红外(FTIR-ATR)光谱仪进行棉线摩擦损伤区域检测。本实验旨在通过对比不同载荷下棉线摩擦损伤区域与原棉的化学结构差异,评估摩擦对棉纤维化学键和官能团的影响。实验采用 Pekin-Elmer 傅里叶变换衰减全反射红外光谱仪进行测定,这是一种高灵敏度的分析技术,能够检测材料表面下的化学键和官能团。

实验时,首先从棉线上剪取不同载荷下的摩擦损伤区域作为试样,并与未经摩擦的原棉进行对比。每个试样进行 16 次扫描,以确保数据的准确性和重复性。测试的中红外光谱区域覆盖 650~4000cm^{-1},分辨率设置为 2cm^{-1},这为捕捉棉线中各种化学键的特征振动提供了足够的细节。

FTIR 光谱数据使用 NICOLET_Omnic_8.2 软件进行处理和分析。该软件能够对光谱进行基线校正、噪声降低和峰值解析,从而更清晰地识别和量化棉纤维中的化学键和官能团。

红外光谱中的峰值与棉纤维中特定化学键的振动模式相对应。通过比较不同载荷下摩擦损伤区域与原棉的红外光谱,可以观察到摩擦对棉纤维素官能团和共价键的影响。峰值的相对强度变化反映了化学键的强度和结构特征的变化,从而揭示了摩擦过程中可能发生的化学变化。

第五节　小结

可利用往复摩擦磨损实验仪开展摩擦实验,研究在棉纱线与棉纱线摩擦过程中不同载荷、不同预加张力、不同速度对棉纱线摩擦系数的影响。采用拉伸实验和摩擦实验对棉纤维进行测试,借助扫描电子显微镜揭示棉纤维机械损伤的形态特征,研究得出如下结论。

(1)载荷影响。载荷的变化对摩擦系数影响较为明显,当预加张力相同时,随着载荷的增大,摩擦系数整体呈现先增加后趋于平稳的状态。棉纱线间摩擦时随着预加张力的增加,摩擦系数整体呈降低趋势,但其降低幅度较小。在控制棉纱线摩擦速度时,一定摩擦速度范围内,摩擦速度增加、时间缩短,棉纱线的摩擦系数会整体呈现出下降趋势,使得其摩擦损伤次数就会多一些。综合分析发现,在棉纤维摩擦时,其载荷、预加张力和摩擦速度对其摩擦系数的影响大小为:载荷>预加张力>摩擦速度。

棉纱线摩擦实验揭示的断裂机制表明,随着载荷的增加,棉纱线在往复摩擦后损伤逐渐明显。下试样棉纱线在摩擦20min后逐渐断裂,且随着载荷的增加断裂时间变短,断口形貌由撕裂转变为直接断裂。这表明,棉纱线的摩擦断裂是由于棉纤维的磨损和在载荷与预加张力的综合作用下的抽拔拉伸所致。

(2)拉伸隔距影响。在不同拉伸隔距下,棉纤维断裂强度随着不同工艺的加工,其断裂强度会随着拉伸隔距的增大呈现出先增加后降低的趋势,棉纤维试样长度为自变量时,其强力遵循"弱环定律"。

(3) 拉伸速度影响。拉伸速度越大,拉伸至断裂经历的时间短,且因为棉纤维损伤后其初始模量(E_0)受影响有所减小,所以其断裂强力也会随之减小。拉伸隔距为 7mm,拉伸速度为 30mm/min 时,其棉纤维断裂强度较为稳定。增加拉伸速度会导致断裂强度的减小,这是因为较高速度下棉纤维损伤更为显著。

(4) 加工工艺影响。经过不同次数的精梳加工后,棉纤维的表面结构和结晶度发生变化,直接影响了其力学性能和断裂特性。随着精梳工艺次数的增加,棉纤维表面产生的裂纹数量和角度均显著增加,且两者呈正相关。棉纤维经过精梳加工后其直径变化规律相似,均呈现出随精梳工艺的增加而增加,且二次精梳和三次精梳直径基本一致。

(5) 摩擦实验揭示的棉纤维表面损伤。经过摩擦实验后发现棉纱线上试样经往复摩擦后随载荷的增加,其损伤逐渐明显。下试样棉纱线在摩擦 20min 后逐渐断裂,且随着载荷的增加断裂时间变短,断口形貌由撕裂转变为直接断裂。表明棉纱线的摩擦断裂是由于纤维的磨损和在载荷与预加张力综合作用下抽拔拉伸产生的结果。单根棉纤维经过摩擦实验后发现其表面存在凸起、纤颤、表面碎屑、小楔形缺口、裂缝、孔洞 6 种不同形式的损伤特征。

―――――― 参考文献 ――――――

第四章 分子动力学原理与方法

第一节 概述

自然界的万物是由大量的分子和原子组成,这些微小的基本结构在物理和化学过程中发挥着至关重要的作用。材料的形变和表面形貌的破坏往往可以视为构成材料的原子或分子的运动所导致的。因此,深入了解并掌握这些原子的运动规律,对于研究材料的微观机理和宏观性能至关重要。这一过程不仅有助于揭示材料的基本性质,还能指导新材料的设计和应用。传统的经典宏观理论在微观摩擦和材料行为的研究中常常无法提供直接有效的解决方案。这主要是因为这些理论侧重于宏观层面的现象,而无法准确描述在原子尺度下的复杂行为。此外,由于原子尺度的数量级非常小,直接观察和实验这些微观粒子的行为变得异常困难。在实验室条件下,研究人员无法跟踪特定粒子的运动轨迹,这使得研究的深入推进面临挑战。在这种情况下,纳米尺度的材料仿真模拟显得尤为重要。

现代科学研究方法主要包括实验测定法、理论分析法和模拟计算法。自20世纪80年代以来,随着计算机技术的迅速发展,模拟计算方法得到了显著的进步,并逐渐被科学界所重视[1]。这一进步使得研究人员能够在计算机上创建材料的虚拟模型,从而在模拟环境中探究材料的微观行为。相较于传统实验,模拟计算方法在克服实验温度、时间等条件限制方面表现出色。它不仅能够提供定性的描述,还可以对材料的结构和性能进行定量测试,从而实现对材料微观尺度变化的直观实时观察。计算机模拟的另一个重要优势在于它可以提供实验上难以获得的重要信息。例如,在一些极端条件下,实验可能无法进行,而计算机模拟可以通过调整参数来进行各种情景的虚拟实验。这种灵活性使得模拟方法能够有效补充传统实验,尤其是在验证理论假设和指导实验设计方面。尽管计算机模拟无法完全取代实验研究,但其能够为实验提供有价值的指导,促进理论与实验的协同发展。

在自然纤维性质的研究过程中,许多与原子相关的微观细节在实验中往往难以直接观察到。然而,通过计算机模拟,研究人员能够便捷地获取这些细节信息,从而推动纤维结构的研究进展。分子动力学模拟作为一种重要的计算工具,其在纤维性质研究中的吸引力愈加明显。这种模拟方法能够模拟分子间的相互作用,揭示纤维内部纤维素在不同条件下的行为机理,帮助研究人员更深入地理解材料的基本性质。

综上所述,通过对分子和原子运动规律的深入研究,以及现代计算技术的应用,材料科学正在朝着更加精准和高效的方向发展。这不仅为基础科学研究提供了新的视角,也为工程应用和工业生产带来了新的机遇。未来,随着计算技术的进步和材料科学研究的深入,预计将会有更多的创新材料和技术涌现出来,推动各个行业的进步与发展。

第二节　分子动力学模拟的基本原理

分子动力学(molecular dynamics, MD)模拟是指对于原子核和电子所构成的多体系统求解运动方程(如牛顿方程、哈密顿方程或拉格朗日方程)。其中每一个原子核被视为在全部其他原子核和电子作用下运动,通过分析系统中各粒子的受力情况用经典或量子的方法求解系统中各粒子在某时刻的位置和速度以确定粒子的运动状态进而计算系统的结构和性质[2]。

分子动力学方法通过定义系统内的每一个粒子的三维坐标、速度,建立起粒子的运动方程。利用有限差分法,求解出系统内粒子在每一瞬时的三维坐标

及速度,以此可用来研究体系与微观力学量之间的关系。系统中的每一个粒子的运动都遵循牛顿经典力学定律,即:

$$F_i(t) = m_i a_i(t) = m_i \frac{d^2 r_i(t)}{dt^2} \tag{4-1}$$

式中,$F_i(t)$ 为第 i 个粒子在 t 时刻受到的力;$a_i(t)$ 为第 i 个粒子在 t 时刻的加速度;m_i 为第 i 个粒子的质量;$r_i(t)$ 为第 i 个粒子在 t 时刻的位置坐标。

通过求得的粒子速度和位置,可以确定体系的总能量。动能可由粒子的质量和速度求出,而势能可用各个粒子位置的函数表示,由动能和势能的加和可确定体系的总能量,即:

$$E_{\text{total}} = E_k + E_P = \sum_{i=1}^{N} \frac{1}{2} m_i v_i^2 + E_P(r_1, r_2, \cdots, r_N) \tag{4-2}$$

式中,E_{total} 为体系的总能量;E_k 为体系的总动能;E_P 为体系的总势能;m_i 为第 i 个粒子的质量;v_i 为粒子 i 的瞬时速度。

根据经典力学方程,系统中每一个粒子的受力可以用该粒子在该处的势函数对位置的一阶导数进行求导获得,即:

$$F_i(t) = -\frac{\partial E_P}{\partial r_i} \tag{4-3}$$

根据以上各式积分,可以求出粒子 i 经过 t 时刻之后的位置和速度,即:

$$r_i(\delta t) = r_i + v_i t + \frac{1}{2} a_i \delta t^2 \tag{4-4}$$

$$v_i(\delta t) = v_i + a_i \delta t \tag{4-5}$$

根据上式,通过体系中的每一个粒子位置和速度,可以计算出各粒子的势能及其在 t 时刻的位置和速度,进而求出 $t + \delta t$ 时刻的位置和速度,如此循环下去,便能够获得粒子运动轨迹上任意时刻的位置和速度。然后利用统计学方法求出体系微观量的平均,得到所需的宏观量。图 4-1 为简单的三原子系统的运动图。

分子动力学经历了漫长的发展时期。1957 年,爱德和温莱特[3]采用分子动

(a) t=0　　　　　　　(b) t=δt　　　　　　　(c) t=2δt

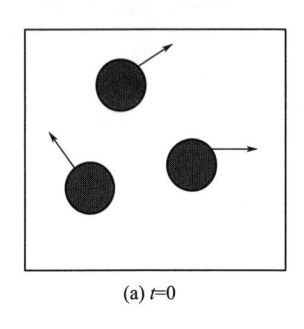

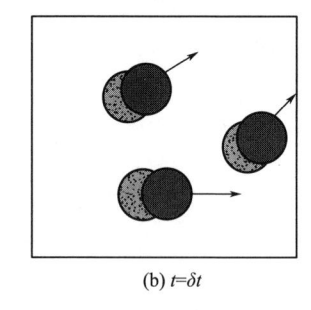

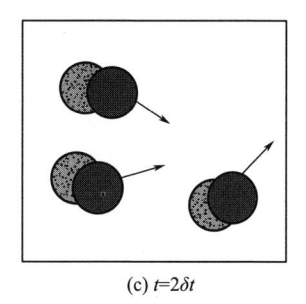

图4-1　三原子的位置及标示原子的速度

力学研究了刚性球体系的固液相变问题,成为将分子动力学应用到科学研究中的先驱。1967年,外莱特[4]绘出了Lennard—Jones势函数图,提出了著名的Verlet算法,进一步完善了分子动力学的算法基础。进入20世纪70年代以后,随着涨落耗散理论、密度泛函理论等新理论的引入,分子动力学得到了进一步发展。20世纪80年代以来,随着计算机技术的发展以及科学家对这一领域的重视,不同的系综被引入模拟仿真中,分子动力学得到进一步发展。1980年,Andersen法[5]和Parrinello—Rahman法[6]两种等压控制方法被提出,进一步夯实了仿真模拟基础,使分子模拟的条件更接近于真实情况,从而提高了模拟结果的可靠性和准确性。1984年,农斯和胡佛[7-8]先后提出恒温控制方法,被后人合称为Nose—Hoover控温方法,得到广泛应用。在此期间,更多势函数被提出,如嵌入原子势、多体势等。到20世纪90年代末,分子动力学理论已基本完善,随着计算机软件及硬件技术的飞速发展,仿真规模达到千万量级,模拟的时间尺度也达到飞秒级,在物理、化学、生物学、材料科学等领域都得到广泛应用[9-14]。

一、原子间相互作用势

力场是描述粒子间相互作用的函数,也称为势函数。它用于定义粒子间的相互作用势,表征模拟粒子间的相互作用,对材料的性质起着决定性的作用。简而言之,力场就是一个用来计算系统能量的数学表达式。

第四章 分子动力学原理与方法

$$E_{\text{total}} = E_{\text{potential}} + E_{\text{kinetic}} \tag{4-6}$$

$$\begin{aligned}
E_{\text{potential}} &= E_{\text{valence}} + E_{\text{non-bond}} \\
&= E_{\text{valence-diag}} + E_{\text{valence-cross}} + E_{\text{non-bond}} \\
&= E_{\text{Bond}} + E_{\text{Angle}} + E_{\text{Torsion}} + E_{\text{Inversion}} + E_{\text{Stretch-stretch}} + \\
&\quad E_{\text{stretch-Bend-stretch}} + E_{\text{Separated-Stretch-Stretch}} + E_{\text{Torsion-Stretch}} + \\
&\quad E_{\text{Bend-Bend}} + E_{\text{Torsion-Bend-Bend}} + E_{\text{Bend-Torsion-Bend}} + E_{\text{van·der·Walls}} + \\
&\quad E_{\text{Electrostatic}} + E_{\text{Hydrogen·bond}}
\end{aligned} \tag{4-7}$$

式中，E_{Bond}为体系中键长的伸缩势能；E_{Angle}为体系中键角的弯曲势能；E_{Torsion}为体系中二面角的扭转势能；$E_{\text{Inversion}}$为体系中里平面的弯曲势能；$E_{\text{Stretch-Stretch}}$为体系中键长伸缩—键长伸缩两者的耦合势能；$E_{\text{Stretch-Bend-Stretch}}$为键长伸缩—键角弯曲—键长伸缩三者的耦合势能；$E_{\text{Separated-Stretch-Stretch}}$为独立的键长伸缩—键长伸缩三者的耦合势能；$E_{\text{Torsion-Stretch}}$为二面角扭转—键长伸缩两者的耦合势能；$E_{\text{Bend-Bend}}$为键角弯曲—键角弯曲两者的耦合势能；$E_{\text{Torsion-Bend-Bend}}$为二面角扭转—键角弯曲—键角弯曲三者的耦合势能；$E_{\text{Bend-Torsion-Bend}}$为键角弯曲—二面角扭转—键角弯曲三者的耦合势能；$E_{\text{van·der·Walls}}$为范德瓦耳斯力势能；$E_{\text{Electrostatic}}$为静电力势能；$E_{\text{Hydrogen·bond}}$为氢键势能。

上述公式是最为完整的势函数表达式，但是在势函数发展的过程中，暂未存在可以实现全部能量表征的势函数。不同种类的势函数侧重点不同，因此在进行分子动力学模拟时，仿真结果的准确性主要取决于势函数及其参数的选择。因此，势函数及其参数的选择是分子动力学仿真成功的前提，要根据模拟体系及研究内容进行势函数的选定。

随着分子动力学的发展，以下几种势函数得到了广泛应用。

（一）LJ 势

LJ 势（Lennard—Jones 势）在 1924 年由数学家约翰·爱德华·伦纳德-琼斯[15-16]提出。LJ 势是一个比较简单的数学模型，主要是用来模拟两个不带电的分子间的相互作用势能或者是两个不带电原子间的相互作用势能的。LJ 势最常用的公式如下：

$$V_r = 4\varepsilon\left[\left(\frac{\sigma}{r}\right)^{12} - \left(\frac{\sigma}{r}\right)^6\right] \qquad (4-8)$$

式中，第一项 $\left(\frac{\sigma}{r}\right)^{12}$ 代表斥能作用，两体近距离时则为互斥力；第二项 $\left(\frac{\sigma}{r}\right)^6$ 代表吸引能，对应于两个物体在远距离相互吸引的作用。

LJ 势函数图形化描述如图 4-2 所示。

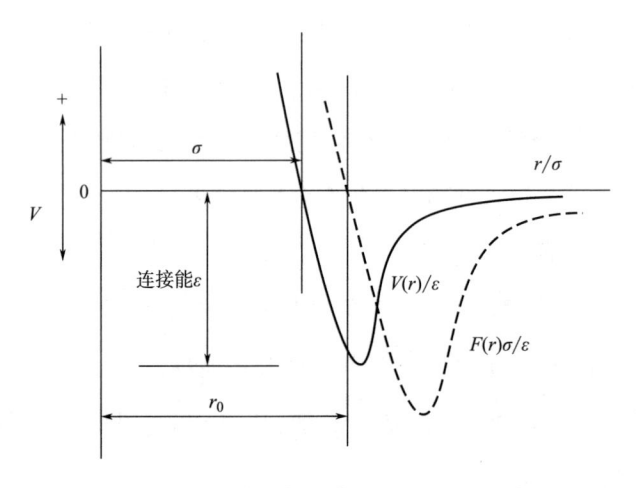

图 4-2 LJ 势能和力随两体间距离的演变情况

（二）EAM 势

EAM（embedded atom method）势是一种多体势，又称嵌入原子势方法，于 1983 年提出[17-18]。该力场将原子周围原子对间的复杂的环境简化描述为原子的，从而显著减少了计算量。同时，因为 EAM 势将自由电子气中嵌入金属原子核这个复杂情况归结为金属结合能的形成，使其在金属领域展现出良好的应用前景。EAM 势能中总能主要由两部分组成，分别是原子的嵌入能和构成固体的原子之间的斥能。

其数学式为：

$$E_{\text{tot}} = \frac{1}{2}\sum_{ij}\Phi(r_{ij}) + \sum_{i}F(\rho_i) \quad (4-9)$$

式中，E_{tot} 为体系的总势能；$\Phi(r_{ij})$、r_{ij} 分别为原子 i 和 j 之间的对势和距离；原子 i 处的电子云密度用 ρ_i 表示；$F(\rho_i)$ 表示原子 i 的嵌入能，数学表达式为：

$$\rho_i = \sum_{j\neq i} f(r_{ij}) \quad (4-10)$$

式中，$f(r_{ij})$ 为原子 j 在原子 i 处的电子云密度。

（三）COMB 势

COMB（charge-optimized many-body）势[19]是一种多体势，适用于描述某些金属（包括锆）和非金属原子之间的相互作用。它涉及原子键级，然而键级是基于原子周围原子构型的势函数，其数学表达式如下：

$$U^{\text{short}}(r_{ij}) = \frac{1}{2}\sum_{i}\sum_{j\neq i}\{F_c(r_{ij})[V^R(r_{ij}) - b_{ij}V^A(r_{ij})]\} \quad (4-11)$$

式中，$U^{\text{short}}(r_{ij})$ 为原子 i 与系统所有其他原子间的相对能；V^R、V^A、$F_c(r_{ij})$ 分别为排斥项、吸引项、截断函数，其公式分别为：

$$V^R(r_{ij}) = A_{ij}\exp(-\lambda_{ij}r_{ij}) \quad (4-12)$$

$$V^A(r_{ij}) = \sum_{n=1}^{3}B_{ij}^n\exp(-a_{ij}^n r_{ij}) \quad (4-13)$$

$$b_{ij} = \left\{1 + \left[\sum_{K\neq i,j}^{N}\zeta_{ijk}(r_{ij},r_{ik})G(\cos\theta_{ijk})\right]^{\eta i}\right\}^{\frac{-1}{2\eta i}} \quad (4-14)$$

$$\zeta_{ijk}(r_{ij},r_{ik}) = \exp[-\beta_{ij}^{mi}(r_{ij}-r_{ik})^{mi}] \quad (4-15)$$

$$G(\cos\theta_{ijk}) = b_0\cos\theta_{ijk} + b_1\cos\theta_{ijk} + b_2\cos^2\theta_{ijk} + b_3\cos^3\theta_{ijk} + b_4\cos^4\theta_{ijk} + b_5\cos^5\theta_{ijk} + b_6\cos^6\theta_{ijk} \quad (4-16)$$

$$F_c(r_{ij}) = \begin{cases} 1 & r_{ij} \leq R \\ \frac{1}{2} + \frac{1}{2}\cos\left(\pi\frac{r_{ij}-R}{S-R}\right) & R < r_{ij} < S \\ 0 & r_{ij} \geq S \end{cases} \quad (4-17)$$

式中，A_{ij}、B_{ij}^n 为原子 i、j 的吸引和排斥项的结合能；b_{ij}、ζ_{ijk} 为吸引项系数和

角势能。

(四) Tersoff 势

Tersoff 势[20-21]是一种描述共价键结合的势函数,被研究学者通常用于描述硅、石墨、碳化硅等材料的结构演变情况,其数学表达式为:

$$E = \frac{1}{2} \sum_i \sum_{j \neq i} [f_R(r_{ij}) + b_{ij} f_A(r_{ij})] f_C(r_{ij}) \tag{4-18}$$

式中,f_R、f_A、f_C 分别为排斥项、吸引项和截断项,其数学表达式如下所示:

$$f_R(r_{ij}) = A e^{-\lambda_1 r_{ij}} \tag{4-19}$$

$$f_A(r_{ij}) = -B e^{-\lambda_2 r_{ij}} \tag{4-20}$$

$$f_C(r) = \begin{cases} 1 & r < R - D \\ \frac{1}{2} - \frac{1}{2} \sin\left[\frac{\pi(r-R)}{2D}\right] & R - D < r < R + D \\ 0 & r > R + D \end{cases} \tag{4-21}$$

式中,A、B、λ_1 和 λ_2 分别为排斥项和吸引项的系数与指数;参数 D 为势函数的层厚度,这一参数起到让势函数有一个从设定值到另一个设定值之间平稳过渡的作用。

(五) Morse 势

Morse 势是 Philip 首先提出的,用于描述双原子分子间势能的对势,表达形式简单,计算量小,能够较好地模拟金属原子之间的相互作用,但是不能准确描述晶体性质。

$$U(r) = D[e^{-2\alpha(r-r_0)} - 2e^{-\alpha(r-r_0)}] \tag{4-22}$$

式中,D 为结合能系数;α 为势能曲线梯度系数;r,r_0 分别为原子的瞬时距离和平衡距离。

(六) COMPASS 势函数

COMPASS(condensed-phase optimized molecular potential for atomistic simulation studies)势函数是由三和[22]开发的首个依据量子化学从头计算方法计算的分子力场,也是第一个可以将有机分子体系和无机分子体系分子结合起来的力场,广泛应用于有机和无机小分子、高分子、金属氧化物等材料的模拟,并通过已经被参数化的 COMPASS 力场预测凝聚相和分离相中分子的各项特征,其主要预测的特征包括晶体结构、分子结构、液体结构、构象能、偶极矩、振动频率、内聚能密度和状态方程。COMPASS 势函数在模拟分子液体与晶体中获得非键结相互作用势与力常数,可以把计算误差降低到较低的程度。此外,COMPASS 势函数对杂环官能团的覆盖范围有限,后续更新的 COMPASSII 及 COMPASSIII 则较好地解决了此问题,同时提高了计算精度。

COMPASS 势函数的总势能由键合项 E_{val} 和非键合项 E_{nb} 两部分组成,其函数形式如下式所示:

键合项:

$$E_{val} = E_b + E_\theta + E_\varphi + E_\omega + E_c \tag{4-23}$$

$$E_b = \sum_b [K^b_2(b-b_0)^2 + K^b_3(b-b_0)^3 + K^b_4(b-b_0)^4] \tag{4-24}$$

$$E_\theta = \sum_\theta [K^\theta_2(\theta-\theta_0)^2 + K^\theta_3(\theta-\theta_0)^3 + K^\theta_4(\theta-\theta_0)^4] \tag{4-25}$$

$$E_\varphi = \sum_\varphi [V_1(1-\cos\varphi) + V_2(1-\cos2\varphi) + V_3(1-\cos3\varphi)] \tag{4-26}$$

$$E_\omega = \sum_\chi K_\chi \chi^2 \tag{4-27}$$

$$\begin{aligned} E_c = &\sum_b \sum_{b'} k_{bb'}(b-b_0)(b'-b'_0) + \\ &\sum_\theta \sum_{\theta'} k_{\theta\theta'}(\theta-\theta_0)(\theta'-\theta'_0) + \\ &\sum_b \sum_\theta k_{b\theta}(b-b_0)(\theta-\theta_0) + \\ &\sum_b \sum_\varphi (b-b_0)[V_1\cos\varphi + V_2\cos2\varphi + V_3\cos3\varphi] + \\ &\sum_\theta \sum_\varphi (\theta-\theta_0)[V_1\cos\varphi + V_2\cos2\varphi + V_3\cos3\varphi] + \\ &\sum_{b'} \sum_\varphi (b'-b'_0)[V_1\cos\varphi + V_2\cos2\varphi + V_3\cos3\varphi] + \\ &\sum_\varphi \sum_\theta \sum_{\theta'} K_{\varphi\theta\theta'}\cos\varphi(\theta-\theta_0)(\theta'-\theta'_0) \end{aligned} \tag{4-28}$$

非键合项:

$$E_{nb} = E_{vdw} + E_q = \sum_{i,j} \varepsilon_{ij}\left[2\left(\frac{r_{ij}^0}{r_{ij}}\right)^9 - 3\left(\frac{r_{ij}^0}{r_{ij}}\right)^6\right] + \sum_{i,j}\frac{q_i q_j}{r_{ij}} \qquad (4-29)$$

式中,E_b 为键拉伸势能;E_θ 为键角弯曲势能;E_φ 为键扭转势能;E_ω 为二面角势能;E_c 为四者之间的耦合势能;E_{vdw} 为范德瓦耳斯能;E_{nb} 为库仑力。

(七) ReaxFF 势函数

ReaxFF (reactive force field) 势函数是在第一性原理计算成本较高、传统势函数无法描述化学反应过程等的基础上发展起来的一种反应性力场。反应性力场是连接第一性原理和传统分子动力学的桥梁。ReaxFF 反应势模拟速度快、原子数量体系大,同时模拟过程中将键序项看作键距的函数,可以较好地描述化学键的断裂和生成,主要用于描述碳、氢、氧原子之间的相互作用,广泛用于有机小分子[23]、高分子[24]、高能材料[25]以及金属氧化物[26]等材料的相关分子动力学模拟研究。通过键级、键距以及键级与能量之间的关系描述化学键的断裂和生成。ReaxFF 系统的总能量表达式为:

$$E_{system} = E_{bond} + E_{over} + E_{under} + E_{val} + E_{pen} + E_{tors} + E_{conj} + E_{vdw} + E_{coulomb} \qquad (4-30)$$

式中,E_{bond} 为键能;E_{over} 为过配位修正能;E_{under} 为欠配位修正能;E_{val} 为键角能;E_{pen} 为中心原子过/欠配位的补偿能;E_{tors} 为扭转角能;E_{conj} 为四体共轭作用能;E_{vdw} 为范德瓦耳斯相互作用能;$E_{coulomb}$ 为库伦相互作用能。

(八) AMBER 力场

AMBER (assisted model building with energy minimization) 力场为美国加州大学的彼得·科尔曼的课题组发展的。此力场主要适用于较小的蛋白质、核酸、多糖等生化分子。应用此力场通常可以得到合理的气态分子几何结构、构型能、振动频率与溶剂化自由能 (solvation free energy)。AMBER 力场的参数全来自计算结果与实验值的比对,此力场的标准形式为:

$$U = \sum_b K_2(b-b_0)^2 + \sum_\theta K_\theta(\theta-\theta_0)^2 + \sum_\phi \frac{1}{2}V_0[1+\cos(n\phi-\phi_0)] +$$
$$\sum \varepsilon\left[\left(\frac{r^*}{r}\right)^{12} - 2\left(\frac{r^*}{r}\right)^6\right] + \sum \frac{q_i q_j}{\varepsilon_{ij} r_{ij}} + \sum \left(\frac{C_{ij}}{r_{ij}^{12}} - \frac{D_{ij}}{r_{ij}^{10}}\right) \qquad (4-31)$$

式中,b、θ 与 Φ 为键长、键角与二面角;第 4 项为范德瓦尔斯作用力项;第 5 项为静电作用项;第 6 项为氢键的作用项。

(九) CVFF 力场

CVFF 力场为道伯·奥斯古托普等[27-28]所发展的,其全名为一致性价力场(consistent valence force field)。此力场最初以生化分子为主,适用于计算氨基酸、水及含各种官能团的分子体系。其后,经过不断地强化,CVFF 力场可适用于计算各种蛋白质与大量的有机分子。此力场在计算系统的结构与结合能方面最为精确,同时可以提供构型能与振动频率。CVFF 力场的详细形式为:

$$U = \sum_b D_b [1 - e^{-a(b-b_0)^2}] + \sum_\theta k_\theta (\theta - \theta_0)^2 + \sum_\phi k\phi [1 + \cos(n\phi)] +$$
$$\sum_x k_x x^2 + \sum_b \sum_{b'} kbb'(b - b_0)(b' - b'_0) +$$
$$\sum_\theta \sum_{\theta'} k\theta\theta'(\theta - \theta_0)(\theta' - \theta'_0) + \sum_b \sum_\theta kb\theta(b - b_0)(\theta - \theta_0) +$$
$$\sum_\phi \sum_\theta \sum_{\theta'} k\phi\theta\theta'\cos\phi(\theta - \theta_0)(\theta' - \theta'_0) + \sum_x \sum_{x'} k_{xx'} xx' +$$
$$\sum \varepsilon \left[\left(\frac{r^*}{r}\right)^{12} - 2\left(\frac{r^*}{r}\right)^6 \right] + \sum \frac{q_i q_j}{\varepsilon_0 r_{ij}}$$

(4-32)

此外,在实际模拟仿真中,如 Stillinger-Weber 势[29]、MEAM 势[30]、Finnis-Sinclair 势[31]、REBO 势[32-33]等其他的多体势函数也得到一定的应用。

二、求解算法

由于分子动力学主要依靠牛顿力学来模拟分子体系的运动,其计算方法是通过求解牛顿运动方程来获得粒子的速度和动量。具体而言,这一过程涉及构建微分方程的有限差分表达式,并对该表达式进行求解,以获得粒子的坐标和动量。本小节中主要介绍了一个在动力学模拟计算中比较常用且经典的积分方法:Verlet 算法[34]。

Verlet算法是经典力学中最常用的数值积分方法之一,是求解公式得到模拟体系粒子运动轨迹的一种算法。其核心思想是先给定某一时刻粒子的位置和动量,然后求解一段时间后该粒子的位置和动量。

求解过程如下所示:采用泰勒公式将 i 原子在 $x(t+\Delta t)$ 和 $x(t-\Delta t)$ 时刻的位置坐标进行展开,数学表达式如下所示:

$$\vec{x}(t+\Delta t)=\vec{x}(t)+\vec{v}(t)\Delta t+\frac{\vec{a}(t)\Delta t^2}{2}+\frac{\vec{b}(t)\Delta t^3}{6}+O\Delta t^4 \qquad (4-33)$$

$$\vec{x}(t-\Delta t)=\vec{x}(t)-\vec{v}(t)\Delta t+\frac{\vec{a}(t)\Delta t^2}{2}-\frac{\vec{b}(t)\Delta t^3}{6}+O\Delta t^4 \qquad (4-34)$$

将上面两个表达式相加得到位置的表达式:

$$\vec{x}(t+\Delta t)=2\vec{x}(t)-\vec{x}(t-\Delta t)+\vec{a}(t)\Delta t^2+O(\Delta t^4) \qquad (4-35)$$

显然,已知前一时刻和当前时刻的位置,以及当前时刻的加速度,便能够计算得到下一时刻原子所在的位置。

将表达式(4-33)和式(4-34)相结合,得到速度的数学表达式,如下所示:

$$\vec{v}(t)=\frac{\vec{x}(t+\Delta t)-\vec{x}(t-\Delta t)}{2\Delta t}+O(\Delta t^2) \qquad (4-36)$$

基于一定的势函数,加速度根据当前的位置 $x(t)$ 进行更新。

三、系综

系综(ensemble)是统计理论的一种表示方式,它并不是真实存在的,但是每个构成系综的系统是现实存在的,并且它们具有相同的力学性质。系综是指大量性质和结构完全相同的、处于各种运动状态的、各自独立的系统的集合。以下几类为分子动力学模拟中常用到的系综。

(一)微正则系综(NVE)

微正则(NVE)系综与外界没有能量或粒子的交换,是由许多处于平衡状态的独立体系组成。NVE 系综时系统内的原子数(N)、体积(V)和能量(E)保持不变。NVE 系综是没有控温功能的,初始条件确定后,原子在力场作用下的速度会发生变化,进而相应的体系温度发生变化。体系总能量(E)由势能和动能组成,温度的变化会引起动能的变化,而势能和动能之间可以相互转换,但体系的总能量保持不变。

(二) 正则系综(NVT)

当模拟体系采用 NVT 系综时,体系的原子数量(N)、体积(V)和温度(T)保持不变。在此系综下,模拟体系的盒子尺寸不会发生变化,模拟过程通过改变原子的速度对体系的温度进行调节,达到设定的模拟温度。

(三) 等温等压系综(NPT)

当模拟体系采用 NPT 系综时,体系的原子数量(N)、压强(P)和温度(T)保持不变。模拟体系采用 NPT 系综时,不仅对体系要进行控温,还要进行控压。和正则系综一样,NPT 系综通过调节原子速度调控温度。不同的是在 NPT 系综下,模拟体系的盒子尺寸会发生变化,因为当体系的压力超过设定值时,体系会通过扩大模拟盒子尺寸达到降低压力的目的。

在进行分子动力学模拟的过程中,如何选择系综是需要解决的问题。在进行系综选择时,主要与模拟的体系、模拟的目的有关。NVE 系综是一个封闭的系统,与外界没有能量交换,一般用于不需要控温、体系内能量相互转换的模拟,比如石墨烯卷曲到纳米棒。以拉伸为例,系综可以为 NVT,也可以为 NPT,不过在 NPT 下更有容易模拟泊松效应。NVT 和 NPT 系综也可以配合使用。比如,对于比较复杂的模型,可以先进行 NVT 系综下弛豫,然后再进行 NPT 系综下的弛豫。因此系综的选择并不是一成不变的,要根据模拟的对象及目的进行选择。

在进行系综选择时,需要对体系的温度和压力进行调控,以使模拟体系的温度和压力达到设定值,让模拟过程更加接近真实实验,提高模拟试验结果的可靠性。在分子动力学模拟过程中,主要使用的控温方法是速度标度法和贝伦森(Berendsen)热浴。

1. 速度标度法

在分子动力学模拟中,调整温度最简单的方法是对速度进行标度。设定时刻 t 的系统温度为 $T(t)$,温度的变化值 ΔT 为速度乘以标度因子 λ:

$$\Delta T = (\lambda^2 - 1)T(t) \tag{4-37}$$

$$\lambda = \sqrt{\frac{T_{req}}{T(t)}} \tag{4-38}$$

T_{req} 是期望的系统温度,在每一步的分子动力学模拟中乘上标度因子 λ。但是在实际的运算过程中,并不需要对每一步的速度都进行标定,可以设置一个间隔的积分步长,来对速度进行周期性的标定,从而使系统的温度只在目标范围内小幅度波动。这种控温方法原理简单,容易实现,但是温度波动不易控制。

2. 贝伦森(Berendsen)热浴

1984年贝伦森提出了模拟过程中保持系统温度的方法[35]。模拟系统假设和一个具有恒温的虚拟热浴耦合在一起。通过热浴吸收和释放能量来保持系统温度的变化率和热浴的温差 $T_{bath}-T(t)$ 成比例,每个步骤的温度变化 ΔT 如下:

$$\Delta T = \frac{\delta t}{r}[T_{bath}-T(t)] \tag{4-39}$$

速度标度因子:

$$\lambda^2 = 1 + \frac{\delta t}{r}\left[\frac{T_{bath}}{T(t)}-1\right] \tag{4-40}$$

当参数 r 等于设定步长 δt 时,贝伦森热浴等同于速度标度法,但是该方法允许系统温度在期望值上下波动,因此被视为是速度标度法的改进。

在分子动力学模拟过程中,对体系压力的调控方法主要有:安德森(Anderson)方法、帕尔林内罗—拉赫曼(Parrinello-Rahman)方法[5-6]。安德森方法先假定系统与外界的"活塞"耦合,当外部和内部压强出现偏差,通过调节"活塞"的运动,系统可以均匀地膨胀和收缩,从而实现对系统压强的控制。帕尔林内罗—拉赫曼方法简称P—R方法。该方法主要是通过改变模拟体系的形状和体积,从而使系统达到平衡状态。安德森方法只适用于系统中存在静压力的情况,即原胞在各个方向上的压力是相同的,原胞只用改变体积,而形状不需要改变。而 P—R 方法则可以同时改变形状和体积,因此被视为 Anderson 方法的一种升级和推广。

四、周期性边界条件

在进行分子动力学模拟的过程中,第一步是选取合适的"模型体系"。实际中进行仿真的体系,例如气体、液体、高分子聚合物等体系中含有的原子或者分子数量通常非常庞大,高达 10^{23} 个。尽管当前计算机模拟技术已取得显著进展,服务器的计算能力和存储空间也大幅提升,但全面模拟整个体系几乎是不可能实现的,所需的时间和资金都多得不可想象。因此,通常选择其中具有代表性的小部分作为"模拟体系",这部分体系包含几千到上万个原子或分子。然而,这样的"模拟体系"与实际体系相差的数量级太多,不能够准确真实地描述宏观体系的性质。因此在模拟过程中对体系采用周期性边界条件(periodic boundary condition,PBC)的方法,既可以解决"模拟体系"小而不能代表真实体系的问题,还可以很大程度减少模拟时间。

所谓的"周期性边界条件",相当于在"模拟体系"的四周放置无限多个跟"模拟体系"同样的"虚拟盒子"(imagine cubic box)。当体系中的一个粒子从模拟盒子中出去时,就会有一个相同的粒子从外界进入"模拟体系"。但是模拟盒子四周的"虚拟盒子"只是简单的一个复制投影,不会进行模拟计算(图4-3)。

五、积分步长

在分子动力学计算中,积分步长的选取对仿真结果的精确程度有直接影响。如果时间步长过大,将会导致仿真计算过程中大的能量波动,使得系统容易发散,导致模态响应上的误差。时间步长过小,将会导致大量计算资源的浪费。同时,系统在仿真时的迭代计算也将因为时间步长太小从而导致模拟体系中临近列表缺少原子信息而终止。因此,为了在能够满足计算精度的同时还能够利益最大化地利用计算资源,适当的积分步长是非常必要的。

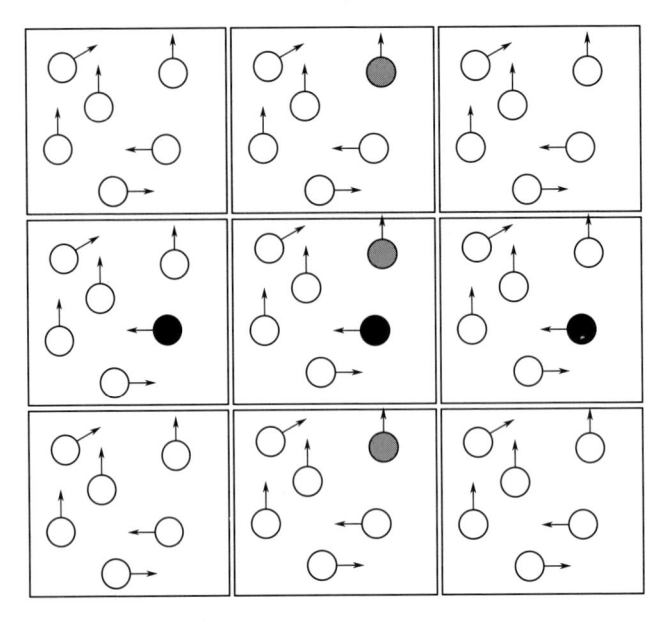

图 4-3　周期性边界条件示意图

六、模拟尺度的选取

仿真模拟选取的时间和空间的尺度越小,所描述的信息就越详细。所以对于微观仿真研究,模拟尺度的选择是一个重要问题。如量子模拟需要考虑到电子的高速运动,该模拟可以达到的空间和时间尺度分别为埃米(Å)和皮秒(ps)级别。经典的分子动力学模拟通过在相互作用点上放置部分固定电荷或添加极化效应的近似模型,以粗粒度的方式来近似电子的分布。系统的时间尺度受到分子间的碰撞行为、旋转运动或者分子内的振动影响,而不是由电子的运动决定的,这些比起电子运动要慢几个数量级,所以积分的时间步长更大,时间尺度为纳秒(ns)级别,空间尺度可以达到 10~100Å。全原子方法能够表达模拟体系中每一个原子的运动轨迹、键长和键角等信息,可以获取相对较详细的数据细节。各种物理体系的特征时空尺度与模拟方法的对应关系见表 4-1。

表 4-1　各种物理体系的尺度与模拟方法

物理模型	连续介质	耗散粒子	粗粒度	经典力学	量子力学
研究对象	宏观物质	纳米体系	分散体系	分子体系	原子、分子
理论方法	连续介质力学	随机力学	牛顿力学	牛顿力学	量子力学
数学方法	有限元方法	散子力学（DPD）模拟	CGMD 模拟	MD 模拟	量子化学
状态变量	物理场和响应	位置和动量	位置和动量	位置和动量	波函数
空间尺度(m)	10^{-6}	10^{-7}	10^{-8}	10^{-9}	10^{-10}
时间尺度(s)	10^{-3}	10^{-5}	10^{-7}	10^{-9}	10^{-15}

七、能量最小化

能量最小化是通过计算分子体系中原子之间的相互作用能，寻找系统的能量最低点或局部最低点。原子之间的相互作用力是由库仑力、范德瓦耳斯力以及键能等组成的。采用优化算法，如共轭梯度法（conjugate gradient method）和拟牛顿法（quasi-Newton method），可以有效地确定系统的稳定构型。能量最小化在分子结构预测和构象搜索、分子模拟和计算机辅助药物设计等研究中被广泛应用。通过能量最小化，可以揭示分子的稳定构型及其结构性质，并为后续的模拟和分析提供初步的结构信息。

第三节　分子动力学模拟的工具

分子动力学模拟是一种通过模拟体系原子和分子运动轨迹研究体系微观和宏观性质的计算机模拟方法，是研究分子体系的重要手段。根据经典力学，只要给定分子体系中原子和分子之间的相互作用，就可以利用牛顿运动方程求解分子或原子的运动轨迹，然后使用一定的统计方法计算出系统的力学、热力学、动力学性质。

在分子动力学模拟中，首先将由 N 个粒子构成的系统想象成 N 个相互作用的质点,每个质点具有坐标(通常在笛卡尔坐标系中)、质量、电荷及成键方式,根据目标温度,利用玻尔兹曼(Boltzmann)分布随机指定每个质点的初始速度。然后根据所选用的力场中的相应的成键和非键能量表达形式对质点间的相互作用能以及每个质点所受的力进行计算。

接着依据牛顿力学计算出各质点的加速度及速度,从而在指定的积分步长(通常为1fs)后更新质点的坐标和速度,使质点得以移动。经一定的积分步数后,质点便形成了运动轨迹,并在设定的时间间隔内对轨迹进行保存。最后可以对轨迹进行各种结构、能量、热力学、动力学、力学等的分析,从而得到感兴趣的计算结果。分子动力学模拟已被广泛应用于化学、物理、材料科学、生物学等多个学科领域。

相关的分子动力学软件随着计算机技术的快速发展如雨后春笋般出现,下面简单介绍几种常用软件。

一、LAMMPS 程序

LAMMPS 程序(large-sale atomic/molecular massively parallel simulator)是由美国 Sandia 国家实验室开发的开源经典力学 MD 模拟程序,侧重于材料领域的模拟研究。LAMMPS 程序在模拟固态材料(金属、半导体)、柔性物质(生物分子、聚合物)、粗粒度介观体系等方向具有广泛的应用。LAMMPS 内置多种原子间势(力场模型),可以实现原子、聚合物、生物分子、固态材料(金属、陶瓷、氧化物)、粗粒度体系的建模和模拟。该程序不仅可以模拟二维体系,还可以模拟三维体系,能够处理多达数百万甚至数十亿粒子的分子体系,具有模拟效率高、计算时间短等优点。LAMMPS 程序具有良好的用户界面,用户可以自由修改或扩展新的力场模型、原子类型、边界条件等以满足课题研究需求。LAMMPS 可以在单个处理器的台式和笔记本计算机上运行,并保持较高的计算效率,但是它是专门为并行计算机设计的。它可以在任何一个安装了 C++编译器和 MPI 的系统上运算,这其中当然包括分布式和共享式并行机和 Beowulf 型的集群机。LAMMPS 的部分功能还支持 OpenMP 多线程、矢量化和 GPU 加速。通常意义上来讲,LAMMPS是根据不同的边界条件和初始条件对通过短程和长程力相互作用的分子、原子和宏观粒子集合对它们的牛顿运动方程进行积分。这使LAMMPS成为进行分子动力学研究的重要工具。

二、GROMACS程序

GROMACS程序(Groningen machine for chemistry simulation)是一款集成了高性能分子动力学模拟和结果分析功能的免费开源软件,高度优化的代码使GROMACS成为迄今为止分子模拟速度最快的程序。该软件能够模拟具有数百至数百万个粒子的系统的牛顿运动方程。GROMACS旨在模拟具有许多复杂键合相互作用的生化分子,如蛋白质、脂质和核酸。另外,GROMACS在计算非键作用方面表现出色,因此也可用于生物体系,如聚合物、某些有机物、无机物等。GROMACS于20世纪90年代初诞生于哥廷根大学Berendsen实验室,最初旨在开发一个并行的分子动力学软件,初版功能主要基于van Gunsteren实验室和Berendsen实验室开发的串行动力学软件GROMOS。虽然与GROMOS有很深的渊源,GROMACS诞生之后两个软件各自独立发展,分别由Berendsen实验室和van Gunsteren实验室维护和开发,在功能和特性上也渐趋不同。van Gunsteren实验室侧重于与GROMOS同名的力场的开发,Berendsen实验室则在动力学软件本身的开发,尤其是性能提升方面取得了显著进展。从2001年开始,GROMACS的开发维护工作由瑞典皇家理工学院(KTH)的生命科学实验室主导。GROMACS主体代码使用C语言,近年来正逐步过渡到C++,代码开源。在发展历程中GROMACS一直强调性能优化,其运行效率,尤其是单机计算效率,在多个基准中明显优于几个主流同类软件。时至今日,凭借高度优化的计算性能和开放的代码,GROMACS赢得了众多用户,使之成为目前生物系统分子动力学模拟领域中最常用的软件。

三、Amber程序

Amber程序是一款专为模拟蛋白质、核酸、糖等生物大分子的分子动力学软件,包括拥有一套模拟生物分子的分子力场和分子动力学模拟程序包。Amber 分子动力学模拟软件由两个主要部分组成:AmberTools22 和 Amber22。AmberTools22(开源的)包含多个独立开发的软件包,这些软件包可以单独使用,也可以与 Amber22 结合使用。

该套件还可以用于使用显式水模型或广义 Born 溶剂模型进行完整的分子动力学模拟,主要组件包括:

Leap:用于准备分子系统坐标和参数文件,有 xleap 和 tleap 两个程序;xleap 是 X-windows 版本的 Leap,带 GUI 图形界面;tleap 是文本界面的 Leap。

Antechamber:加载生成部分缺失的力学参数文件。

Sander:分子动力学模拟程序,被称作 AMBER 的大脑程序。

Ptraj:分子动力学模拟轨迹分析程序。

Amber22(商业版)是在 AmberTools22 的基础上构建的,增加了 PMEMD 程序,支持图形处理器(GPU)加速。该程序与 AmberTools 中的 sander(分子动力学)类似,但在多个中央处理器(CPU)上提供了更好的性能,并在 GPU 上显著提高了速度。

总体而言,AMBER 程序凭借其丰富的功能和高效的性能,成为研究生物大分子动力学的重要工具。

四、Moltemplate 程序

Moltemplate 是 LAMMPS 官方支持的建模工具之一,既可以建立粗粒化模型,也可以建立全原子模型。Moltemplate 创建了一种简单的文件格式来存储分子定义和力场,即模板 LT,其中 LT 文件包含与特定分子有关的所有信息(包括坐标、拓扑、角度、力场参数、shake 约束、k 空间设置,甚至组定义)。Moltemplate 支持从 ATB 分子数据库下载适用于目标分子的 LT 文件,用户也可以手动创建 LT 文件。此外,它兼容多种现有力场类型,包括 OPLS、AMBER(GAFF、GAFF2)、DREIDING、COMPASS、LOPLS(2015)、EFF、TraPPE(1998)、MOLC、mW、ELBA(water)、oxDNA2。Moltemplate 允许用户复制和自定义分子,并将其作为构建更大、更复杂分子的基础。在构建完成后，用户可以进一步自定义单个分子及其亚基（原子和键），并进行插入、移动、删除或替换子单元的操作。Moltemplate支持所有LAMMPS力场样式以及几乎所有原子样式。Moltemplate目前可与以下软件进行联用：VMD、PACKOL、OVITO、CellPACK、VIPSTER、EMC和OpenBabel。总体而言，Moltemplate是一个强大的工具，能够高效地帮助用户建立和模拟各种复杂的分子系统。

五、OpenMM 程序

OpenMM是一个高性能的分子模拟工具包，既可以用作运行模拟的独立应用程序，也可以用作库被其他程序调用。OpenMM集合了极高的灵活性（自定义功能）、开放性和高性能（通过GPU加速以及AMD、NVIDIA和Intel集成GPU的优化实现了卓越的性能）、安装简单等众多优势，使其在仿真软件中独树一帜。OpenMM软件架构设计更加模块化，也易于扩展。同时在底层的核心程序都使用C++编写，用户交互及力场参数的处理则采用了Python编写。既保证了计算性能的同时也使得使用更加便捷易懂。目前，OpenMM大多用于生物体系的模拟当中，同时也支持CHARMM、Amber、Drude等大多数常用力场。整体而言，OpenMM是一个功能强大且用户友好的分子模拟工具，适用于多种研究需求。

六、Tinker 程序

Tinker软件包是由杰伊·威廉·庞德教授开发的一个全面的分子模拟软件包，涵盖分子建模、分子力学、分子动力学的计算，具有一些特殊的生物高分子特性。Tinker支持多种常用的力场，包括Amber（ff94、ff96、ff98、ff99和ff99SB）、CHARMM（19、22、22/CMAP）、Allinger MM（MM2-1991和MM3-2000）、OPLS（OPLS-UA和OPLS-AA）、Merck分子力场（MMFF）、Liam Dang的可极化模型，以及AMOEBA（2004、2009、2013、2017和2018）可极化原子多极矩力场。此外，Tinker还支持考虑电荷穿透效应的AMOEBA+和新型的HIPPO（类氢原子间极化势)力场。未来,Tinker 将集成更多类型的力场。整体而言,Tinker 提供了灵活的功能和广泛的力场选择,使其成为分子模拟领域中一个重要的工具。

七、CHARMM 程序

CHARMM 程序(chemistry at Harvard macromolecular mechanics)是一个广泛应用于多粒子系统的分子动力学模拟程序,提供了一套全面的能量函数集和多种增强采样方法,并支持多尺度模拟,包括量子力学/分子力学(QM/MM)、分子力学/粗粒化(MM/CG)以及多种隐式溶剂模型。CHARMM 于 20 世纪 70 年代末诞生于 Martin Karplus 小组,其前身正是历史上首次尝试基于蛋白质结构计算能量所使用的程序。该程序最初基于 Lifson 的 consistent force field(CCF),后来在布鲁斯·盖林和安迪·麦克坎蒙等的发展下,逐渐演变为一个涵盖从结构到相互作用再到动力学模拟的完整方法体系,1983 年正式发表文章。CHARMM 与蛋白质的计算机模拟发展史息息相关,同时也是领域内历史最悠久、使用最广泛的一种力场的名称。数十年来,CHARMM 软件及力场与生物大分子的动力学模拟方法一直同步发展,参与的开发人员来自世界各地,而主要贡献者多半曾是马丁·卡普勒斯的学生或博士后合作者。软件主要使用 Fortran 开发,现有代码量约百万行。由于参与软件开发的人员大部分同时也是算法本身的开发者,该软件集成了生物大分子动力学模拟领域的各种前沿算法。总的来说,CHARMM 在生物大分子模拟领域扮演着重要角色,以其丰富的功能和强大的灵活性,成为研究人员的重要工具。

八、Material Studio 程序

Material Studio 程序由美国 Accelrys 公司开发,推出的基于计算机平台的材料模拟软件,其操作简单,功能强大。图形化的操作界面容易上手,在构建模型方面有着得天独厚的优势。在本文用到的软件模块及功能见表 4-2。

表 4-2 本文模拟过程中用到的相关软件模块及其功能

模块名称	模块功能
材料可视化工具(materials visualizer)	搭建分子、晶体、界面、表面、高分子材料结构、纳米团簇、介观尺度结构模型。可由所建立的分子图形,结合该软件内含的化学数据库,找出最低的能量构型
无定形模块(MS. Amorphous Cell)	主要建立模拟盒子,模拟计算与分析非晶形聚合物系统
分子力学与动力学模块(MS. Forcite)	为 Material Studio 软件的核心计算模块,可以对模拟体系进行力学性能计算、内聚能密度(CED)计算、退火模拟、均方位移、扩散系数等性质计算与分析

第四节　分子动力学的计算参数和结果

一、主要的输入参数

模拟时间:模拟时间是分子动力学仿真中总的求解分子运动方程的时间长度,通常在 1~1000ns 之间,这一时间范围取决于分子体系的特征时间尺度。模拟时间的选择要保证分子体系达到平衡态或稳态,同时考虑计算目的和资源消耗。

温度控制:温度控制是分子动力学仿真中对分子体系的温度进行调节和维持的方法,一般采用热浴、恒温器、耦合器等方法,以模拟不同的热力学系综。温度控制的选择要保证分子体系的热力学一致性,同时考虑计算目的和资源消耗。

压力控制:压力控制是分子动力学仿真中对分子体系的压力进行调节和维持的方法,一般采用体积调节、恒压器、耦合器等方法,以模拟不同的热力学系综。压力控制的选择要保证分子体系的热力学一致性,同时考虑计算目的和资源消耗。

在分子动力学仿真中,模拟时间、温度控制和压力控制是确保仿真结果准确性和可靠性的关键因素。合理选择这些参数,可以有效提高计算效率和结果的科学性。

二、主要的输出结果

分子的轨迹和快照:分子的轨迹是分子的位置、速度、加速度等随时间的变化,分子的快照是分子在某一时刻的位置、速度、加速度等。分子的轨迹和快照可以用来观察分子的运动和演化过程,以及分子的构象和稳定性。

分子的能量和温度:分子的能量包括动能、势能及总能量,且这些能量会随时间变化。分子的温度可以通过分子的平均动能与玻尔兹曼常数的比值来计算,这一关系反映了分子运动的热力学特性。

除了轨迹和能量之外,还可以求得多种物理量,包括压力、能量、熵、热容、化学势、扩散系数、黏度、弹性模量、介电常数、极化率、光谱、电导率等。对这些物理量的计算与分析,能够深入理解分子体系的性质及其相互作用。

第五节 分子动力学的后处理方法及可视化

一、分子动力学后处理方法

(一)均方位移和扩散系数

均方位移(mean square displacement,MSD)指的是粒子随时间移动后的位置相对于参考位置的偏差的量度。当观测时间趋于无穷大时,MSD 与极限观测时间成正比。根据爱因斯坦扩散定律,扩散系数 D 可由相对应的分子的均方位移确定,即:

$$\mathrm{MSD} = R(t) = \langle |r(t) - r(0)|^2 \rangle \tag{4-41}$$

$$D = \lim_{t \to \infty} \left\langle \frac{|r(t) - r(0)^2|}{6t} \right\rangle \tag{4-42}$$

式中,$r(0)$ 和 $r(t)$ 分别为粒子在模拟过程中的起始位置和最终位置;尖括弧< >代表均方位移的系统平均。

当时间 t 足够大时,扩散系数可转化为下式:

$$D = \frac{R(t)}{6t} = \frac{k}{6} \tag{4-43}$$

式中,k 为分子模拟得到的均方位移值对时间 t 所作曲线拟合得到的斜率。

(二)径向分布函数

径向分布函数(radial distribution function,RDF)指的是一种用来描述系统中粒子之间分布的函数。径向分布函数的表达式如下:

$$g(r) = \frac{dN_B}{4\pi\rho r^2 dr} \tag{4-44}$$

式中,N_B 为 B 类原子的数量;ρ 为数密度;$g(r)$ 为在与 A 类原子给定距离上找到 B 类原子的局部概率。

二、可视化方法

(一)可视化分子动力学(VMD)

可视化分子动力学(visual molecular dynamics,VMD)是一款用于研究分子系统的计算机程序。它提供了丰富的可视化和分析工具,使科学家能够更好地理解分子的结构、动力学和相互作用。VMD 广泛应用于生物物理学、材料科学、计算化学等领域,帮助研究人员可视化和分析分子模拟的结果。

VMD 的主要功能包括:

分子可视化:VMD 可以将分子结构以三维模型的形式展示分子结构,帮助研究人员直观地观察和分析分子的几何结构、构象变化和相互作用。

动力学模拟分析:VMD 支持分析分子动力学模拟的结果,如轨迹动画、分子中的能量、键长、键角等属性的变化情况。

分子表面绘制:VMD 可以生成分子的表面网格,帮助研究人员更好地理解分子的表面形态和特征。

分子插值:VMD 提供了插值算法,可以根据已知结构生成中间结构,从而观察分子构象变化的过程。

分子系统建模：VMD 支持从头开始构建分子系统，包括添加原子、分子、离子等，并进行优化和能量最小化。

分子动力学模拟：VMD 集成了多种分子动力学模拟引擎，如 NAMD、AMBER、CHARMM 等，可以进行分子动力学模拟和计算。

通过这些功能，VMD 成为研究分子系统的重要工具，为科研人员提供了强有力的支持。

（二）开放可视化工具（OVITO）

OVITO（open visualization tool）是一个针对原子和粒子模拟数据的科学可视化和分析软件。它帮助科学家更好地了解材料现象和物理过程。作为一款开源软件，OVITO 可以在所有主要平台上免费使用，逐渐成为计算仿真研究中重要的工具。它已在越来越多的计算仿真研究中发挥作用，相对于 VESTA、VMD 等软件，消耗内存小，导入大体系运行流畅。正则表达式功能使得 OVITO 对结构的操作灵活自由，增强了用户的操作能力。丰富的内置函数使其具有强大的分析功能，方便研究人员进行复杂数据的处理与分析。

第六节　小结

本章首先对分子动力学模拟方法的基本原理进行了介绍，随后概述了该领域的发展历程及相关理论。内容中详细介绍了原子间几种常见的相互作用势、求解算法的概念和功能、模拟过程中的边界条件以及合适积分步长的重要性。分子动力学基本工作步骤首先是建立分子模型，选择合适的分子模型，包括分子的类型、数量、位置、速度等初始条件，以及分子的边界条件、周期性条件等约束条件。其次选择合适的分子势函数，描述分子间的相互作用力和势能，以及分子的内部结构和振动。分子势函数的形式和参数取决于分子的性质和体系的复杂度，常见的有经典力场、半经验力场、量子力场等。然后是求解分子运动方程,利用数值方法求解分子运动方程,得到分子的位置、速度、加速度等随时间的变化,以及分子的动能、势能、总能等随时间的变化。最后分析分子动力学结果,利用统计分析、可视化、后处理等方法,分析分子动力学结果,以获得分子体系的热力学、动力学和统计性质,并探讨分子间的相互作用和协同效应。

通过这些步骤,研究人员能够有效地模拟和分析分子系统,为理解材料的微观行为提供重要的支持。

―――――― **参考文献** ――――――

第五章　棉纤维的力学性能与微观特性

第一节　概述

棉纤维作为一种重要的天然纤维,其物理性能主要包括吸湿性能、机械性能、电性能和热性能。其中,机械性能,尤其是拉伸性能,被认为是纤维的关键特性之一。拉伸性能直接影响到纤维的应用领域,包括纺织品的生产和最终产品的质量[1]。在纺丝和加工过程中,棉纤维的拉伸性能在很大程度上决定了最终产品的品质。例如,具有较强拉伸性能的棉纤维更容易在清洗过程中完成纤维间的分离,从而提高棉花的清洁度和品质。

棉纱线和织物的拉伸性能依赖于两种复杂的棉纤维排列,这些排列不仅取决于棉纤维的物理结构,还受到棉纤维内部微观结构的影响[2]。棉纤维的主要成分是纤维素,其含量在90%以上。纤维素是一种多糖,通过多个葡萄糖分子反应形成纤维二糖后再聚合而成。这种结构赋予了纤维素链刚性,并与高纤维性、晶体结构和广泛的分子间及分子内氢键相结合,成为影响棉纤维拉伸性能的重要因素之一[3]。这些微观特性不仅决定了棉纤维的强度和韧性,还与棉纤维的断裂损伤机制密切相关。

了解棉纤维的拉伸性能及其断裂机制对于掌握棉纱线和棉织物的力学行为至关重要。纤维的断裂不仅是由于外部负荷造成的,也与纤维的内部缺陷、结构不均匀性以及环境因素如湿度和温度等密切相关。通过对棉纤维的断裂机制进行深入研究,可以为提高棉纤维的强度和耐用性提供理论依据。

为了探究棉纤维的力学行为,提升产品质量并推动棉纤维在采收和加工中的广泛应用以及更高档次的产品开发,本文采用实物实验的方法,结合多种表征手段,深入分析棉纤维的力学行为。这些表征手段包括但不限于力学性能测试、扫描电子显微镜(SEM)观察、红外光谱分析等,以全面了解棉纤维的物理特性和结构特征。

本文的研究不仅有助于提升棉花品种的培育水平,还为资源的开发利用及棉纤维的质量检验提供重要指导。通过优化棉纤维的种植和加工工艺,期望能够促进高品质棉纤维的生产,为纺织行业提供更强的竞争力和可持续的发展潜力。最终,棉纤维将能够更好地适应市场需求,推动高档纺织品的开发与应用,提升整体产业价值。

第二节 棉纤维力学性能的表征与分析

棉纤维因其独特的结构和性能,在纺织工业中占据着重要地位。尤其是棉纤维的力学性能,直接影响着棉纺织品的质量和使用体验。近年来,随着科学技术的发展,棉纤维力学性能的研究已从宏观层面深入到微观层面,从单根棉纤维的研究扩展到多根棉纤维的分析,研究方法也愈加多样化。棉纤维在采收、加工和最终的纺织制品使用过程中,会受到拉伸、弯曲、压缩和摩擦等多种外力的影响。其中,拉伸是最基本的受力形式之一,过度的拉伸可能导致纤维的力学性能显著降低[4]。纤维力学性能在纺织行业是考核纤维质量好坏的一项重要指标,它直接关系到纺织品的质量和使用寿命。因此,深入探究棉纤维的力学性能尤为重要。

棉纤维力学性能受多种因素影响[5-8],相关研究多集中在单一条件下对棉纤维力学性能及形态研究。本文旨在深入理解棉纤维的力学行为,采用多种实验方法,包括单根棉纤维力学测试、声发射监测、扫描电子显微镜(SEM)观察和响应曲面分析等。通过这些方法,能够从微观层面探究棉纤维的力学特性,包括断裂强度、弹性模量和断裂伸长率等参数,同时分析棉纤维直径、试样长度和拉伸速度等因素的影响。通过力学测试,对棉纤维的拉伸性能及形态变化进行测试分析,探讨不同条件下棉纤维的拉伸性能与形态变化之间的关系。

首先,在单因素试验中测试了不同纤维直径、不同拉伸速度、不同试样长度下单根棉纤维以及不同结构纤维的拉伸性能。在单因素分析的基础上,采用响应曲面法,以棉纤维的断裂强度为响应变量,设计了三因素三水平的试验,分析多因素交互作用的影响,并探讨拉伸过程中棉纤维的形态变化。通过比较单根与多根棉纤维的力学性能,本文进一步分析了棉纤维的拉伸特性及形态变化。最后,通过 SEM 观察了棉纤维断裂端口的形貌特征,识别出四种主要的断裂方式:直接断裂、轴向撕裂、扭转断裂和纤维丝间滑移断裂。这些断裂方式与棉纤维的微观结构和缺陷程度密切相关,为理解棉纤维的断裂行为提供了直观的证据。

一、棉纤维拉伸性能及形态分析

(一)不同直径单根棉纤维拉伸性能分析

在本拉伸实验下,为探究单根棉纤维直径对拉伸性能的影响,制备相同长度的棉纤维,制样方法在本书第三章的第二节已说明,并且选择同一拉伸速度对直径不同的单根棉纤维进行拉伸实验,分析其力学性能。

首先对棉纤维直径分布进行测试研究,随机抽取长绒棉新海 50 号精梳棉束,对其中 300 根棉纤维进行测试,其直径分布如图 5-1 所示。结果表明:同一束棉纤维样品中单根棉纤维直径是不均匀的,直径差异较大,基本呈现为正态分布,单根棉纤维平均直径在 17~18μm 出现的频率较高。

当拉伸速度为 2μm/s,试样长度为 1mm 时,不同纤维直径对单根棉纤维断裂强力的影响如图 5-2 所示,不同直径下单根棉纤维载荷—拉伸位移曲线如图 5-3 所示。可以看出,随着单根棉纤维直径的增大,断裂强力逐渐减小。实验过程中发现,不同直径棉纤维的形态在拉伸过程中差异性较大,主要原因是棉纤维的直径和棉纤维的成熟度密切相关,成熟度不同则棉纤维表面形态不

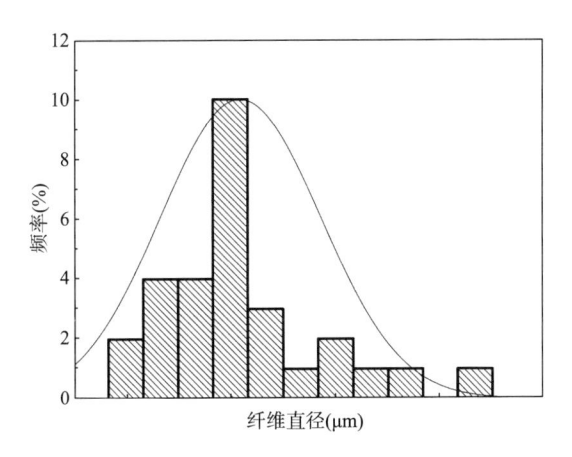

图 5-1 单根棉纤维直径分布图

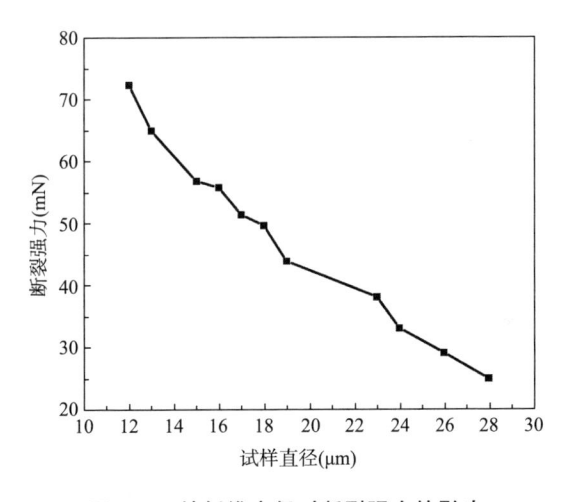

图 5-2 棉纤维直径对断裂强力的影响

同。棉纤维成熟度较低,形态呈扁平带状,直径较大,缺陷相对较多,轴向拉伸过程中,出现断裂的概率较高;成熟度相对较高时,其胞壁较厚,纤维中的单分子、基原纤、微原纤、原纤与巨原纤之间的距离越小且紧密,纤维形态呈棒状,直径较细,在轴向拉伸过程中,棉纤维内部受力的大分子链较多,因而断裂强力较大[9]。

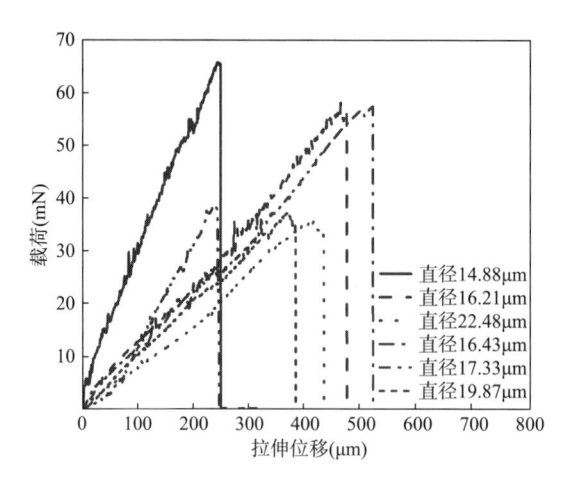

图 5-3 不同直径下单根棉纤维载荷—位移曲线

从图 5-3 可以看出,单根棉纤维的载荷—拉伸位移曲线呈现锯齿状,表现出明显的非线性特征。当棉纤维直径为 14.88μm 时,棉纤维的断裂强度最大,达到 66.13mN,同时伸长位移为 250μm。当棉纤维直径为 22.48μm 时,断裂强度降至 35.96mN,伸长位移则增至 431μm。在不同直径下,棉纤维的拉伸位移和断裂强度存在显著差异。

进一步分析,在直径为 16.21μm 时,棉纤维的断裂强度为 56.72mN,伸长位移达到 435.62μm;在 16.43μm 时,断裂强度略高,为 57.13mN,伸长位移增至 526.36μm。相比之下,纤维直径为 17.33μm 的情况下,断裂强度降至 38.57mN,伸长位移为 246.31μm;在 19.87μm 时,断裂强度为 36.42mN,伸长位移为 383.16μm。这表明,当纤维直径相差不大时,纤维的断裂强力相差不大,但其伸长位移明显不同。

当比较纤维直径为 14.88μm 和 17.33μm 时,发现它们的伸长位移相差不大。这表明,棉纤维直径对拉伸位移的影响具有不确定性。由于不同直径的棉纤维在表面形态、天然扭曲程度以及大分子链和微原纤的排列方式上存在差异,导致在轴向拉伸时,其大分子链的柔韧性不同[10],拉伸至断裂时位移也不同。

(二)不同长度单根棉纤维拉伸性能分析

通过上述直径对单根棉纤维拉伸性能分析后,继续探究不同长度单根棉纤维力学性能,将拉伸速度统一设置为 4μm/s,分别进行 200 组测试,将数据统计取其平均值。

分别制得长度为 1mm、3mm 和 5mm 的单根棉纤维对其力学性能进行分析。如图 5-4 所示,在相同直径为 11μm,试样长度为 1mm 时,棉纤维承受最大拉力为 45mN;试样长度为 5mm 时,棉纤维承受最大拉力为 31mN;试样长度为 3mm 时,棉纤维承受最大拉力为 36mN。发现随着棉纤维直径的不断增加,棉纤维断裂强力呈逐渐下降趋势,由此可知棉纤维长度对棉纤维拉伸性能有较大影响。出现这种情况的原因是,纤维长度越长,在拉伸过程中缺陷较集中,发生断裂往往在最薄弱的部位[11],纤维长度较小,在拉伸过程中缺陷相对较少,同时由于应力集中,纤维会在拉伸过程中产生滑移现象。当纤维在拉伸变形过程中连接到缺陷处,继续拉伸缺陷将逐渐加重,最终发生断裂。此阶段所需要的时间较长,产生的拉力也在不断增加[12]。因此,在拉伸过程中长纤维比短纤维更先发生断裂,同时长纤维平均断裂强力较小,韧性较差,容易发生断裂。

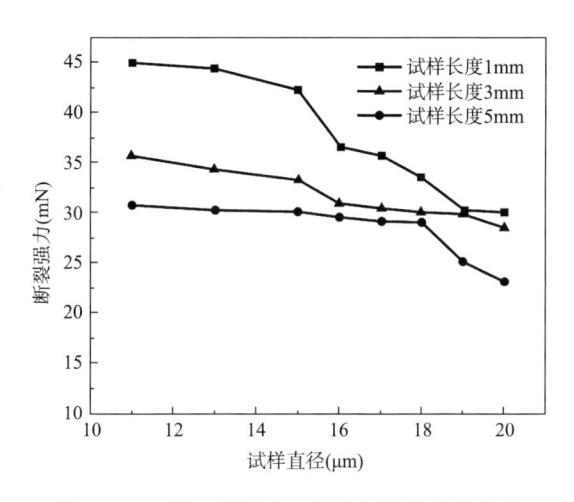

图 5-4 不同试样长度对纤维断裂强力的影响

纤维断裂的现象与纤维长度密切相关。较长的纤维在拉伸过程中缺陷通常较为集中,导致断裂往往发生在最薄弱的部位。相比之下,较短的纤维在拉伸时的缺陷相对较少,但由于应力集中,这些纤维可能会出现滑移现象。

当纤维在拉伸变形过程中遇到缺陷时,继续施加拉力会使缺陷逐渐加重,最终导致断裂。这一过程所需时间较长,且拉力也在不断增加。因此,长纤维在拉伸过程中更容易首先发生断裂,且其平均断裂强度通常较低,韧性较差,从而增加了断裂的风险。

图 5-5 显示了棉纤维的断裂强度、弹性模量与试样长度的关系。通过大量试验发现,试样长度和直径相对较小的棉纤维具有较大的韧性和初始模量[13]。随着棉纤维直径的增大,断裂强度和弹性模量呈现递减的趋势。如图 5-5(a)所示,当棉纤维直径为 11μm,试样长度为 1mm 时,棉纤维平均弹性模量最大为 19.64MPa。试样长度为 5mm 的棉纤维平均弹性模量最小为 4.51MPa。在相同试样长度下,随着棉纤维直径的增大棉纤维平均弹性模量也都呈递减趋势,由此进一步说明试样长度对棉纤维力学性能有很大影响。

(a) 试样长度与弹性模量关系

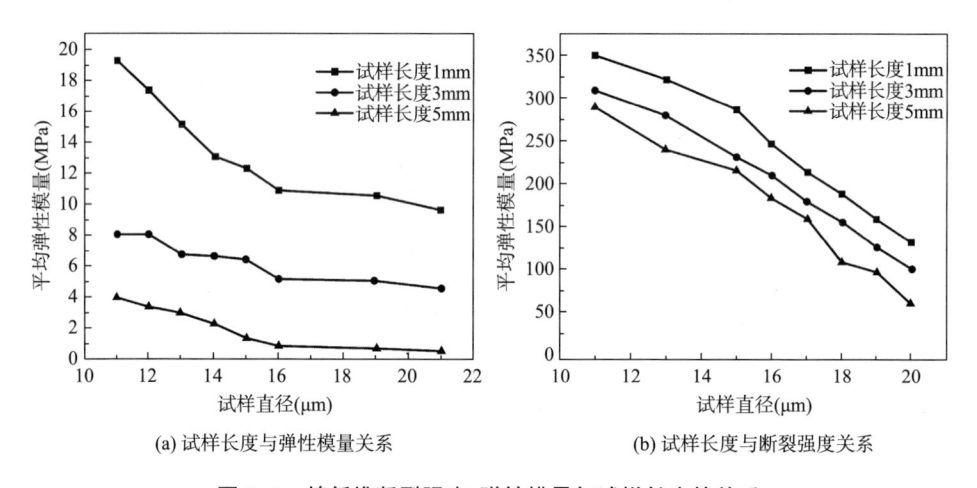

(b) 试样长度与断裂强度关系

图 5-5　棉纤维断裂强度、弹性模量与试样长度的关系

如图 5-5(b)所示,当棉纤维直径为 11μm,试样长度为 1mm 时,棉纤维的平均断裂强度最大为 350.23mN,试样长度为 3mm 时,断裂强度为 315.33mN,试样长度为 5mm 时,平均断裂强度最小为 286.51mN。由此发现,当棉纤维直径不同时,试样长度越短其平均断裂强度相对较大[14],这与弹性模量的变化关系较为一致。通过统计,总体来看随着试样长度增加棉纤维平均断裂强度的呈现递减趋势。但在实验过程中发现棉纤维断裂强度在测试中具有很大的变异性,表明试样长度的不同对棉纤维断裂强度有较大的影响。主要原因是试样长度不同,在测量棉纤维直径时选择不同位置处进行15次测量求取平均值,其值并不能准确代表棉纤维每一处的直径,当棉纤维在拉伸过程中,直径相对较小处会由于内部细小的纤维丝发生滑移而变宽,较宽处向两边延伸使得棉纤维出现缺陷的频率较大,最终造成棉纤维的力学性能有很大的变化。因此,每根棉纤维断裂强度在测试中存在较大的差异。

1. 棉纤维拉伸力学性能的传统 Weibull 分布模型分析

在试验过程中发现不同长度的棉纤维其断裂强度离散性较大,同时棉纤维断裂伸长前的程度也有较大差异,为了表征不同长度下棉纤维强度的离散程度,引入传统的威布尔(Weibull)分布模型来进行分析。

威布尔分布模型常用在材料由于缺陷和应力集中导致失效、评定可靠性及寿命问题。传统的威布尔分布模型主要有3种形式,分别是:单参数函数模型、双参数函数模型和三参数函数模型[15-16]。针对单根棉纤维强度的差异性时选择双参数函数模型,一方面验证双参数函数分布模型的适用性,另一方面了解威布尔分布模型与棉纤维力学性能之间的关系。

双参数威布尔分布模型为:

$$P = 1 - \exp\left\{-\left(\frac{\sigma}{\sigma_0}\right)^m\right\}, \sigma > 0, \sigma_0 > 0, m > 0 \tag{5-1}$$

式中,m 为威布尔形状参数;σ_0 为尺度参数。

密度函数为:

$$f = \left(\frac{m}{\sigma_0}\right)\left(\frac{\sigma}{\sigma_0}\right)^{m-1}\exp\left\{-\left(\frac{\sigma}{\sigma_0}\right)^m\right\} \tag{5-2}$$

在分析棉纤维强度分布时,采用最大似然估计方法,估计了不同试样长度下棉纤维断裂强度的威布尔模型参数。计算结果见表5-1。从表中可以看出,棉纤维试样长度与威布尔模量之间的关系：随着试样长度的增加，威布尔模量减小。m 表示材料强度的均匀性和材料的可靠性。m 越大，棉纤维的强度分散性就越小。因此，随着长度的增加，棉纤维材料的强度分散性越大，材料的均匀性就越差。这主要是由于棉纤维在自然生长过程中受到各种因素的影响，导致缺陷在内部和表面随机分布，包括宏观结构缺陷和微观结构缺陷[17]。根据威布尔最弱环节理论，纤维整体的强度和耐久性往往由最弱的部分决定。即使大多数部分具有良好的强度，任何一个较弱的部分都可能导致整个结构的失效。纤维中通常存在微小的缺陷，这些缺陷以随机的方式分布在纤维内部。缺陷的存在导致材料的强度不均匀，从而影响其整体性能。基于以上分析得出，棉纤维自身缺陷及其分布的随机性是导致不同试样长度下棉纤维强度的显著不一致和分散的直接原因。图 5-6 显示了传统威布尔分布模型下的棉纤维断裂强度分布，从图中看出棉纤维断裂强度值几乎在两条置信曲线内部，数据呈现出较好的线性分布特征。由此表明棉纤维的拉伸断裂强度较好的符合威布尔分布。

表 5-1 威布尔分布模型的参数估计

试样长度（mm）	m	σ_0
1	3.247	229.20
3	3.197	219.63
5	3.076	210.45

2. 棉纤维的理论强度

利用威布尔分布函数的变形式(5-3)可以计算棉纤维的断裂强度。

$$\overline{\sigma}_{\delta \text{Weibull}} = \sigma_0 \Gamma \left(1 + \frac{1}{m}\right) \tag{5-3}$$

采用式(5-3)对不同试样长度的断裂强度值计算见表 5-2。从表中可以看出，棉纤维断裂强度值与试样长度具有相似的关系：随着试样长度的增加，棉纤维强度逐渐降低。这是因为试样的测试长度越长，纤维中出现缺陷的概率就越大，而纤维的断裂往往发生在纤维的缺陷或薄弱点处。因此，随着试样长度的

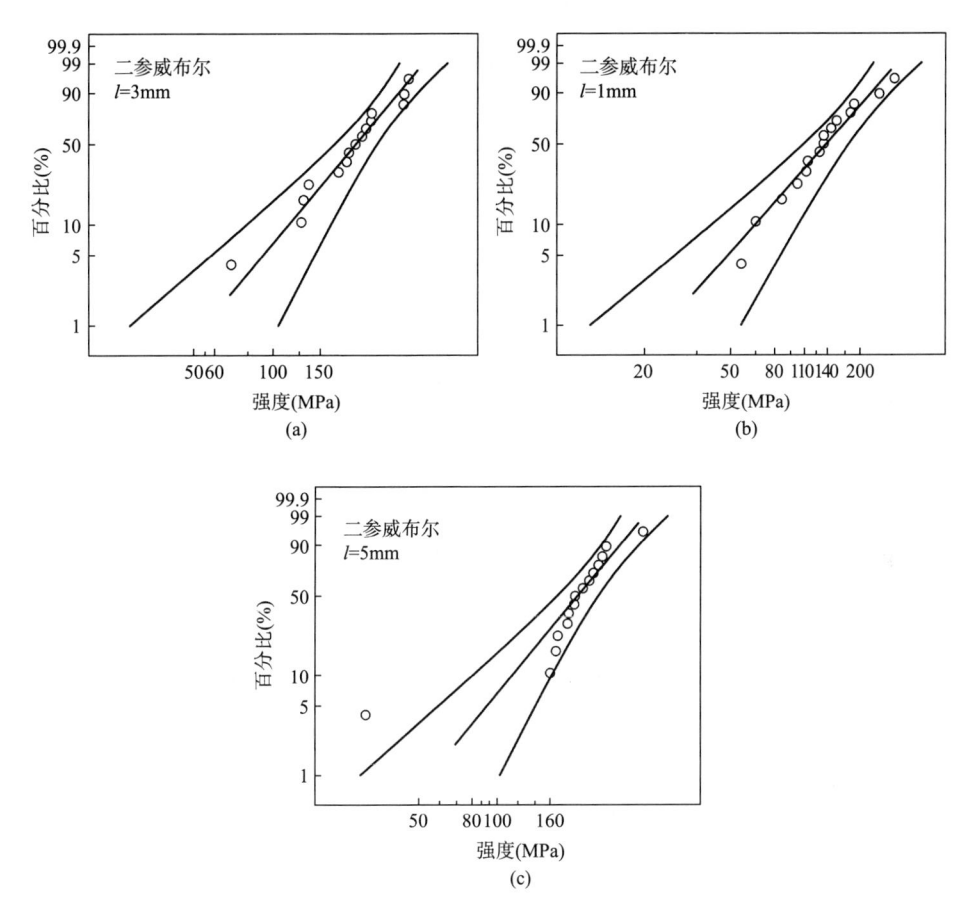

图 5-6 传统威布尔分布模型下的棉纤维断裂强度分布

增加,纤维更容易断裂,强度也变低。表 5-2 中计算的强度值之间的关系如下：$\overline{\sigma} > \sigma_{2\text{Weibull}}$。可以看出,二参数威布尔可以准确地描述棉纤维的断裂强度分布,并能够预测棉纤维的断裂强度指数。

表 5-2 棉纤维在不同试样长度下的理论断裂强度

试样长度（mm）	平均断裂强度（MPa）
1	199.820
3	176.890
5	140.264

(三) 不同拉伸速度下单根棉纤维拉伸性能分析

探究不同拉伸速度对单根棉纤维拉伸性能时,选取相同长度的棉纤维(1mm),拉伸速度分别为 2μm/s、4μm/s、6μm/s,分别进行 200 组测试,将数据统计取其平均值。

如图 5-7 所示,当棉纤维直径为 11μm,拉伸速度为 6μm/s 时,棉纤维的断裂强度达到最大值 66.42mN;而当拉伸速度降低至 2μm/s 时,断裂强度降至 44.33mN;当拉伸速度为 4μm/s 时断裂强度为 46.21mN。这表明,在试样长度相同的情况下,棉纤维直径和拉伸速度越大,棉纤维的断裂强度也越高。原因是在相同的试样长度和直径下,拉伸速度较大时,在拉伸过程中单根棉纤维直径方向会逐渐变窄。当直径较大处延伸到直径较小处时,直径变化逐渐较为缓慢,直至发生断裂。试验发现,棉纤维的断裂点处与棉纤维平均直径之间没有相关性。棉纤维断裂处不是棉纤维直径的最小或最大处,而是随机的主要取决棉纤维本身的缺陷分布,且棉纤维缺陷是随机分布的。造成这种缺陷存在的主要原因是,在采收及精梳过程中的棉纤维,可能存在天然的短纤维,也可能含有较长的未成熟纤维已经发生断裂,引起了较多的短纤维,同时棉纤维表面附着较多的棉结[18]。

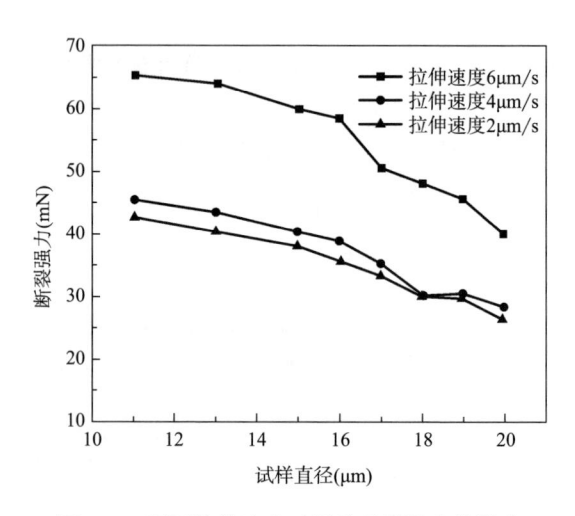

图 5-7 不同拉伸速度对纤维断裂强力的影响

如图 5-8 所示,当棉纤维长度都为 1mm 时,随着拉伸速度的增加,单根棉纤维的平均弹性模量和平均断裂强度都呈现递增趋势,且变化幅度相对缓慢。当棉纤维直径为 11μm,拉伸速度为 6μm/s 时,棉纤维的平均弹性模量值为 23.25MPa,平均断裂强度值为 410.23MPa;拉伸速度为 2μm/s 时,其平均弹性模量和平均断裂强度都较小。在试样长度都为 1mm,拉伸速度为 2μm/s,随着棉纤维直径的增大,其平均断裂强度和平均弹性模量都呈递减趋势。说明棉纤维拉伸速度对棉纤维力学性能有影响,速度大小的选择要根据棉纤维长度和直径来决定。当棉纤维直径较小,长度和速度都较大时,棉纤维的拉伸性能较低。这也是在织造过程中需要设置适合纺织工艺参数的一个重要原因,其目的是减少纤维断裂损伤,提高纤维力学性能,从而提升纺织产品质量以增加效益。

(a) 拉伸速度与弹性模量关系

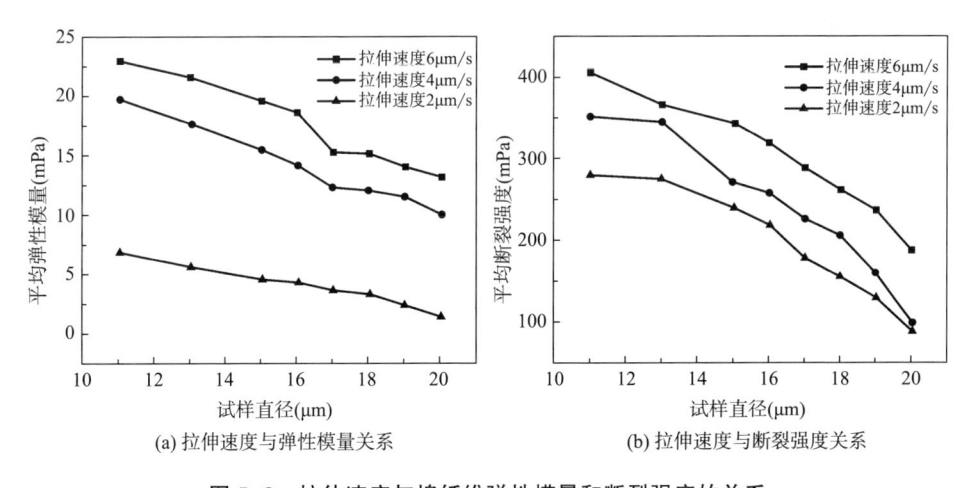

(b) 拉伸速度与断裂强度关系

图 5-8 拉伸速度与棉纤维弹性模量和断裂强度的关系

1. 拉伸速度和试样长度对单根棉纤维断裂强力的影响

当单根棉纤维直径在 (18±0.2)μm 时,不同拉伸速度和试样长度下的单根棉纤维断裂强力测试结果如图 5-9 所示。可以看出,当试样长度一定时,单根棉纤维断裂强力随着拉伸速度的增大而增大;当拉伸速度一定时,单根棉纤维断裂强力随着试样长度的增加而减小。试样长度为 1mm,拉伸速度为 2μm/s 时,单根棉纤维断裂强力最小,为 38.48mN;拉伸速度为 6μm/s 时,其断裂强力最大,为52.63mN。在相同拉伸速度为2μm/s时,试样长度为7mm时,断裂强力最小,为31.16mN;试样长度为1mm时,断裂强力值最大,为38.48mN。主要原因是棉纤维的截面和结构在长度方向上是不均匀的,同一棉纤维各个部分的强度也不同。纤维断裂发生在纤维的最弱点。纤维长度越长,在拉伸过程中检测到最弱部分的概率就越大,由于应力集中此处,细小的纤维丝发生断裂,加速纤维界面的分离[19-20],最终在拉伸过程中长纤维比短纤维先发生断裂,且断裂强力较小。拉伸速度越大,拉伸至断裂的时间较短,在拉伸过程中单根棉纤维较小的缺陷沿着拉伸方向瞬时弥补,大量缺陷聚集,裂缝逐渐增多[21],直到当棉纤维受力达到极限,棉纤维最终断裂。因此,其断裂强力较大。

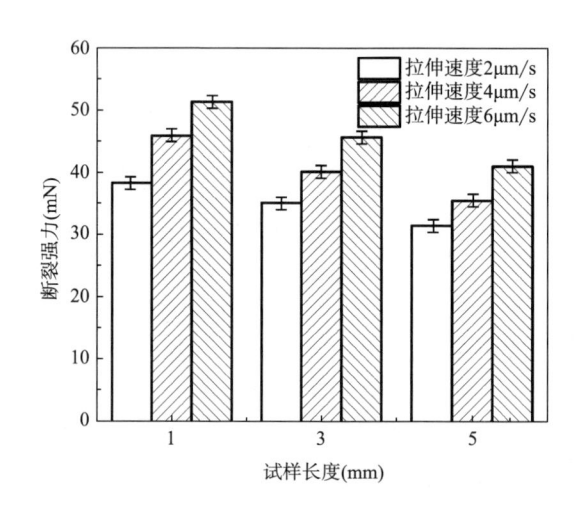

图 5-9　拉伸速度和试样长度对单根棉纤维断裂强力的影响

2. 拉伸速度和试样长度对单根棉纤维断裂伸长率的影响

当单根棉纤维直径在(18±0.2)μm时,不同拉伸速度和试样长度下的单根棉纤维断裂伸长率测试结果如图5-10所示。可以看出,当试样长度为1mm和3mm时,单根棉纤维的断裂伸长率与拉伸速度的增加无明显规律。当试样长度为5mm和7mm时,单根棉纤维的断裂伸长率随着拉伸速度的增加而增大。在拉伸速度相同情况下,随着试样长度的增加,单根棉纤维断裂伸长率呈增加趋势。可以发现,在低载荷下,单根棉纤维断裂伸长率与拉伸速度没有较大影响,而与试样长度有一定关系。主要原因是棉纤维在低速拉伸时,棉纤维最薄弱部位发生断裂,其余部位的伸长相对较小,断裂伸长率较低,但并无明显的变化规律。随着试样长度的增加,单根棉纤维平均断裂伸长率逐渐增加。主要原因是试样长度越长,棉纤维各处的结构差异越大,在拉伸过程中,棉纤维大分子排列紧密的地方受到载荷,棉纤维被逐渐拉长,分子结构排列紧密处,会不断延伸到较弱的部位进行"填充",从而使伸长长度增加。

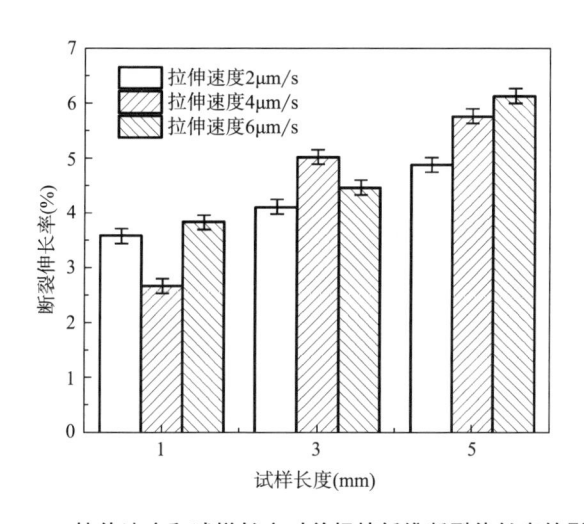

图 5-10 拉伸速度和试样长度对单根棉纤维断裂伸长率的影响

(四)不同纤维结构拉伸性能分析

通过前节试验分析了棉纤维的力学性能受纤维直径、试样长度和拉伸速度的影响。结构决定性能,不同纤维结构的拉伸性能也具有较大差异[22-23]。因此,本小节从不同纤维结构的角度出发,分析不同纤维的拉伸性能,并与原棉纤维进行对比。

试验材料为原棉纤维、亚麻纤维和黏胶纤维。在相同试样长度都为 1mm,直径为 (21±0.1)μm,拉伸速度为 6μm/s 条件下,以同样的测试方法进行拉伸性能测试,每组测试 100 次。

图 5-11 所示为亚麻纤维、黏胶纤维和原棉纤维的形态结构。图 5-11(a) 为亚麻纤维,表面有很多层状沟槽且有较多麻结。图 5-11(b) 为黏胶纤维,纤维表

面较细且相对光滑。图 5-11(c)为原棉纤维,具有独特的天然转曲结构。这三种不同的纤维结构有较大的差异,在拉伸测试过程中棉纤维转曲不断解捻发生变化,而亚麻纤维和黏胶纤维是沿着两边轴向方向伸长,其余并无变化,这与棉纤维拉伸力学行为有很大的不同。

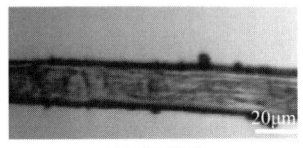

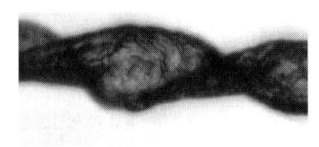

(a) 亚麻纤维　　(b) 黏胶纤维　　(c) 原棉纤维

图 5-11　亚麻纤维、黏胶纤维和原棉纤维形态

通过对纤维结构拉伸测试中得到载荷—位移曲线,如图 5-12 所示。拉伸特性曲线上可以看出,在起始阶段,亚麻纤维斜率较大,黏胶纤维次之,原棉纤维最低,说明亚麻纤维的弹性模量较高抗拉强度较好,相比于棉纤维与黏胶纤维更加不易撕裂,正如生活中常用麻纤维来制作高档衣着原料、电线包皮、橡胶品内衬等产品。在屈服阶段,亚麻纤维伸长位移最大黏胶纤维次之棉纤维最小。亚麻纤维曲线表现较大的浮动,主要原因是亚麻纤维结构的横截面具有由原纤维组成的层状轮状结构。原纤维层由许多平行排列的原纤维组成,这些原纤维在加工过程中产生较多的缺陷。曲线上呈现较多锯齿状表明更多的缺陷发生,亚麻纤维内部微原纤等结构在被破坏。通过大量试验得出亚麻纤维的刚性远远大于棉纤维和黏胶纤维。黏胶纤维与原棉纤维很好地符合纺织纤维典型的力学特性曲线。

如图 5-12(b)、(c)所示,原棉纤维和黏胶纤维的负荷伸长曲线与延伸轴略有倾斜。这两种纤维的拉伸曲线准确表征了其在拉伸过程中的不同力学行为,主要由三个阶段组成。

纤维拉伸的初始阶段:在这个阶段,应力开始施加,纤维的变形主要源于大分子链本身的拉伸,包括键角变形和链间剪切变形。此时,拉伸曲线接近于直线,基本符合胡克定律。屈服阶段:随着外力不断增加,部分大分子链被拉直,单根纤维丝断裂并逐渐产生滑移位错。此时,纤维经历显著变形,进入屈服区。

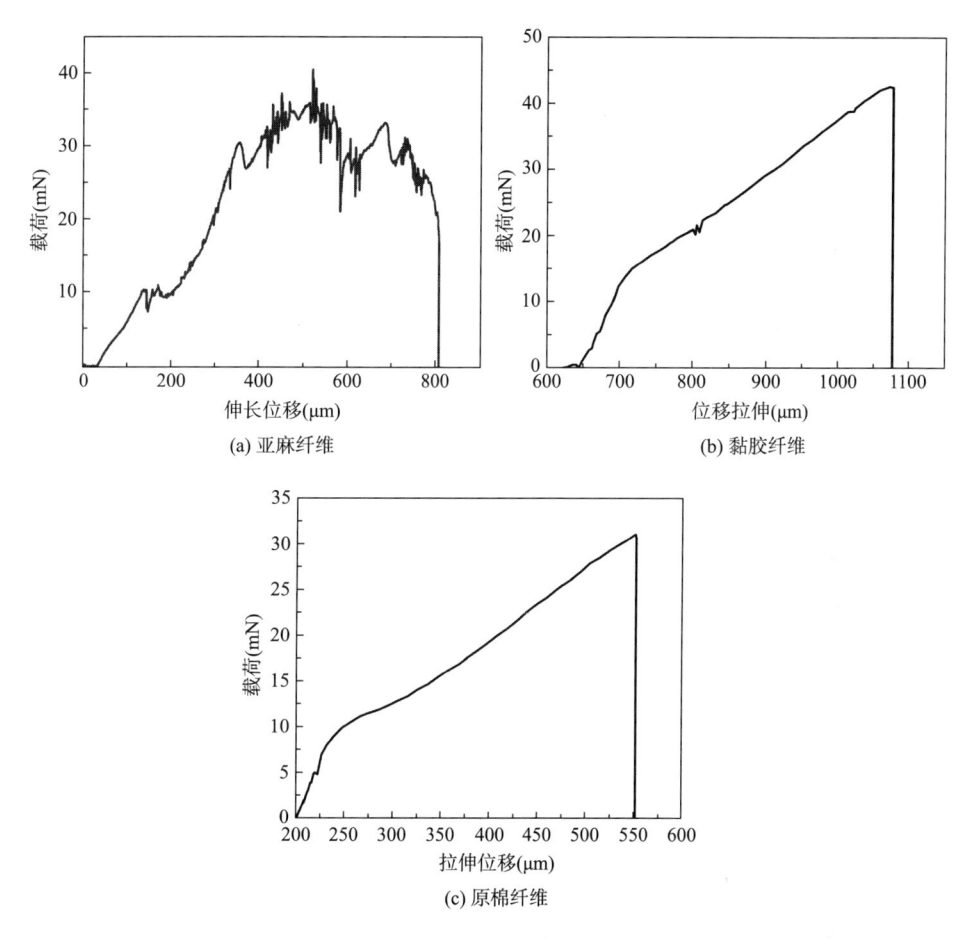

图 5-12 不同纤维拉伸特性曲线

屈服后阶段：在这个阶段，错位和滑移的纤维大分子链趋于直线和平行，取向度增加，大分子间距接近。继续施加拉力会导致大分子主链断裂，最终造成纤维的彻底断裂。与对精梳棉纤维进行的拉伸性能测试相比，棉纤维的拉伸曲线在初始阶段表现相似，均为纤维伸直。然而，当继续施加拉力时，精梳棉纤维的力学特性曲线呈现出直线增长趋势，与原棉相比，其弹性模量较小。这表明原棉纤维的韧性相对较差。综上所述，不同的纤维结构表现出不同的力学行为。相比于其他三种纤维，原棉纤维的平均断裂强度相对较低，这表明在机采及加工过程中，虽然精梳纤维强力有所提高，但刚性在一定程度上降低。

(五) 响应曲面分析

通过前三节分析了单因素不同直径、不同试样长度和不同拉伸速度单根棉纤维力学特性,为了更加直观地了解各因素交互作用之间的关系。在单因素基础上以棉纤维断裂强力为响应值。采用数据处理软件 Design Expert 8.0 对表 5-3 进行三因素三水平响应曲面法试验。

表 5-3　试验因素水平表

水平	试样长度 A (mm)	纤维直径 B (μm)	拉伸速度 C (μm/s)
-1	1	13.42	2
0	3	18.61	4
1	5	22.64	6

试验结果见表 5-4。根据试验结果对表中影响因素的试验数据进行多项式拟合,得到棉纤维断裂强力、拉伸速度、纤维直径和试样长度的二阶回归方程为:

$$Y = 45.28 - 3.13A + 4.44B + 4.94C + 0.85AB - 3.01AC + 1.78BC - 3.60A^2 - 2.88B^2 - 3.02C^2$$

表 5-4　响应曲面试验方案及结果

水平	试样长度 A (mm)	纤维直径 B (μm)	拉伸速度 C (μm/s)	断裂强力 D (mN)
1	0	0	0	47.1
2	1	1	0	41.2
3	0	0	0	45.5
4	-1	0	1	43.6
5	1	0	1	36.9
6	0	0	0	43.7
7	1	0	-1	33.9
8	0	0	0	45.8
9	0	-1	1	38.5
10	-1	1	0	45.8

续表

水平	试样长度 A (mm)	纤维直径 B (μm)	拉伸速度 C (μm/s)	断裂强力 D (mN)
11	0	1	−1	36.4
12	−1	−1	0	38.4
13	−1	0	−1	34.7
14	0	0	0	44.9
15	0	−1	−1	31.3
16	1	−1	0	30.4
17	0	1	1	50.7

为了验证模型的可行性,对回归模型进行了方差分析。从表5-5中可以看出,回归模型的 $P<0.001$ 非常显著,而失拟项 $P=0.5546$ 并不显著。此外,模型的确定系数和校正确定系数分别为 $R^2=0.9826$ 和 Adj $R^2=0.9602$,两者均接近1,表明该模型对断裂强度数据的拟合程度较好。同时得出纤维直径、试样长度和拉伸速度的 P 值均<0.05,说明对棉纤维断裂强力的影响都是显著的。其影响顺序为纤维直径>拉伸速度>试样长度。当试样长度为 3mm,纤维直径为 22.64μm 时,拉伸速度为 6μm/s,断裂强力为 50.7mN,单根棉纤维力学性能最好。

表 5-5 回归模型的方差分析

方差源	平方和	自由度	均方	F 值	P 值
模型	560.58	9	62.29	43.93	0.0001
A	65.82	1	65.82	46.42	0.0003
B	157.53	1	157.53	111.11	0.0001
C	137.39	1	137.39	96.90	0.0001
AB	2.89	1	2.89	2.04	0.1964
AC	19.65	1	19.65	13.86	0.0074
BC	12.60	1	12.60	8.89	0.0205
A2	50.34	1	50.34	35.50	0.0006
B2	31.33	1	31.33	22.10	0.0022
C2	30.44	1	30.44	21.47	0.0024

续表

方差源	平方和	自由度	均方	F 值	P 值
残差	9.93	7	1.42		
失拟项	3.73	3	1.24	0.80	0.5546
纯误差	6.20	4	1.55		
总和	570.50	16			

注　$P<0.001$,对响应值影响高度显著;
　　$0.001<P<0.05$,对响应值影响显著;
　　$P>0.05$,对响应值影响不显著。

如图5-13所示,模型的预测值集中在真实值附近,这表明预测值和实际值之间存在较好的相关性。因此该模型是可靠的,可以很好地反映纤维直径、拉伸速度和试样长度与断裂强力的关系。

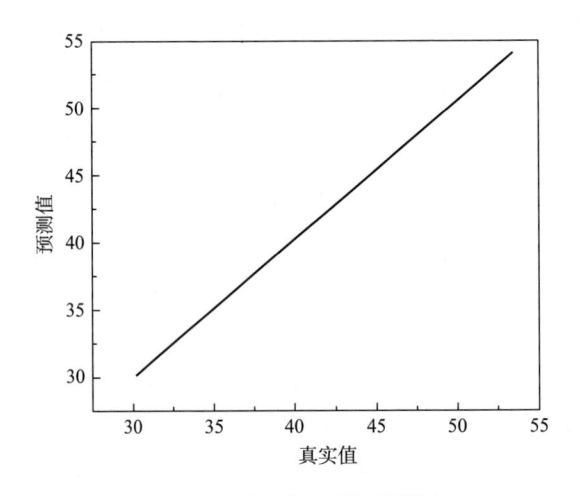

图5-13　真实值和预测值拟合

三种因素交互作用对单根棉纤维断裂强力的影响如图5-14所示。由图5-14(a)可以看出,随着试样长度从1mm逐渐增加至5mm,单根棉纤维的断裂强度呈现逐渐减小的趋势。同时,纤维直径从13.42μm增加至22.64μm时,断裂强度也不断降低。纤维直径一定时,随着试样长度的增加,棉纤维断裂强力会相应减小,且纤维直径对断裂强力的影响远大于试样长度的影响。图5-14(a)展示了三种因素对单根长绒棉纤维断裂强度的交互作用。可以看出,在固定纤维直径的情况下,试样长度的增加会导致断裂强度相应减小,且纤维直径对断裂强度的影响显著大于试样长度的影响。

由图 5-14(b)进一步说明了拉伸速度对断裂强度的影响。在拉伸速度由 2μm/s 增加至 6μm/s 时,单根棉纤维断裂强力呈现逐渐增大的趋势,而随着纤维直径的增加,从 13.42μm 到 22.64μm,其断裂强力呈现递减趋势。纤维直径对断裂强力的影响远大于拉伸速度的影响。由图 5-14(c)可以看出,随着试样长度的增加,棉纤维的断裂强度先增后减。随着拉伸速度的增加,棉纤维断裂强力呈现增大的趋势,且拉伸速度对断裂强力的影响远大于试样长度的影响。

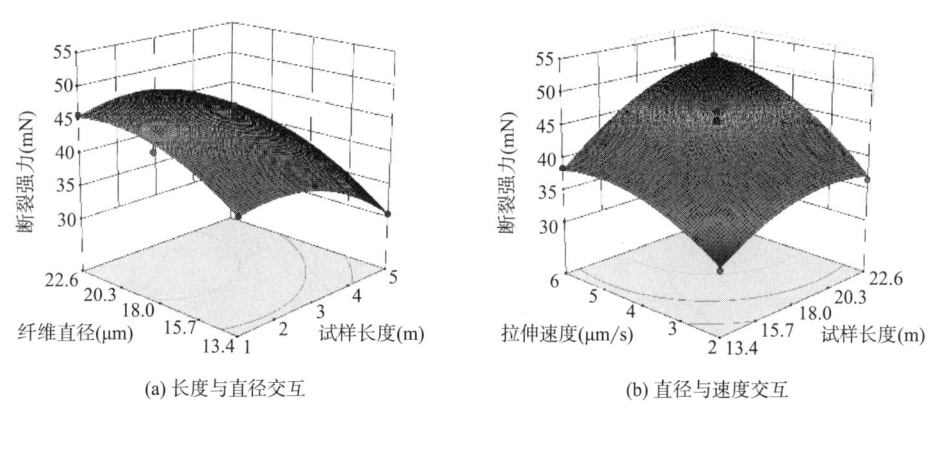

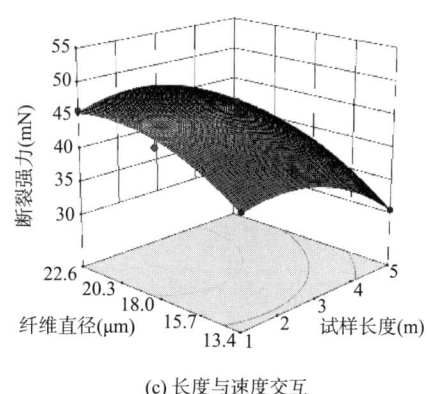

(a) 长度与直径交互

(b) 直径与速度交互

(c) 长度与速度交互

图 5-14 三因素对单根棉纤维断裂强力响应曲面

(六)单根棉纤维拉伸过程形态变化

通过大量实验发现,单根棉纤维拉伸过程中具有两种类型的力学特性曲线,分别是直接断裂和逐渐断裂,如图5-15所示。从图5-15(a)中拉力—位移曲线看出,单根棉纤维在拉伸的初始阶段,首先会产生一个瞬时拉力,随着拉伸时间的增长拉力逐渐增大,继续加载一段时间后,拉力值迅速增大,当达到棉纤维最大承受力时,拉力突然降至零,此时意味着单根棉纤维已完全断裂,这种行为类似于一种脆性材料的断裂行为。图5-15(b)为逐渐断裂力学特性曲线。从曲线中看出,单根棉纤维拉力呈现先增大至峰值后突然下降的趋势,但并没有降至零,说明此时棉纤维没有完全断裂,纤维继续拉伸直至最终彻底断裂,此时拉力值为零。

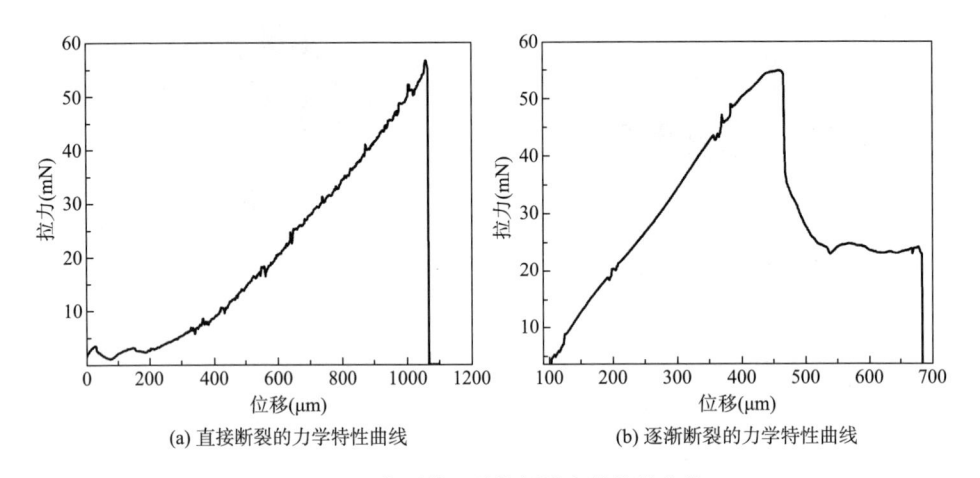

(a) 直接断裂的力学特性曲线　　(b) 逐渐断裂的力学特性曲线

图5-15　典型的两种棉纤维力学特性曲线

对比两种力学特性曲线分析得出,单根棉纤维在峰值前都具有相似性,其拉力都逐渐增大,峰值断裂强力看出均居于50~60mN范围内,拉伸位移在600~1000μm,但峰值后明显表现为不同的力学行为,其根本原因是棉纤维成熟度及缺陷程度有较大的不同。在本拉伸试验中棉纤维直接断裂现象出现的概率较大。

两种力学特性曲线下,棉纤维形态变化过程如图5-16所示。图5-16(a)~

(c)为直接断裂下单根棉纤维形态变化过程:图中亮线处为纤维缺陷且表面形态有明显转曲,在拉伸过程中转曲不断解捻,截面方向逐渐变宽,当转曲完全解捻后,纤维在轴向方向继续拉伸,最后在纤维截面呈现孔隙裂缝处直接断裂。

图 5-16(d)~(f)为单根棉纤维逐渐断裂的形态变化。初始拉力施加时,棉纤维沿长度方向逐渐伸长。随着拉力的持续作用,纤维中的大分子、巨原纤维和原纤维开始逐渐断裂,此时可以明显观察到细小裂缝的出现。此时棉纤维未完全断裂,一方面是因为纤维内部的大分子链尚未完全断裂,仍能承受一定的载荷。另一方面,纤维内部的微原纤维等结构也在持续承受拉力。只有当这些微原纤维完全断裂后,纤维才会最终断裂。

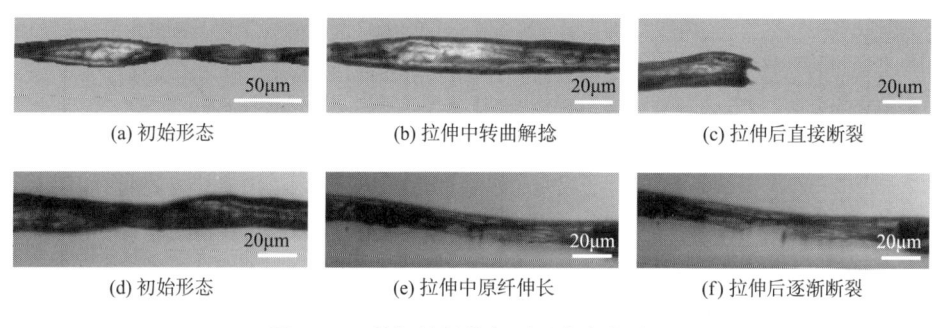

| (a) 初始形态 | (b) 拉伸中转曲解捻 | (c) 拉伸后直接断裂 |
| (d) 初始形态 | (e) 拉伸中原纤伸长 | (f) 拉伸后逐渐断裂 |

图 5-16 单根棉纤维断裂形态变化过程

综上,通过力学特性与形态变化对比,得出棉纤维拉伸性能的大小与纤维形态有较大的相关性,因此表现出不同的力学行为。导致棉纤维性能差异的原因包括棉花生长条件、单根棉纤维中缺陷程度、农艺实践和种植条件不同。

(七)多根棉纤维拉伸性能分析

前文中主要分析了单根棉纤维的拉伸性能及影响因素,对于多根棉纤维拉伸性能值的变化是否遵循单根棉纤维力学性能值的成倍增长规律这个问题,还需要进一步的研究。因此,本小节对多根棉纤维进行拉伸性能测试。分别选取两根、三根、四根棉纤维,制样方法在第三章中已阐述。测试温度为(21±2)℃,相对湿度为(34±3)%,试样长度为1mm,拉伸速度为6μm/s,分别选取平均直径为(17±0.2)μm 的棉纤维进行拉伸试验。

图 5-17 所示为不同根数棉纤维载荷—位移曲线，由图可知多根棉纤维在拉伸过程中表现为逐根发生断裂，通过大量试验发现多根棉纤维的最大断裂强力要远远大于单根棉纤维。原因是在拉伸形态变化过程中多根棉纤维会逐渐扭合在一起，此时棉纤维之间具有一定的抱合力，导致最大断裂强力增加。由于纤维天然转曲的存在，棉纤维在拉伸过程中会表现为多根纤维逐渐抱合在一起，每根纤维以不同的方式发生转曲解捻，当其中一根棉纤维提前发生解捻时，此时承受的拉力值较大，因此该纤维会最早的发生断裂。接着剩余的根数以同样的方式进行拉伸，当剩余最后一根纤维时，拉力值达到最小直至最后发生断裂。

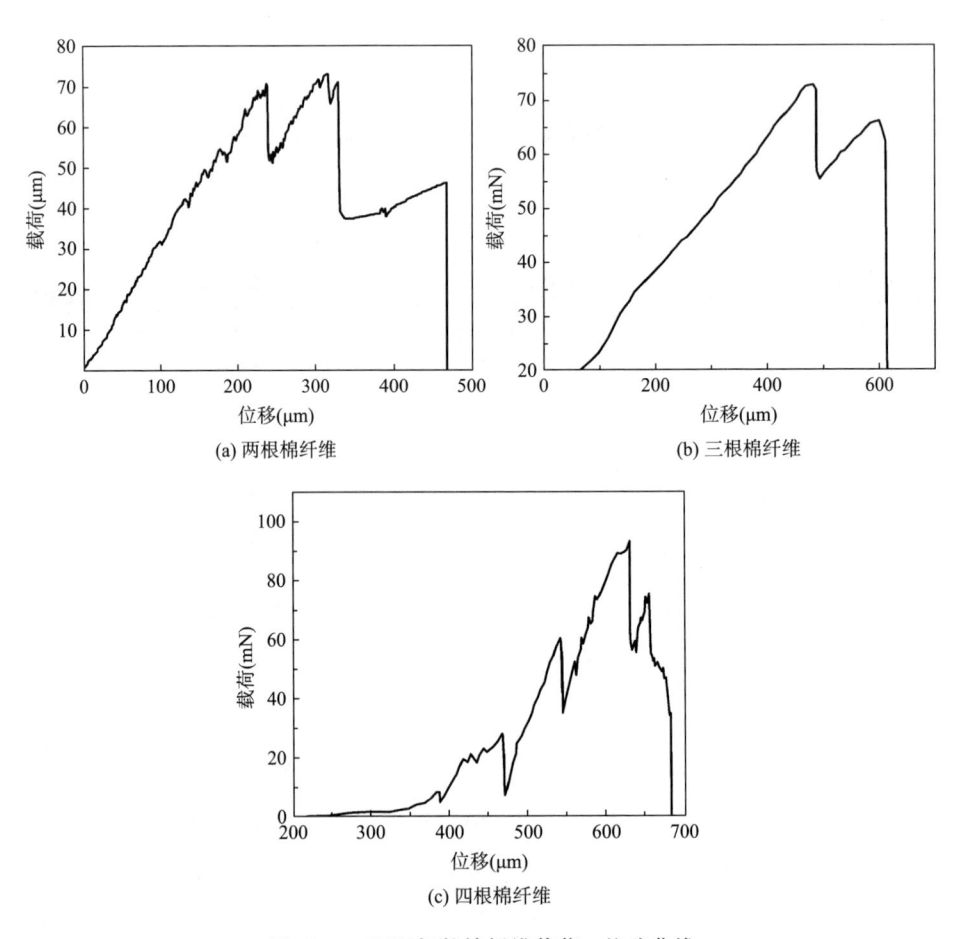

(a) 两根棉纤维

(b) 三根棉纤维

(c) 四根棉纤维

图 5-17 不同根数棉纤维载荷—位移曲线

实验发现两根、三根和四根棉纤维在拉伸过程中最大断裂强力值并不遵循单根棉纤维的倍数关系，它们之间并无明显的变化规律，原因与棉纤维自身形态有直接的关系。棉纤维转曲较多呈扁平状，在拉伸过程中发生断裂的时间较短，因为具有这种形态特征的棉纤维层较薄，在拉伸过程中棉纤维会不断沿着轴向方向拉伸，同时纤维会不断发生解捻，纤维内部的小分子和表面螺旋状的条纹出现了分层滑移现象，导致多根棉纤维发生逐根断裂时的力学性能值具有较大的不同。总体来看，两根棉纤维的平均断裂强力总是小于三根和四根棉纤维的平均断裂强力。

综上，棉纤维根数越多其平均断裂强力值相对较高，根本原因是多根棉纤维增加了抱合力，从而棉纤维总的平均断裂强力较大。

二、单根棉纤维拉伸断裂行为分析

棉纤维由于纤细而柔软很难表征断裂的过程，本章运用声发射测试装置对单根棉纤维拉伸过程中纤维损伤的产生、发展到最终破坏的整个过程进行信号采集。采用波形特征参数的方法分析不同长度的单根棉纤维断裂过程的声发射信号特征及变化规律，以揭示单根棉纤维断裂机制。

(一) 声发射测试原理

图 5-18 所示为声发射测试系统。

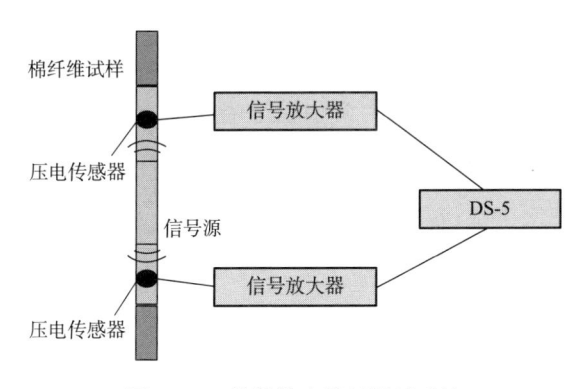

图 5-18 棉纤维声发射测试系统

(二)实验测试条件

材料选用单根棉纤维,制取试样长度为 1mm、3mm 和 5mm,纤维直径为 $(17\pm0.2)\mu m$,拉伸速度为 $6\mu m/s$,每组测试 50 次。

(三)单根棉纤维断裂过程声发射信号采集与分析

通过对不同长度的单根棉纤维试样进行声发射信号监测,对其在拉伸过程中的声发射全波形及断裂声发射信号进行对比,分析拉伸断裂过程的声发射响应进而分析单根棉纤维断裂行为。

1. 单根棉纤维拉伸过程声发射信号采集

单根棉纤维拉伸断裂过程中声发射信号属于突发型信号,声发射信息中的特征波形所携带的上升时间、振铃计数和其他信息事件都与棉纤维断裂机制有关[24-25]。因此,对波形的分析有助于分析棉纤维的断裂机制。图 5-19 所示为不同长度的单根棉纤维拉伸断裂特征。

图 5-19(a)为不同长度的单根棉纤维拉伸力学特性曲线,其对应的声发射断裂信号全波形为图 5-19(b)。图 5-19(b)中纵坐标为幅度值,其与能量和电压有关,电压越大,幅度和能量越高,但是它们之间并不呈线性关系。单根棉纤维的拉伸断裂信号具有较低的电压峰值,上升时间和持续时间介于中间程度也相对较低。图中可以看出,长度为 1mm 的单根棉纤维试样最大拉力值为 76mN,声发射时间为 $15000\mu s$,长度为 3mm 的单根棉纤维试样最大拉力值为 64mN,声发射时间为 $14900\mu s$,长度为 5mm 的单根棉纤维试样最大拉力值为 47mN,时间为 $5000\mu s$。

大量试验表明,试样长度对声发射信号有显著影响。试样长度越长,声发射信号参数所需时间就越短。同时,在单根棉纤维的拉伸断裂过程中,内部纤维丝的不同时断裂会影响断裂强度和声发射波形。通常,断裂强力越大,声发射断裂波形幅度也越大。这一现象表明,声发射试验可以有效用于探究棉纤维的断裂损伤及评估其失效模式[26]。

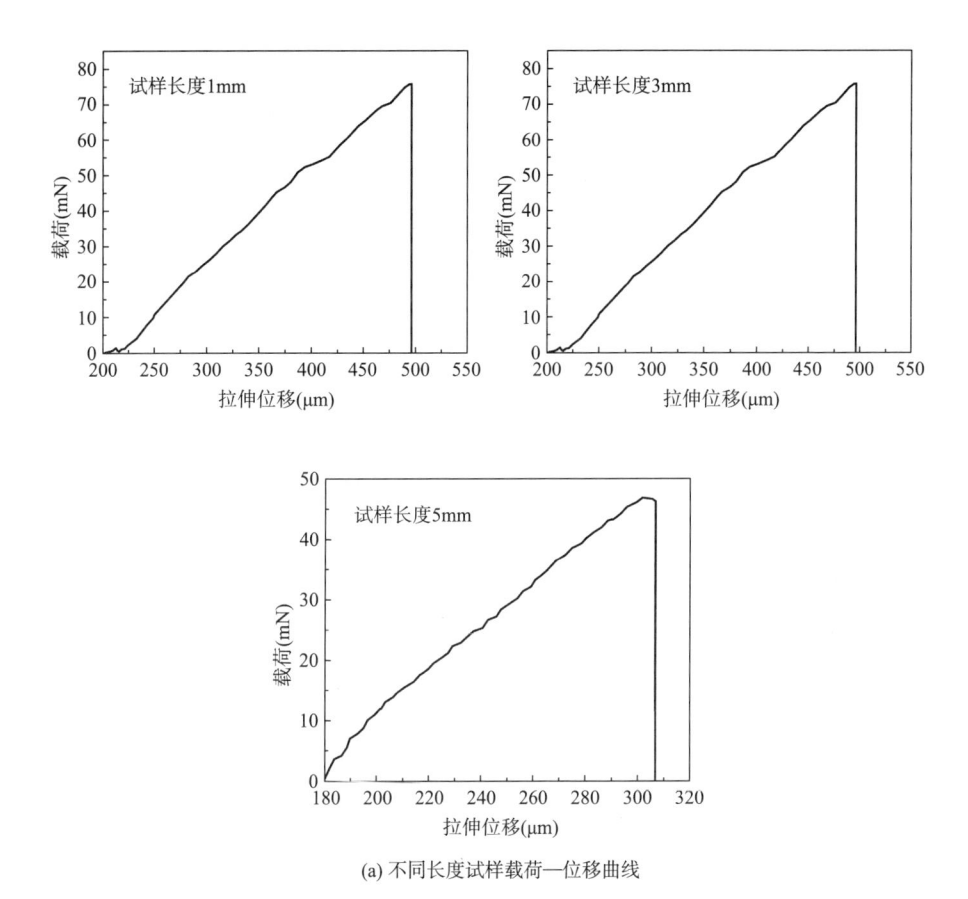

第五章 棉纤维的力学性能与微观特性

(a) 不同长度试样载荷—位移曲线

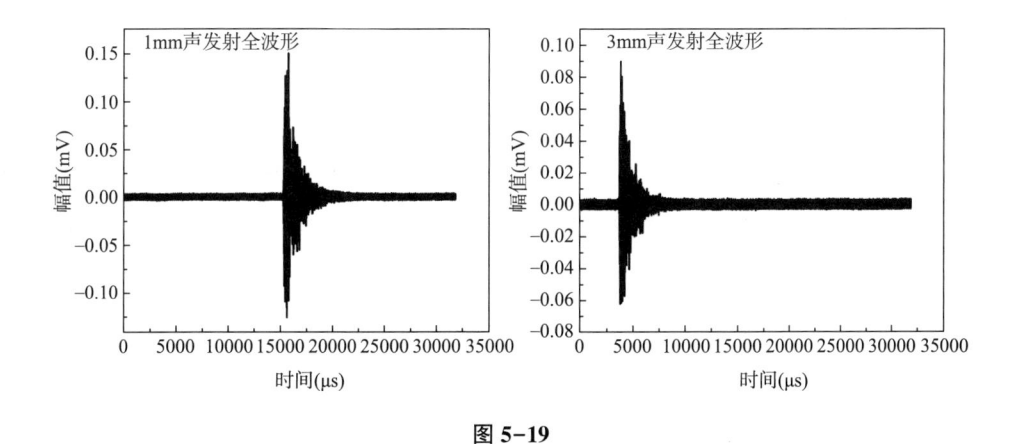

图 5-19

103

(b) 不同长度试样声发射全波形

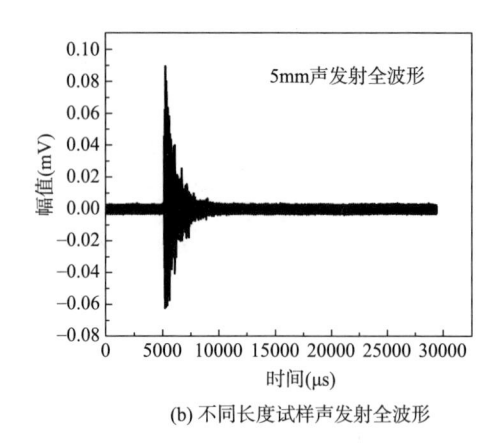

图 5-19　不同长度的单根棉纤维试样拉力曲线与声发射全波形

如图 5-20 所示，为单根棉纤维断裂信号波形。由图可以看出，试样长度为 1mm 时，棉纤维幅值最高，约为 ±0.1mV；试样长度为 3mm 时，棉纤维幅值约为 ±0.08mV；试样长度为 5mm 时，棉纤维幅值约为 ±0.04mV。其中在断裂过程中幅值电压波动较为明显，试样长度为 3mm 和 5mm 的单根棉纤维变化最大，原因一方面是纤维形态结构不同，另一方面是棉纤维试样长度不同，在拉伸断裂损伤过程中纤维出现弱环的概率也不同，滑移现象较为频繁发生。实验发现，棉纤维在断裂滑移过程中会造成能量的波动，可以从图中看出信号脉冲的突变，纤维脉冲越大，纤维在断裂过程中表现为强度较高[27-30]。

为了更加明确纤维断裂的变化规律，对不同长度的单根棉纤维断裂声发射信号采集，将声发射采集的能量与撞击数信息进行了统计，如图 5-21 所示。

由图可以看出，试样长度为 1mm 的单根棉纤维撞击数统计值最高为 3200 次，试样长度为 3mm 的单根棉纤维撞击数统计值为 1700 次，试样长度为 5mm 的单根棉纤维撞击数统计值最低为 1050 次，同时能量也伴随着相似的变化趋势，进一步说明不同试样长度的单根棉纤维断裂声发射能量与撞击数差异较大。同时发现单根棉纤维在拉伸断裂过程的声发射变化较为微小。出现这种变化的原因是，棉纤维是一种特殊的天然纤维，具有纤细柔软的特点，结构差异较大，成熟度不同，表现出各方面的力学性能也各有不同，因而断裂的表现也不

(a) 试样长度1mm

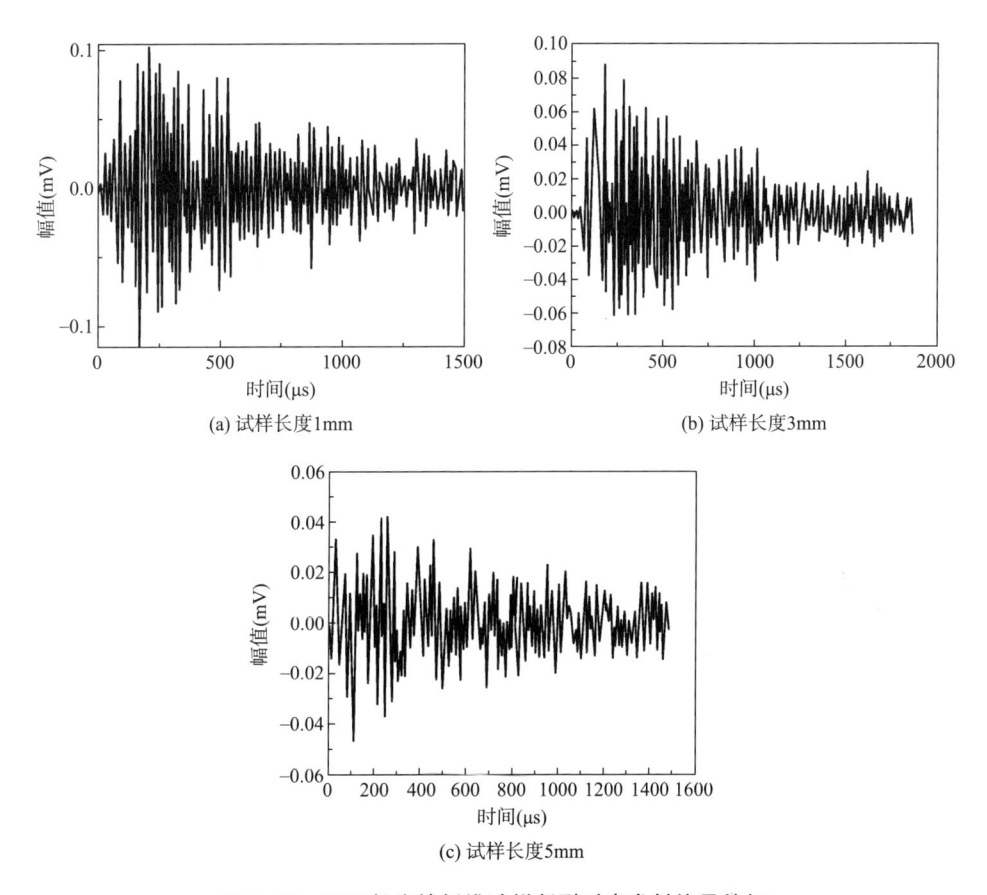

(b) 试样长度3mm

(c) 试样长度5mm

图 5-20　不同长度棉纤维试样断裂时声发射信号特征

相同。在拉伸断裂过程中,单根棉纤维断裂损伤程度大小取决于棉纤维自身形态及试样长度。

统计发现,棉纤维在拉伸断裂过程中,随着试样长度的增大,声发射活动的能量与撞击数明显减小,表明纤维在逐渐断裂过程中断裂数量逐渐增加[31]。原因是棉纤维试样长度越长,缺陷程度相对较高,棉纤维在拉伸断裂过程中发生断裂的可能性就越高,声发射事件活跃程度较低时,棉纤维试样长度越长将减少纤维在拉伸过程中的能量存储,当应变能达到极限时,棉纤维发生断裂损伤破坏。因此能量较低,单根棉纤维断裂损伤破坏就越容易发生。

(a) 试样长度1mm

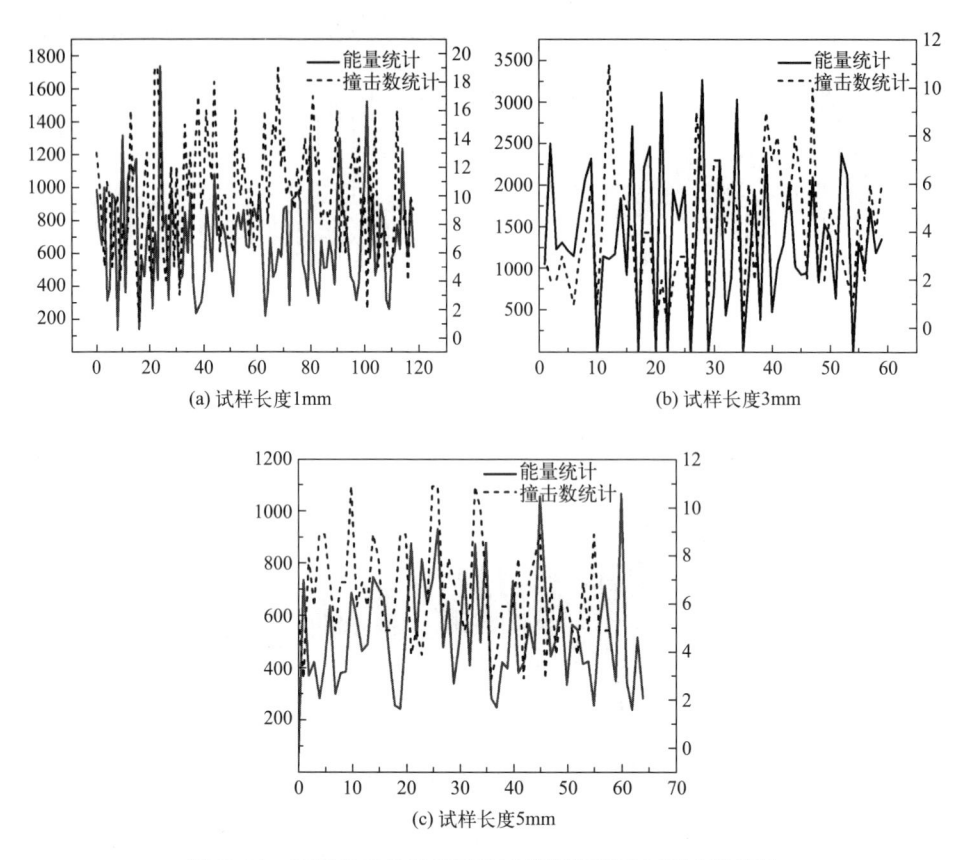

(b) 试样长度3mm

(c) 试样长度5mm

图 5-21 不同长度单根棉纤维试样纤维能量与撞击数统计

2. 单根棉纤维断裂历程分析

通过声发射对不同长度的单根棉纤维试样拉伸断裂过程进行监测,分析单根棉纤维拉伸断裂行为。图 5-22 所示为试样长度为 1mm 的单根棉纤维断裂过程声发射历程图。

由图 5-22(a)中可以看出,起初有一个较高的上升计数,20~30μs 上升计数达到最高值,为 39 个。由于此时棉纤维试样长度较短,纤维丝因应力集中产生的断裂相对较少。图 5-22(b)为持续时间与时间关系图,图中可以看出,在 35~40μs 范围棉纤维持续时间达到最大值。图 4-22(c)中,在 3~20μs 振铃计数活动较为频繁,表明棉纤维在此阶段出现断裂损伤较为严重。

(a) 上升计数—时间关系

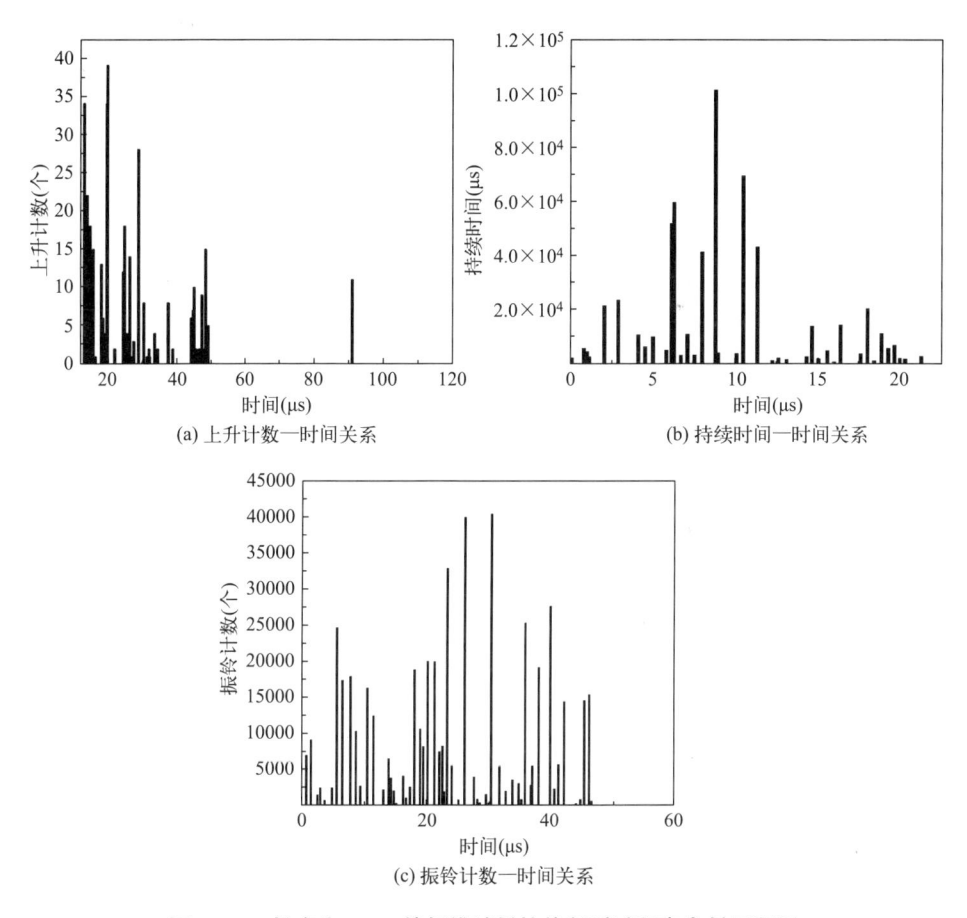

(b) 持续时间—时间关系

(c) 振铃计数—时间关系

图 5-22　长度为 1mm 棉纤维试样拉伸断裂过程声发射历程图

图 5-22(b) 为持续时间与时间的关系图，显示在 35~40μs 范围内，棉纤维的持续时间达到最大值。表明在此时间段内，棉纤维经历了较长时间的应力作用。

图 5-22(c) 显示，在 3~20μs 期间，振铃计数活动频繁，表明棉纤维在此阶段的断裂损伤较为严重。这一现象强调了在不同时间段内，棉纤维的断裂行为和损伤程度的变化。

图 5-23 为长度为 3mm 单根棉纤维试样拉伸断裂过程声发射历程图，图 5-23(a) 中可以看出，起初声发射上升计数有一个较高的事件发生，在 3~

(a) 上升计数—时间关系

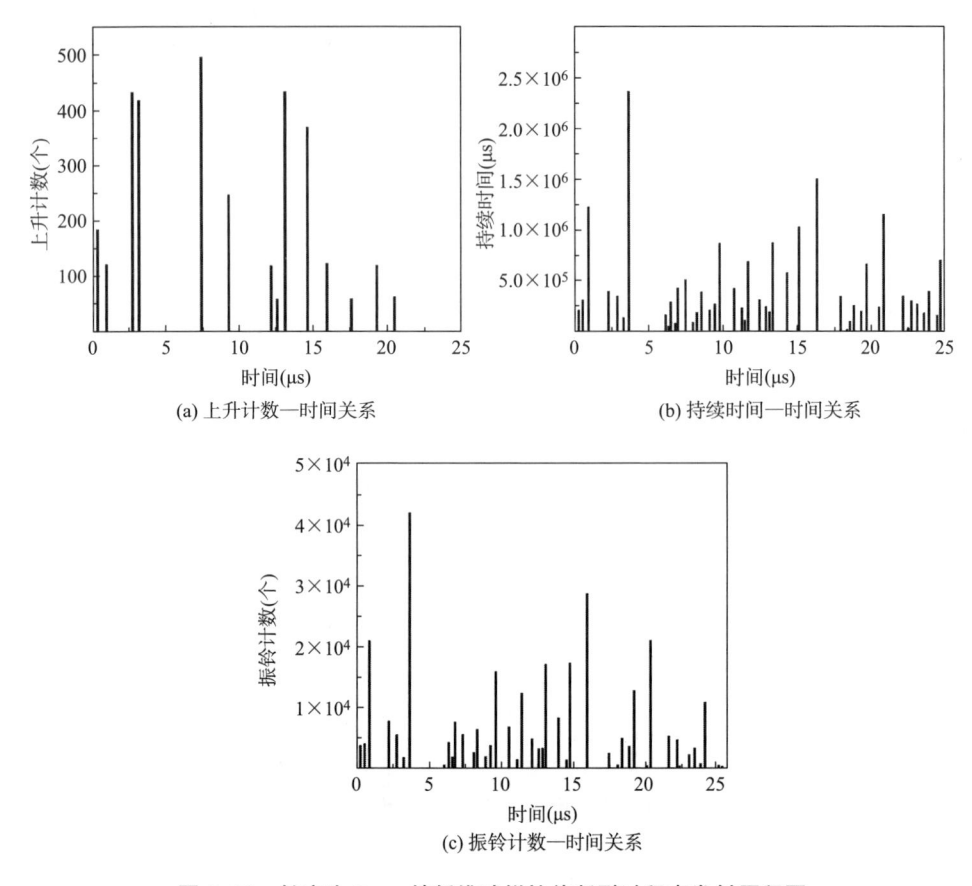

(b) 持续时间—时间关系

(c) 振铃计数—时间关系

图 5-23 长度为 3mm 棉纤维试样拉伸断裂过程声发射历程图

16.5μs 出现了上升计数较高值,为 500μs,此过程为单根棉纤维在承受大部分的拉力,发生较为大的断裂损伤,当继续拉伸时,还有一定的细小纤维丝继续发生断裂损伤,但是上升计数值较前部分略有下降。图 5-23(b) 为持续时间与时间的关系图,图中可以看出,在 4~16μs 棉纤维持续时间达到最大值。图 5-23(c) 可以看出,在 3~20μs 振铃计数活动较为频繁,说明棉纤维在此阶段出现断裂损伤较为严重。

图 5-24 为长度为 5mm 单根棉纤维试样拉伸断裂过程声发射历程图,图 5-24(a) 可以看出,起初声发射上升计数有一个较高的事件发生,在 6~37μs 出现了上升计数较高值,为 450μs,此过程为单根棉纤维在承受大部分的拉

(a) 上升计数—时间关系

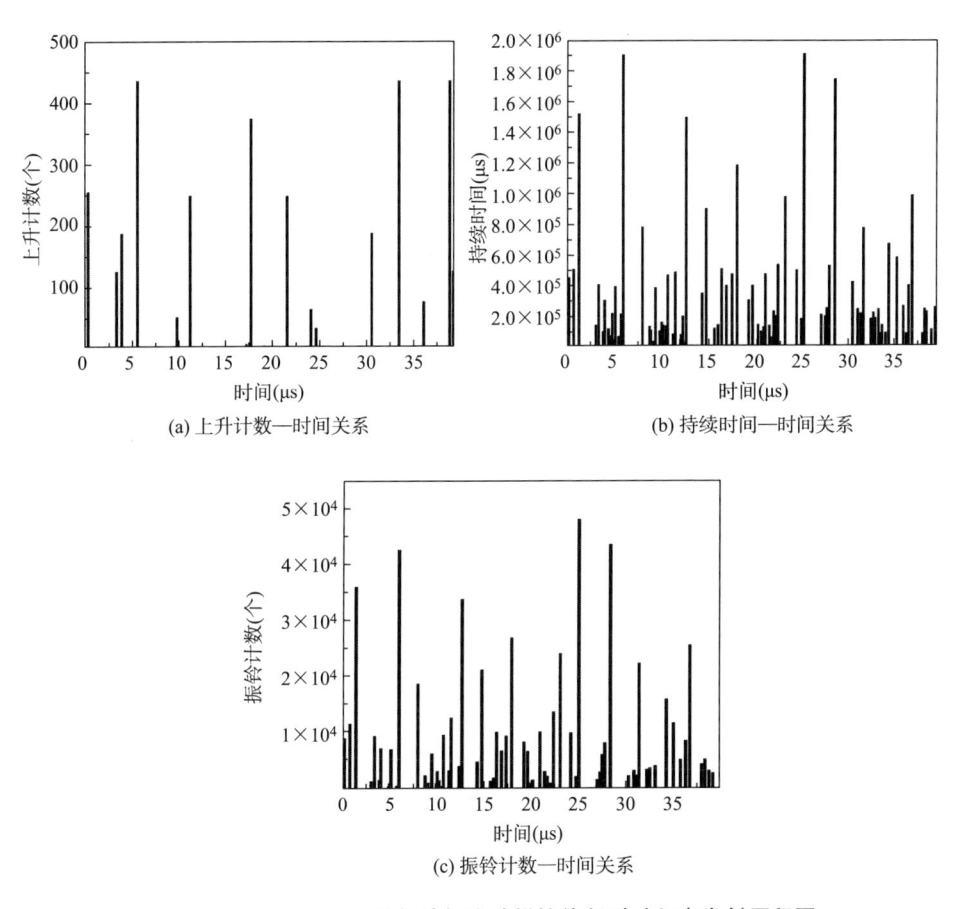

(b) 持续时间—时间关系

(c) 振铃计数—时间关系

图 5-24　长度为 5mm 单根棉纤维试样拉伸断裂过程声发射历程图

力,发生较为大的断裂损伤,当纤维继续拉伸时,有一定的细小纤维丝继续发生断裂损伤,但上升计数值较前部分略有下降,该部分与试样长度为 1mm 和 3mm 不同,在后期纤维上升计数同样。图 5-24(b)为持续时间与时间的关系图,图中可以看出持续时间在 $1.5\times10^3 \sim 1.9\times10^3 \mu s$。图 5-24(c)中,6~36μs 振铃计数值相对较高,活动较为频繁,说明棉纤维在此阶段出现断裂损伤较为严重。

以上 3 种长度的单根棉纤维试样声发射历程图可以看出,3 种长度单根棉纤维试样在拉伸断裂过程中,声发射历程图有较大差异。随着试样长度的增加,振铃计数、持续时间和上升计数明显表现出减弱的趋势。结果表明,不同长度单根棉纤维断裂损伤程度不相同,主要原因是单根棉纤维试样长度越长,检测到缺陷概率就越大,因而表现出的声发射断裂特性也有较大差异。

综上,单根棉纤维断裂过程分为以下四个阶段。

第一阶段:夹紧时的伸直状态。不同长度单根棉纤维试样的声发射历程图中,起初都有一定的声发射信号产生且上升阶段,因此可以认为此阶段的信号主要由夹具夹紧时产生的。当单根棉纤维拉力初始阶段,纤维处于较小的应力状态,与拉伸力学性能测试仪刚处于伸直状态微小的拉力造成局部细小的纤维微损伤,从历程图可以看出,振铃计数、上升计数和持续时间都有较高的信号产生。

第二阶段:基原纤裂纹产生。声发射事件的数量相对较小,并且趋于稳定,几乎没有较大的声发射事件。在这个阶段,单根棉纤维在荷载的作用下形成内部缺陷和小裂纹。随着拉力的增加,纤维的原始裂纹迅速扩展,导致裂纹开裂。此阶段的上升计数、振铃计数和持续时间也有一定增加。

第三阶段:基原纤的分层和微裂纹的扩展。在这个阶段,各种表征信号表明,在一定时间内没有发生的微小裂纹在不断拉伸下稳定扩展,表明基原纤断裂后发生了更严重的损伤。由于基原纤裂纹导致纤维层之间的局部应力增加,相邻层中的临界纤维丝裂纹开始出现并迅速扩展,导致了相邻层中出现分层损伤。此阶段上升计数、振铃计数和持续时间也呈现较高状态。

第四阶段:基原纤断裂阶段。从声发射信号数据可得,出现声发射事件数在后期有明显的突变,所释放的能量在该阶段有一次明显的突增,并且能量很高,随后逐渐恢复到较低值。表明在此阶段,棉纤维在彻底断裂前,基原纤裂纹的扩展,受到其余纤维丝的影响,随着载荷的不断增加,最终棉纤维同基原纤同时断裂,振铃计数等参数达到最高值,此时单根棉纤维断裂造成整体失效。

3. FFT 频谱分析

图 5-25 所示为不同长度单根棉纤维试样的 FFT 频谱图,通过快速傅里叶

变换对数据点的波形进行时频分析,得出棉纤维在不同试样长度下拉伸断裂的频率。图中可以看出,三种断裂模式存在差异,说明棉纤维的断裂损伤变化与试样长度有一定关系。随着试样长度的增长,幅值也逐渐增加,表明棉纤维试样长度越长其断裂损伤越严重。三种试样长度的单根棉纤维频率峰值主要集中 2.0×10^{5}Hz,幅值大小具有明显差异的原因是,棉纤维在断裂的过程中,断裂损伤程度与试样长度和棉纤维自身形态有直接影响。因此棉纤维断裂损伤过程大都呈现上述 4 个基本阶段,其中断裂损伤程度较为严重阶段为基原纤裂纹扩展与分层,该阶段纤维的频率峰值都较高。

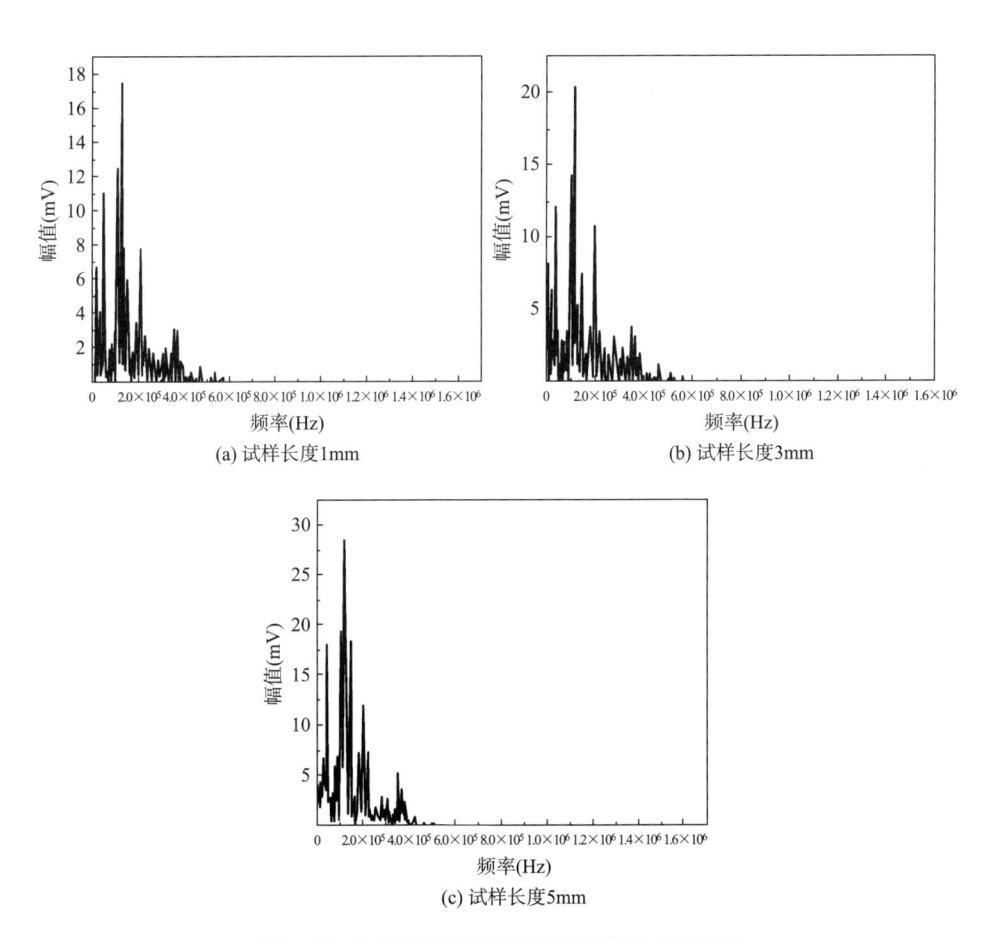

(a) 试样长度1mm

(b) 试样长度3mm

(c) 试样长度5mm

图 5-25 不同长度单根棉纤维试样的 FFT 频谱

(四) 棉纤维断口形貌特征分析

借助扫描电子显微镜对棉纤维断裂端口形貌进行观测。通过大量试验发现棉纤维断裂的方式大致归纳为以下四种：直接断裂、轴向撕裂、扭转断裂、丝间滑移断裂。

如图5-26(a)所示，从断裂端看出过成熟的单根长绒棉纤维形态呈棒状端口较为平齐几乎没有较多的分叉，这是由于在拉伸过程中棉纤维沿着拉伸方向逐渐被拉长变细，宽度方向逐渐变窄，在拉力不断增加的情况下，棉纤维最终在直径最小处直接断裂。主要是因为在薄弱层间剪切力出现了脱粘现象，该处也是产生声发射的主要信号源之一。

从图5-26(b)中可以看出，单根棉纤维形态呈管状，断裂端部呈锯齿状且部分断裂相对尖锐，通常一端有多个分裂，另一端有单个分裂，这是因为轴向分子的强度远远大于分子间的强度。剪切应力加速了裂纹传播并最终穿过棉纤维，导致棉纤维呈现连续性断裂。断裂形式主要为起初开始在接近一个转曲的螺旋角度区域内产生局部断裂，随着棉纤维逐渐滑移到具有空洞缺陷处时，在拉力作用下转曲逆转发生解捻，产生了局部剪切应力，最终导致原纤维之间的分裂。这种断裂变化过程一直持续到裂缝到达剪切带的另一边，此时纤维断裂的两端被分裂成更小的微纤维。

从图5-26(c)可以看出，棉纤维部分发生断裂且跟随着螺旋状的原纤出现了抽丝，其原因是棉纤维受拉伸直后，开始沿着螺旋方向出现扭转，螺旋方向有时左旋有时右旋，在一根纤维长度方向上反复改变。在继续拉伸过程中，棉纤维逐渐开始解捻，在转曲不断解捻的过程中，转向会沿着棉纤维螺旋方向上有一个反转，同时进行传递，当传递到较为薄弱缺陷较多处时，连接裂缝的棉纤维逐渐撕裂，并在继续高度扭转的状态下纤维外层逐渐延伸，原纤最终在反转之间处发生断裂。实验发现，在整个转曲解捻过程中，几乎都是在转曲附近发生断裂，很少会在转曲处断裂，原因是转曲处细胞壁较厚缺陷较少且受力较小。

从图5-26(d)中可以看出，单根棉纤维形态呈扁平带状断裂端口呈斜纹虎口状，产生的原因是棉纤维沿着轴向拉伸，使得内部的纤维丝和基原纤等产生了滑移现象,滑移处的宽度方向明显变宽,滑移过后又回到初始形态,当滑移延伸下去到达纤维薄弱缺陷较多处,如孔隙、孔洞处时,纤维出现断[32]。

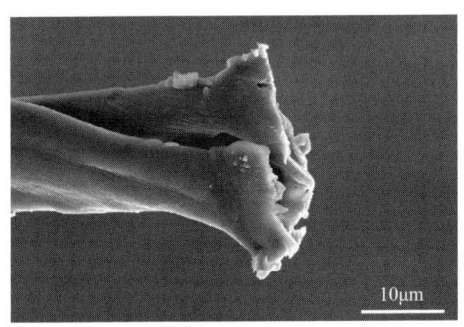

(a) 直接断裂

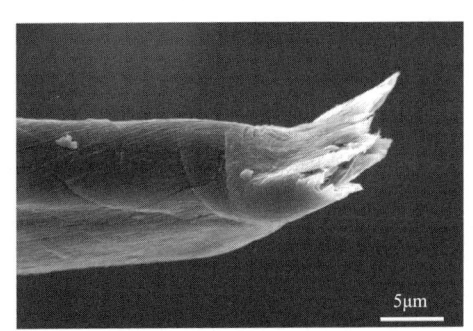

(b) 轴向断裂

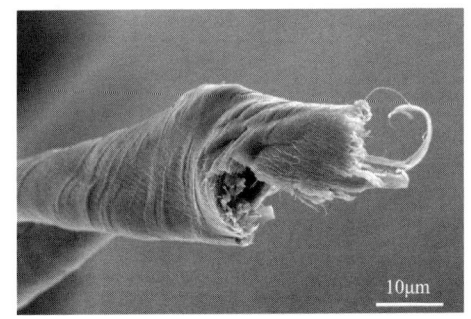

(c) 扭转断裂

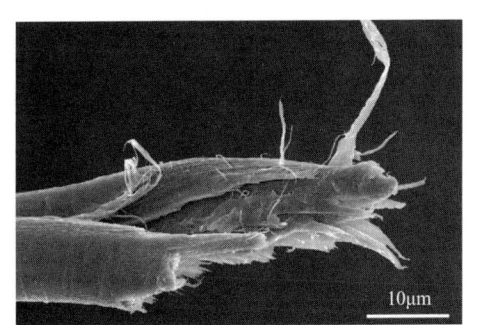

(d) 纤维丝间滑移

图 5-26 扫描电子显微镜下单根棉纤维断裂端形态

综上所述,通过对单根棉纤维断口形貌的观察与分析,可以得出以下结论:棉纤维表面通常存在较大的横向缺陷以及内部较小的横向缺陷。棉纤维在缺陷最大处开始断裂,缺陷继续分裂,直到沿着纤维长度方向遇到下一个缺陷,此时缺陷大量聚合,最终导致断裂。棉纤维断裂的实质变化主要体现在外纤维表面的横向断裂,最后在细胞壁层内纵向传播。断裂方式的差异主要源于棉纤维自身的形态结构和缺陷程度。因此,纤维的断裂行为与其内部结构和外部缺陷密切相关。

三、小结

本节研究了不同条件下单根棉纤维的拉伸性能和形态变化,并使用传统的威布尔分布模型评估了不同长度棉纤维试样的断裂强度。通过单因素分析和三因素三水平响应曲面试验,探讨了各因素之间的交互作用对棉纤维断裂强度的影响,还比较了单根和多根棉纤维的力学特性,深入分析了棉纤维的力学行为,并通过声发射监测分析棉纤维的拉伸断裂过程,揭示了它的断裂行为的细节,得出如下结论:

单根棉纤维的力学特性受多种因素影响,包括纤维直径、拉伸速度和试样长度:试样长度和拉伸速度一定时,随着纤维直径的增大,断裂强力逐渐减小,表面形态变化差异较大;当纤维直径一定时,单根棉纤维断裂强力随着拉伸速度的增大而增大,随着试样长度的增加而减小,单根棉纤维断裂伸长率随着试样长度的增加而增加。传统的威布尔分布模型可以很好地表征不同试样长度下棉纤维的断裂强度的离散性。

单根棉纤维拉伸特性受三种因素交互作用的影响:影响程度为纤维直径>拉伸速度>试样长度。当试样长度为3mm,纤维直径为22.64μm时,拉伸速度为6μm/s,断裂强力为50.7mN,单根棉纤维拉伸性能较好。

单根棉纤维拉伸过程中两种类型的力学特性曲线:分别是直接断裂和逐渐断裂,且出现这两种曲线的主要原因是棉纤维自身的形态结构和纤维存在缺陷程度的不同。通过与多根棉纤维对比发现,纤维根数越多平均断裂强力值相对较高,但多根棉纤维平均断裂强力值并不遵循单根棉纤维拉伸性能的成倍增长规律。从力学特性曲线来看,多根棉纤维表现出逐根断裂的力学行为。

不同的纤维结构影响力学性能。相比亚麻纤维和黏胶纤维,棉纤维的力学性能较差,说明纤维结构对力学性能有较大影响。精梳棉与原棉相比力学性能提高,原棉纤维的载荷—位移曲线符合典型的纺织纤维特性曲线,初始模量较低,韧性较差,易断裂。在单根棉纤维拉伸过程中,载荷—位移特性曲线有两种类型,分别是直接断裂和逐渐断裂,在大量试验中,主要表现为直接断裂力学特性曲线,直接原因是棉纤维形态的差异。

试样长度对单根棉纤维声发射活跃度和能量存储的影响:单根棉纤维试样长度越长,能量越低,声发射事件活跃度越低。随着试样长度的增长,声发射参数呈下降趋势,说明试样长度的存在减少了能量存储过程,降低了能量存储的能力。

单根棉纤维断裂历程的分析显示,声发射信号在断裂过程中的变化规律与试样长度密切相关。随着单根棉纤维试样长度的增加,损伤程度也随之加大。在加载的初始阶段,信号略有增加;在加载的中期,声发射信号显著上升,各种表征信号持续增加;在加载的后期,信号急剧增加。断裂过程分为四个阶段,分别是:第一阶段,夹紧时伸直状态;第二阶段,基原纤裂纹产生;第三阶段,基原纤的分层和微裂纹的扩展;第四阶段,基原纤断裂。

FFT 分析显示:随着试样长度的增长,信号的幅值逐渐增加,表明单根棉纤维试样长度越长,在断裂时损伤越严重。三种长度的单根棉纤维试样幅值存在明显差异,其中频率峰值主要集中在 $2.0 \times 10^5 Hz$。

本节探讨了单根棉纤维的拉伸特性和断裂过程受试样长度的影响表现,通过声发射信号监测断裂损伤的过程,分析了 FFT 显示的试样长度与信号幅值、频率峰值等内容,完成了单根棉纤维拉伸过程中棉纤维断裂机制的研究内容,该研究为降低机采过程中棉纤维损伤及纺织加工生产坚实耐用的纺织品提供理论依据。最后,揭示了单根棉纤维的四种断裂方式,包括直接断裂、轴向撕裂、扭转断裂和纤维丝间滑移,这一结论为进一步优化棉纤维的应用提供了深入的理论和实践基础。

第三节 基于分子动力学的棉纤维力学性能与微观特性研究

据资料显示[33-34],机采棉相较于手采棉存在短绒率升高及棉纤维断裂的问题。采棉机在工作过程中,采棉筒上排布的摘锭通过啮合作用将棉花从棉花秆上摘出,经过脱棉盘输送到尾仓。在这个过程中,由于摘锭及其他机械装置对棉花的挤压、碰撞等一系列机械作用,造成了机采棉品质下降。不单是在采棉过程中,在后续的轧花、疏松、纺纱、纺线等机加工过程中,机械设备与棉花之间的接触都会造成棉品质的下降,这在很大程度上制约了棉花产业的长足发展。

棉花产量的大幅提升,为生产高性能、绿色的纤维素基复合材料提供了原料来源。新型纤维素基材料的开发,要求开发者对纤维素内在的理化性质有一个清晰的认知,在这基础之上,才可以更好地开发纤维素和现有的材料(聚乙烯醇、水性聚氨酯、聚乳酸、聚己内酯)混合的复合材料,提升材料的机械强度、模量及热稳定性,满足绿色、可持续的要求。

研究棉花的采摘及后续的机械加工行为造成的棉纤维断裂问题时,需要考虑的问题有:棉花的品种、棉花的成熟度、加工机械的工况等。这些因素的影响是不可控的,如果每个方面都考虑到,研究很难开展。因此,本文将机械作用造成的棉纤维断裂问题统化为一个拉伸断裂行为,对其进行研究。运用分子动力学模拟的方法,克服实物研究中棉纤维素尺寸较小、试验结果不准确的困难,从理论上探究棉纤维在机械采摘及后续加工过程的机械拉伸断裂行为及其力学性能的影响,为进一步厘清棉花机械采收及后续棉纤维机械纺织生产加工过程中的纤维断裂行为、微观摩擦机理。同时,开展棉纤维力学行为的研究对于了解、认知棉纤维素的部分内在理化性质,更好地开发高性能纤维素基复合材料是非常有必要的。

另外,无论是已有的纤维素及纤维素基材料还是后续进行开发的更新型的纤维素基材料,落脚点都是应用到生产生活中。但是在材料的实际应用过程中,环境中湿度引起的纤维素材料稳定性下降和性能退化的问题是不可避免的[35-37],这严重阻碍了新型纤维素基材料的进一步开发和利用,有必要在分子水平上报告相关的演变行为,以了解纤维素在水分子存在下的机械降解行为,更好地将纤维素及纤维素基材料运用到生活生产中。

一、模型的建立及优化

(一)非晶棉纤维素模型的建立及优化

天然纤维素的聚合度在一万以上,体系包含的原子数目在二十万以上,这样的体系对于分子动力学模拟技术及硬件的要求是极高的。巨大的模拟体系会使得整个模拟周期无限延长,对于科研工作的顺利开展是极为不利的。因此对纤维素进行分子动力学模拟之前首要解决的问题就是构建模型的大小及其合理性。模型的大小决定了开展模拟的难度及时间需要,模型的合理性决定了后续模拟结果的准确度(图 5-27)。

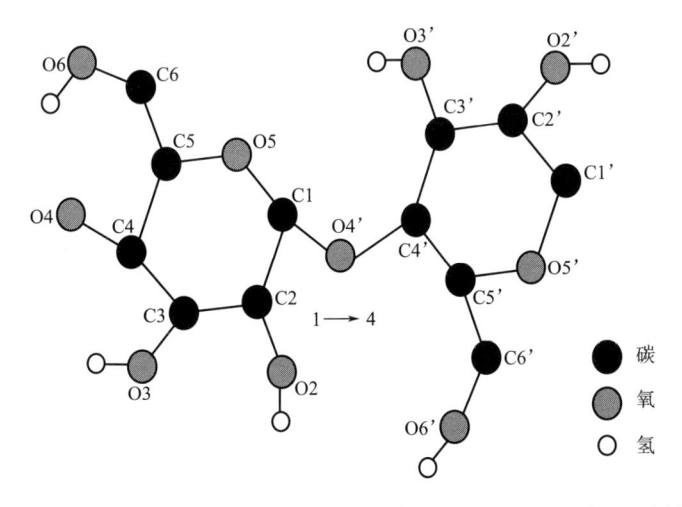

图 5-27　纤维素的单体结构及各个原子命名(**C4′**和 **C1** 通过 **O4′**连接)

马索等[38]对不同聚合度(DP)的纤维素链进行了分子动力学模拟,结果表明不同聚合度的纤维素在模拟过程中获得的理化性质并没有显著差异。魏等[39-40]构建了聚合度 20 的纤维素链,采用分子动力学方法模拟计算了纤维素的力学性能。结果表明,模拟数值与试验数值基本吻合。在展开分子动力学模拟之前,模型的大小与模拟结果的精确度之间存在权衡关系。尽管较大的模型能够提供更准确地模拟结果,但同时也会显著增加计算资源的需求和模拟所需的时间。结合实验室服务器算力和以上学者关于纤维素链聚合度大小的相关研究结论,分别建立了聚合度 15、30 和 45 的纤维素链。这种设计旨在保证模拟结果有效性、控制计算成本。表 5-6 显示了聚合度 15、30 和 45 的纤维素链的详细信息。构建的聚合度 15、30 和 45 的三条纤维素链如图 5-28 所示。

表 5-6　各个纤维素链的详细信息

纤维素链的聚合度	链长	原子数目
15	15	317
30	30	632
45	45	947

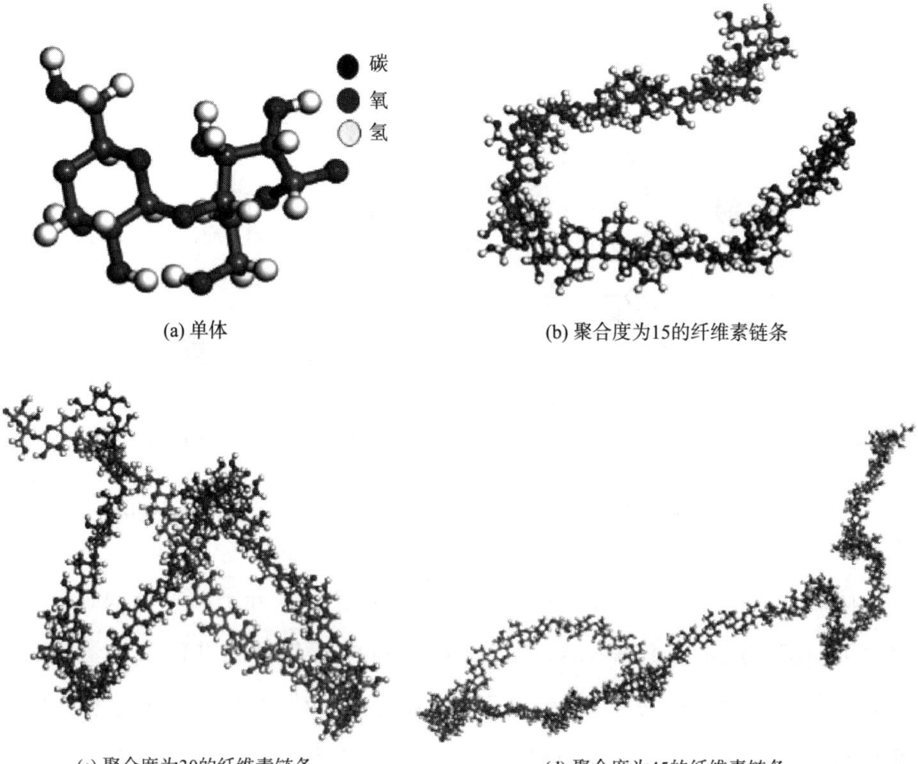

(a) 单体

(b) 聚合度为15的纤维素链条

(c) 聚合度为30的纤维素链条

(d) 聚合度为45的纤维素链条

图 5-28　纤维素模型基础组成单元

当纤维链条构建完成之后,通过使用泰奥多罗(Theodorou)提出的构建无定形聚合物的方法构建纤维素非晶模型[41]。模型的目标密度设定为 1.5g/cm³,这和天然纤维素的密度相一致。模拟盒子的大小为 51.2Å×51.2Å×51.2Å,模型如图 5-29 所示。

当纤维素非晶模型构建完成之后,不可直接用于拉伸模拟。此时模型处于

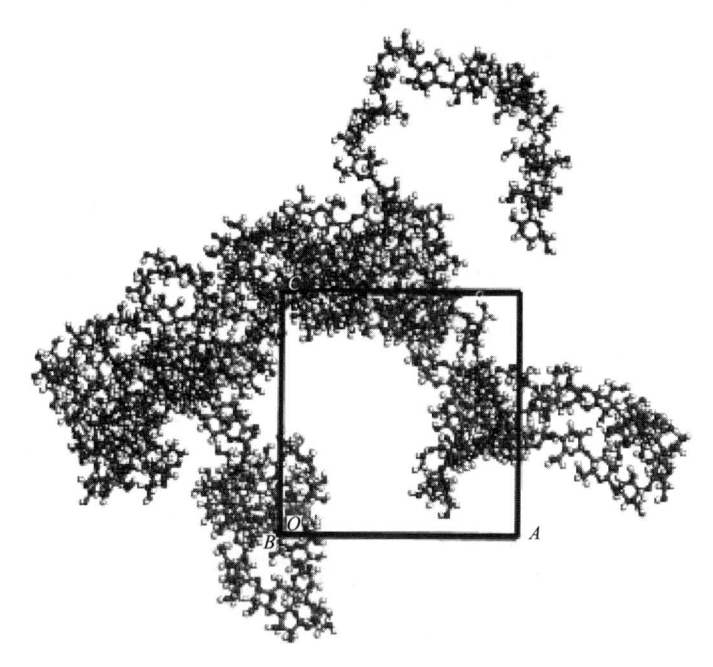

图 5-29 纤维素非晶模型

高能构态，体系能量高，结构不稳定，直接用来进行拉伸模拟试验会造成试验结果出现偏差。因此要对模型进行能量最小化计算，直至该体系能量的收敛精度达到 10^{-6}(kcal/mol)/Å 和 10^{-4}kcal/mol 为止。

为使模拟体系更加接近真实状态，之后对体系进行退火模拟，初始温度设定为 300K，温度步长 100K，目标温度设置为 900K，此温度远高于无定形纤维素的玻璃转化温度。在每个温度下运行 10ps 的分子动力学平衡，此时系综为 NVT，连续循环 10 次。经过退火过程中的高温至低温循环，模拟体系内部结构得到充分松弛，体系构型趋于合理。最终，将 10 次退火循环后的最低能量构型作为运行动力学平衡的初始构型。

动力学平衡分为两个阶段：首先在 NVT 系综下平衡 500ps，随后在 NPT 系综下平衡 500ps，温度均设定为 300K。整个模拟过程中时间步长为 1fs，每隔 1ps 保存一次体系内全部原子的动力学轨迹，供后续进行数据分析。整个模拟过程中，温度的控制方法为安德森(Andersen)方法，压强控制采用贝伦德森

(Berendsen)方法,压强值设为101.3kPa。各原子初始速度按Boltzmann分布求取;采用速度-Verlet(Velocity-Verlet)法进行积分方程的求解;计算范德瓦耳斯力采用基于原子(atom based)的方法,静电作用采用埃瓦尔德(Ewald)方法进行计算。模型采用周期性边界条件,在第四章分子动力学模拟概述中已经提及,可以消除边界效应,达到模拟真实体系的效果,在上述的分子动力学建模与接下来的模拟过程中,均采用COMPASS(针对凝聚态优化原子模拟势)力场。最后经过优化之后的纤维素非晶体系模型如图5-30所示。

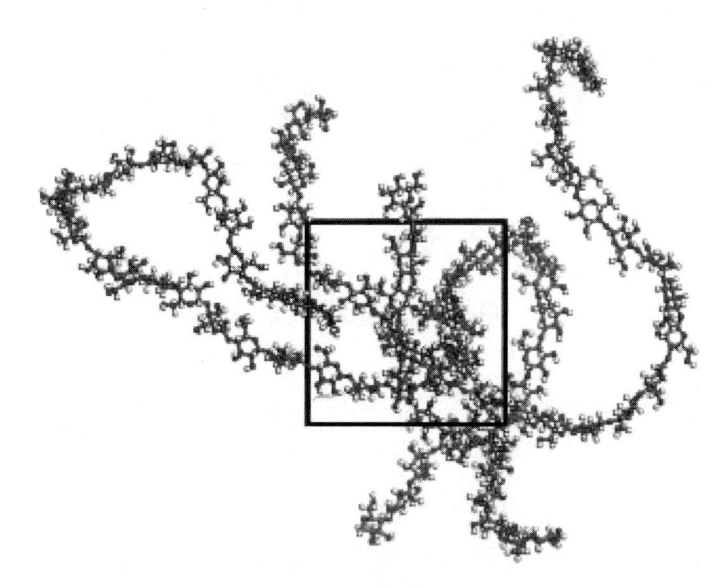

图5-30 优化之后的纤维素非晶体系模型

(二)晶态棉纤维素模型的建立及优化

自然界中主要有两种类型的纤维素晶体,即Iα和Iβ。纤维素Iα晶体为包含一个纤维素链的三斜晶体,而纤维素Iβ晶体是具有两个彼此平行纤维素链的单斜晶体。Iα晶体主要存在于细菌纤维素和藻类纤维素中。相比之下,Iβ结晶相主要存在于一些高等植物中,如棉花、树木、灌木丛[42]。纤维素Iβ晶体是本文研究的重点。纤维素Iβ晶体的初始结构是西山(Nishiyama)通过X射线衍射测量得到的[43]。表5-7显示了本文中使用的纤维素Iβ晶体模型的晶格参数。将晶胞堆叠成4×4×8的晶体模型并进行相应的优化,优化后的晶体模型如图5-31所示。该晶体系统中包含10752个原子。

表5-7 纤维素Iβ晶体模型的晶格参数

结构	纤维素Iβ
晶体结构	单斜晶体
空间群	P 21
$a(Å)$	7.784
$b(Å)$	8.201
$c(Å)$	10.38
$α(°)$	90
$β(°)$	90
$γ(°)$	96.5

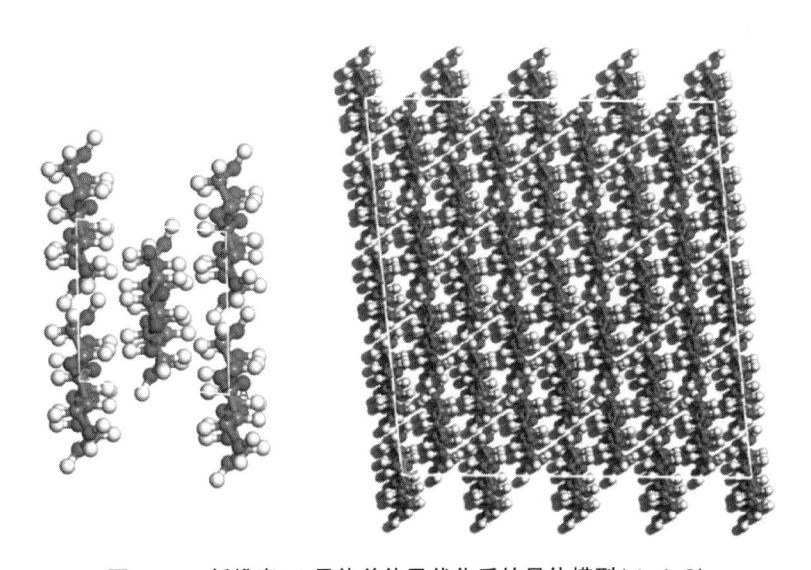

图5-31 纤维素Iβ晶体单体及优化后的晶体模型(4×4×8)

二、应变率对纤维素拉伸行为及断裂的影响

(一)不同应变率下非晶棉纤维素的应力应变行为

在模型优化的基础上,对模拟体系的 x 方向上施加拉伸应变。NPT系综下

对模型进行了 10^7 次动力学拉伸模拟(此时应变率为 10^{-4}/ps),拉伸模拟的时间步长为 1fs。通过将拉伸次数从 10^7 次增加到 10^9 次来改变拉伸变形的应变率,使应变率从 10^{-4}/ps 降低到 10^{-6}/ps。拉伸模拟完成之后,体系在 NPT 系综下再平衡 100ps。此时两个非变形方向施加 1 个大气压的压力以保证体系的稳定。拉伸平衡后,提取仿真体系的应力应变数据。制作应力—应变曲线并计算相关的机械性能。两个非拉伸方向的长度变化被用来计算体系的泊松比。

在非晶体系 X 方向施加应变率为 10^{-4}/ps 的应力—应变响应如图 5-32 所示。通过应力拟合曲线,计算得出体系的屈服应力为 0.29GPa,应变为 0.033,极限应力为 0.39GPa、应变为 0.15。在屈服极限左侧的应变可以被认作为一个小的变形区域,其力学性能可以通过数据计算出来。在其右侧,被标识为一个大的变形区域,此时模型的内部结构会改变。在弹性变形阶段,应力拟合线的斜率为弹性模量。在 10^{-4}/ps 的应变率下,纤维素无定形体系的弹性模量为 8.78GPa,与现有的文献数据一致[44]。从图中可以看出,在 x 方向进行拉伸模拟时,体系的 y 和 z 方向在收缩,根据拟合曲线可以发现,两个方向的收缩程度是一致的,由此计算出体系的泊松比 $V_{y/x} = V_{z/x} = 0.2$。10^{-4}/ps、10^{-5}/ps、10^{-6}/ps

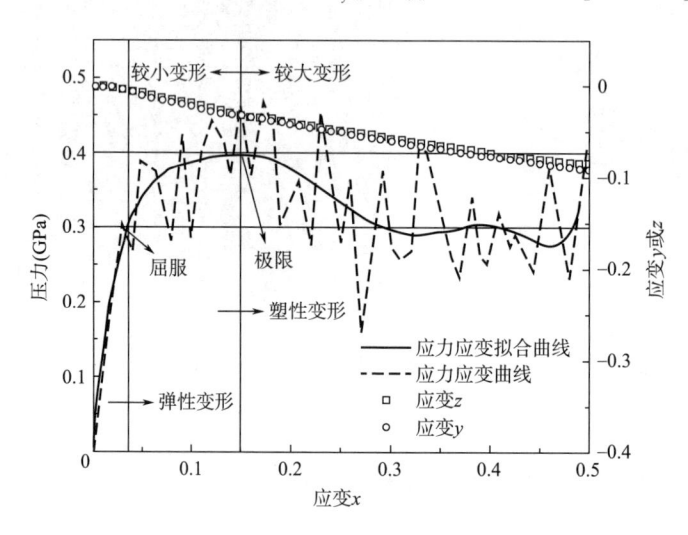

图 5-32 纤维素非晶模型在应变率 10^{-4}/ps 下 x 方向上变形的应力—应变行为及 y 方向和 z 方向上的相应应变(屈服点、极限点和形变状态被标记)

三种应变率下体系的拉伸应力—应变数据与两个非变形方向的形变呈现在图 5-33 中并对其他两种应变率下体系的拉伸性能进行了计算。表 5-8 和表 5-9 显示了体系在不同应变率下的屈服点、极限应力、弹性模量和泊松比。

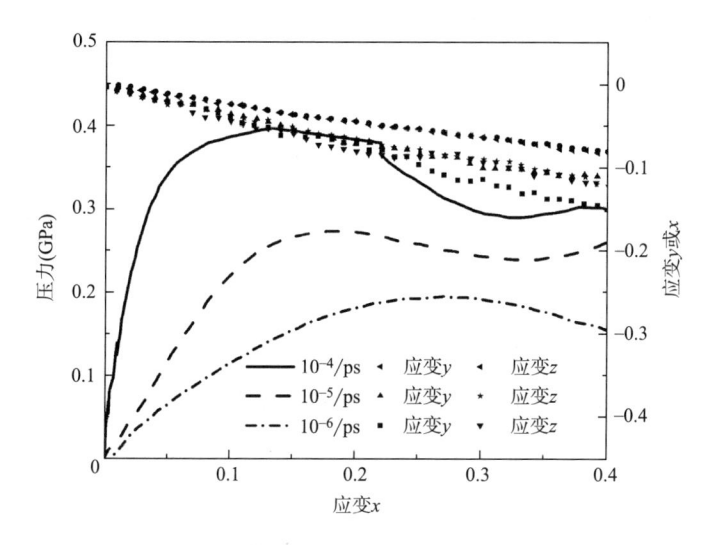

图 5-33 纤维素非晶体系在三种应变率下的应力—
应变行为及 y 方向和 z 方向的相应应变

表 5-8 三种应变率下非晶体系的力学性能

应变	10^{-4}/ps	10^{-5}/ps	10^{-6}/ps
弹性模量(GPa)	8.78	2.05	0.97
屈服应力(GPa)	0.29	0.24	0.17
屈服应变	0.033	0.117	0.175
极限应力(GPa)	0.39	0.27	0.19
极限应变	0.15	0.17	0.25

从表 5-8 中可以看出,随着应变率的增加,纤维素非晶体系的弹性模量也随之增大。体系拉伸速度快,内部分子来不及通过改变分子链结构适应拉伸力就已经达到屈服极限,导致体系的弹性模量变大。随着应变率呈数量级规律降低,弹性模量的变化并不呈现出一致的减小趋势。这表明在应变率降到一定程度时分子结构变化相差不大,对于弹性模量的影响变得较为平滑。屈服应力和

极限应力的变化趋势与弹性模量相同,均随应变率的减小而减小。三种应变率下,屈服点对应的应变值依次增大,应变率小导致体系变化慢,从而使屈服点出现时的应变值增大。在同一应变率下,y 方向与 z 方向的泊松比数值基本相同,表明纤维素非晶体系的变形具有各向同性。随着应变率的减小其屈服点出现的应变值变大,未拉伸方向的应变随之变大,分子结构在单轴力拉伸的情况下变得更加紧密,y、z 方向收缩增加,泊松比变大,见表 5-9。

表 5-9　三种应变率下纤维素非晶体系未拉伸方向上的泊松比

应变率	10^{-4}/ps	10^{-5}/ps	10^{-6}/ps
泊松比($V_{y/x}$)	0.2	0.33	0.35
泊松比($V_{z/x}$)	0.2	0.33	0.38

(二)不同应变率下非晶棉纤维素拉伸变形机制分析

从图 5-33 中可以发现,在整个拉伸过程中,非晶模拟体系中的应力都大于 0(无论应变率的大小)。在整个仿真过程中,无定形区域中的大分子链没有发生断裂失效行为,只是通过改变大分子链中的键长和键角来适应外加应变。拉伸是一个动态的过程,很难实时在线监测分子链的结构变化(键长、键角和二面角的拉伸扭转)以及分子间非键相互作用的变化。然而,可以通过计算系统中各部分结构对应的能量变化来描述该变化,探究非晶体系的内在拉伸伸长机理。三种应变率下,纤维素无定形体系中各组分的能量变化趋势如图 5-34 所示。

从图 5-34 可以看出,纤维素无定形体系在应变率为 10^{-6}/ps 拉伸时能量变化非常平滑,数据基本在初始值上下波动。这意味着在应变率 10^{-6}/ps 下,纤维素无定形体系承受的应力较小,有足够的时间通过改变分子链的结构来适应张力。拉伸过程中,纤维素链结构对应的能量都在变化,但波动很小。比较体系在应变率 10^{-4}/ps 和 10^{-5}/ps 下的能量变化,发现在应变率 10^{-5}/ps 时,键长伸缩势变化不大,而键角弯曲势、非键结势和二面角扭转势在应变速率 10^{-4}/ps 和 10^{-5}/ps 时改变显著。这说明在纤维素无定形体系中,键比键角和二面角更稳

(a) 二面角扭转势

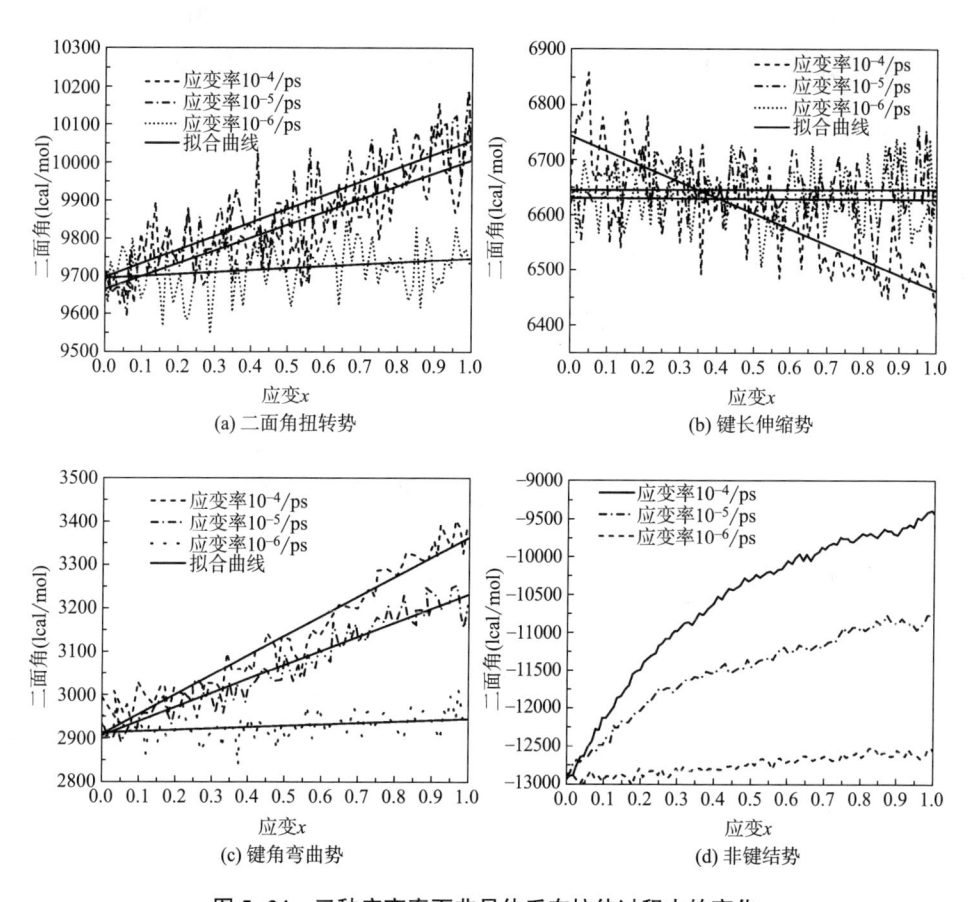

(b) 键长伸缩势

(c) 键角弯曲势

(d) 非键结势

图 5-34　三种应变率下非晶体系在拉伸过程中的变化

定。换句话说,相较于键角和二面角,使键长变化需要更多的能量。当应变率为 10^{-5}/ps 和 10^{-6}/ps 时,较小的应力不能引起体系中化学键的剧烈变化。三种应变率下的能量变化对比表明,在应变率为 10^{-4}/ps 时,二面角扭转势、键长伸缩势、键角弯曲势和非键结势变化较剧烈,说明分子内键长、键角和二面角的变化是体系拉伸伸长的主要原因。在应变率为 10^{-5}/ps 和 10^{-6}/ps 时,键长伸缩势变化不大,此时体系的拉伸伸长主要是由分子内键角和二面角的变化引起的。

(三)不同应变率下晶态棉纤维素拉伸断裂机制分析

不同应变率下晶体结构拉伸过程中的应力—应变曲线如图 5-35 所示,拉伸过程中,应力值显示为负值时,意味着纤维素链发生部分失效。为了说明纤维素晶体区域的破坏机制,将应力—应变曲线中的关键点即峰值、谷值与变形过程中晶体原子构型的演变相关联一起,可以表述不同应变率下晶体结构的破坏机制。

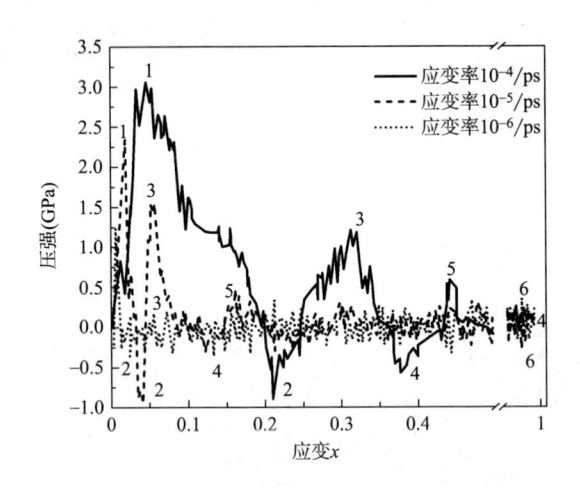

图 5-35　晶体体系中的应力—应变响应曲线

如图 5-35 所示,在每个应变率下得到的应力—应变曲线上标记出特定的点:原点(0)、极限点(1,2)、拐点(3,4,5)和 100%应变(6)。Y 方向观察到的每个点对应的原子结构演变如图 5-36 所示(中间着色区域是为了使运动轨迹更加明显)。应力—应变图中并没有显示应变从 50%到 95%的数据,因为这段时间应力保持在零附近,能提供的额外信息很少。值得注意的是,每个结构快照的高度和宽度是不同的,这是由应变点选择和系统的泊松比的不同造成的。对于三种不同的应变率,在拉伸变形的前 50%内观察到多个峰值,其中峰值的数量,位置和大小随应变速率而变化。可以看到,应力—应变图中的峰谷数随着应变率的降低而减少。在大应变率下,整个拉伸时间相对较短,应变较大,晶体结构链各层之间的范德瓦耳斯力破坏的过程是连续的,中间层先被破坏,随后两侧被破坏,导致部分纤维素链失效。应变率越小,达到应变 100%所需的模拟时间越长,此时施加的应力较为温和。加载应变均匀分布在整个晶体结构中,对链的层间损伤更趋于同时作用。这导致在 10^{-6}/ps 的应变率下出现较少数量的峰和谷。当进行 X 方向的单轴拉伸时,大分子链中没有共价键来适应应变(共价键的作用只会体现在 Z 方向的拉伸过程中)。此时所有应变都是通过破坏分子链之间的相互作用力(氢键、范德瓦耳斯力)来适应的,导致了纤维素链的滑移、重新排列和局部位移,最终导致结晶区域的失效。在三种应变率下,应力从原点 0 增加到极限点 1,在这个过程中,原子结构没有显著变化但晶格间距增加。随着应变的不断增加,链层之间的范德瓦耳斯力和分子链之间的氢键被破坏,导致纤维素链的滑动。这些滑动导致应力的局部松弛(如在图 5-36 中的第 1 点之后,表现为应力在数值上明显降低)。晶体结构随着链条的局部位移而发生变形,应力随着应变的增加而增加。然而,峰值应力相对于点 1 降低了很多,这是纤维素链部分失效的结果。

彩图

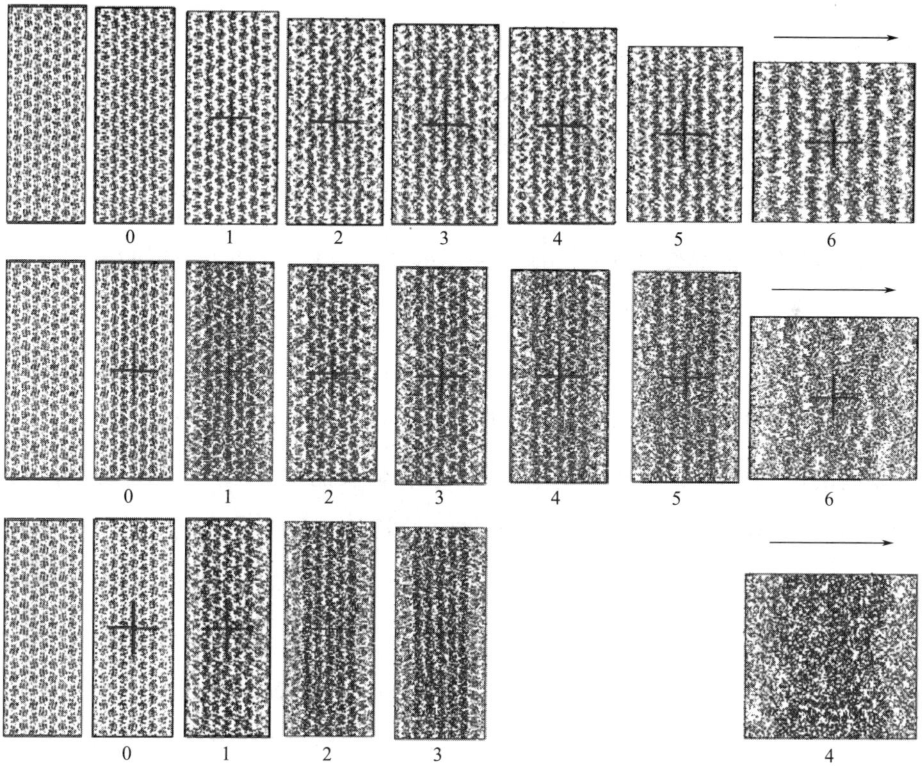

图 5-36 从 Y 方向在三个应变率下确定的应变点处时的原子结构快照,箭头表示变形方向

至于第 6 点,分子链层之间的范德瓦耳斯力和晶体结构中分子链之间的氢键相互作用已完全被破坏,导致体系的应力降至 0。从相应的快照中,看出此点对应的纤维素链层之间的距离不均、结构松散。比较所有应变率下的原子快照,发现应变率越小,晶体结构越松散。低的应变率意味着整个模拟拉伸的时间延长,造成应变有更多时间作用于分子链中的原子之间,这将在一定程度上改变系统中的键长和键角。换句话说,晶体结构中的范德瓦耳斯力、氢键、键长和键角都会做出变化来适应此时的应变,导致晶体结构变得松动。

三、小结

为了厘清棉花在机械作用下的拉伸断裂行为及其内在特性,本书采用分子动力学方法模拟了纤维素在不同应变率下的拉伸行为,对其伸长断裂机制进行了分析。接着针对纤维素及纤维素基材料在使用过程中因为环境湿度存在不可控形变和性能退化的问题,建立不同含水率的纤维素非晶模型,研究含水率对纤维素力学性能及其微观特性的影响。这些研究为新型纤维素基材料的开发及其高效应用提供了理论基础,得出以下结论。

(1) 纤维素非晶体系在三种应变率下的拉伸过程中,体系表现的力学性能与应变率之间存在显著的正相关关系。

(2) 纤维素非晶体系在拉伸过程中表现出塑性特性,分子链伸长而未发生断裂。不同应变率下,模拟体系拉伸伸长的原因不同。在应变率为 $10^{-4}/ps$ 时,分子内键长、键角和二面角的变化是体系拉伸伸长的主要原因,而在 $10^{-5}/ps$ 和 $10^{-6}/ps$ 的较小应变率下,键长变化对体系伸长的贡献较小。结晶区纤维素链失效表现为纤维素链的滑移和重排。较低的应变率会导致拉伸结束后的晶体结构更为松散。

(3) 水分子对纤维素的影响并不总是负面的,在模拟试验中,当含水率为 4% 时,体系的力学性能最为优异。弹性模量和剪切模量分别比干纤维素提高 7.6% 和 9.4%,达到 11.79GPa 和 4.75GPa。

(4) 通过模拟含水率对纤维素体系自由体积、玻璃转化温度、均方位移等微观特性的影响,得出纤维素体系在含水量为4%时表现出的综合性能更为优异。这一结论为纤维素及纤维素基材料的更好应用提供了理论基础。

第四节　棉纤维在精梳过程中的力学性能与理化特性

随着农业装备的不断发展,大型机械设备的应运而生减轻了人们的劳动力。然而,棉花机采及后续机械加工过程中,机械设备对棉花造成的损伤是不可避免的,损伤的存在会导致棉花及棉制品的品质降低、力学性能下降,对棉花的长足发展极为不利。棉纤维长于棉籽上,其基本成分纤维素占94%~95%,其他物质占5%~6%,存在于纤维的主体层(次生层)中;在表皮初生层上含有果胶和蜡质[45]。棉纤维具有细长柔软、吸湿性好、耐强碱、耐有机溶剂、耐漂白剂和耐热隔温等优点,所以与其他天然纤维相比,棉纤维在纺织品行业及材料科学方面有广泛的应用,特别是作为纺织原料,可以制成纱线、织物,还可以浸渍树脂基体或分散于其中,制得复合材料[46]。棉纤维属于黏弹性材料,具有复杂的力学性能。棉纤维的拉伸损伤是其机械行为的基础,对理解其损伤特性至关重要。拉伸损伤反映了纤维承受外部作用的能力,受纤维表面及内部结构、加载类型的影响[47]。据调研发现纤维在机械加工过程中,其损伤较为明显,棉纱经经编机后,断裂强力持续下降,较原纱下降25.4%。通过导轨和张力杆,棉纱的毛羽指数上升,分别比原纱提高42.0%和74.3%。棉纱经过导针后,毛羽指数较前一工艺降低16.4%[48]。了解棉纤维的机械损伤行为是实现棉纤维"提质增效"的必要步骤。因此,研究棉纤维精梳工艺的机械损伤对改进加工工艺,降低机械损伤,提高利用率,进而提高产品质量是十分必要的。

在已有的研究中,学者们对纤维的损伤进行了研究,但纺纱工序对棉纤维的拉伸损伤情况研究减少。罗林斯等[49]通过选定的实验室磨损和洗涤试验,评价了具有代表性的耐压棉织物的损伤特性,并考察了单个纤维的损伤规律。用电子显微镜观察,发现失效的主要机制是在脆性断裂中整个纤维的断裂。利塞克等[50]研究发现，单根棉纤维拉伸性能受棉纤维内部结构的影响。还有学者对棉花初加工过程中的损伤及棉纱线损伤进行研究，巴克斯提亚尔·帕卢安诺夫等[51]通过研究棉纤维打捆过程中机械损伤，研究了重复冲击对纤维机械损伤的影响。研究得出，随着纤维机械损伤的增加，纤维短纤维质量的长度增加，抗拉强度降低，短纤维的数量增加；在纺丝系统中，纺纱棉的纺丝、压、打捆过程中，由于工艺线的长度，反复的敲击，使纤维的自然性能恶化，导致纺纱能力下降。加雷哈吉等[52]经过自制生产精梳纱和精梳式转子纱，研究了精梳工艺对其物理力学性能的影响，并与精梳纱进行了比较，发现梳纱工艺提高了纱线的均匀度和强度，降低了纱线的毛羽程度，通过长度分布曲线和扫描电镜观察，发现精梳纱的纤维损伤更明显。埃娃·萨尔娜等[53]使用扫描电子显微镜观察，样品为从工艺过程的初始阶段和最后阶段选择的棉纤维，在经典和开放式纺纱系统中被转化的纱线，得出了棉织物表层的七种损伤类型。杰恩[54]首次采用机械夹持方法研究单根棉纤维力学性能，研究发现，拉伸方法和实验操作对棉纤维断裂强力与弹性模量产生影响。田等[55]确定了新疆地区棉纤维质量的变化，并调查了棉绒质量差的原因。通过实验得出结论：棉纤维损伤受现场生产条件、收获方法和清洁过程的影响，现场生产条件和收获方法比清洁过程造成的纤维损害变化更大。这些研究主要集中在纱线和织物在使用过程中的拉伸及摩擦损伤上。揭示了纺织材料的材料性能，包括力学性能、摩擦性能以及不同形态特征等，与纺织材料的其他纤维相比，棉纤维具有较强的吸湿性及保暖性，且应用更为广泛。然而，以往的研究并没有考虑到棉纤维在生产加工成为棉织物及棉产品工序中精梳工艺对棉纤维的机械损伤。本节对精梳工艺下棉纤维产生的损伤进行了研究，并对其力学性能及理化性能进行了分析。

为了深入研究其损伤机理，本文采用分子动力学的方法从微观角度进行探究，并与实验部分的宏观结果进行对照。棉纤维在精梳过程中主要受拉伸损伤影响，所以通过拉伸方式对棉纤维进行模拟，选取棉纤维主体成分的纤维素进行建模。在过去的研究中，通常对晶体纤维素和无定形纤维素分开建模进行研究[56]。对于纤维素晶体与无定形区域的连接方式研究还未产生一个明确的结果,并且已有的纤维素模型假说建模难度大。本文选取最近认可度较高的纤维素晶体与无定形结构串联连接方式对纤维素进行建模[57-58]。在纤维素拉伸损伤方面一些学者做了很有意义的研究。吴霞华采用分子动力学模拟方法,模拟Iβ晶体在三种不同应变速率下在三个正交方向上的变形。发现纤维素力学性能具有高度的各向异性,分析了相关的变形和破坏模式,以及材料对拉伸的响应与晶体结构演变之间的关系[59]。古普塔、阿曼使用反应分子动力学模拟来模拟Iβ晶体纤维素。在考虑纤维捻度的情况下,考察了晶体纤维素在拉伸过程中的结构变化和氢键特性,分析了应变速率对极限性能的影响[60]。这些学者的研究加深了人们对晶体纤维素结构特性的理解,证明了使用分子动力学测试纤维素力学性能及损伤状态的可行性,本文在他们的基础对纤维素的损伤进行研究。纤维素在加工过程时产生的损伤不仅是由单次拉伸断裂造成,还包含多次损伤积累直至断裂的情况,纤维素的单次损伤程度和精梳次数共同控制着其总体损伤状态。这项研究考虑到在精梳过程中棉纤维与精梳机械部件接触位置不同,棉纤维受力部位不均匀,各部位产生的损伤程度也有所不同,所以根据损伤程度划分为三个等级,包括无损、有损、断裂。根据实际精梳可能产生的三种现象进行拉伸模拟,通过控制纤维素应变率来模拟三种情况。再根据精梳次数对未完全断裂的模型进行重复拉伸模拟,模拟多次精梳条件下纤维素链可能发生的损伤情况。通过纤维素晶体与无定形结合模型进行重复拉伸模拟,加深对纤维素微观损伤机理的认知。

  目前对于棉纤维在加工过程中的机械损伤仍未厘清,选取纺纱工序中精梳工艺为对棉纤维的机械损伤行为进行研究。本文采用纤维拉伸试验仪分析精梳棉纤维的力学性能,同时研究纤维损伤的表面形态结构,探究精梳工艺对棉纤维的理化性能影响及损伤特性。对棉纤维精梳加工前后其断裂强度和形貌特征进行表征,定性探讨了棉纤维机械加工与拉伸断裂损伤之间的关系。最后,分析了棉纤维断裂强度与精梳工艺之间的关系。通过分子动力学模拟探究了精梳加工对棉纤维力学性能产生影响的原因。把纤维素损伤程度细分为三种等级,以重复拉伸模拟精梳工艺,测量纤维素不同应变率及不同拉伸次数下的应力、结晶度、键长键角分布、键与氢键的数量变化,来分析其力学性能、有序性、失效机理。根据试验得到的纤维素理化性质结合分子层面测试结果讨论其力学性能、有序性、失效机理。

一、试验与模拟方法

(一)试验方法

本试验所需的精梳棉纤维试样,由手采、手动除杂获得原棉(RC),再经过粗疏、并条、精梳工艺加工而成,分别对其重复进行1、2、3遍精梳工艺,制得1道精梳棉(1st CC)、2道精梳棉(2nd CC)和3道精梳棉(3rd CC)。具体加工工艺参数见表5-10。

表5-10 精梳棉纤维加工工艺参数表

参数	粗疏机	并条机	精梳机
给棉罗拉转速(r/min)	0.30	—	—
刺辊转速(r/min)	480	—	—
锡林转速(r/min)	550	—	—
道夫转速(r/min)	9.5	—	—
出网速度(m/min)	5.5	—	—
出条速度(m/min)	—	5	—
总牵伸倍数	—	1.8	6.127
前区牵伸倍数	—	1	—
张力牵伸倍数	—	1.05	—
车速(钳次/分)	—	—	25

(二)模拟方法

纤维素模型整体通过Materials Studio软件将晶体纤维素与无定形纤维素拼接串联组成,建立了纤维素单根基原纤模型。对纤维素晶体单体进行扩充,建立超胞晶体纤维素;切割纤维素得到六边形晶体纤维素,切除晶体纤维素中间区域,仅保留两端8个纤维二糖长度的晶体纤维素。创建18条随机扭转角度的纤维素无定形链条,每条无定形纤维素链包含8个纤维二糖。将18条纤维素链条移至两块晶体纤维素中部与两端进行交叉连接,保证无定形纤维素的无序。对 18 条纤维素链进行了标记,其连接形式如图 5-37 所示。模型盒子长度为 23.6nm、宽度为 4.5nm。

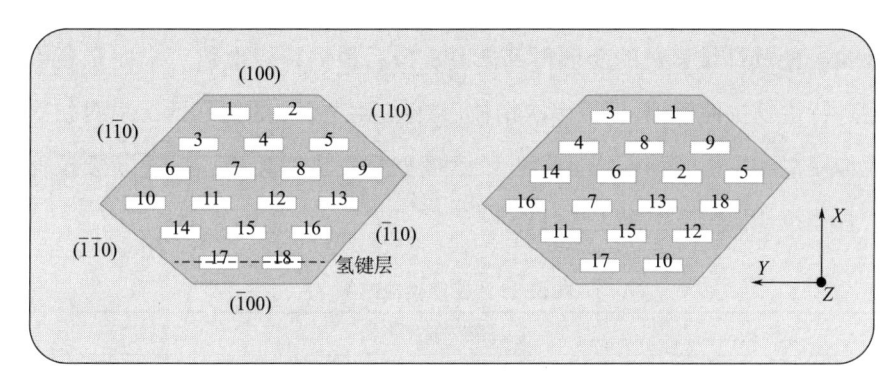

图 5-37　18 条无定形纤维素链两端与晶体纤维素的交叉连接示意图

图 5-37 中,1~18 表示无定形纤维素链的序号,说明的是 18 条无定形纤维素链连接在两端晶体的位置。氢键层的结构对应于右边的示意图。(100)、(110)等表示的是晶体纤维素的晶面。

通过 LAMMPS 软件对纤维素进行拉伸模拟,选取 ReaxFF 力场作为模拟力场。与传统力场相比,ReaxFF 力场可以根据键序的变化更准确地描述键的断裂和形成。选取周期性边界,弥补模型长度与实际的基原纤长度差距过大的缺点。模拟之前对模型进行能量最小化,再在 NPT 系综下弛豫 100ps。时间步长为 0.2fs。采用均匀变形的方法对纤维素进行拉伸,拉伸应变率为 10^{-5}/ps,拉伸方向为纤维素链方向。根据模型盒子长度变化来计算应变,通过 thermo 命令直接输出体系整体的应力状态,该应力的计算用的是统计力学里的 Virial 定理。

对纤维素模型分别进行三种不同应变程度的拉伸,模拟精梳过程中纤维素的损伤情况。首先开展纤维素的断裂拉伸模拟,持续拉伸时间为 30ps,在 22.4ps 左右时达到其极限应力,纤维素链开始发生断裂,27.6ps 时纤维素链完全断裂,拉伸 30ps 后再弛豫 4ps,使模型恢复到自然状态。接下来开展纤维素的损伤拉伸模拟,拉伸纤维素使达到其极限应力,纤维素链发生断裂,在24ps部分纤维素链断裂时停止拉伸,弛豫4ps使纤维素模型得到恢复。然后开展纤维素的无损拉伸模拟,对纤维素进行拉伸,持续拉伸时间为18ps,在达到纤维素的极限应力之前停止拉伸,纤维素链伸长几乎断裂但未发生断裂,对模型进行弛豫4ps,使其纤维素链的变形得到恢复。最后根据精梳次数对未完全断裂的模型进行重复拉伸模拟,模拟多次精梳后纤维素链发生的损伤情况。对初次有损拉伸模拟和无损拉伸模拟后的纤维素模型重复进行无损、有损、断裂拉伸模拟。具体拉伸模拟方案见表5-11。

表5-11 拉伸模拟方案

拉伸次数	第一次	第二次
拉伸程度	无损拉伸(FU)	无损拉伸(UU)
		损伤拉伸(UD)
		断裂拉伸(UB)
	损伤拉伸(FD)	无损拉伸(DU)
		损伤拉伸(DD)
		断裂拉伸(DB)
	断裂拉伸(FB)	—

二、力学性能

图5-38展示了不同夹距和不同拉伸速度下棉纤维的断裂强力。在不同夹距条件下,随着拉伸夹距的增大,纤维的断裂强力逐渐减小[图5-38(a)]。在夹距为7mm时,断裂强力较为稳定,这是因为纤维本身截面和结构在长度方向是不均匀的,因此当纤维试样长度为自变量时,其强力遵循"弱环定律",且纤维经过加工后产生了一定程度的损伤,所以其夹距与断裂强力呈负相关。在不同拉伸速度下,纤维的断裂强力同样会随着拉伸速度的增加而逐渐减小[图5-38(b)]。在拉伸速度为30mm/min时,纤维断裂强度较为稳定,是由于其拉伸速度越大,拉伸至断裂经历的时间短,且因为纤维损伤后其初始模量(E_0)减小,所以其断裂强力也会随之减小。

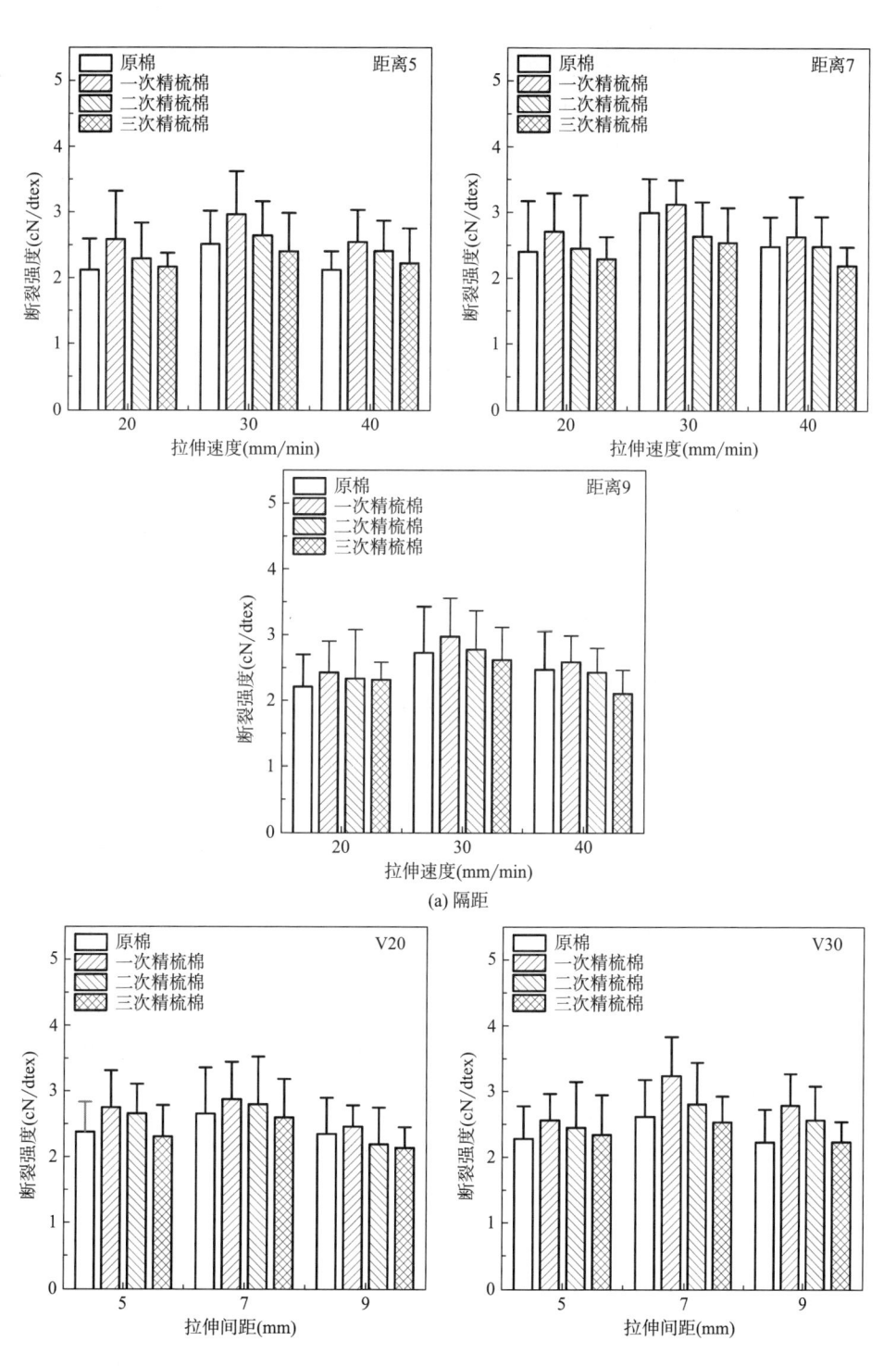

图 5-38

(b) 拉伸速度

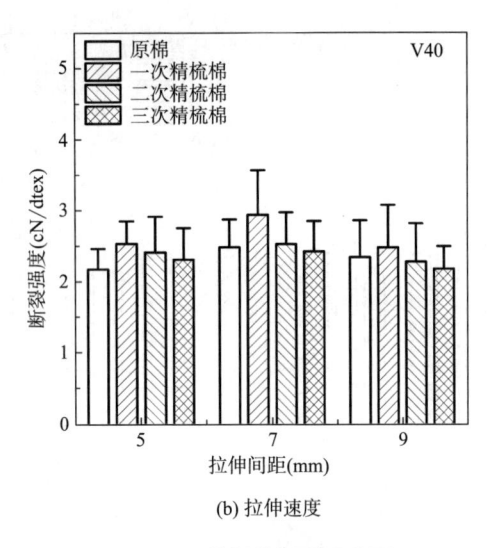

图 5-38 棉纤维断裂强力图

由图 5-38(a)、(b)分析得,当夹距为 7mm,拉伸速度为 30mm/min 时,其纤维断裂强力较稳定。因此,本文选择这一参数对 RC、1st CC、2nd CC 和 3rd CC 样品进行测试,结果见表 5-12。从中可看出 1st CC 断裂强度、断裂强力、断裂伸长率均优于原棉,经 2 次精梳和 3 次精梳后其断裂强度、断裂强力、断裂伸长率呈下降趋势。

表 5-12 棉纤维断裂强力和断裂伸长

种类	断裂强度 (cN/dtex)	断裂强力 (cN)	断裂伸长 (mm)	断裂伸长率 (%)
原棉	2.43	3.40	1.05	15.01
1 道精梳棉	2.61	3.66	1.09	15.54
2 道精梳棉	2.32	3.25	1.03	14.74
3 道精梳棉	2.14	3	0.69	9.88

三、理化性质

(一)棉纤维分子结构分析

棉纤维的纤维素大分子在原纤中取向度很高,而纤维的取向结构使纤维产生各向异性,使得纤维在力学性能上有明显变化。为进一步量化棉纤维经过精梳加工后其取向度、结晶度及分子结构变化,对其进行了 XRD 和拉曼光谱实验,结果如图 5-39、图 5-40 所示。图 5-39 可得出棉纤维经过精梳加工后其主要衍射峰无明显区别,均在 2θ 为 14.8°($1\bar{1}0$)、16.6°(101)、22.7°(200)、34.6°(004),从图 5-40 中可以看出,1st CC 峰值明显高于其他精梳棉纤维,说明经精梳加工后纤维结晶性能会提高。为进一步探究其精梳加工前后棉纤维结晶结构的区别,对其结晶度指数进行计算,其结晶度指数分别为:$CrI_{(RC)} = 70.8\%$,$CrI_{(1st)} = 75.3\%$,$CrI_{(2nd)} = 72.7\%$,$CrI_{(3rd)} = 71.8\%$,可得出经过精梳加工后其结晶度先增加后降低。棉纤维由原棉经精梳加工后得到精梳棉,其纤维存在机械损伤,部分微原纤产生断裂,对其结晶度产生影响。

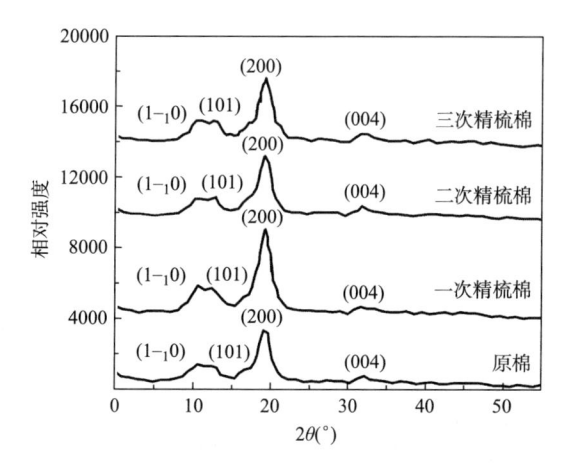

图 5-39 棉纤维 X 射线衍射谱图

图 5-40 所示为棉纤维拉曼光谱图,可知棉纤维经过精梳加工后分别在 $380cm^{-1}$、$442cm^{-1}$、$897cm^{-1}$、$1098cm^{-1}$、$1337 \sim 1406cm^{-1}$ 出现明显的衍射峰,$380cm^{-1}$ 处由于吡喃环(CCC)对称弯曲振动影响产生,$442cm^{-1}$ 处出现特征峰是由于环(CCO)伸缩振动产生,而在 $897cm^{-1}$ 处出现特征峰表明重原子 C—C 和 C—O 产生了伸缩振动,在 $1098cm^{-1}$ 处是由于糖苷键 C—O—C 的不对称伸缩振

动造成,而在 1337~1406cm^{-1} 部分则是由于 H—C—C、H—C—O、H—O—C 键的弯曲振动引起的衍射峰[61]。

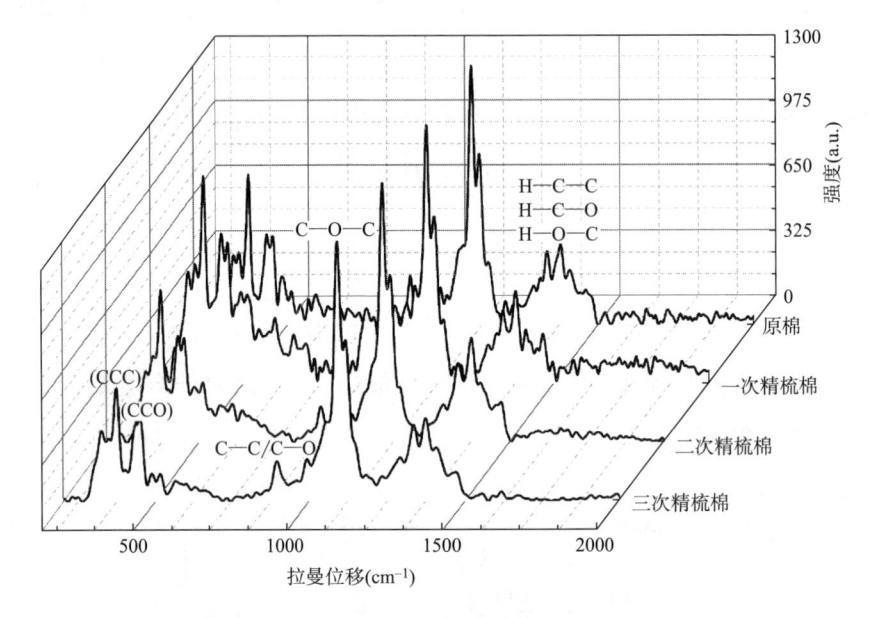

图 5-40 棉纤维拉曼光谱图

(二)棉纤维化学结构分析

通过 XPS 对棉纤维试样进行化学结构分析,并对棉纤维试样中的碳元素和氧元素进行了主要分析。图 5-41 显示了棉纤维 X 射线光电子能谱图,由图 5-41(a)可知,棉纤维主要元素为 C 和 O,经精梳加工后棉纤维元素种类不变,但其元素含量改变。对比精梳前后棉纤维 C 元素图谱[图 5-41(b)]可知,经过精梳加工后结合能均向低位偏移,分别对应于 O—C=O、C—O—C、C—O/C—O—C、C—C/C—H 基团,主要是由于精梳加工后棉纤维中 C 原子所处位置发生改变,使得结合能随之改变。对棉纤维中 O 元素含量进行对比分析[图 5-41(c)]可知,原棉纤维与精梳棉纤维相比,整体有向低位偏移的趋势,分别对应 H—O—C、C—O 基团。由此可知,棉纤维经过精梳加工后其结合能均向低位移偏移,且表面无其他元素产生。

(a) XPS

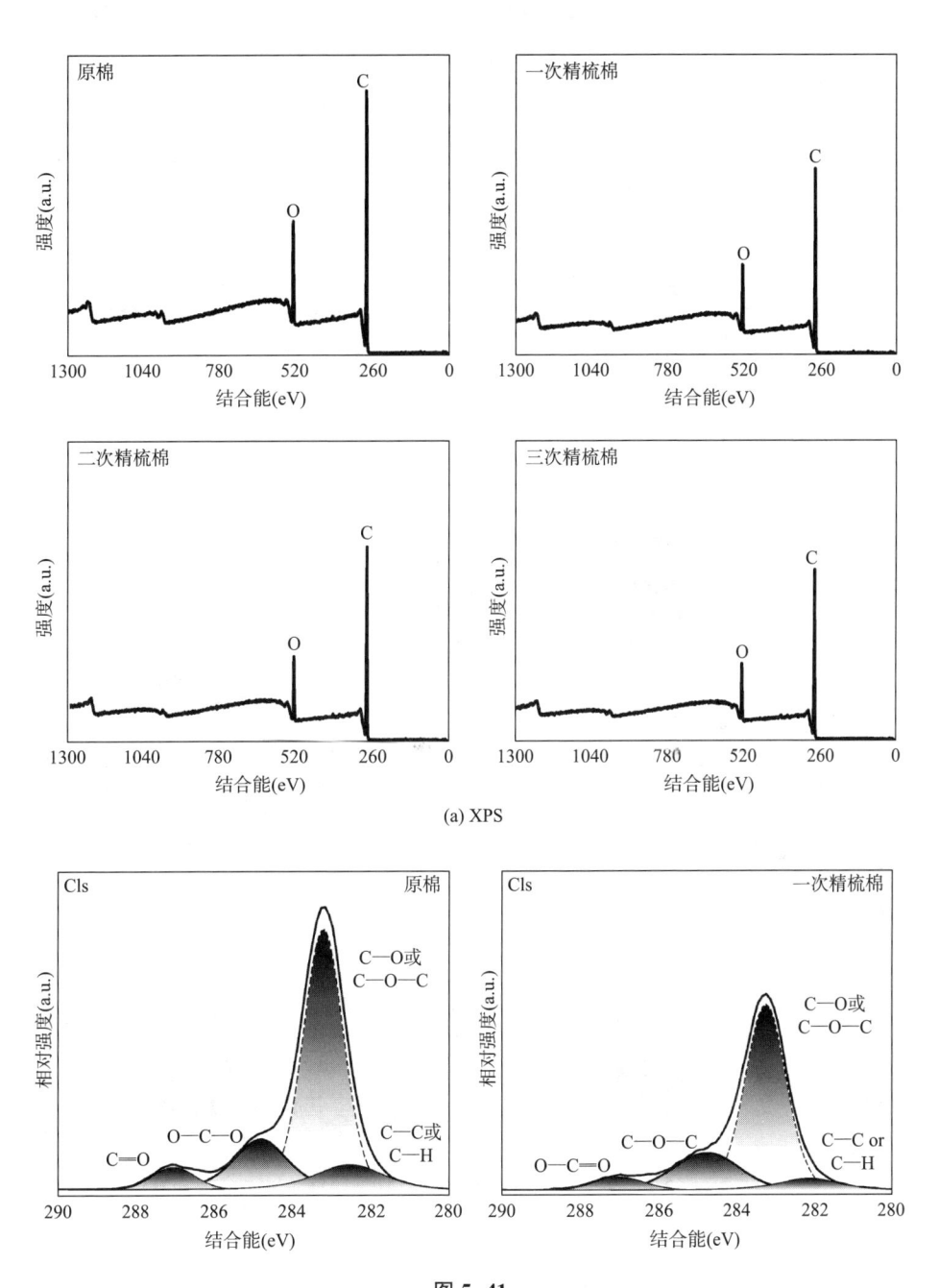

图 5-41

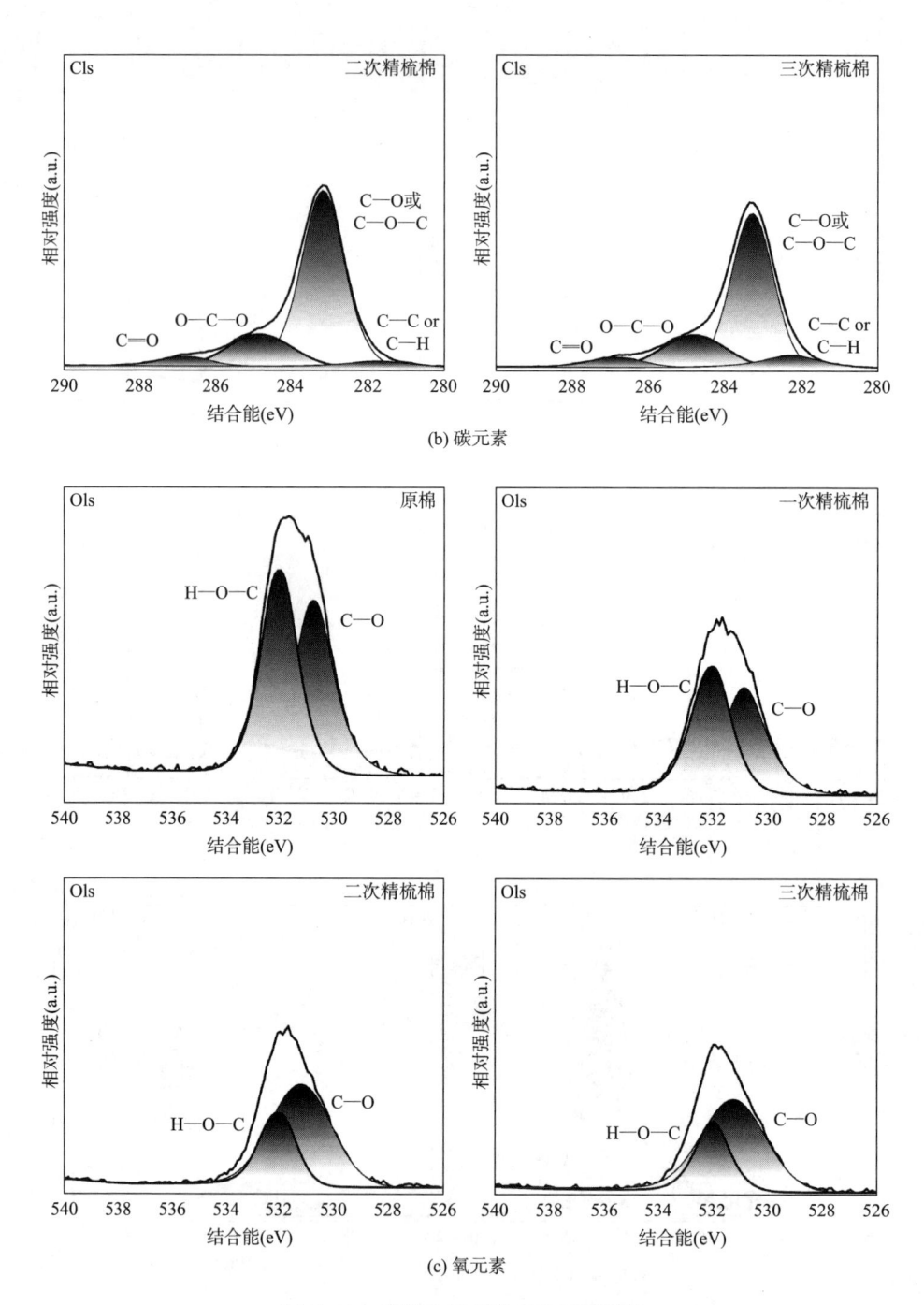

图 5-41 棉纤维 X 射线光电子能谱图

四、基原纤力学性能

对晶体纤维素模型与纤维素模型拉伸得到的应力—应变曲线进行了比较，如图 5-42 所示。晶体纤维素的最大应力为 8.96GPa，高于纤维素的最大应力 5.89GPa，说明无定形纤维素强度弱于晶体纤维素。另外，纤维素模型的极限应变为 23.6%，远大于晶体纤维素模型的极限应变 12.2%，这是因为无定形纤维素链存在扭曲。通过 Ovito 可视化软件对纤维素模型在拉伸过程中的晶体区域与无定形区域的变形进行了观测，如图 5-43 所示。根据应力应变曲线可将其分为三个阶段。第一阶段，纤维素初步变形主要发生在纤维素模型的无定形区域，在拉伸作用下无定形区域纤维素链由弯曲逐渐伸直，所以初始应力增长速度要远低于晶体纤维素的初始应力。第二阶段，随着纤维素绷直后继续拉伸，纤维素链条才大幅度发生伸长变形，应力随着应变率迅速上升。第三阶段，纤维素链条发生破坏直至断裂。晶体纤维素链排列高度有序，因此不存在第一阶段，应力—应变曲线斜率变化比较稳定。

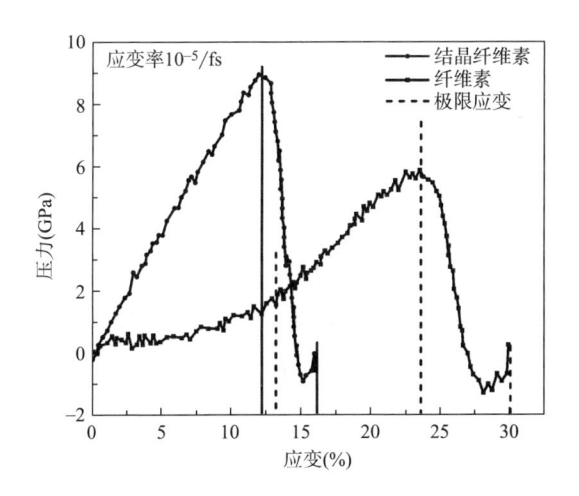

图 5-42 晶体纤维素模型和混合纤维素模型的
工程应力—应变比较

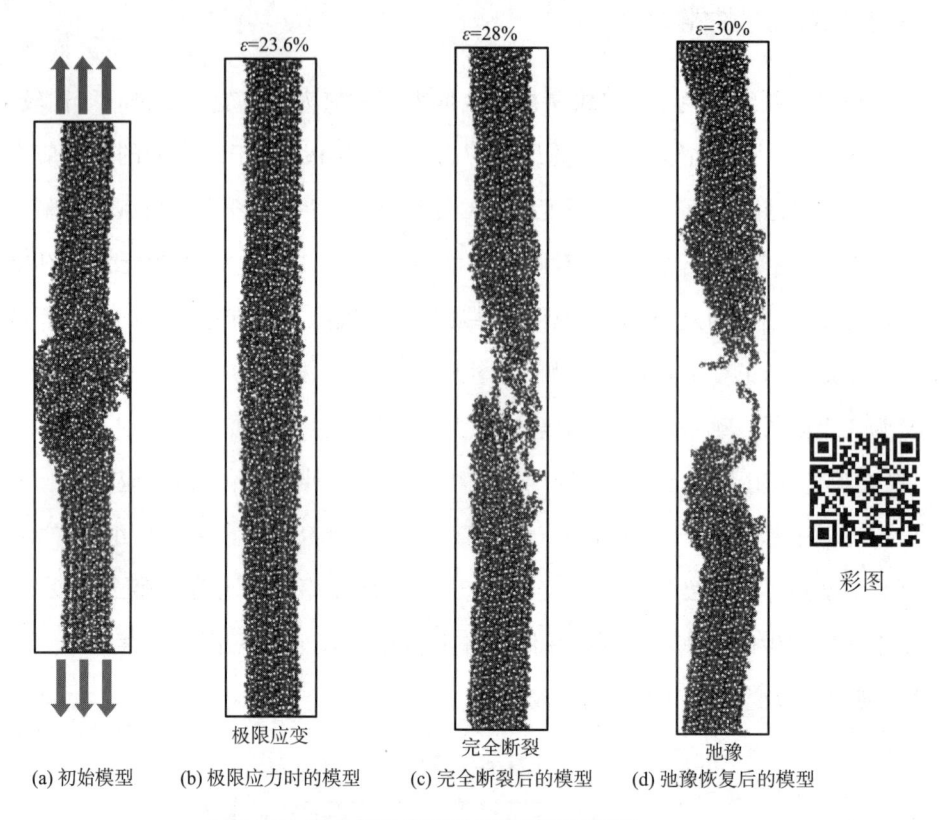

图 5-43　混合纤维素模型拉伸断裂示意图

(a) 初始模型　(b) 极限应力时的模型　(c) 完全断裂后的模型　(d) 弛豫恢复后的模型

初次拉伸三种不同损伤程度的拉伸结果如图 5-44(a) 所示。FB 随着应变程度的增大,纤维素应力随之增长,直至达到极限应力。随着拉伸继续进行,纤维素链条逐步发生断裂直至纤维素完全断裂,应力降低至零。由 FD 应力—应变曲线可知,纤维素在 22.4% 极限应变时达到极限应力,继续拉伸导致部分纤维素链发生断裂,在应变为 24.0% 时停止拉伸,对纤维素弛豫自然恢复但并未恢复至原始状态,应力逐渐下降为零,此时的应变为残余形变量,纤维素残余形变量为 15.1% 左右。残余形变量的产生说明在拉伸过程中纤维素产生了塑性变形。由 FU 的应力—应变曲线可知,在 18% 应变时最大应力仅为 3.68GPa,未达到极限应力,在停止拉伸后,纤维素恢复部分变形,残余形变量为 12.19%,占总应变的 67.72%。纤维素链条在整个拉伸过程并未产生断裂。

对 FU 进行二次拉伸来模拟二次精梳可能出现的现象。图 5-44(b)显示的是初次无损拉伸后再次进行无损、有损、断裂拉伸。根据 UB 应力应变曲线可以观察到纤维素的极限应力增加至 7.48GPa,经历 FU 之后,纤维素整体的力学性能得到了增强。推测是因为拉伸使无定形区域纤维素的排列更加整齐,结晶度提升,氢键数量增加,并且纤维素链未被破坏,使纤维素的力学性能略微提升。另外在经历 FU 后,纤维素的极限应变减小,在较小的应变时就达到极限应力。这说明其无定形区域弯曲、扭转的纤维素链得到伸展,纤维素链排列更加整齐。由 UU 应力—应变曲线可知,纤维素在应变为 9.00% 的无损拉伸后,残余形变量

(a) 初次拉伸应力—应变曲线

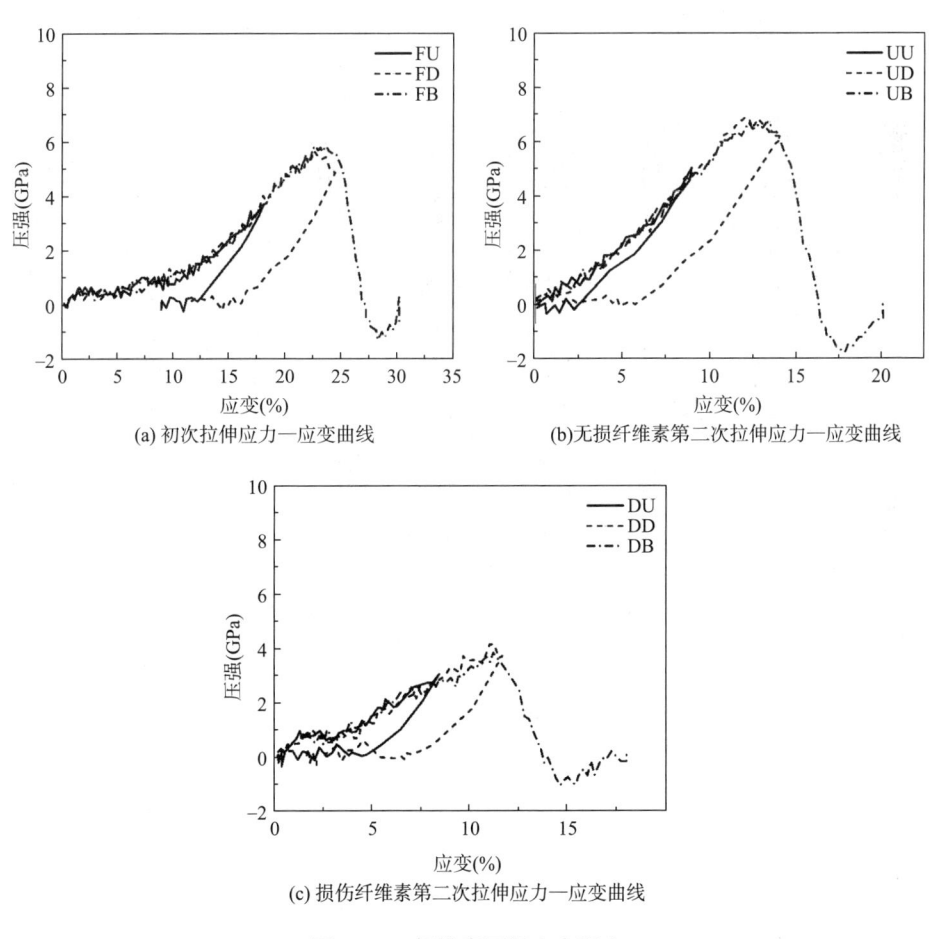

(b) 无损纤维素第二次拉伸应力—应变曲线

(c) 损伤纤维素第二次拉伸应力—应变曲线

图 5-44 纤维素不同应变程度

仅为 2.29%，占总应变的 25.44%，弹性变形占比增加，如图 5-45 所示。

对 FD 进行第二次无损、有损、断裂拉伸。观察第二次断裂拉伸模拟，发现其极限应力相比于初始纤维素模型降低至 3.9GPa，主要由于在第一次拉伸时部分纤维素链条发生断裂，导致其抗拉伸强度下降。在应变为 8.40% 的无损拉伸时，残余形变量为 4.49%，占总应变的 53.45%。塑性变形占比略低于初始模型，但要远高于无损拉伸后的纤维素模型。纤维素的损伤降低了其弹性变形能力。

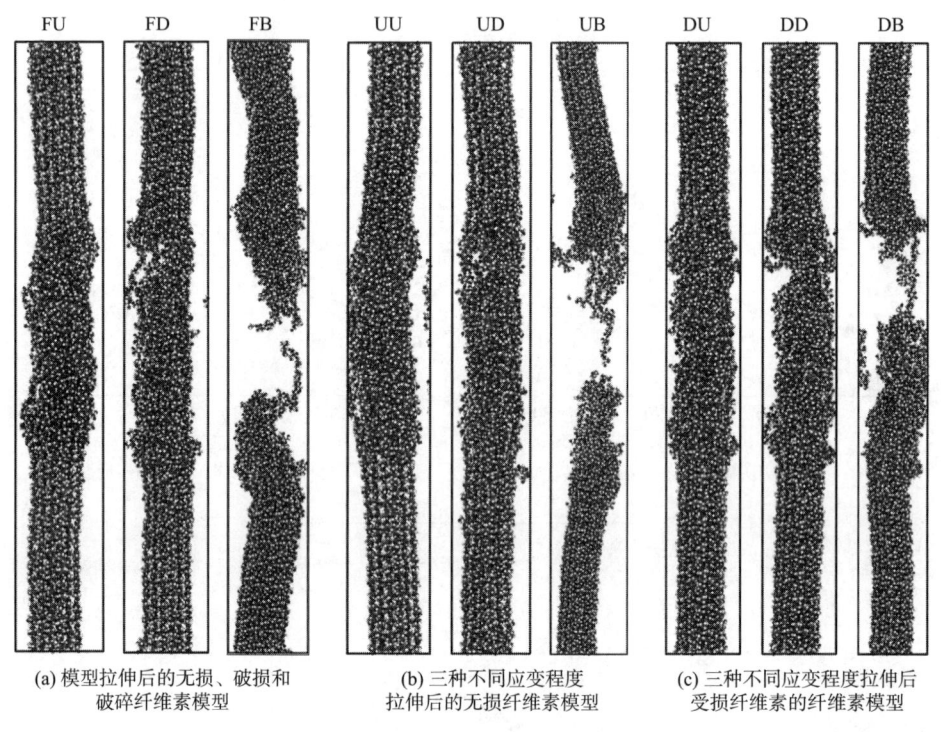

(a) 模型拉伸后的无损、破损和破碎纤维素模型

(b) 三种不同应变程度拉伸后的无损纤维素模型

(c) 三种不同应变程度拉伸后受损纤维素的纤维素模型

图 5-45　三种不同应变程度的纤维素模型

彩图

五、分子结构有序性

为了探究实物实验中纤维素结晶度增加的原因，模拟中也对纤维素模型进行 XRD 分析，采用峰值计算法计算结晶度，结果如图 5-46 所示。对弛豫后的

初始模型不同区域的结晶度进行计算,可知与无定形区接近的晶体区域在弛豫过程中会受到影响,降低结晶区的有序程度,所以晶体区域结晶度仅为66.70%。从图5-46可以观察到,无定形区域为22.7°时没有峰值,所以其结晶度为零。由于无定形区域对结晶区域的影响,建立纤维素模型整体的结晶度为31.00%。

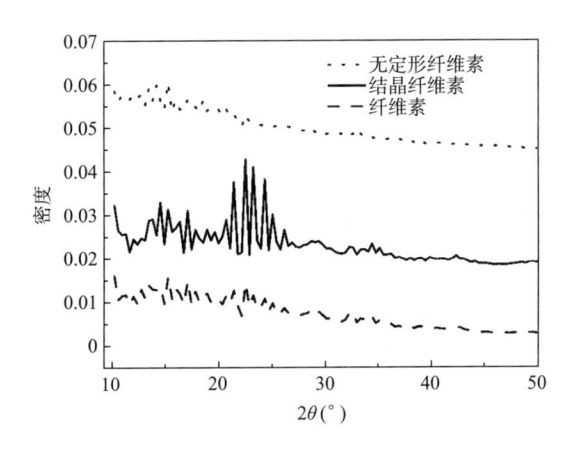

图5-46 纤维素模型结晶区、无定形区域及整体XRD图

经过三种不同程度的初次拉伸后,纤维素的结晶度变化如图5-47(a)所示。与初始模型相比,FU后(200)处峰值增加,纤维素的结晶度上升至45.34%,观察到无定形区纤维素链变得更加有序,这也是其极限应力增加的原因。FD后纤维素结晶度增长至45.09%。虽然部分纤维素链断裂,但这并未显著影响其结晶度,反而因无定形区域的变化使结晶度略有增加。FB后,纤维素链在达到极限应力后纤维素迅速断裂,应力的释放使断裂处的纤维素链回弹,失去束缚后纤维素链在回弹力的作用下变得更加混乱,纤维素结晶度下降至23.70%。在FD、FB的纤维素进行二次拉伸后,对其纤维素结晶度进行检测,发现结晶度变化微弱。初次拉伸时对纤维素结晶度影响最为明显,然后无定形区的有序性达到饱和,重复拉伸对其结晶度影响微弱。纤维素DB后结晶度为28.37%比FB的结晶度要高,因为有损模型极限应力要低于初始模型,在断裂

时释放的应力更小对模型造成的紊乱更弱。

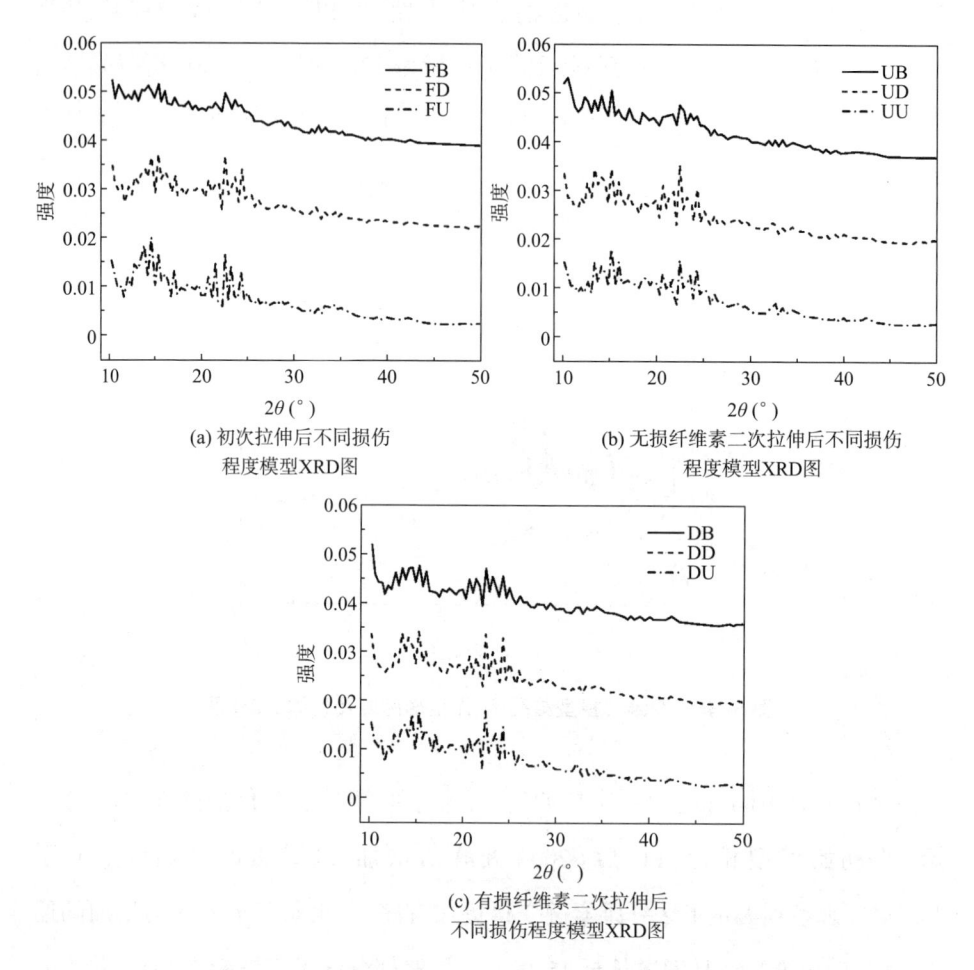

(a) 初次拉伸后不同损伤程度模型XRD图

(b) 无损纤维素二次拉伸后不同损伤程度模型XRD图

(c) 有损纤维素二次拉伸后不同损伤程度模型XRD图

图 5-47　三种不同程度拉伸后纤维素的结晶度变化

氢键的作用力虽然比共价键低一个数量级，但是在纤维素结构的力学特性中仍起到重要作用。同时氢键的数量一定程度上也能体现出纤维素链的排列整齐程度。为此通过 VMD 软件对氢键数量进行计算，氢键成键标准设置为受体与供体截止长度为 3.5、截止角度为 30°，具体信息如图 5-48 所示。图 5-48 表示的是三种不同程度拉伸后纤维素氢键数量的变化。在达到极限应力之前，随着拉伸的进行纤维素链间及链内氢键被破坏，氢键数量在不断地减少。晶体

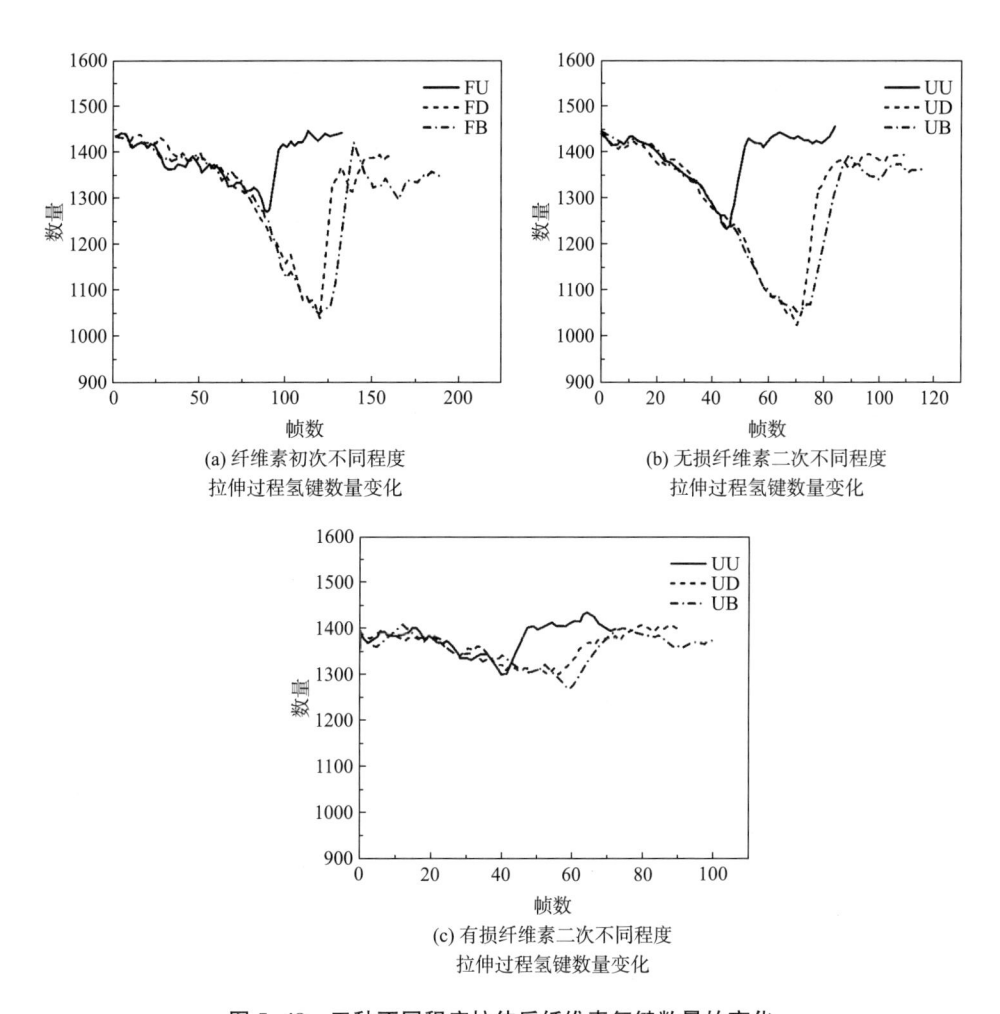

(a) 纤维素初次不同程度
拉伸过程氢键数量变化

(b) 无损纤维素二次不同程度
拉伸过程氢键数量变化

(c) 有损纤维素二次不同程度
拉伸过程氢键数量变化

图 5-48 三种不同程度拉伸后纤维素氢键数量的变化

区域的氢键数量要远高于无定形区，初始应变时主要是无定形区产生形变，所以氢键数量下降速度较慢。随着应变的进一步进行，晶体区域也开始产生较大形变，氢键数量急剧减少。在达到极限应力时，氢键数量减少至最少。继续拉伸至纤维素链完全断裂，各部分变形恢复，氢键数量迅速上升，但并未恢复至初始状态的数量。纤维素链的断裂及纤维素断裂后收缩造成的结构紊乱会降低氢键数量。纤维素在无损拉伸后氢键数量发生了增加，因为无定形区域在拉伸恢复后排列更加有序，并且没有纤维素链发生断裂，这与其结晶度增加的结果相互印证。损伤拉伸后氢键数量略微下降,但没有断裂后下降幅度大。有损拉伸后无定形区域纤维素链排列变得有序,但是部分纤维素链发生断裂,所以整体数量略微下降。

在 FU 后进行二次拉伸,其三种不同应变程度拉伸后,氢键数量的变化趋势与初次拉伸类似,唯一不同的是初始下降速度更快,这是因为在初次拉伸后无定性区域弯曲的链伸直。在 FD 后进行二次拉伸,氢键在极限应力处的下降数量减少,这是由于初次拉伸时无定形区部分链的断裂,导致极限应力的减小,使得晶体区域产生的形变较低,氢键破坏数量减少。同时观察到 DB 后的氢键数量要高于 FB 的模型,这是因为有损模型极限应力要低于初始模型,在断裂时释放的应力更小,对模型造成的紊乱更弱。

试验结果表明,棉纤维的断裂强度和结晶度随着精梳次数的增加呈现出先上升后下降的趋势。通过模拟分析发现,棉纤维在精梳过程中受到不均匀的力作用,导致纤维素在高应力区域出现部分或完全断裂。在模拟中观察到基原纤的断裂会降低棉纤维极限应力和结晶度。而基原纤的损伤会降低纤维素的极限应力、提升纤维素的结晶度。在较低应力区域,无定形区域的有序性随着拉伸而增加,从而提升了基原纤的极限应力和结晶度。在精梳工艺中,纤维素力学性能和结晶度的变化主要受纤维素损伤情况及无定形区域有序性变化的影响。试验中观察到,一道精梳后棉纤维力学性能及结晶度上升,这是由于一道精梳对纤维素无定形区的影响最为显著,强于纤维素损伤、断裂对力学性能和结晶度的影响。然而,经过二道和三道精梳后,棉纤维力学性能、结晶度相比于一道精梳后有所下降。结晶度的增长是由于无定形区域有序性增加。模拟结果显示,经过多次精梳后,无定形区域的有序性变化并不明显,表明在经过一道精梳后,其有序性已经接近饱和。但随着精梳次数的增加,基原纤产生损伤、断裂的数量不断增加。因此,多次精梳对无定形区域有序性的影响要弱于纤维损伤、断裂的影响。整体而言,棉纤维多次精梳会导致其力学性能、结晶度下降。

六、分子结构破坏机制

径向分布函数(RDF)在 r 较小时的数据,可以有效表征原子成键信息。对纤维素中的 C—O、C—C、C—H、O—H 的 RDF 进行计算,并将初始模型与拉伸至极限应力时的模型径向分布函数进行对比,如图 5-49(a)、(b)所示。研究发现,在拉伸过程中 C—O 键的变化最为明显,分布范围从原来的 1.27~1.67Å 到 1.27~1.76Å。初始模型的峰值位于 1.44Å,拉伸后模型出现两个峰值分别位于 1.4Å 和 1.62Å。分布范围的增大以及 1.62Å 处峰值的出现,均表明在拉伸过

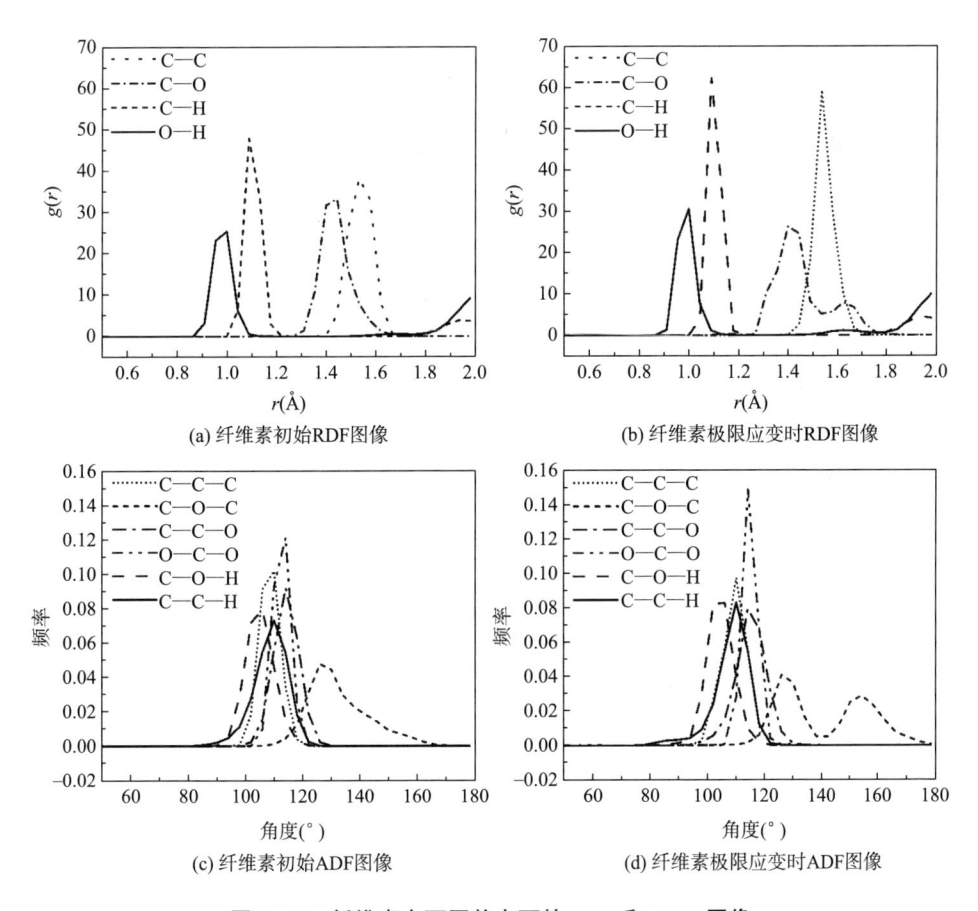

(a) 纤维素初始RDF图像

(b) 纤维素极限应变时RDF图像

(c) 纤维素初始ADF图像

(d) 纤维素极限应变时ADF图像

图 5-49 纤维素在不同状态下的 RDF 和 ADF 图像

程中部分 C—O 键明显伸长。根据纤维素结构的受力形式以及可视化软件的观测,位于连接纤维素单体之间的 β-1,4-糖苷键伸长更为明显。C—C 键的初始峰值位于 1.53Å,拉伸后其峰值位置没有改变,但峰值的提升表明其键长更为集中。C—H 和 O—H 键由于位于侧链,并不参与拉伸,因而其 RDF 没有显著变化。

角度分布函数 ADF 通过测量一个中心原子和两个相邻原子形成的角度来表征键角信息。对纤维素中不同键角分布进行了计算,并把初始模型与拉伸至极限应力时的模型 ADF 进行了对比,如图 5-49(c)、(d)所示。拉伸过程中 C—O—C 键角的分布变化最为明显,初始模型的峰值位于 126°,拉伸后模型出现两个峰值,位置分别位于 126°和 154°,说明在克服拉伸时,C—O—C 键角起到主要抵抗作用。其他键角峰值位置虽然没有改变,但是角度分布略有变化。C—C—C 键角初始峰值 110°左侧分布较多,当拉伸时峰值两侧分布相同,说明部分 C—C—C 键角增大。C—C—O 键角初始在峰值 114°两侧分布均匀,当拉伸时峰值右侧分布更多,说明部分 C—C—O 键角增大。O—C—O 键角变化趋势与 C—C—C 键角类似,部分键角增大。C—O—H 峰值 106°左侧在拉伸后分布变多,说明部分键角减小。C—C—H 键角峰值 110°两侧分布几乎没有变化,但是峰值变得更大,键角分布更加集中。综合来看,拉伸过程中 C—O 键和 C—O—C 键角在抵抗力学应力中起着关键作用。

共价键是分子结构中最强的作用力,对纤维素链抵抗各种外力作用具有重要作用,所以对纤维素四种键的成键信息进行了统计。在拉伸过程中,纤维素 C—O 键的断裂数量最多,C—O 键主要位于纤维素中连接两个 β-D-吡喃式葡萄糖基之间的 β-1,4-糖苷键以及 β-D-吡喃式葡萄糖基中的基环。在拉伸过程中位于单体间的 β-1,4-糖苷键要明显弱于基环,而位于单体两侧官能团中的 C—H、O—H 键对拉伸不起到抵抗作用,所以拉伸的断裂主要发生在 C—O 键(β-1,4-糖苷键)上,其次发生在碳环中的 C—C 键及 C—O 键中,如图 5-50 所示。

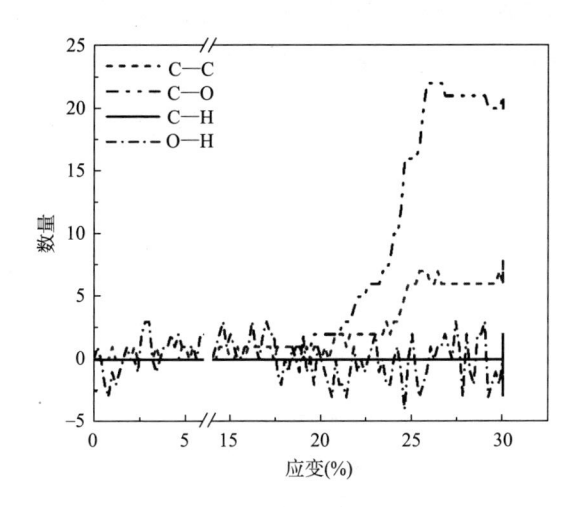

图 5-50　拉伸断裂过程不同共价键键数量变化

七、小结

本章通过对棉纤维进行精梳工艺前后的力学性能、理化性能及微观模拟进行分析,确定了精梳加工工艺对棉纤维力学性能、表面形貌和微观结构的影响。研究表明,精梳后的棉纤维与未处理的原棉相比,其断裂强度和结晶度先增加后下降。与此同时,纤维表面的裂纹和撕裂程度增加,而纤维的弯曲程度减少,结合能有所降低。这些变化不仅与棉纤维自身的强度有关,还受到精梳过程中机械损伤的影响。在无损拉伸的情况下,纤维素的结晶度和氢键数量增加,无定形区有序性增强,纤维素链未受损,其力学性能增强。而在有损拉伸后,虽然无定形区域的有序性继续增强,但部分纤维素链断裂,导致力学性能下降。断裂拉伸后纤维素有序性降低,纤维素链完全断裂,力学性能急剧降低。在精梳工艺中,纤维素力学性能和结晶度的变化主要受纤维素损伤情况及无定形区域有序性变化的影响。拉伸过程中,C—O 键键长变化最为显著,断裂数量最多,C—O—C 键角度变化也十分明显,表明拉伸对 β-1,4-糖苷键的影响尤为显著。同时,C—C 键在拉伸过程中也出现一定数量的断裂。纤维素链的失效主要由于 β-1,4-糖苷键的断裂引起,其次受 C—C 键断裂的影响。

总体而言，本章深入分析了棉纤维在精梳前后的力学性能、理化性能及微观结构的变化，揭示了精梳加工对纤维性能的复杂影响机制。这些发现为优化精梳工艺及改善棉纤维性能提供了重要的理论支持和实验数据。

——————— 参考文献 ———————

第六章　棉纤维摩擦行为的理论与实验研究

第一节　概述

棉纤维从原料获取到成品,需经过机械化收获、纺纱、织造后整理及成形加工多道工序,不可避免与其他部件表面持续不断发生摩擦。经过多重加工后,一方面棉纤维表面形貌及内部结构受到损伤,影响其力学、后续加工处理及使用性能,另一方面,机械部件由于摩擦磨损作用而发生表面形貌等微观结构演化,降低材料的耐磨性能和疲劳寿命,影响生产效率和产品质量。因此,厘清棉纤维与金属部件表面摩擦作用下相互耦合作用机制,总结棉纤维摩擦学机理,是提升棉纺织品质量和关键零部件表面耐磨性及改性的重要途径。

棉纺加工过程中,棉纤维与零部件表面相互作用,形式极具复杂性、多样性,造成了棉纤维损伤形式的复杂性和特殊性,如开松过程中摩擦始终伴随着拉伸、弯曲、捻曲、折叠等耦合作用。引起棉纤维机械性损伤一般分为两种形态,一种是可见的显形损伤,即纤维断裂;另一种是隐形损伤,即棉纤维虽然没有断裂但结构已破坏,实际性能指标明显下降。棉纤维与机械部件摩擦过程不仅对棉纤维的性能造成一定影响,如纤维长度降低、短绒率增加,纺纱过程中的落棉率、浮游纤维、断头率、纱线毛羽、纱线条干不匀率等现象的增加,导致纤维表面及内部结构受到严重损伤;同时,棉纤维与机械部件相互作用也会对机械部件造成一定的损伤。要揭示棉纤维机械损伤的基本规律和机理,不能仅局限于试验测试与理论分析,还要关注棉纤维与机械部件作用时,棉纤维微细观结构的演变过程,由静态分析转向动态分析。要揭示金属表面摩擦磨损机理,需要对微观组织演变和宏观尺度的金属摩擦行为之间的关系进行研究。通过实验观测、理论分析和验证,建立精准的棉纤维损伤形态特征数据库,结合棉纤维性能参数和数值模拟由定性研究向定量化发展。棉纤维机械损伤的控制,需要探索新技术、新思路、新途径,以解决棉纺产业链升级发展中由于机械部件作用造成的棉纤维损伤问题。

棉纤维和机械部件表面摩擦作用时,棉纤维内部大分子结构改变和微细结构形态变化难以通过实验室得到表征。但分子动力学模拟技术作为分子层面主要的数值模拟方法之一,可以根据研究需要改变周围环境条件和材料的性质,构造较为理想的模型,定性地再现真实系统中所发生物理和化学变化的动态过程,能够较好地弥补实际试验方法的缺陷。由于分子动力学模拟具有联系微观结构与宏观特性的作用,使得该研究方法在各个领域得到广泛的应用,其基本思想是建立一个粒子系统来模拟所研究的微观现象,运用经典力学方程,如哈密顿方程、拉格朗日方程、牛顿力学方程等,求解每个粒子的运动轨迹,并在此基础上研究该体系的结构以及其相关性质。借助模拟得到的原子轨迹,进行材料性能的定性评估,同时深入研究微观过程,基于统计物理学原理推导出系统的静态、动态和宏观性质。棉纤维与机械部件损伤界面上包括分子、原子尺度上的物理、化学和摩擦磨损现象问题,分子模型模拟可从纳米尺度提供更多信息和佐证,使棉纤维和机械部件微观结构演变可视化,构建棉纤维和机械部件损伤机理的微观体系。

第二节 棉织物与金属摩擦接触行为研究

纤维增强复合材料因其具有高比强度、高比模量和可设计性强等优点而广泛应用于航空航天、汽车、船舶和建筑工程等领域[1-3]。纤维预制体是复合材料的增强骨架,织物是预制体常见的基本单元,其性能表现对最终复合材料的性能有着决定性的影响[4-5]。织造过程中,由于摩擦、压缩和弯曲,纤维材料的性能损伤率高达5%~30%[6-8],其中摩擦导致的性能损伤率高达9%~12%[9-10]。因此,对于纤维材料在织造过程中的摩擦规律的研究成为重点。棉织物又称棉布,是以棉纱线为原料编织而成的机织物。平纹棉织物是棉织物的重要类型,由经纬两个方向的纱线交织成网状,形成既有覆盖又有空隙,并有一定厚度的平纹网状结构[11]。棉织物与金属的摩擦行为是织物织造过程中的常见现象,如织物在卷绕过程中与金属辊之间的摩擦接触[12],织物在编织过程中与金属钢扣之间的摩擦接触[13]。这些摩擦行为在很大程度上可以影响和决定织物的表面质量和纹理结构,也会对金属材料造成磨损,影响生产效益。

纤维材料由于多孔性和高度变形结构等软物质特性而表现出特殊的摩擦学机理。基于纤维材料的特点,研究人员提出了许多摩擦理论和计算方法。与硬质材料不同,纤维材料的摩擦力随法向载荷的变化不符合阿蒙顿(Amontons)第一定律[13]。为了描述聚合物材料的摩擦行为,鲍登提出了一个由试验观测到的经验公式:$F_f = kN^n$ [14]。该经验公式先被运用到非金属材料上,而后被运用到纤维材料上。该经验公式能够较好地描述纤维材料摩擦力与法向载荷的关系,在纤维、纱线、织物材料上都得到了验证[15-16]。鲍登和塔博尔经过系统的试验研究,建立了较为完整的黏着摩擦理论,对于摩擦磨损的研究具有重要意义。科内利森等通过实验与理论相结合的方法对比研究了纤维材料的摩擦行为,验证了摩擦黏附理论在纤维材料上的可行性,总结了从微观到介观和从介观到宏观摩擦行为之间的关系[17-18]。他们认为纤维材料的摩擦力由接触材料的界面剪切强度τ与实际接触面积A_r的乘积决定:$F = A_r\tau$。实际接触面积对纤维材料的摩擦行为起着重要作用。这一结论在研究纤维材料的摩擦性能领域得到广泛应用,许多研究都表明,纤维材料的接触面积是影响其摩擦行为的关键因素,纤维材料的摩擦行为可以通过黏着摩擦理论进行预测。

本文采用三种不同参数的平纹棉织物(F_1、F_2、F_3)进行试验研究,其详细参数见表6-1。这三种纯棉面料均由100%纯棉制成。棉织物具有多尺度结构特征,包括宏观尺度(织物)、细观尺度(纱线)和微观尺度(纤维),可以反映多尺度力学。利用扫描电子显微镜拍摄了三种棉织物在不同尺度下的结构特征,结果如图 6-1 所示。为了满足试验要求,棉织物被制成长 45cm、宽 5cm 的皮带。使用的金属是 303 不锈钢,购自惠和钢箔有限公司。303 不锈钢的化学成分和机械特性分别见表 6-2 和表 6-3。将 303 不锈钢加工成直径为 20mm,高度为 10mm 的圆柱体,边缘高度为 1mm,倒角为 45°,表面粗糙度为 0.26μm。

表 6-1　棉织物参数

样品编号	织物面密度 (g/m²)	织物厚度 (mm)	织物线密度 (tex) 经纱	织物线密度 (tex) 纬纱	纱线宽度 (mm) 经纱	纱线宽度 (mm) 纬纱	断裂强度 (N/5cm)	断裂伸长率 (%)
F_1	134.2	0.32	14	12	0.5	0.4	963	12
F_2	213.6	0.39	33	30	0.9	0.7	1540	19
F_3	287.5	0.45	38	35	1.1	0.9	2115	23

表 6-2　不锈钢 303 化学成分组成

化学成分	Cr	Ni	Mn	Si	Mo	C	P	S	Fe
质量百分比(%)	17.89	8.28	1.64	0.38	0.11	0.06	0.048	0.18	平衡

表 6-3　不锈钢 303 机械特性

材料	质量密度(g/cm³)	硬度(HV)	弹性模量(GPa)	泊松比
不锈钢 303	7.93	165	193	0.29

摩擦副的接触面积被认为是影响摩擦行为的重要因素之一。然而平纹棉织物的经纬纱排列并不紧密,具有一定的空隙,金属不会与织物完全接触。使用了一种可视化的方法来测量织物与金属之间的接触面积。图 6-2 所示为接触试验的试验方法。接触试验一共分为四个步骤。步骤 1:将金属材料安装在加载装置上,缓慢移动滑动支架,使金属材料与正下方油墨印章接触,确保油墨能够均匀完整覆盖金属材料;步骤 2:将沾满油墨的金属通过加载装置,移动滑动支架与正下方的织物接触,增加不同的重量以达到不同的法向载荷,使金属样品上的油墨沾染织物。步骤 3:使用蔡司显微镜对沾有油墨的织物进行拍摄,得到接触图像;步骤 4:对得到的织物接触图像进行二次处理,进行接触面积的提取。

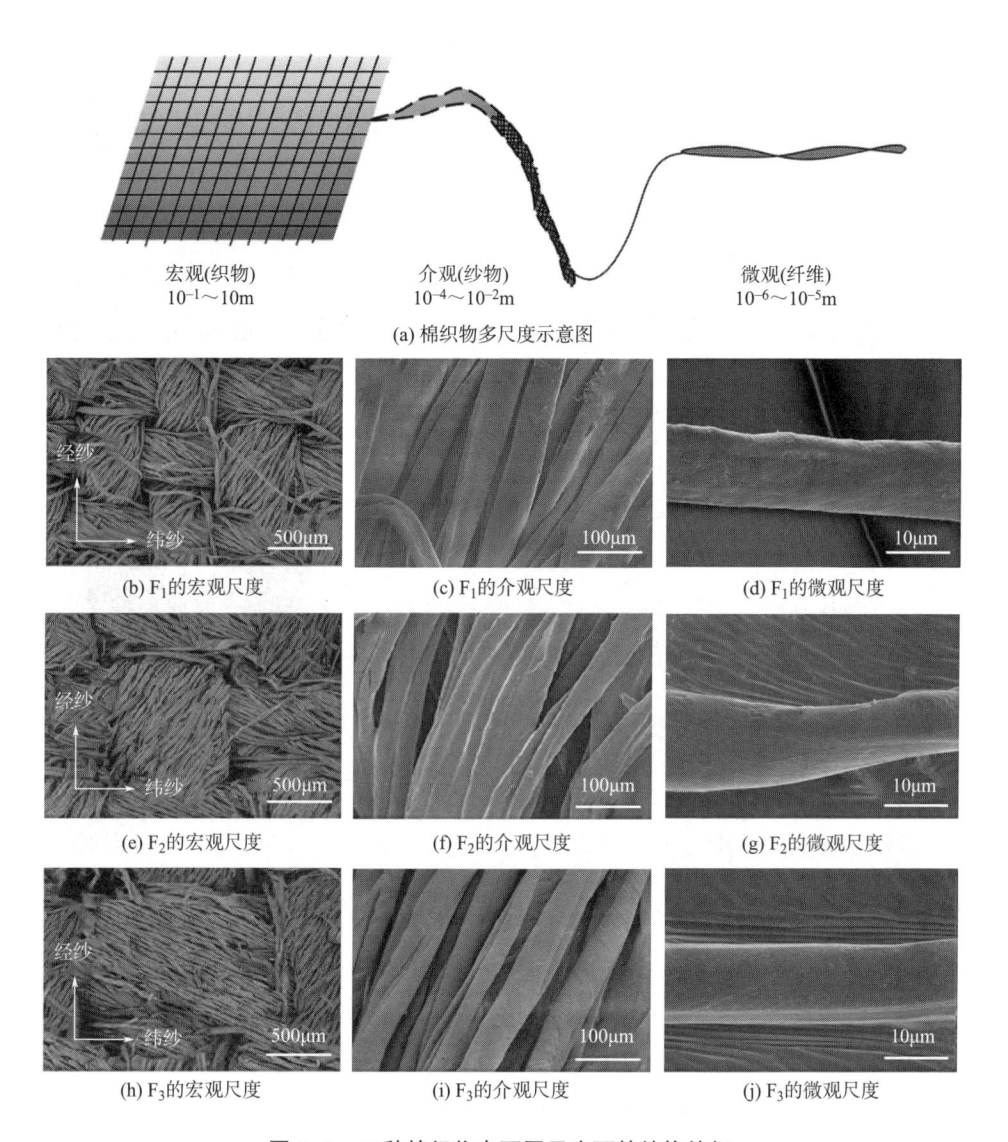

宏观(织物)　　　　　　介观(纱物)　　　　　　微观(纤维)
$10^{-1}\sim 10$m　　　　　$10^{-4}\sim 10^{-2}$m　　　　$10^{-6}\sim 10^{-5}$m

(a) 棉织物多尺度示意图

(b) F_1的宏观尺度　　　(c) F_1的介观尺度　　　(d) F_1的微观尺度

(e) F_2的宏观尺度　　　(f) F_2的介观尺度　　　(g) F_2的微观尺度

(h) F_3的宏观尺度　　　(i) F_3的介观尺度　　　(j) F_3的微观尺度

图 6-1　三种棉织物在不同尺度下的结构特征

在提取接触面积之前,有必要确定图像的比例。首先获取一张棉织物非接触状态的标准图像,确定试验过程中使用的显微镜物镜,并用专业的显微镜标尺确定标准图片中像素点代表的尺寸大小。对于获得的真实接触状态下的图片,先通过预处理将接触区域标记,并强化与周围未接触区域的对比度。使用 MATLAB 软件对图像进行二值化处理,黑色区域为接触区域,白色部分为非接

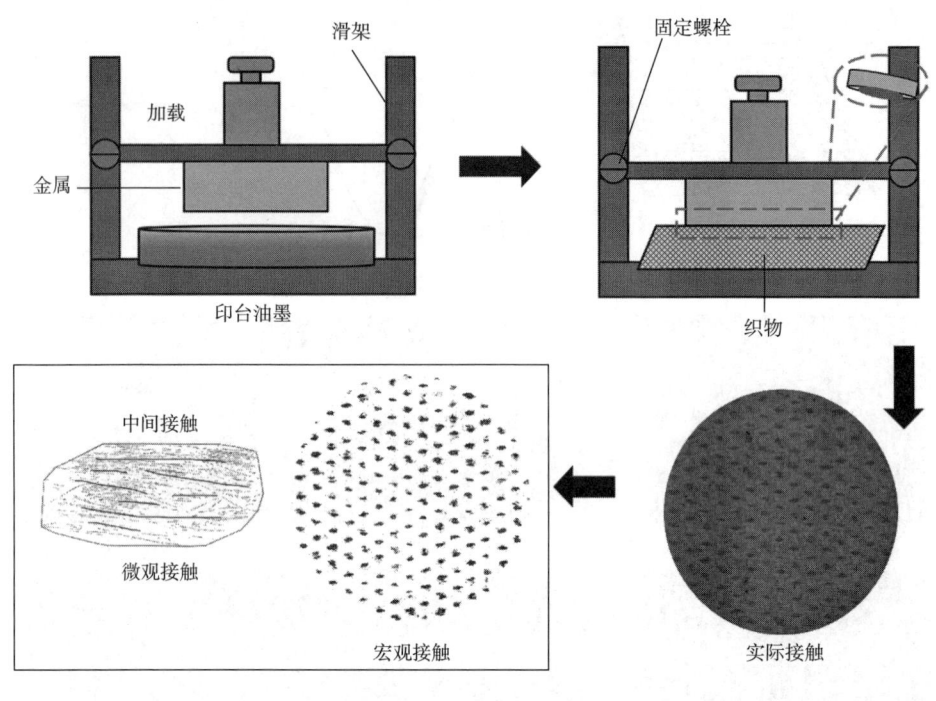

图 6-2 接触试验步骤

触区域,并提取图片中接触区域的像素点数量,与标准图片进行比较,得到对应的接触面积大小,计算式为：

$$S_2 = \frac{n_2}{n_1} \times S_1 \tag{6-1}$$

式中,S_1、n_1 分别为标准图像中对应的面积和像素点的数量；S_2、n_2 分别为接触图像中对应的接触面积和像素点的数量。

使用自主搭建的棉织物摩擦磨损试验机进行织物金属的摩擦实验,试验装置如图 6-3 所示。试验装置主要通过伺服电动机带动带轮转动,实现布带的旋转运动；金属试样被固定在连接轴上,通过旋转推杆实现金属与棉织物的接触。共进行了三组摩擦试验,即三种不同棉织物(F_1、F_2、F_3)与金属的摩擦试验。每组试验的变量是正常载荷和速度,每个变量有六个值。所有三组试验的参数设置都相同,但棉织物的变化除外。表 6-4 详细说明了单组摩擦试验的参数设置。

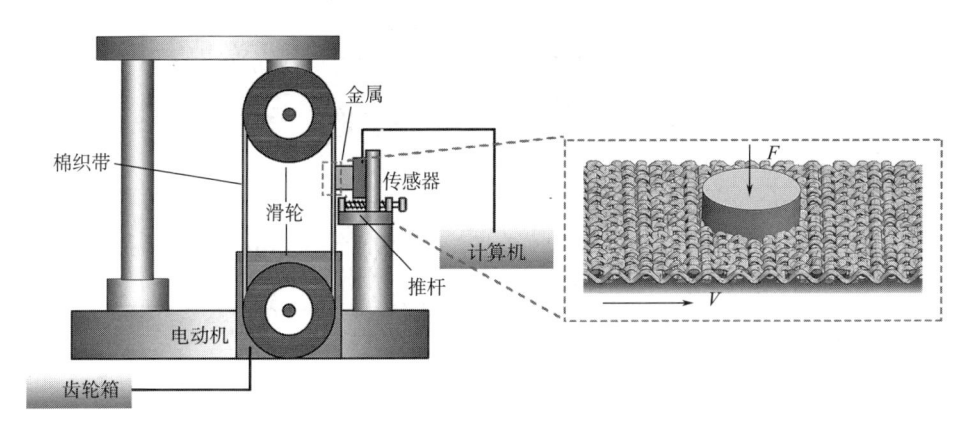

图 6-3　摩擦磨损试验机示意图

表 6-4　摩擦试验参数

变量	值 1	值 2	值 3	值 4	值 5	值 6	值 7	值 8
法向载荷（N）	5	10	15	20	25	30	35	40
速度（mm/s）	0.2	0.4	0.6	0.8	1	1.2	1.4	1.6

一、织物与金属接触特点

为了更好地理解织物与金属的摩擦行为，对织物与金属的接触行为特征进行了研究。在四种法向载荷下（10N、20N、30N、40N），对三种织物样品（F_1、F_2、F_3）与金属试样的接触进行了表征。织物/金属的典型接触行为如图 6-4 所示。图中的黑色区域代表该区域织物与金属存在接触。从图中可以看出，织物/金属的接触行为实际为多点接触，接触区域位于织物的编织结点上。为了方便说明，将经纱位于纬纱之上的织物结点定义为经纱结点，纬纱位于经纱之上的织物结点称为纬纱结点。大多数情况下，接触只发生在经纱结点上，只有少数情况下，接触同时发生在经纱结点和纬纱结点上（F_1、40N），这将在下文中进行解释。接触中的接触织物结点数固定，即接触范围的经纬纱结点数固定。

织物与金属之间特殊的接触行为可归结于平纹织物的编织结构与加载时的力学特征。图 6-5 所示为 F_1、F_2、F_3 织物样品的横截面形貌，织物横截面切

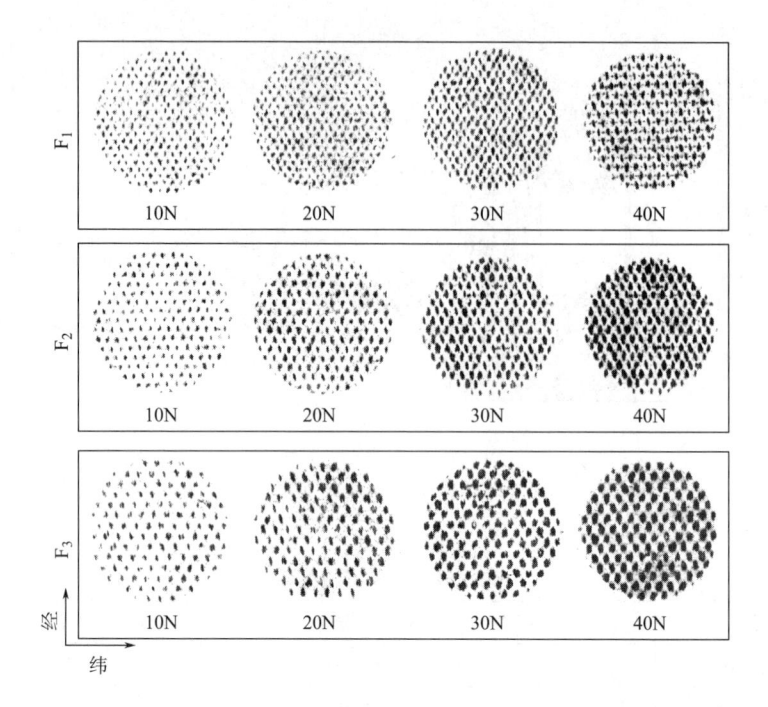

图 6-4　三种织物（F_1、F_2、F_3）在四种法向载荷（10N、20N、30N、40N）下的接触图像

片的制备方法如下：首先将织物样品平放在容器中，向容器中倒入固化胶水，直至织物样品完全浸没。固化胶水 EPOLAM 2040 环氧树脂和 EPOLAM 2042 硬化剂的混合物，重量比为 100∶32。接下来，将样品在室温下放置 48h，待胶水固化后，从容器中拆卸织物样品。最后，沿着织物的经纱和纬纱裁剪样品，完成织物的横截面样品制作。如图 6-6 所示，三种织物的经纱在织物关节处的弯曲角均大于纬纱在织物关节处的弯曲角，这说明经纱的卷曲度高于纬纱[19]。这是因为织造过程中，纬纱的张力大于经纱。纱线卷曲度和线密度越高，织物关节结点的高度就高[20]。三种织物的经纱结点与纬纱结点间的高度差分别为 0.19mm、0.23mm、0.29mm。经纱结点和纬纱结点间的高度差使得在大多数情况下，接触都发生在经纱结点上。只有当法向载荷压缩了经纱结点和纬纱结点的高度差，接触才会发生在纬纱结点上。F_1 的经纱结点和纬纱结点的高度差最小，在高载荷时，高度差被压缩，接触同时出现在了经纱结点和纬纱结点上。

接触图像中的接触面积变化趋势如图 6-6(a)所示。分析结果表明，三种

(a) F_1沿经纱切割

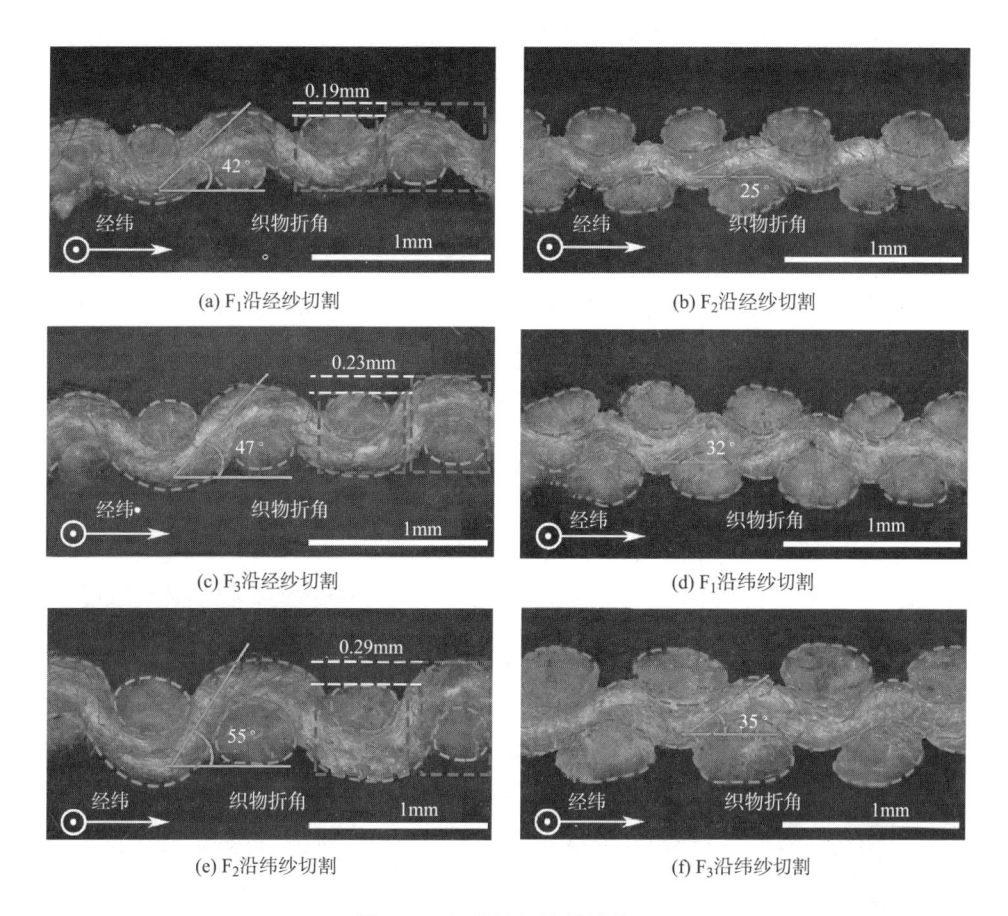

(b) F_2沿经纱切割

(c) F_3沿经纱切割

(d) F_1沿纬纱切割

(e) F_2沿纬纱切割

(f) F_3沿纬纱切割

图6-5 三种棉织物的横截面

棉织物的接触面积都随着法向载荷的增大而增大。然而，在不同载荷条件下，各种棉织物的接触面积变化表现出差异。在低载荷(10N和20N)时，接触面积最大的为 F_1 样品；而在高载荷(30N 和 40N)时，F_3 样品的接触面积最大。这一现象可以归因于不同样品的结构特性。F_1 样品的编织密度最高，导致在低载荷时，其单个织物结点的接触面积较小，但接触的织物结点数量最多，从而使得接触面积达到最大。而在高载荷条件下，尽管织物结点的接触个数保持不变，单个织物结点的接触面积则显著增大，这使得 F_3 样品在此条件下的接触面积超过其他样品。这表明，在低载荷情况下，影响接触面积的主要因素是织物结点的接触个数；而在高载荷情况下，织物结点

161

的尺寸大小则成为影响接触面积的关键因素。

$$D = \frac{\frac{1}{N}\sum_{i=1}^{N}A_2}{A_1} \times 100\% \quad (6-2)$$

计算结果如图6-6(b)所示。从图中可以看出,单个编织结点的接触面积和接触百分比随着法向载荷的增大而增大。在固定法向载荷条件下,三种织物的接触百分比相近,这表明它们的局部接触特性具有一致性。在微观尺度上,不同织物结点的接触是相同的,只是因为织物结点尺寸的不同而表现出数据的差异。这一发现与科内利森等的研究结果相一致,不同种类的纤维束都可以表示为单根纤维接触[14,21]。

(a) 三种棉织物的接触面积变化

(b) 三种织物单个织物结节接触面积百分比变化

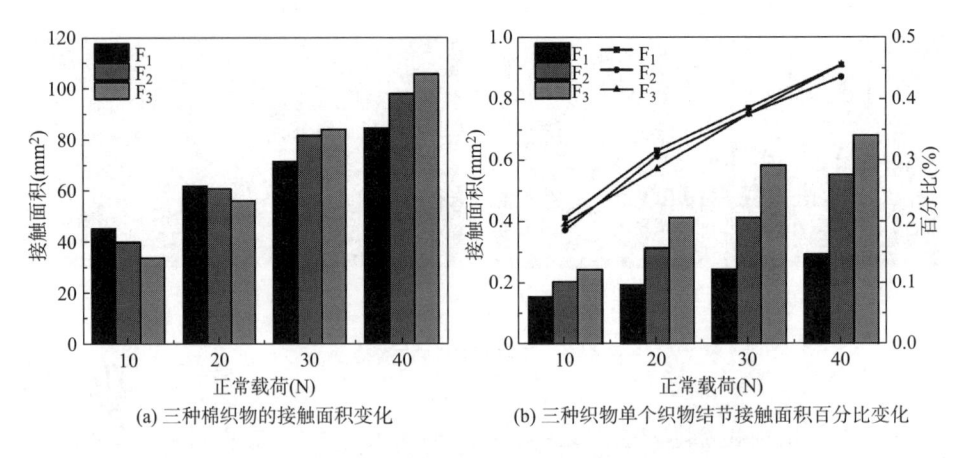

图 6-6 接触图像中的接触面积变化趋势及计算结果

二、法向载荷、实际接触面积和摩擦力的相关性

棉织物与金属的摩擦行为可以通过接触力学方法,基于棉织物上产生的摩擦力与施加的法向载荷之间的关系进行分析。接触面积受到法向载荷的影响,而法向载荷又会影响棉织物与金属接触面之间的摩擦特性。

许多研究表明,纤维材料的摩擦力可以通过摩擦的黏附理论进行准确预测[12,15-16]。罗塞尔曼和塔博尔指出,摩擦力是由黏附效应和犁沟效应产生的阻力的组合[22]。

$$F_f = A\tau_b + P \qquad (6-3)$$

式中，A 为实际接触面积；τ 为接触材料的界面剪切强度；P 为犁沟力。

在实际模型中，P 对摩擦力 F_f 的影响很小，可以被忽略。除此之外，棉纤维的细度导致相对较低的弯曲刚度，使得棉纤维材料与金属表面粗糙峰之间形成良好的接触，进一步减少了犁沟力的影响。

根据式(6-3)，接触面积决定了摩擦力，剪切强度通常被认为与材料的性能有关(即一个常数)。对于棉织物，基于皮尔斯等对机织织物几何模型的描述以及实验中接触行为的特性[23-24]，棉织物与金属的接触行为如图 6-7 所示。在低载荷下，经纱节点与金属接触；在高载荷下，经纱节点和纬纱节点都会与金属接触。根据棉织物的多尺度结构特征，

彩图

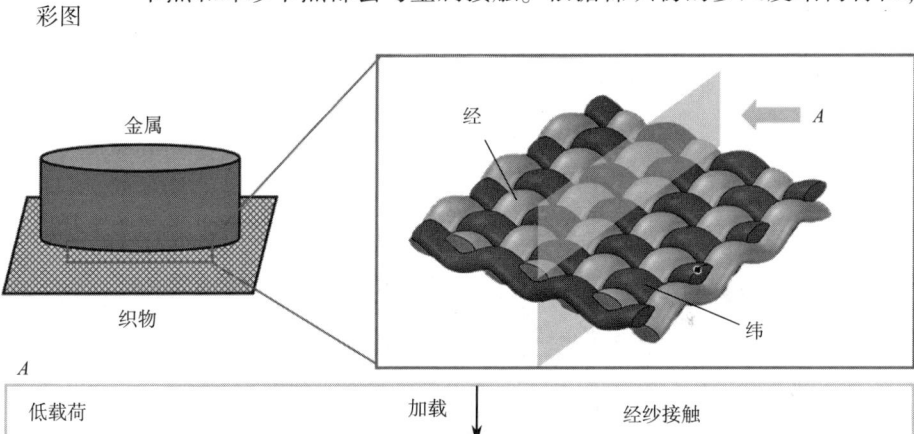

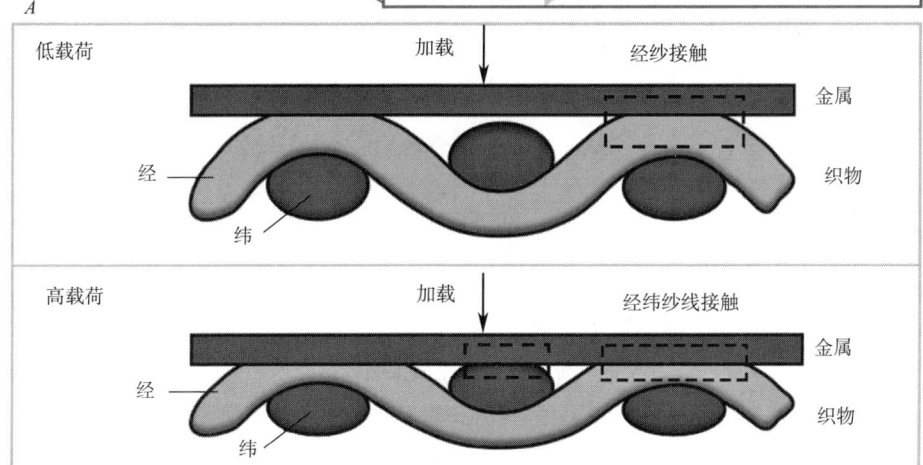

图 6-7　棉织物与金属接触行为的表征

织物接触面积也可分为宏观、介观、微观三个尺度,分别对应织物、纱线和纤维。根据织物接触特性的描述,织物接触面积由纱线接触面积组成,纱线接触面积本质上是织物关节的接触。

$$A_{\text{macro}} = nA_{\text{meso}} \tag{6-4}$$

式中,A_{macro} 为织物接触面积;n 为织物关节接触的数量,由棉织物的编织结构决定,在确定接触区时是一个固定值;A_{meso} 为单个织物转向节的接触面积,理想情况下,该关节是一个近椭圆形的无缝接触界面,如图6-8(a)所示。

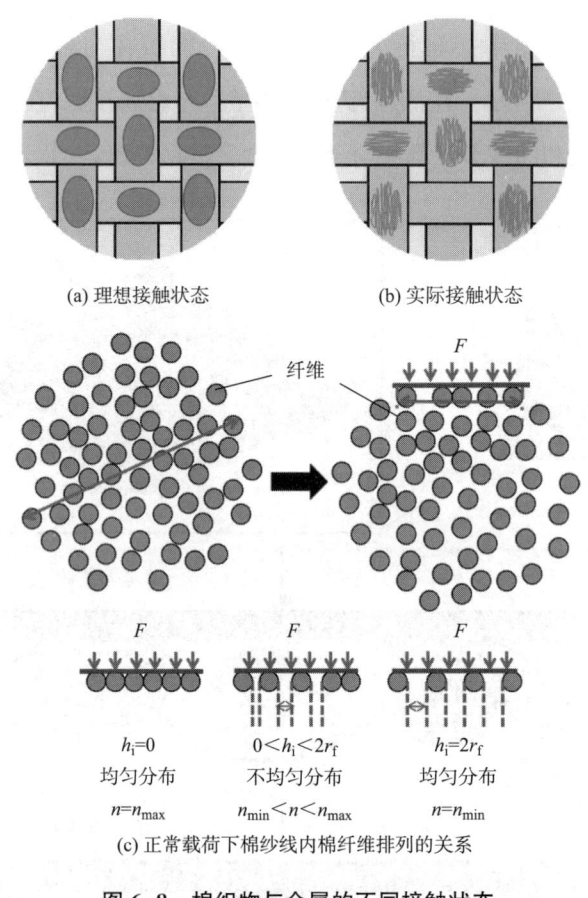

(a) 理想接触状态   (b) 实际接触状态

纤维

$h_i=0$ $0<h_i<2r_f$ $h_i=2r_f$
均匀分布   不均匀分布   均匀分布
$n=n_{\max}$ $n_{\min}<n<n_{\max}$ $n=n_{\min}$

(c) 正常载荷下棉纱线内棉纤维排列的关系

图 6-8 棉织物与金属的不同接触状态

$$A_{\text{meso}} = \pi ab \tag{6-5}$$

式中，a、b 分别为椭圆的长半轴和短半轴。

然而，在实际接触中，接触区域由许多棉纤维组成，这使得实际接触区域不规则，接触区域之间存在间隙，如图 6-8(b) 所示。织物转向节接触面积可以转换为纤维接触面积。

$$A_{\text{meso}} = mA_{\text{micro}} \tag{6-6}$$

式中，A_{micro} 为单根光纤的接触面积；m 为接触的棉纤维数量，如图 6-8(c) 所示。

那么纱线在摩擦阶段每个横截面的接触棉纤维数可以表示为

$$2mr_{\text{f}} + \sum h_{\text{i}} = 2c \tag{6-7}$$

式中，r_{f} 为棉纤维的半径；c 为接触半宽；h_{i} 为两根相邻棉纤维之间的距离如图 6-8(b) 所示，可以根据距离公式得到。

接触的一半对于计算 m 至关重要，如式(6-8)所示[25]。

$$c = \sqrt{\frac{8RN}{\pi}\left(\frac{1}{E_{\text{t}}} - \frac{\nu^2}{E_{\text{l}}}\right)} \tag{6-8}$$

式中，R 为纱线的半径，ν 为纱线的泊松比，E_{l} 和 E_{t} 分别为纱线的纵向和横向模量。

基于不相称结构的假设，m 的范围可以根据 h_{i} 的范围给出。当 h_{i} 距离等于 0 时，实现了纤维的紧密均匀排列，如图 6-8(c) 所示，此时接触纤维的数量最大，标记为 $n_{\max}$。相反，当 h_{i} 等于时 $2r_{\text{f}}$，接触的棉纤维数量是最小的，标记为 $n_{\min}$，如图 6-8(c) 所示。

$$m = \begin{cases} \dfrac{c}{r_{\text{f}}} & h_{\text{i}} = 0 \\[6pt] \dfrac{2c - \sum h_{\text{i}} - 2r_{\text{f}}}{2r_{\text{f}}} & 0 < h_{\text{i}} < 2r_{\text{f}} \\[6pt] \dfrac{1}{2}\left(\dfrac{c}{r_{\text{f}}} + 1\right) & h_{\text{i}} = 2r_{\text{f}} \end{cases} \tag{6-9}$$

然而，由于纤维的排列不相称，无法实现纤维数量最少的情况。当 h_{i} 位于

该范围 $(0, 2r_f)$ 内时,对不同值进行求和来计算。由于 h_i 每个部分都有很小的差异,所以用平均值表示 m。

在单根棉纤维的接触过程中,金属表面呈现出不规则的分布特征。棉纤维与金属的接触实质上是棉纤维与金属表面粗糙度之间的相互作用。使用基恩士 VK9710 激光共聚焦显微镜分析了金属表面的三维形貌,结果如图 6-9(a) 所示。棉纤维的表面粗糙度至少比金属表面的粗糙度低一个数量级。因此,棉纤维与金属的接触可视为光滑圆柱体与具有一定分布模式的粗糙度之间的接触。接触简化过程如图 6-9(b) 所示。对于单个粗糙度,接触面积可以通过球体与圆柱体接触的赫兹椭圆接触来计算[26-27]。

(a) 金属表面的三维形貌　　(b) 与金属接触的单根棉纤维模型

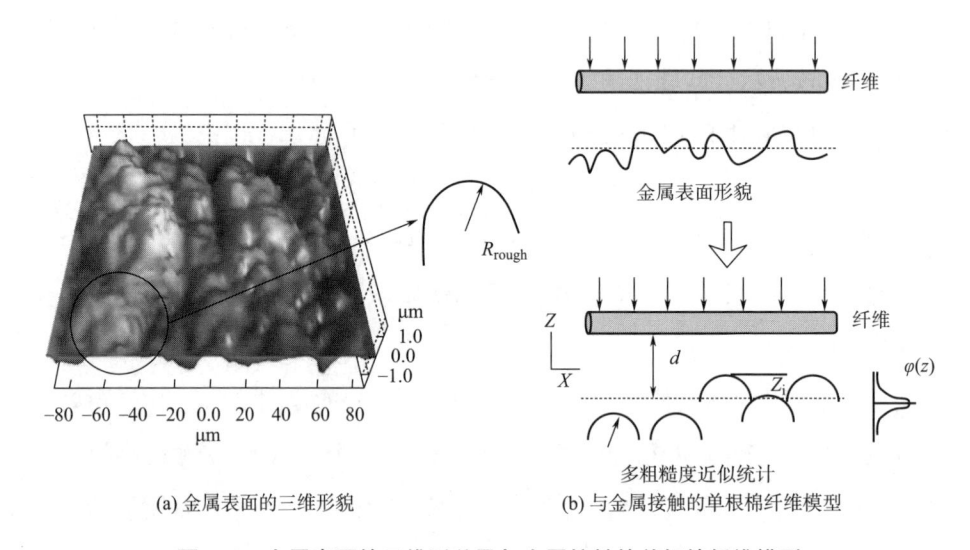

图 6-9　金属表面的三维形貌及与金属接触的单根棉纤维模型

计算的变量是纤维在横向和轴向上的曲率半径:$R_{1x} = r_{fil}$;粗糙峰在横向和轴向上的曲率半径:$R_{2x} = R_{2y} = R_{rough}$;等效弹性模量 E^* $R_{1y} = \infty$ 单个粗糙峰的法向载荷 N_{asp};两个接触物体的平均有效曲率半径 R_m 定义为:

$$R_m = \left(\frac{1}{R_{1x}} + \frac{1}{R_{1y}} + \frac{1}{R_{2x}} + \frac{1}{R_{2y}}\right)^{-1} \tag{6-10}$$

$$E^* = \left(\frac{1-\nu_1^2}{E_1} + \frac{1-\nu_2^2}{E_2}\right)^{-1} \tag{6-11}$$

$$N_{\text{asp}} = \frac{N_{\text{fiber}}}{n_{\text{asp}}} \qquad (6-12)$$

$$N_{\text{fiber}} = \frac{N}{m} \qquad (6-13)$$

式中，n_{asp}是单根棉纤维接触的粗糙度数，根据对金属粗糙表面的共聚焦显微镜图像的手动分析，1m 长的单根纤维接触约 2.36×10^4 个粗糙峰；m 是接触的棉纤维的数量；E_1 和 E_2 是棉纤维和金属的弹性模量；ν_1 和 ν_2 是棉纤维和金属的泊松比。

椭圆接触区域的法向距离和椭圆小半径和椭圆大半径为：

$$a_{\text{ell}} = \alpha \left(\frac{3 N_{\text{asp}} R_{\text{m}}}{2 E^*} \right)^{1/3} \qquad (6-14)$$

$$b_{\text{ell}} = \beta \left(\frac{3 N_{\text{asp}} R_{\text{m}}}{2 E^*} \right)^{1/3} \qquad (6-15)$$

$$\delta = \gamma \left(\frac{9 N_{\text{asp}}^2}{32 E^{*2} R_{\text{m}}} \right)^{1/3} \qquad (6-16)$$

式中，α、β 和 γ 是无量纲数，它是产生圆形接触的单位，表示为：

$$\alpha = \kappa^{1/3} \left[\frac{2}{\pi} E(t) \right]^{1/3} \qquad (6-17)$$

$$\beta = \kappa^{-2/3} \left[\frac{2}{\pi} E(t) \right]^{1/3} \qquad (6-18)$$

$$\gamma = \kappa^{2/3} \left[\frac{2}{\pi} E(t) \right]^{-1/3} \frac{2}{\pi} K(t) \qquad (6-19)$$

式中，κ 为椭圆比：

$$\kappa = \frac{a_{\text{ell}}}{b_{\text{ell}}} \qquad (6-20)$$

当 $a_{\text{ell}} < b_{\text{ell}}$ 时，κ 可以表示为：

$$\kappa \approx \left[1 + \sqrt{\frac{\ln 16/\zeta}{2\zeta}} - \sqrt{\ln 4} + 0.16\ln\zeta \right]^{-1} \qquad (6-21)$$

$$\zeta = \frac{R_x}{R_y} \quad (0 < \zeta < 1) \tag{6-22}$$

式中，R_x 和 R_y 分别为椭圆的第一和第二主半径：

$$R_x = \left(\frac{1}{R_{1x}} + \frac{1}{R_{2x}}\right)^{-1} \tag{6-23}$$

$$R_y = \left(\frac{1}{R_{1y}} + \frac{1}{R_{2y}}\right)^{-1} \tag{6-24}$$

$K(t)$ 和 $E(t)$ 为第一和第二完全椭圆积分，由 Moes 提出，为：

$$K(t) \approx \frac{\pi}{2}(t-1)\left[1 + \frac{2\mathrm{e}}{\pi(1-t)}\ln\left(\frac{4}{\sqrt{1-t}}\right) - \frac{3}{8}\ln(1-t)\right] \tag{6-25}$$

$$E(t) \approx \frac{\pi}{2}(t-1)\left[1 + \frac{2\mathrm{e}}{\pi(1-t)} - \frac{1}{8}\ln(1-t)\right] \tag{6-26}$$

式中，$t = 1 - \kappa^2$，使用 MATLAB 软件对 $K(t)$ 和 $E(t)$ 进行求解，误差在 0.25% 以内。最终，粗糙峰与单根棉纤维之间的接触面积为：

$$A_{\mathrm{asp}} = \pi a_{\mathrm{ell}} b_{\mathrm{ell}} \tag{6-27}$$

与粗糙峰的大小相比，棉纤维的曲率半径非常大，纤维表面可以近似为一个平面，接触面积与粗糙度的高度分布有关，如图6-9所示。随着载荷的增加，棉纤维与金属表面之间的距离减小，接触面积增加[28]为：

$$A_{\mathrm{micro}} = A_{\mathrm{asp}}\int_{d}^{\infty}(z-d)\Phi(z)\mathrm{d}z \tag{6-28}$$

式中，$\Phi(z)$ 为粗糙度高度的正态分布概率密度函数：

$$\Phi(z) = \left(\frac{1}{2\pi l^2}\right)^{\frac{1}{2}}\mathrm{e}^{-\frac{z^2}{2l^2}} \tag{6-29}$$

式中，l 为高度分布的均方值，可以认为是"粗糙度"；e 为自然对数。

以 F_1 为例，图6-10显示了棉织物的理论接触面积、试验接触面积和摩擦力的三条曲线。由于实际接触中棉纤维的排列相较于计算模型中的理想化排列更为复杂，理论接触面积比实验接触面积少约5%。这一差异导致实际接触的棉纤维数量超出模型预测，从而增加了接触面积。然而，两者之间的差距较小，表明模型与实验结果的匹配性良好。摩擦力和接触面积表现出相似的变化趋势。根据式(6-29),接触面积对摩擦力有预测作用,界面剪切强度仅影响曲线的大小,而不影响曲线的趋势[12-13]。摩擦力和接触面积的一致趋势表明,棉织物的摩擦行为与摩擦黏附理论相符,这意味着摩擦力可以通过接触面积进行预测。对于界面剪切强度,目前尚未建立该系统的准确统一标准。然而,对于碳纤维来说,其界面剪切强度范围一般为 20~100MPa,在特殊表面时可高达 800MPa。与碳纤维相比,棉纤维更柔软,界面剪切强度较小。

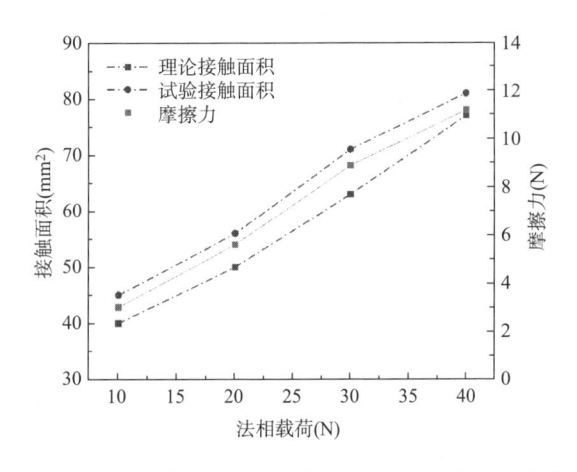

图 6-10 棉织物的理论接触面积、试验接触面积和摩擦曲线

三、载荷和速度对棉织物与金属摩擦学特性的影响

对于金属材料来说,摩擦力与法向载荷成正比,但对于大多数的聚合物材料,摩擦力和法向载荷之间呈现非线性关系。根据鲍登提出的经验公式,使用最小二乘法分析拟合后得到摩擦力和法向载荷的关系[29]为:

$$F_f = kN^n \tag{6-30}$$

式中,k 和 n 为经验常数。

上述经验公式先被运用到非金属材料上,而后林克龙将其运用到织物材料上。霍威尔和马祖尔等学者在此基础上,进一步对织物材料的摩擦性能进行了相关的研究,确定了 k 和 n 的具体意义[30]。k 与摩擦系数相近,当改变织物材料

属性时会发生明显变化。n 与接触状态有关，n 的取值范围为 2/3 ~ 1，当 n = 2/3 时表示接触状态为完全弹性接触，当 n = 1 时表示接触状态为完全塑性接触。以样品 F_1 为例，当速度为 v = 0.2mm/s 时，摩擦力与法向载荷的关系如图 6-11 所示。从该图的趋势可以看出，随着法向载荷的增大，摩擦力也随之增大。然而，摩擦力与法向载荷呈非线性关系。这一发现与霍威尔和马祖尔对摩擦力与法向载荷的关系的描述一致，根据式(6-30)对摩擦力与法向载荷进行拟合，拟合出来的 k 和 n 分别为 0.43 和 0.95。

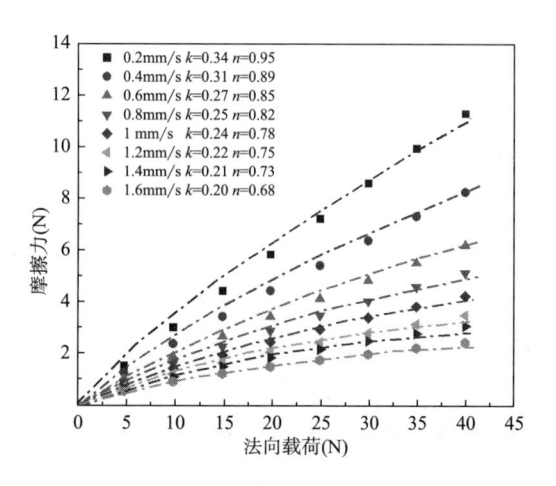

图 6-11　F_1 摩擦力与法向载荷的关系

图 6-11 展示了样品 F_1 摩擦力与法向载荷的关系，二者呈现出非线性关系。k 值和 n 值随着速度的增加逐渐降低。n 与接触状态密切相关：当 n 值接近 1 时，表示接触状态更接近于塑性变形；当 n 值接近 2/3 时，表明接触状态更倾向于弹性接触。随着速度的增加，n 值从 0.95 降低到 0.68，这表明在低速条件下，棉织物与金属之间的接触状态接近类塑性接触，而在高速条件下则更趋近于类弹性接触。将样品 F_1、F_2 的摩擦力与法向载荷进行拟合，得到各自的 k 值和 n 值变化。三种样品 k 和 n 值变化曲线如图 6-12 所示。三种棉织物呈现相似的变化，这说明 F_2、F_3 与 F_1 的接触状态变化一致。三种棉织物又存在着细微的差异。k 值与织物材料属性有关。F_1、F_2、F_3 的纱线线密度和卷曲度依次增

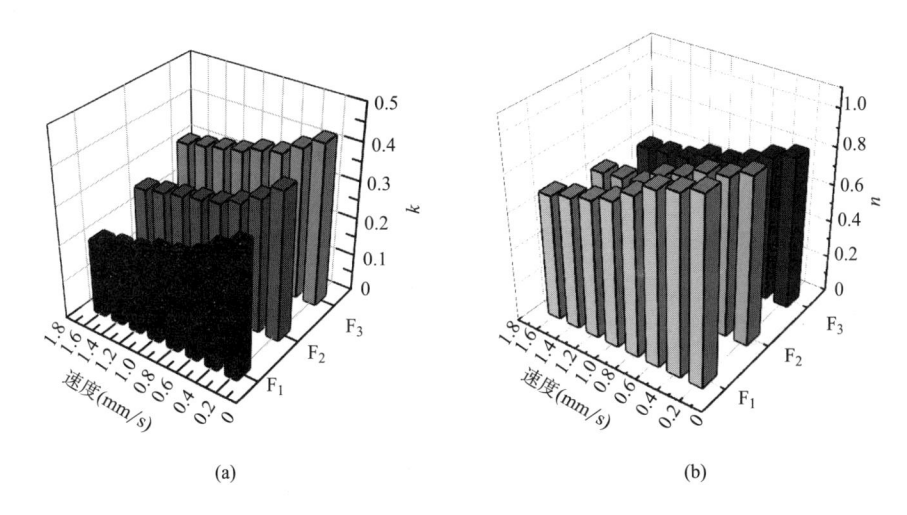

图 6-12　三种棉织物 k 和 n 的变化

加,导致织物表面有更明显的高度落差,表现出更高的表面粗糙度,k 值依次增加。F_1、F_2、F_3 的 k 值随速度降低的趋势依次增快,这是因为 F_2、F_3 表现出更高的摩擦力,F_2、F_3 在速度的影响下更容易达到类弹性接触。

图 6-13 展示了不同法向载荷下,滑动速度对于棉织物摩擦系数的影响。结果表明,F_1、F_2、F_3 表现出相同的变化趋势,织物的摩擦系数随着速度的增大而逐渐减小,而后逐渐稳定,这与前文中提到的 k 值变化趋势相似。许多研究表明,接触点的数量对纤维的摩擦有着显著的影响。项等的研究表明,接触点的数量影响玻璃纤维编织织物的摩擦系数[31]。赫尔曼等根据接触点数量和试验条件,讨论了速度对织物摩擦系数的影响[32]。因此,摩擦系数随速度的变化可归因于接触点数的变化。速度的增加导致接触点数逐渐下降,接触点数的下降导致接触面积减小,因此出现摩擦系数随速度的增加而减小的现象。除此之外,上文中提到,在低速条件下,棉织物与金属之间的接触状态为类塑性接触,而在高速条件下则转变为类弹性接触。运动过程中,织物与金属始终保持着接触状态,随着上下接触副的运动速度的增加,两者间的接触状态发生改变,原本接触的位置由接触状态变为非接触状态,接触状态中的类弹性接触增加。由于织物纤维的弹性变形,在类弹性接触状态下,接触点的总数

量会少于类塑性接触状态下的接触点数量，所以，当速度增加时摩擦系数减小。

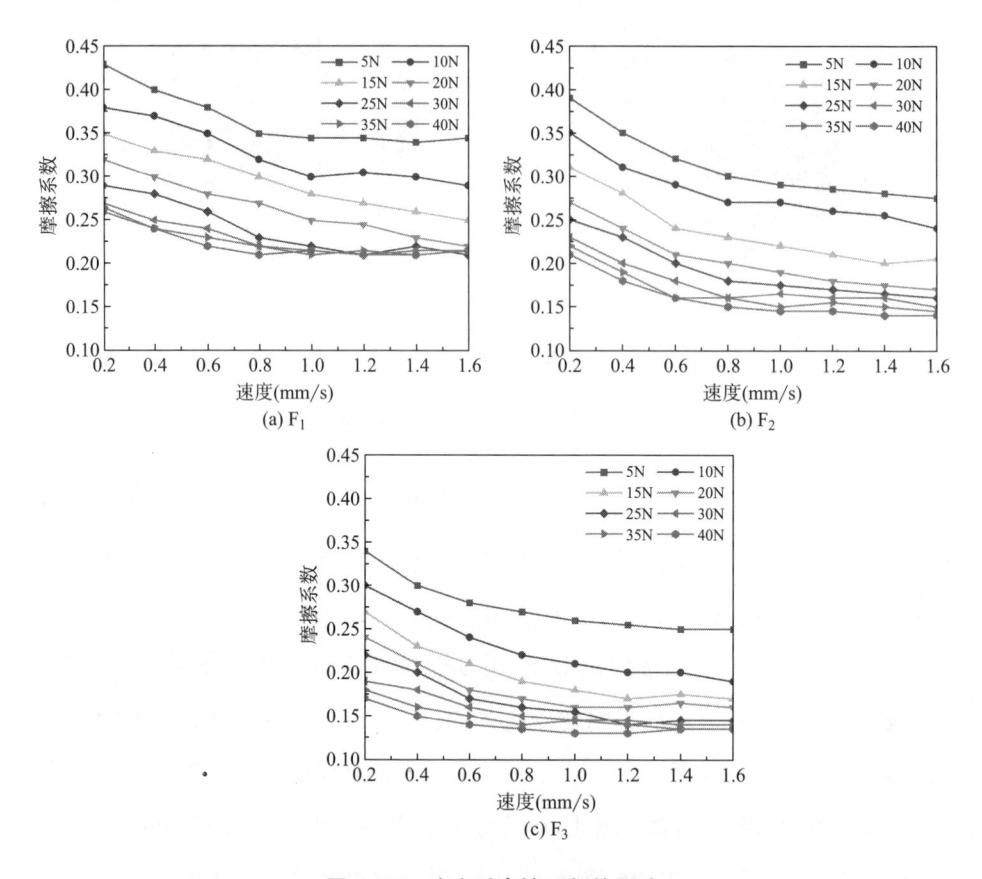

图 6-13 速度对摩擦系数的影响

图 6-14 展示了不同速度下，法向载荷对三种棉织物摩擦系数的影响。F_1、F_2、F_3 表现出相同的变化趋势，随着载荷的增加，摩擦系数增大。这一现象与马尔维希尔和科尔的研究结果一致[33]。随着法向载荷的增加，虽然单个接触点的接触面积增大，但在载荷的作用下接触区域变得平滑，总体接触点的数量减少，因此摩擦系数减小。在相同的法向载荷和速度下，F_1、F_2、F_3 的摩擦系数大小为：$F_1<F_2<F_3$。图 6-13 和图 6-14 都显示，三种棉织物（F_1、F_2、F_3）的摩擦系数依次上升。这是因为 F_1、F_2、F_3 的纱线的织物结点逐渐增大，整体接触面积逐

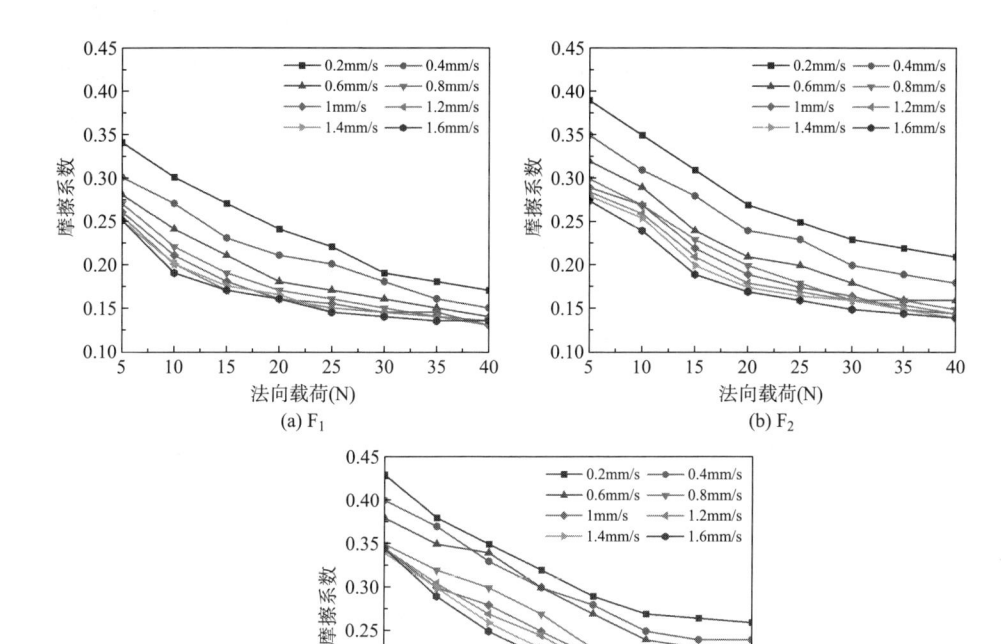

渐增大,接触点数增多,摩擦系数增大。

图 6-14 法向载荷对摩擦系数的影响

四、小结

棉织物与金属之间的接触是多点接触,接触发生在织物结节处。在大多数情况下,由于经纱的高卷曲以及经纬纱节之间的高度差,接触仅发生在经纱节处。只有当法向载荷压缩经节和纬节之间的高度差时,纬节才会发生接触。织物节数由棉织物的织造结构决定,即接触范围内经纱节和纬纱节的数量。正常载荷的增加不会增加接触的织物关节的数量;它只会增加单个织物关节的接触面积。对于单个织物结节上的接触,不同棉织物表现出相似的接触率,这表明在微观尺度上,棉织物具有相同的接触状态。

棉织物具有多尺度结构特性。棉织物与金属的接触面积由织物结节接触面积组成,而织物结节接触面积又由棉纤维接触面积组成。基于这一特性,并考虑实际接触行为特征,采用力学方法建立了计算棉织物与金属接触面积的模型。该接触面积计算模型准确预测了棉织物的摩擦力,从而证实了摩擦黏附理论对棉织物的适用性。

棉织物的摩擦力与法向载荷之间存在非线性关系。在低速时,棉织物和金属处于类似塑料的接触状态,而在高速时,它们处于弹性接触状态。摩擦系数随速度和法向载荷的变化可以归因于接触点数量的变化。随着速度的增加,弹性接触增加,接触点数量减少,摩擦系数减小。随着法向载荷的增加,接触变得更加光滑,接触点的数量减少,摩擦系数减小。

第三节　棉纤维素与金属铬滑动摩擦行为的分子动力学研究

棉纤维素与金属铬之间的滑动摩擦行为是一个复杂的过程,涉及材料的化学结构、物理特性以及外部条件等多个因素。本小节从分子动力学模拟的角度来解释这一现象。

目前,棉纤维摩擦过程已被广泛试验研究[34-38]。尽管微机电系统(MEMS)和纳米机电系统(NEMS)器件的应用在棉纤维摩擦学研究中取得了很大进展,但棉纤维独特的理化结构决定了研究其摩擦学行为的特殊性和艰巨性,其摩擦界面和次表面区域的现象学理论仍然缺乏,在纤维摩擦试验技术和对纤维摩擦结果的解释方面还存在着模糊性。同时在棉纤维摩擦研究中,大多数试验是研究纤维群之间的摩擦,而不是单个纤维之间的摩擦,这对从根本上研究其摩擦机理是一个挑战。

载荷和温度是两个影响摩擦的重要参数[39-43]。棉纤维与金属的摩擦是一个动态过程,其原子细节无法在试验中观察到。由于缺乏原子的细节,在载荷和温度耦合作用下棉纤维与金属的纳米级摩擦机制尚未被很好地理解。但随着科学技术的不断发展,计算模拟越来越能够准确预测物理现象,数值模拟方法已成为纳米研究领域常用的方法。在微观层面,数值模拟可以提供不容易从试验分析中获得的信息,以及原子尺度的细节,以更好地了解材料的结构和性能[44-47]。

分子动力学作为数值模拟方法中的一种,它的引入克服了一些物理试验的固有局限性,使研究人员可以对各种摩擦系统进行研究[48-51],也使纳米级聚合物摩擦的研究成为现今主流趋势,通过试验和模拟,聚合物摩擦过程中载荷、温度等参数的影响进行了大量的研究。然而,载荷与温度对棉纤维素与金属铬界面摩擦行为的影响尚不清楚。本文以棉纤维素与金属铬(纺织机械、采棉机械等关键部件表面为铬涂层)微观层面上的摩擦学行为为例,通过反应动力学对棉纤维素与金属铬界面的连续干摩擦行为进行了一系列模拟,阐明棉纤维素对铬干摩擦过程的影响,并将纳米摩擦力学与宏观试验观察联系起来,探索摩擦磨损过程的退化机理,为金属摩擦副寿命和损伤防护提供基础。

一、棉纤维素与金属铬摩擦模型的构建

(一)建模理论及其方法

纤维素由结晶区和非结晶区组成。结构呈现规律性平行排列的区域为纤维素的结晶区,反之则为无定形区,即非结晶区。由于纤维素使用的广泛性,在很早的时候纤维素的结构研究便成为学者们研究热门方向,提出了多种模型[52]。提出的模型都清楚地表明,结晶区和无定形区(非结晶区)二者共同构成了纤维素。

纤维素的重复单元是纤维二糖,其分子式可写作 $C_6H_{10}O_5$,构型如图 6-15 所示。

不同类型的 β-D-纤维二糖构型参数见表 6-5。

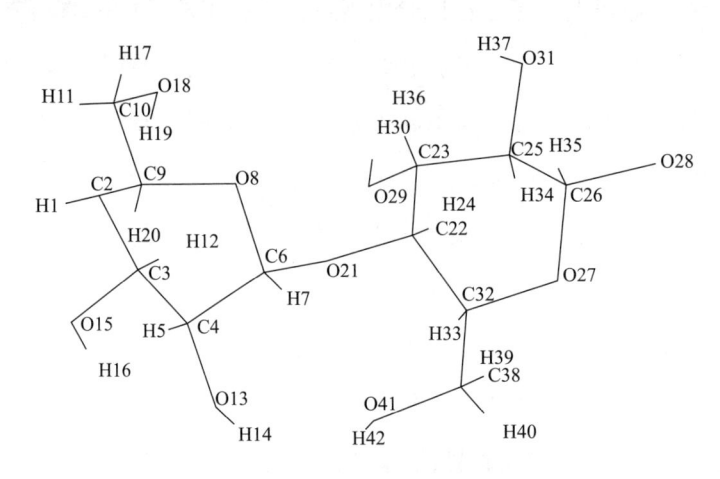

图 6-15 纤维二糖构型图

表 6-5 七种甲基 β-D-纤维二糖构型的结构参数

构型物		C_1	C_2	C_3	C_4	C_5	C_6	C_7
E (kJ·mol)		134.22	132.22	130.71	137.70	139.46	143.44	137.70
	Φ	−87.6	−66.3	48.2	−74.4	−147.9	−171.9	−46.6
	Ψ	178.9	−120.4	−114.9	55.1	−145.0	−176.0	−83.0
	ω	63.6	58.2	61	64.3	64.2	62.6	63.7
	ω^γ	62.9	−64.1	61.2	68	63.7	−67.2	60.4
键长 (10^{-2} nm)	C_5-C_5	14.315	14.289	14.286	14.305	14.296	14.299	14.28
	C_5-C_1	14.264	14.237	14.24	14.221	14.273	14.314	14.188
	C_1-C_1	13.923	13.997	13.989	13.973	13.956	13.963	13.944
	C_1-C_4'	14.289	14.308	14.283	14.328	14.269	14.281	14.318
键角 (°)	$C_5-C_5-C_1$	112.7	113.1	112.9	112.3	112.6	113.2	112.8
	$C_5-C_1-C_1$	107.2	108.1	108.8	109.4	102.6	101.2	108.6
	$C_1-O_1-C_4'$	117.1	114.9	114.9	117.3	115.6	118.7	116.2
偶极矩 μ (D)		4.3	3.5	4.3	4.9	5.9	2.2	5.2

(二) 晶态棉纤维素模型的建立

随着科学技术的发展,计算机的配置及性能有了极大的提高,这提高了体系中计算的原子数目。一般来说,构建体系的原子数目越多,模拟的结果越贴近实际,但这将大幅度增加模拟时长,同时还将会耗费更多的计算资源。根据相关研究文献表明,虽然模拟体系的原子数目被限制,但结果仍有很好的参考价值。

为保证重复单元结构构建的无误,可从 Crystallography Open Database 中获取纤维晶胞模型[53],获取的结构如图 6-16 所示。

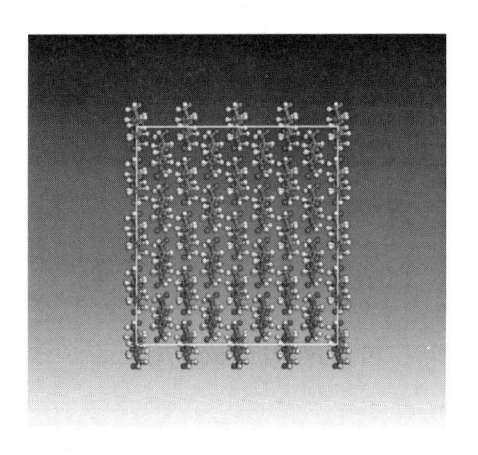

图 6-16　晶体纤维素单胞模型

获得上述符合要求的单位晶胞后,采用 Build 模块中的 Supercell 功能,进一步构建 4×4×3 的超晶胞结构,如图 6-17 所示。

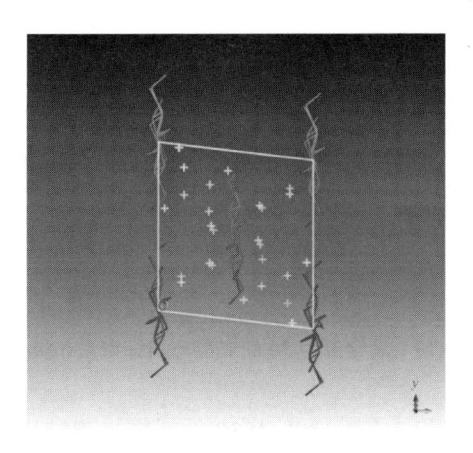

图 6-17　晶体棉纤维素模型

(三)非晶态棉纤维素分子链聚合度的确定及模型的建立

构建非晶态棉纤维素结构时,第一步是建立一个组成非晶态纤维素无定形结构的重复单元,如图 6-18 所示。

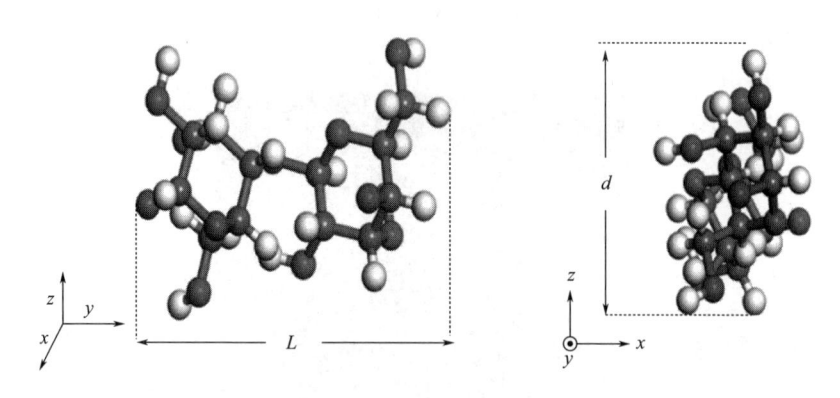

图 6-18 棉纤维的纤维二糖

由于纤维二糖是饱和六元环化合物具有"椅式"配位,使六元环中的碳原子不在同一平面上。葡萄糖残基之间通过普通氧原子(酯键)彼此连接,组成一个纤维素长链。

聚合度是聚合物分子链中的重复单元的数目,同时也是聚合体形态大小的指标。考虑到计算资源和时间等因素,结合已知的非晶态纤维素建模结果,本文取聚合度 n 为 30,构建单长链如图 6-19 所示。

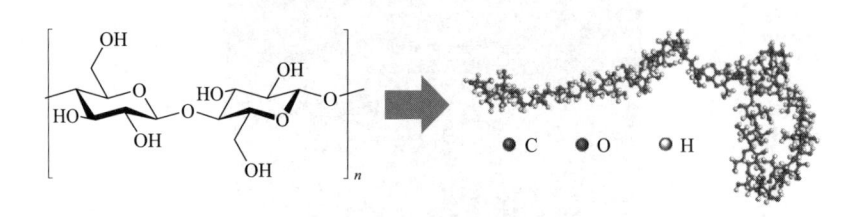

图 6-19 聚合度为 30 的非晶态棉纤维素长链模型

构建好单长链后,将 3 条聚合度为 30 的纤维二糖链填充到单元中,设置纤维素聚合体的密度为 1.5g/cm^3,构建如图 6-20 所示的棉纤维素非晶态结构的模型。所建非晶态棉纤维模型中的参数见表 6-6。

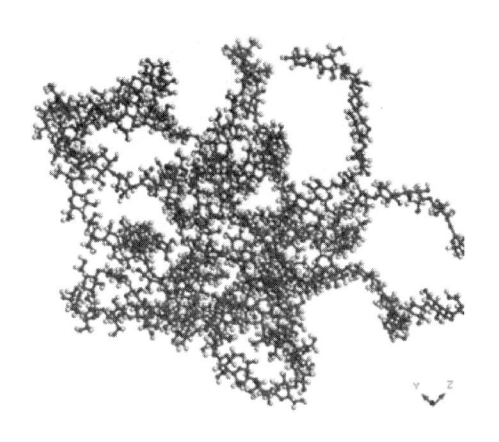

图 6-20　棉纤维素非晶态结构的模型

表 6-6　分子动力学(MD)模拟中的非晶态棉纤维素模型参数

链聚合度(DP)	链数	系统原子序数	超胞系统中的原子数	超胞结构尺寸
30	3	1260	3780	30Å×30Å×34.079Å

从初始条件开始数值模拟便已经进行了求解,故而恰当的初始条件会使模拟体系从非平衡态以较短的弛豫时间过渡到平衡态。反之,不恰当的初始条件会浪费计算资源与时间,同时还会使模拟体系在计算过程中总能量波动较大导致计算系统崩溃,所以对非晶态体系进行结构优化及弛豫是非常有必要的。

(四)铬基体模型的构建

这里研究的金属以铬为代表,由于它具有优异的性能,如硬度、脆性和耐腐蚀性[54-55]。它被广泛用于易磨损、氧化金属表面的防护和对金属外表面色泽的装饰,在电镀行业中占有重要地位。铬晶胞结构直接从 Materials Studio 软件晶体材料库中获取,结构如图 6-21 所示。

为了贴合摩擦体系的模型,需要对铬金属进行超胞扩展。同时为了贴合经典的摩擦模拟模型,根据相关分析,对铬层在 z 方向设置为 6 层单胞厚度。x、y 方向的尺寸由前面的构建的晶态、非晶态棉纤维结构的 x、y 方向尺寸决定(铬层 x、y 方向尺寸等于或略大于棉纤维的尺寸)。

通过对构建的棉纤维素模型 x、y 方向尺寸的测量,得到 x、y 方向的尺寸均

(a) 铬晶胞结构　　　　　　　　　　(b) 铬层

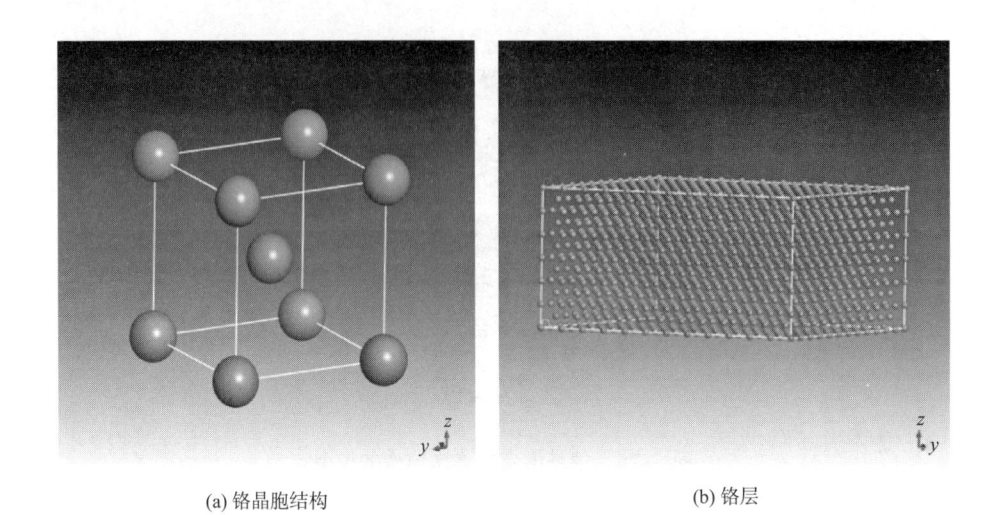

图 6-21　铬晶胞结构和铬层

约为35Å。所以构建的金属铬层模型尺寸为35Å×35Å，如图6-21所示。

(五)摩擦模型的构建

1. 晶态棉纤维素与铬的摩擦模型

在MS软件中，通过Build模块对已构建的晶体棉纤维模型和金属铬层模型进行组合，形成干燥环境下的滑动仿真模型，如图6-22所示。

在图6-22中，模型分为三层。初始系统大小为35Å×35Å×71Å。由于是在原子尺度进行光滑表面摩擦模拟，将不会对模型摩擦界面做任何凹凸化处理。如图6-22所示，在模拟摩擦运动期间，模型从上到下被设置为五个部分。在模拟中，沿着x、y方向取周期边界，以解决棉纤维素对铬基体的边界效应问题。此外，非周期边界沿z方向移动。

2. 非晶态棉纤维素与铬的摩擦模型

图6-23为非晶态棉纤维和金属铬表面摩擦的分子动力学模型，该系统由无定形棉纤维素和铬层组成。多层结构按顺序建立到模拟框的顶部。固定刚性层作用是避免原子在加载和摩擦过程中超出边界。淬火层作用是保持恒温，以散发滑移过程中产生的热量。由于原子之间的电位产生的力，自由层中的原

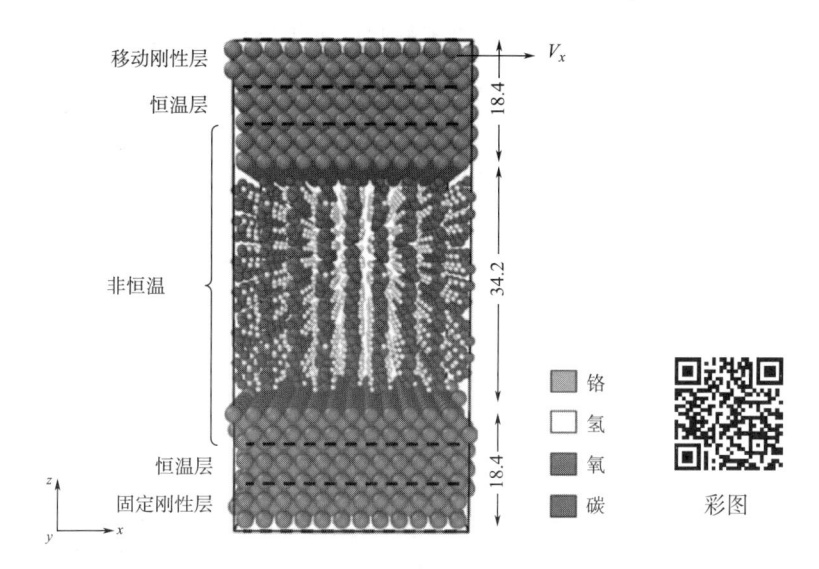

图 6-22 干燥环境下的滑动仿真模型

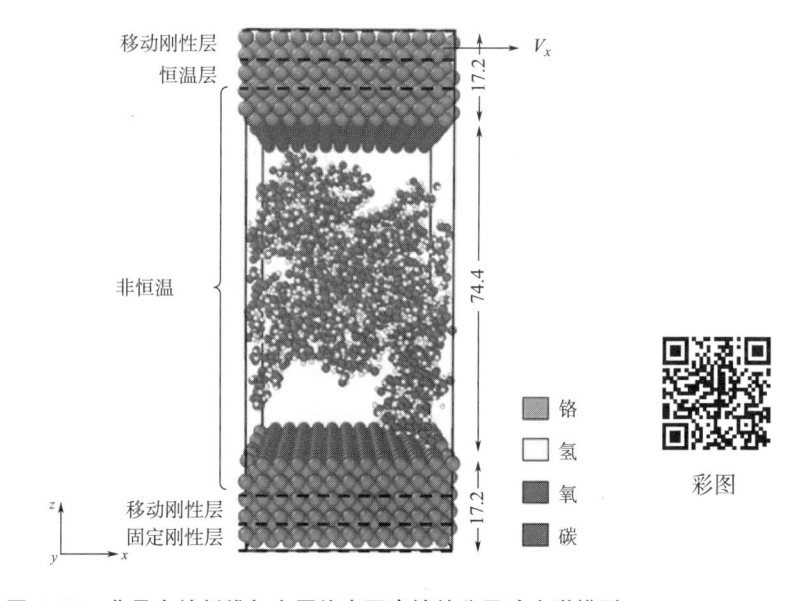

图 6-23 非晶态棉纤维与金属铬表面摩擦的分子动力学模型

子可以自由移动。

该模型是由3456个铬原子构建的上下铬层与非晶态纤维素分子链组成。在滑动摩擦试验中,通常上试件在水平面的尺寸要小于下试件的尺寸,以便于材料能够在基底上充分摩擦。基于上述要求,在该模型中,铬层在 xy 平面内的尺寸(35Å×35Å)比中间层纤维素分子链(30Å×30Å)大,整个摩擦系统的初始尺寸为35Å×35Å×110Å。为了解决边界效应导致棉纤维相对铬金属产生多次滑移的问题,设置模型的 x 和 y 方向为周期性边界条(PBC), z 方向为非周期边界。

(六)模型的预处理

通过前面关于结构优化步骤的介绍,对构建好的模拟体系进行预处理。通过MS软件对所构建的模型进行多次优化。经过比较分析,本文结构优化采用Smart方法,实质是依次采用最速下降法、共轭梯度或牛顿法进行优化。在298K温度下采用NVT动力学系综对模型模拟10000步并循环操作五次,收敛的标准为模型的均方根力小于0.1(kcal/mol)/Å。在这个优化过程当中,原子自由运动不设置任何约束,使其自动调整原子之间的距离让整个优化结构能量趋于最低,从而由非平衡态达到平衡态。分子动力学模拟的基本要求之一是模拟系统在进行动力学计算前达到平衡态,因此在进行分子动力学模拟之前,需要对结构构建平衡相。

二、棉纤维素与金属铬摩擦过程中分子动力学模拟研究

目前,棉纤维摩擦行为已得到广泛试验研究[56-60]。但棉纤维独特的理化结构决定了研究其摩擦学行为的特殊性和艰巨性,其摩擦界面和次表面区域的现象学理论仍不够完善,导致在纤维摩擦试验技术和结果解释方面存在一定模糊性。此外,在棉纤维摩擦研究中,大多数试验集中于纤维群体之间的摩擦,而非单根纤维的摩擦。这对于从根本上研究其摩擦机理是一个挑战。

载荷和温度是影响摩擦性能的两个关键参数[61-65]。棉纤维与金属的摩擦是一个动态过程,其原子级别的细节在试验中难以直接观察。因此,关于载荷

和温度耦合作用下棉纤维与金属之间的纳米级摩擦机制,目前尚未得到充分理解。但随着科学技术的不断发展,计算模拟在预测物理现象方面越来越精准,数值模拟方法已成为纳米研究领域常用的方法。在微观层面,数值模拟已被证明能够提供试验分析中难以获得的信息,以更好地了解材料的结构和性能[66-69]。

(一) 模拟步骤

1. 建立模拟初始条件

分子动力学模拟的本质是对仿真系统中的经典力学运动方程进行计算,通过求解方程,确定模拟体系中各个粒子的位置与动量。但在求解方程前需要给定粒子最初的位置和速度,初始条件是否合理对于系统平衡有着显著的影响。与此同时,模拟系统的边界条件还需要根据所研究体系的实际情况进行设置。在进行分子动力模拟计算之前,需要对其可行性进行分析。模拟系统的结构选取越接近实际结构,所获得的仿真计算结果则越好,所以体系模型的初始构建起着至关重要的作用。由于棉纤维与金属铬的摩擦系统的复杂性,对各个建模软件进行综合分析后,确定采用 Material Studio 软件构建摩擦结构模型。

2. 平衡相的计算

边界条件和初始条件确定的情况下,才能进行运动方程的计算和模拟。然而这样直接计算出的参数数据是不被认可的,因为模拟体系是带有人为因素影响的体系,是一个非平衡态的模拟体系。为了能够达到所要求的仿真计算状态,模拟中需要设计一个平衡过程。平衡相的目的就是让体系从开始建模的非平衡状态通过调控系统能量从而进入到平衡的状态。达到确定能量值的系统被认为已经达到平衡,同时定义系统从非平衡态到平衡态所需要的时间为弛豫时间。

弛豫的目的是使模型系统能量最小化及结构势能面达到局域极小点。尽管在构建模拟系统时已经对其结构能量进行了优化,使得系统状态相对稳定,但在分子动力学模拟中仍需进行一次额外的弛豫过程。这一过程旨在打破能量壁垒,防止系统出现假平衡状态,从而确保模拟结果的准确性和可靠性。

3. 分子动力学模拟

正式模拟开始之前还需要将构建好的模拟系统导出为 data 文件,以方便 LAMMPS 能够读取。将 data 文件放入到计算所需文件的文件夹中,便于在 LAMMPS 编写的代码中调用文件。同时在模拟过程中温度的调控均采用 Nose-Hoover 控温法[70]。

该系统 LAMMPS 内的模拟过程大致分为三个步骤:平衡阶段、控压阶段、施加外部压力与速度的摩擦阶段。在控压阶段,给定设置的外部载荷量,使得上层的铬层受到压力向中间的棉纤维素移动,这一过程的目的是模拟摩擦过程所受的载荷。在滑移过程阶段,对受到调控载荷下的模拟系统进行分子动力学滑移模拟,对上铬层中的固定层沿着 x 轴方向施加一定的移动速度。为了分析温度以及外部载荷变化对棉纤维素与铬滑移摩擦过程的影响,本次模拟过程中分别设置了三种温度和两种载荷的影响因素。

4. 势函数的确定

在分子动力学中,大多数势能函数描述是系统处于平衡状态时性质。但当模拟计算非平衡系统时,模拟结果将会偏离实际,从而导致得到错误的规律与结论。为了避免这种情况,需要首先对分子动力学中的所有势函数进行相关分析,选出能够计算非平衡态系统的性质。

根据对势能函数的分析,描述非平衡态的势能函数有嵌入原子势(embedded atom method,EAM)[71-72]和反应性力场(ReaxFF)[73-74]。EAM 方法最早由贝斯克斯提出。由于棉纤维素与金属铬模拟体系在滑移过程中涉及接触界面的情况分析,所以本文采用描述原子间键的断裂和再重组的 ReaxFF 势函数来模拟该研究体系,以探究接触界面原子间的变化情况。

ReaxFF 的方法已经被研究学者成功地应用在模拟研究中[75-89],体系的应用范围很广,包括金属氧化物、聚合物、催化剂等体系。研究快速反应过程的 ReaxFF 反应动力学和热解反应过程的 ReaxFF 热解动力学[90-91]是 ReaxFF 反应力场的主要研究内容。

使用 ReaxFF 能够描述动态键断裂和键形成的原子相互作用[92-93]。ReaxFF 是一个一般的键序相关力场,它在动态模拟中提供了键断裂和键再组合的精确描述。与传统非反应力场的区别在于 ReaxFF 力场中的连通性是由原子间距离计算的键序决定的,而原子间距离每模拟一步都会更新。分子内的能量表达为:

$$E_{system} = E_{bond} + E_{over} + E_{under} + E_{val} + E_{pen} + E_{tors} + E_{conj} + E_{vdWaals} + E_{Coulomb}$$
(6-31)

式中,E_{bond} 为共价相互作用能;E_{over} 和 E_{under} 为对等/过等能;E_{val} 为键角相互作用能;E_{pen} 为补偿能;E_{tors} 为二面角扭转能;E_{conj} 为键结合能;$E_{vdWaals}$ 为范德瓦耳斯作用能;$E_{Coulomb}$ 为静电作用能。

根据式(6-31)可知,成键和非键相互作用组成了力场势能。这种对非键相互作用的处理使 ReaxFF 能够描述共价、离子和中间材料,从而大大提高其可转移性。ReaxFF 反应力场的核心是键级的表达。在 ReaxFF 反应力场中,通过任意两个原子间的键级来确定连接性,原子间的相互作用被定义为键级函数。通过复杂的函数计算区分为键长、键角、库仑力、范德瓦耳斯力及调整项等,键级如式为:

$$BO_{ij} = \exp\left[P_{bo,1} \times \left(\frac{r_{ij}}{r_o}\right)^{P_{bo,2}}\right] + \exp\left[P_{bo,3} \times \left(\frac{r_{ij}^{\pi}}{r_o}\right)^{P_{bo,4}}\right] + \exp\left[P_{bo,5} \times \left(\frac{r_{ij}^{\pi\pi}}{r_o}\right)^{P_{bo,6}}\right]$$
(6-32)

式中,$r_{ij} = \frac{1}{2}[r_o(i) + r_o(j)]$,$r_{ij}$ 为两原子间的距离。

$P_{bo,1}$ 和 $P_{bo,2}$ 为 σ 键,$P_{bo,3}$ 和 $P_{bo,4}$ 为 π 键,$P_{bo,5}$ 和 $P_{bo,6}$ 为 π-π 键。

等式左右两侧均为未修正的键级,修正后的键级公式为:

$$BO_{ij} = BO'_{ij} \times f_1(\Delta'_i, \Delta'_j) \times f_4(\Delta'_i, BO'_{ij}) \times f_5(\Delta'_j, BO'_{ij}) \quad (6-33)$$

$$f_i(\Delta_i, \Delta_j) = \frac{1}{2} \times \left[\frac{Val_i + f_2(\Delta'_i, \Delta'_j)}{Val_i + f_2(\Delta'_i, \Delta'_j) + f_3(\Delta'_i, \Delta'_j)} + \frac{Val_{ij} + f_2(\Delta'_i, \Delta'_j)}{Val_j + f_2(\Delta'_i, \Delta'_j) + f_3(\Delta'_i, \Delta'_j)}\right]$$

$$[6-33(a)]$$

$$f_2(\Delta'_i, \Delta'_j) = \exp(-\lambda_i \times \Delta'_i) + \exp(-\lambda_i \times \Delta'_j) \quad [6\text{-}33(b)]$$

$$f_3(\Delta'_i, \Delta'_j) = \frac{1}{\lambda_2} \times \ln\left\{\frac{1}{2} \times [\exp(-\lambda_2, \Delta'_i) + \exp(-\lambda_2, \Delta'_j)]\right\}$$

$$[6\text{-}33(c)]$$

$$f_4(\Delta'_i, BO'_{ij}) = \frac{1}{1 + \exp[-\lambda_3 \times (\lambda_4 \times BO'_{ij} BO'_{ij} - \Delta'_i) + \lambda_5]}$$

$$[6\text{-}33(d)]$$

$$f_5(\Delta'_j, BO'_{ij}) = \frac{1}{1 + \exp[-\lambda_3 \times (\lambda_4 \times BO'_{ij} BO'_{ij} - \Delta'_i) + \lambda_5]}$$

$$[6\text{-}33(e)]$$

式[6-33(d)]、式[6-33(e)]适用于原子键级为1-3的分子。式[6-33(a)]~式[6-33(c)]仅适用于含有两个碳原子的键。

式(6-34)为键能的能量表达式;式(6-35)与式(6-36)为对等过等能的能量表达式;式(6-37)为键角能的能量表达式;式(6-38)为扭转二面角能的能量表达式。由于范德瓦耳斯力和库伦力在 ReaxFF 势函数中被考虑到,式(6-39)与式(6-40)分别为范德瓦耳斯力和库伦力表达式。

$$E_{\text{bond}} = -D_e^\sigma \times BO_{ij}^\sigma \times \exp\{P_{\text{be1}}[1 - (BO_{ij}^\sigma)^{P_{\text{be2}}}]\} - D_e^\pi \times BO_{ij}^\pi - D_e^{\pi\pi} \times BO_{ij}^{\pi\pi}$$

$$(6\text{-}34)$$

$$E_{\text{over}} = P_{\text{over}} \times \Delta_i \times \left[\frac{1}{1 + \exp(\lambda_6 \times \Delta)}\right] \quad (6\text{-}35)$$

$$E_{\text{under}} = -P_{\text{under}} \times \left[\frac{1 - \exp(\lambda_7 \times \Delta_i)}{1 + \exp(\lambda_8 \times \Delta_i)}\right] \times f_6(BO_{ij,\pi}, \Delta_i) \quad (6\text{-}36)$$

$$E_{\text{val}} = f_7(BO_{ij}) \times f(BO_{ik}) \times f_8(\Delta_j) \times \\ \{\rho_{\text{val1}} - \rho_{\text{val1}} \exp[-\rho_{\text{val2}}(\theta_0(BO) - \theta_{ijk})^2]\} \quad (6\text{-}37)$$

$$E_{\text{tors}} = f_{10}(BO_{ij}^\pi, BO_{jk}, BO_{jl}) \times \sin\theta_{ijk} \times \sin\theta_{ijk} \times \left\{\frac{1}{2}V_1 \times (1 + \cos w_{ijkl}) + \frac{1}{2}V_2 \times\right.$$

$$\left.\exp[\rho_{\text{tor1}}(BO_{ij}^\pi - 1 + f_{11}(\Delta_j, \Delta_k))^2] \times (1 - \cos 2w_{ijkl}) + \frac{1}{2}V_3 \times (1 + \cos 3w_{ijkl})\right\}$$

$$(6\text{-}38)$$

$$E_{vdWaals} = Tap \times D_{ij}$$
$$\times \left\{ \exp\left[\alpha_{ij} \times \left(1 - \frac{f_{13}(r_{ij})}{r_{vdw}}\right)\right] - 2 \times \exp\left[\frac{1}{2} \times \alpha_{ij}\left(1 - \frac{f_{13}(r_{ij})}{r_{vdw}}\right)\right] \right\}$$

(6-39)

$$E_{coulmb} = Tap \times C \times \frac{q_i \times q_j}{\left[r_{ij}^3 + \left(\frac{1}{r_{ij}}\right)^3\right]} \quad (6\text{-}40)$$

5. 仿真步长参数的选取

时间步长是一个极其重要的参数，贯穿于计算机迭代求解的全过程。在非平衡动力学状态下，时间步长的大小将影响模拟体系的模拟时长、影响计算的细分精度，也还将影响整个模拟系统在计算过程中的稳定性。

对于 ReaxFF 力场，每进行一次时间步仿真，电荷和键就更新一次。需要设定一个合适的时间步长，以最小的计算量模拟最多的时长，从而在仿真模拟过程中节省模拟系统的总能量。

在本节中依据有关研究学者在纤维素类仿真模拟的试验参数测试了 0.5fs、0.25fs 两种积分步长，观察系统温度演变情况，通过求解平均值及标准差来确定合适的积分步长。NVE 系综条件下，两种积分步长温度随模拟时间的演变情况如图 6-24 所示。

(a) 0.5fs 积分步长

(b) 0.25fs 积分步长

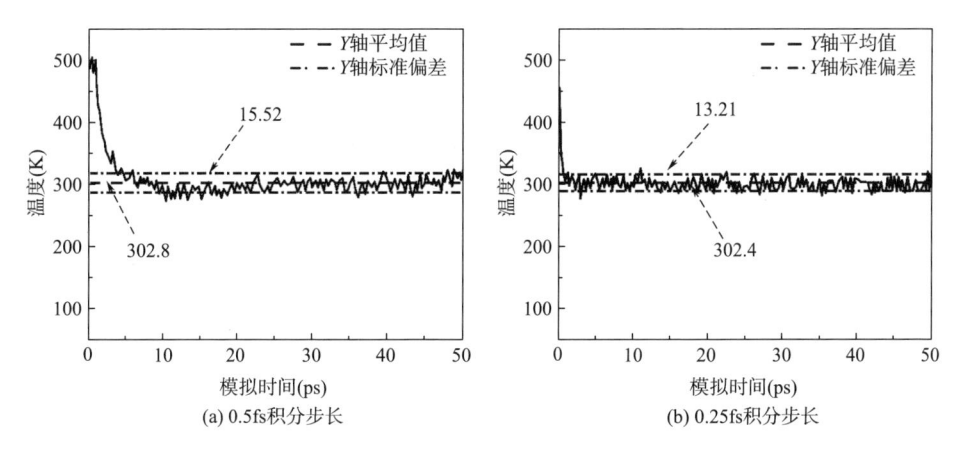

图 6-24 两种积分步长温度随模拟时间的演变情况

热平衡的仿真计算是在 ReaxFF 力场的微正则系综下进行的,如图 6-24 所示,分别表示在 0.5fs、0.25fs 积分步长能量最小化过程中的温度曲线。0.5fs 的积分步长,温度下降至设定温度过程中显示出温度波动,而使用 0.25fs 的积分步长,可以更快更稳定地计算温度。若是积分步长在 0.5fs 时,体系处于平衡状态时,波动相对较大,模拟过程中可能发生原子重叠,导致模拟运算的停止。因此,模拟需要使用不高于 0.25fs 的积分步长。

(二)棉纤维素与金属铬摩擦过程中接触摩擦界面的分析

1. 载荷和温度对晶态棉纤维素与金属铬滑动接触界面摩擦的影响

在试验中,载荷和温度在棉纤维素和金属铬之间的滑动摩擦过程中发挥着关键作用。当金属铬在棉纤维素上滑动时,接触界面会产生磨损,但其微纳米尺度上界面结构的演化机制尚不清楚。图 6-25 和图 6-26 分别展示了在不同初始温度(300K、320K 和 340K)下,摩擦系统在 0.3MPa 和 50.6MPa 条件下的界面结构演化。温度与外部载荷参数值是基于实际采棉机采收过程中的摘锭工作时的压力和温度选定的。这些参数的选定有助于更好地理解棉纤维与金属铬之间的摩擦行为及其对界面结构的影响。

在滑动摩擦的初始阶段(100ps),金属铬层的结构较为完整,摩擦磨损较小。随着滑动时间的增加(200ps),铬层结构中嵌入的原子数量增加,出现亚表面损伤。滑动 300ps 后,大量原子嵌入到铬层结构中,铬层结构受到更严重的破坏。此外,在较高载荷下,铬层的结构失效较早发生,这可以通过模拟系统在滑动摩擦过程中的势能变化来证明。如图 6-27 所示,仿真系统的势能在高温和高载荷下也能达到稳定状态。综上所述,在较高的压力和温度下,金属铬层在较短的滑动时间内发生结构破坏和表面磨损,在相同的滑动时间内其受损更为严重。

此外,数据表明,在不同的载荷条件下,选择的温度范围对接触界面的铬表面没有显著影响。然而,在高载荷、高温条件下,接触界面磨损最为严重。低载荷下,铬的硬度较高,其稳定的金属结构难以破坏。相反,纤维素在高载荷下的压缩破坏了稳定的铬结构,从而在滑动时继续对铬基体造成破坏。这说明接触界面的磨损对载荷比温度更敏感,因此载荷在摩擦系统中起主要作用。

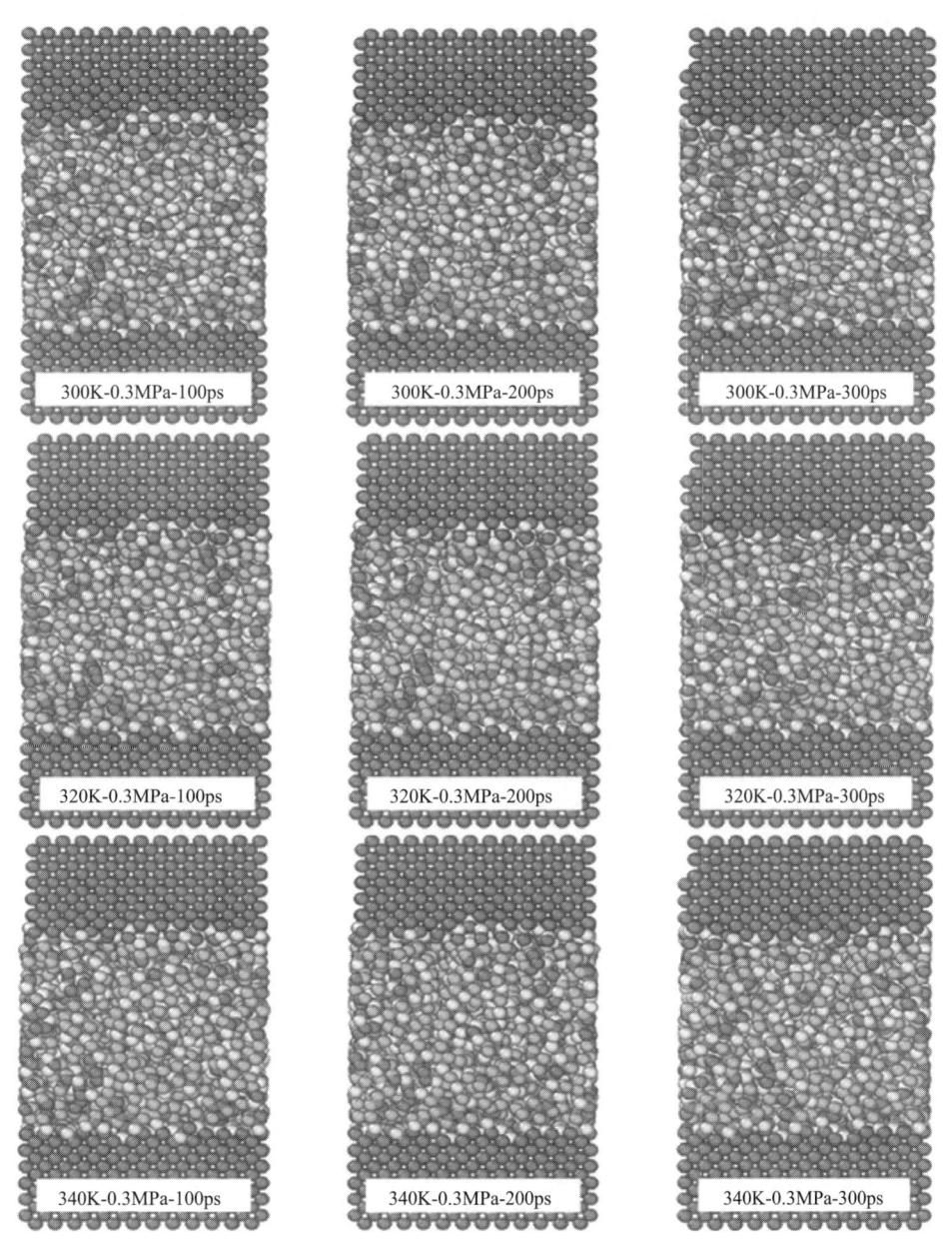

图 6-25 在 0.3MPa 下,初始温度分别为 300K、320K 和 340K,滑动过程中界面结构的演变

彩图

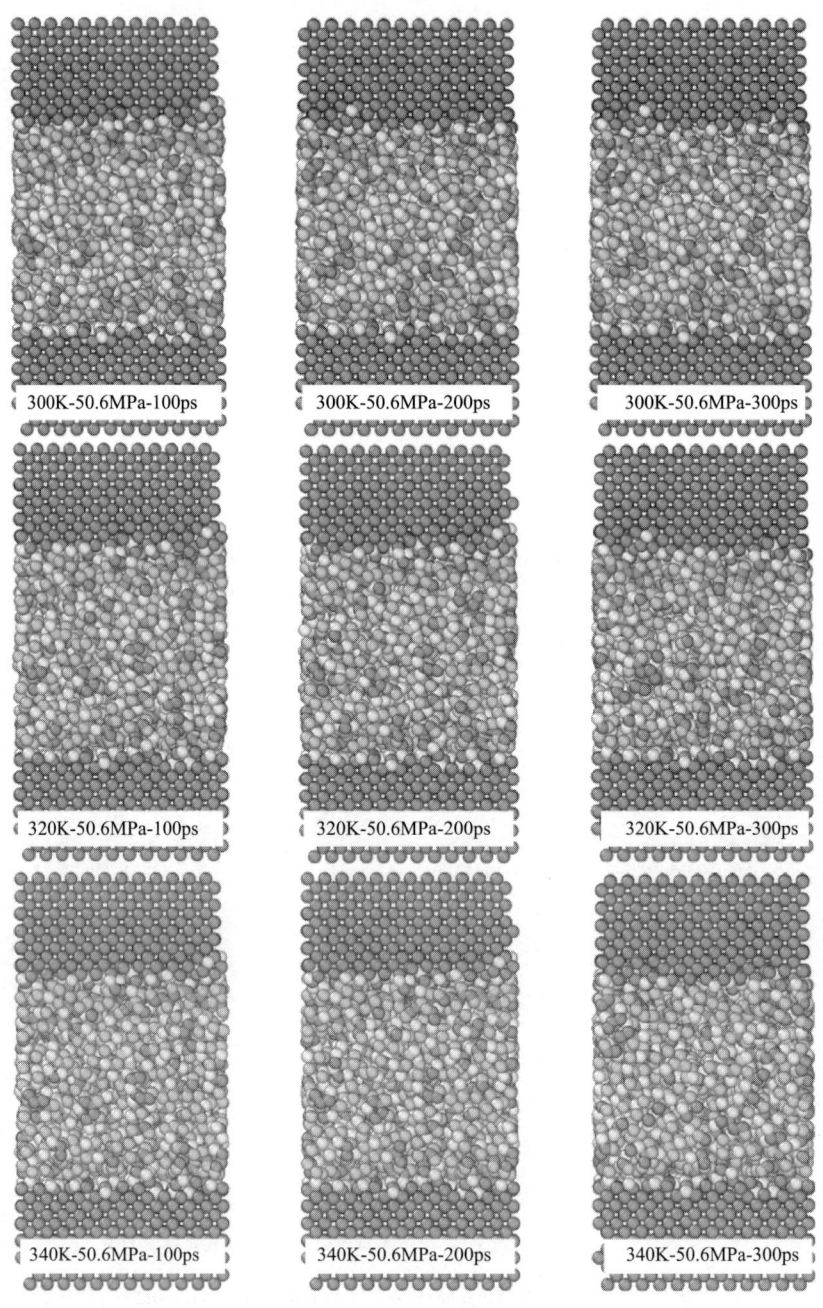

图 6-26　在 50.6MPa 下，初始温度分别为 300K、320K 和 340K，滑动过程中界面结构的演变

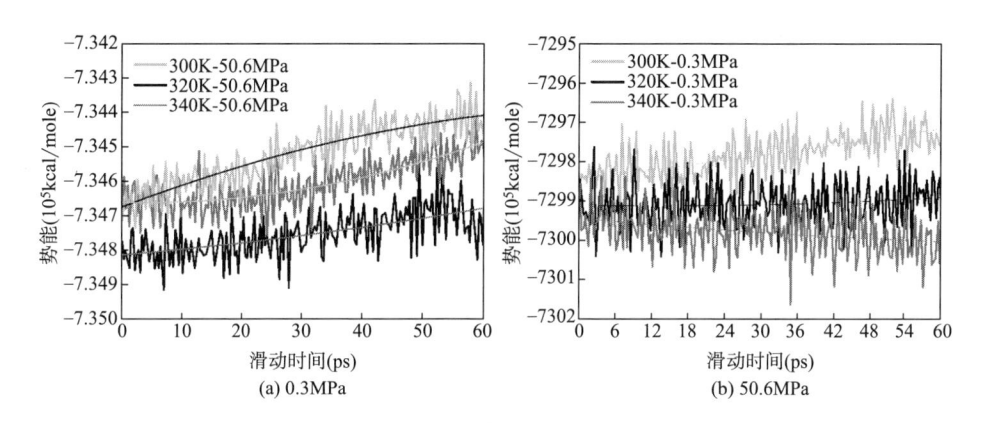

图 6-27 不同载荷和温度下摩擦滑动过程中势能的演化

相反,在高载荷下,纤维素的压缩作用会破坏铬的稳定结构,从而在滑动过程中加剧对铬基体的损伤。这表明,接触界面的磨损对载荷更为敏感,载荷在摩擦系统中起着主导作用。

在 0.3MPa 和 300K 条件下,计算滑动过程中接触界面铬氧键的数量,以进一步分析摩擦系统的化学状态、载荷和温度对铬基体表面损伤机制和摩擦磨损的影响,如图 6-28 所示。在模拟中,如果键阶值大于截止距离,则认为原子之间存在键合,否则,认为原子—原子键断裂。原子—原子键长的详细信息见表 6-7。

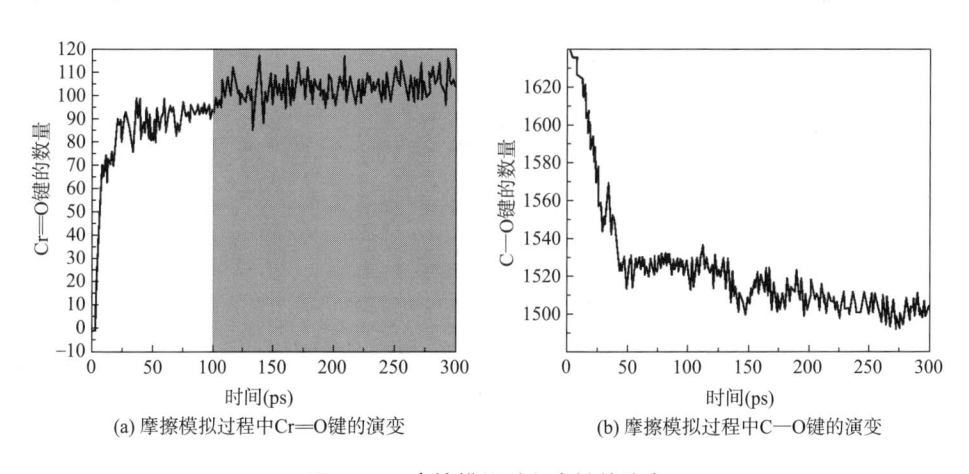

图 6-28 摩擦模拟过程中键的演变

表 6-7　化学键长

化学键类型	键长(Å)
C—C	1.516
C—H	1.111
C—O(H)	1.420
C—O(eth)	1.445
O(H)—H(O)	0.960
Cr—O	2.014
Cr═O	1.964

模拟结果证实,棉纤维素结构中的 C—O 键在滑动摩擦过程中断裂,游离官能团中的氧原子与铬层形成 Cr═O 键。同时,为了验证 Cr═O 键的生成,以 0.3MPa 和 300K 条件下的摩擦系统为对象,从模拟快照中标记出铬—氧原子键如图 6-29 所示。滑动过程中两种不同的载荷下 300K、320K 和 340K 下 Cr═O 键数直方图如图 6-30 所示。将此结果与摩擦系统界面原子滑动过程的演化相结合,可以看到,Cr═O

彩图

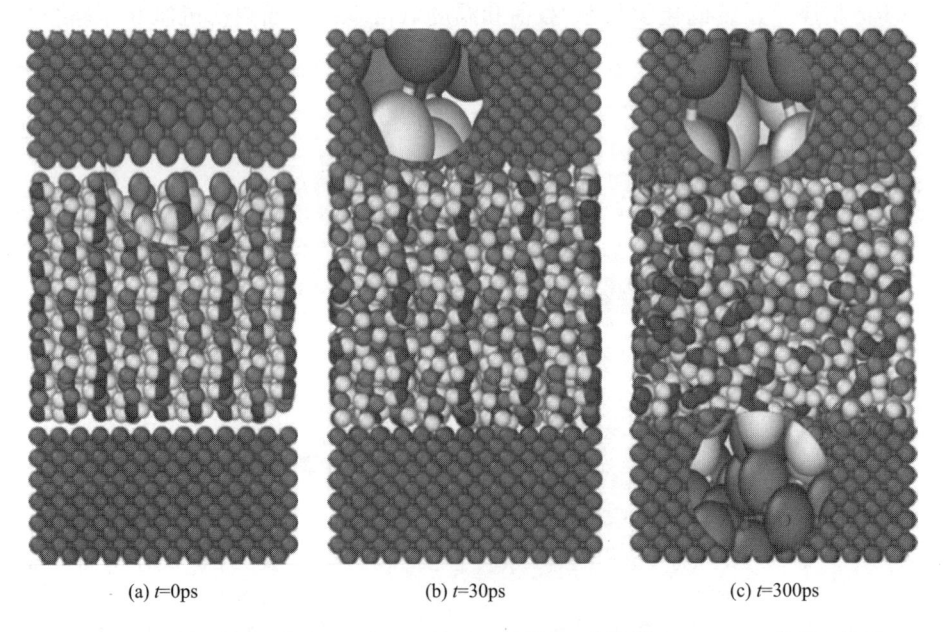

(a) t=0ps　　　　　(b) t=30ps　　　　　(c) t=300ps

图 6-29　晶态棉纤维素在 Cr 表面反应的原子模拟,摩擦模拟 0.3MPa 的原子快照

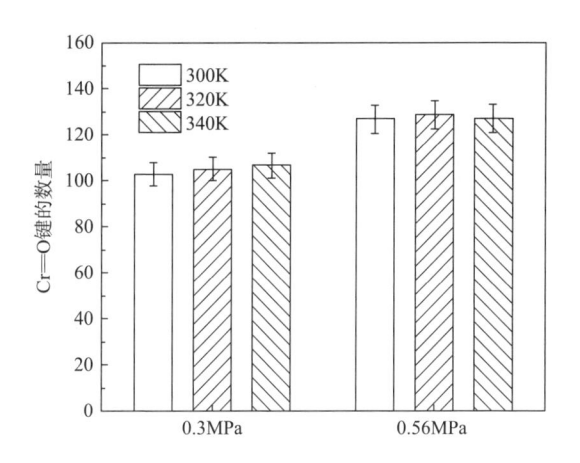

图 6-30　不同载荷和温度下滑动时铬基体中 Cr═O 键的数量

键是由棉纤维素中的 O 原子与 Cr 基体接触的表面 Cr 原子形成的。同时,还可以清楚地看到,在温度相同而载荷不同的模拟条件下,摩擦系统中的 Cr═O 键键数随着载荷条件的增加而增加。这进一步增强了棉纤维素与金属铬之间的相互作用,为铬金属表面的损伤提供了有效的理论依据。

从原子—原子径向分布函数[RDF, $g(r)$]中,可以深入了解滑动摩擦过程中的更多细节。针对摩擦系统在 300K 和 0.3MPa 条件下进行了 RDF 分析,选取滑动时间为 30ps 和 300ps 进行比较,如图 6-31 所示。1.96Å 处的尖峰对应

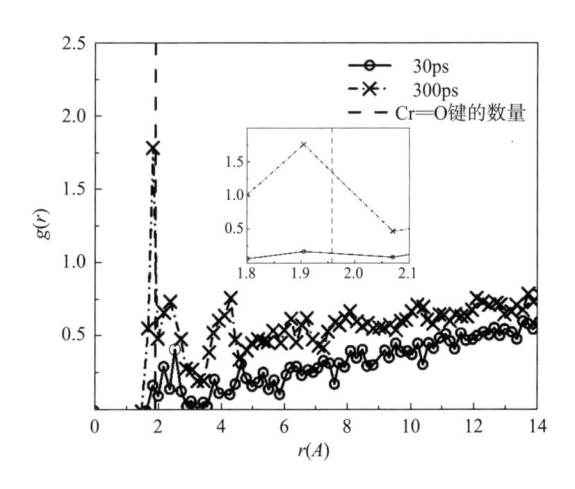

图 6-31　Cr—O 距离不同模拟时间的径向分布函数 $g(r)$

于 Cr=O 键长。随着时间的推移,C—O 键的减少,如图 6-28(b)表明 Cr=O 键的形成确实发生在滑动摩擦过程中。

此外,当 Z 方向的接触距离超过 1.7Å 时,Cr 原子和 O 原子之间的 $g(r)$ 值开始增加并出现一定波动。这一现象表明,在滑动摩擦过程中,由于范德瓦耳斯力和其他作用力的共同影响,更多的 Cr 原子与 O 原子发生了反应,从而进一步促进了接触界面的变化。

2. 载荷和温度对非晶态棉纤维素与铬滑动接触界面摩擦的影响

图 6-32 和图 6-33 分别描绘了在 0.3MPa 和 50.6MPa 下,以 10.55m/s 的速度滑移过程中界面结构的演变。温度及载荷参数的选取来自对棉纤维摩擦的实际研究[94-95](图中时刻数值为总模拟时间)。

根据原子快照观察得到,金属铬层在初始滑移阶段结构保持完整。然而,随着滑动时间的增加,嵌入铬基体结构中的棉纤维素长链原子逐渐增加,铬基体似乎受到亚表面损伤。为了进一步证实这一结果,选择一个在 300K 温度下、255ps 时不同载荷下的中间帧进行比较,如图 6-34 所示。

此外,还发现在较高的载荷和温度下,铬基体的磨损和亚表面损伤出现得更早,这可以通过滑移过程中系统势能的演变来证实,如图 6-35 所示。

为了进一步探究滑移过程中铬基体表面损伤的机理,对模型中原子键的数量演变进行分析。以 0.3MPa 和 300K 摩擦系为例,如图 6-36 所示为系统中 Cr—Cr 键和 Cr=O 键的演变。

结果显示,棉纤维素结构中的 Cr—Cr 键在滑移摩擦过程中数量减少,无定形棉纤维素长链末端中的氧原子与铬原子结合,形成 Cr=O。为进一步确认铬—氧键的存在,从该摩擦系统的原子快照中标记了铬氧原子键,如图 6-37 所示。

为了证实这一结果,从原子径向分布函数(RDF)中详细介绍系统的滑移过程。滑动摩擦模拟前后围绕 Cr 原子的 O 原子分布如图 6-38 所示。在 RDF 图中,当 z 方向的接触距离超过 1.7Å 时,摩擦过的 Cr 原子之间的 $g(r)$ 值 O 原子突然增加。表明在外载荷的滑动摩擦作用下,Cr 金属层周围的氧原子在摩擦过

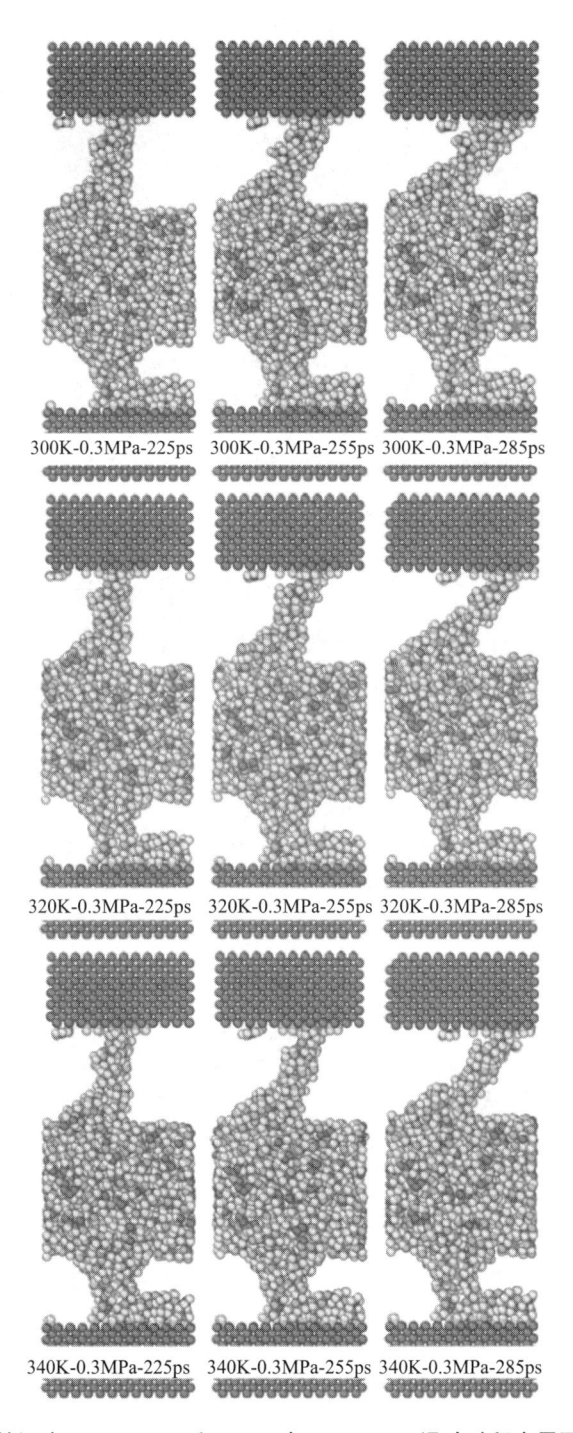

图 6-32　初始温度 300K、320K 和 340K 在 0.3MPa 下滑动过程中界面结构的演变

图 6-33 初始温度 300K、320K 和 340K 在 50.6MPa 下滑动过程中界面结构的演变

(a) 0.3MPa

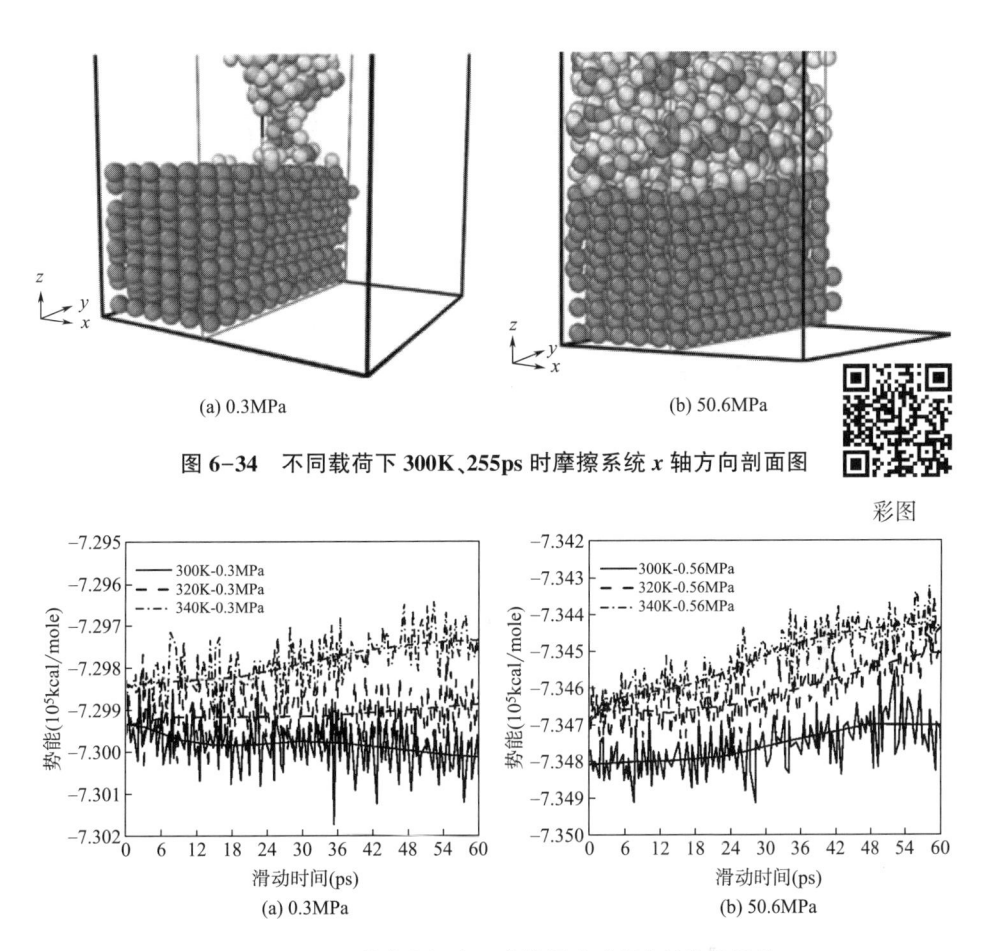

(b) 50.6MPa

图 6-34 不同载荷下 300K、255ps 时摩擦系统 x 轴方向剖面图

(a) 0.3MPa

(b) 50.6MPa

图 6-35 不同载荷和温度下摩擦滑动过程中势能的演化

(a) 滑移过程中Cr—Cr键的演变

(b) 滑移过程中Cr=O键的演变

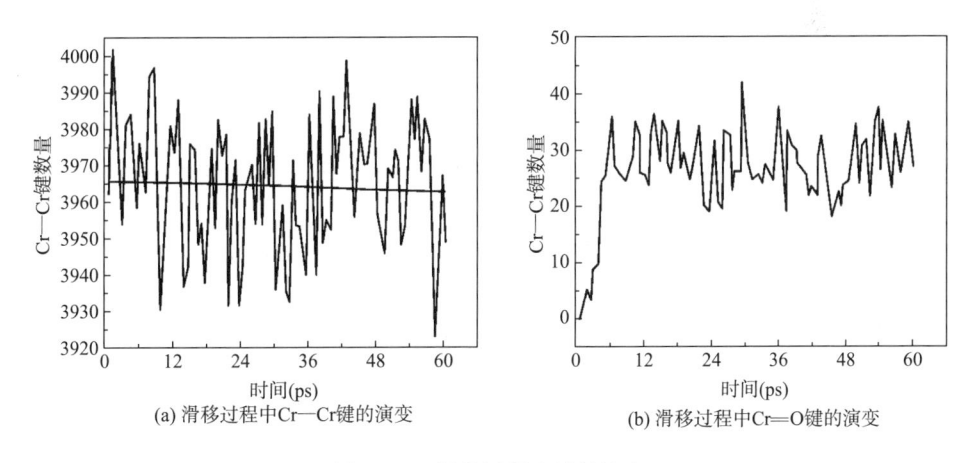

图 6-36 滑移过程中键的演变

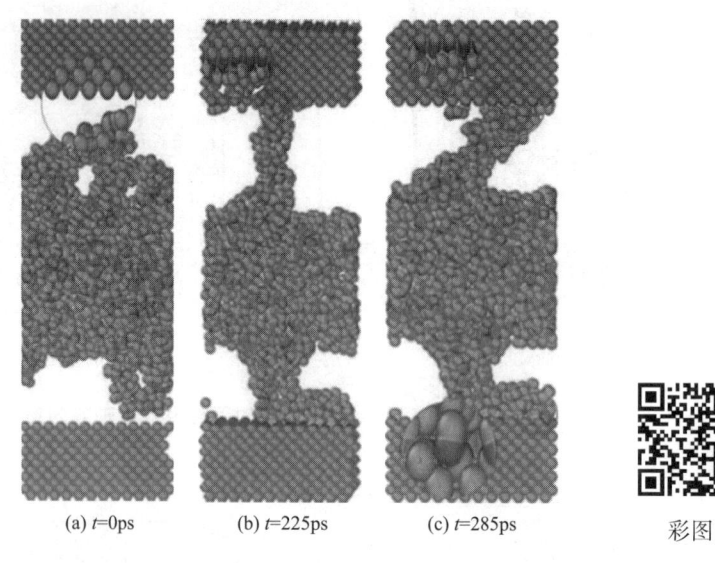

(a) t=0ps (b) t=225ps (c) t=285ps

图 6-37 非晶态棉纤维素在 Cr 表面反应的原子模拟(0.3MPa 的原子快照)

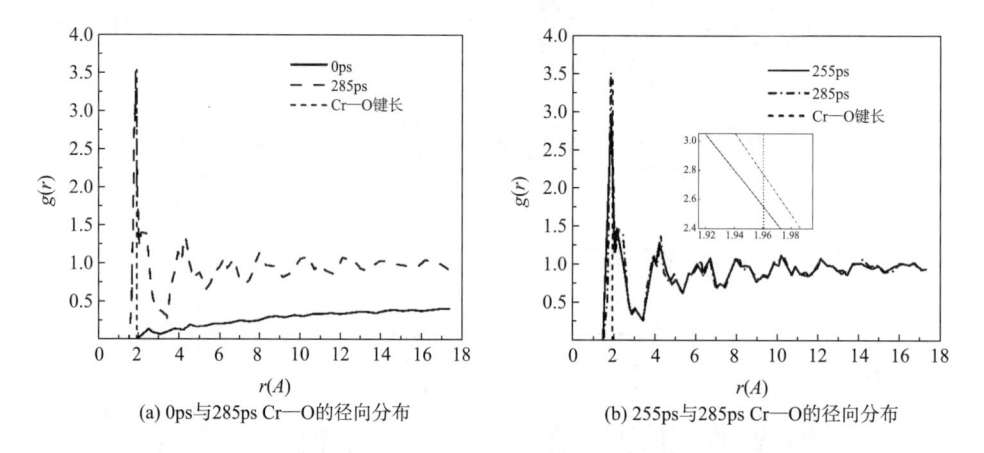

(a) 0ps 与 285ps Cr—O 的径向分布 (b) 255ps 与 285ps Cr—O 的径向分布

图 6-38 不同模拟时间下 300K、0.3MPa 摩擦系统的 Cr—O 的径向分布

程中增加。图 6-39 为相同载荷下不同温度条件下摩擦系统最后一帧径向分布的比较。

如图 6-40 所示为滑动过程中不同载荷和温度下 Cr=O 键数的直方图。结果表明,高载荷摩擦系统比低载荷摩擦系统产生更多的铬—氧键,并且随着温度的升高均呈 U 型分布。

(a) 0.3MPa (b) 50.6MPa

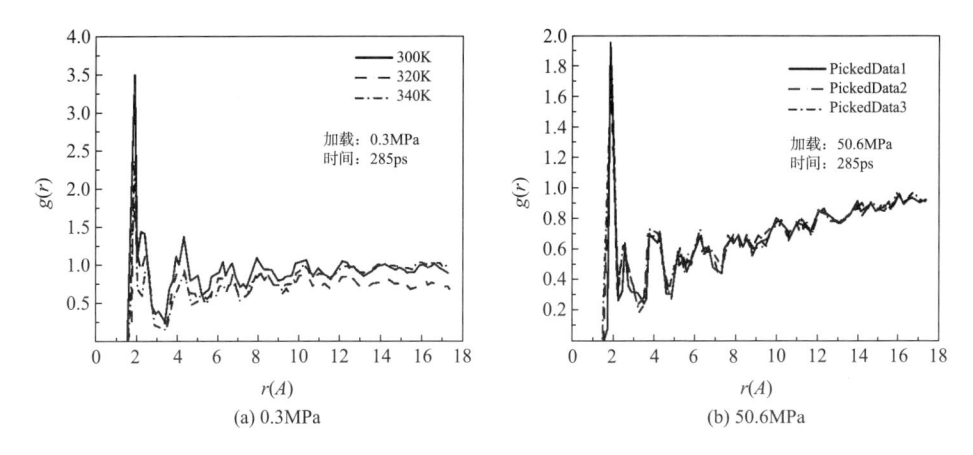

图 6-39　不同载荷温度下摩擦系统滑移最后一帧的径向分布

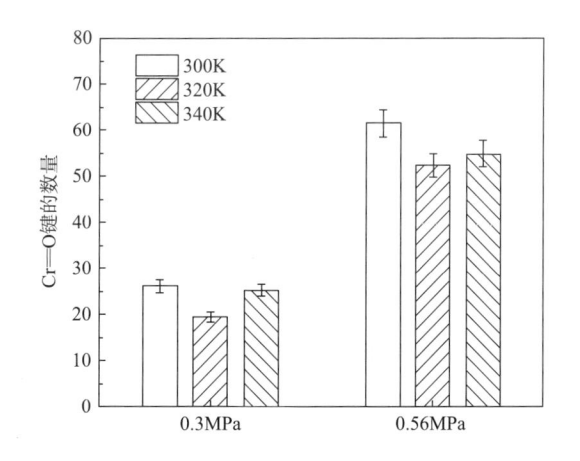

图 6-40　不同载荷和温度下滑动过程中 Cr═O 键的数量

（三）载荷和温度对晶态棉纤维素与金属铬摩擦特性的影响研究

1. 对晶态棉纤维素与金属铬摩擦过程中摩擦力的影响

在滑动摩擦过程中,载荷和温度不仅影响铬接触表面的磨损,还对界面之间的摩擦力产生重要影响。图 6-41 展示了在不同载荷和温度条件下,摩擦力随滑动模拟时间的演变情况（铬的刚性可移动层可根据需要施加不同的载荷）。

199

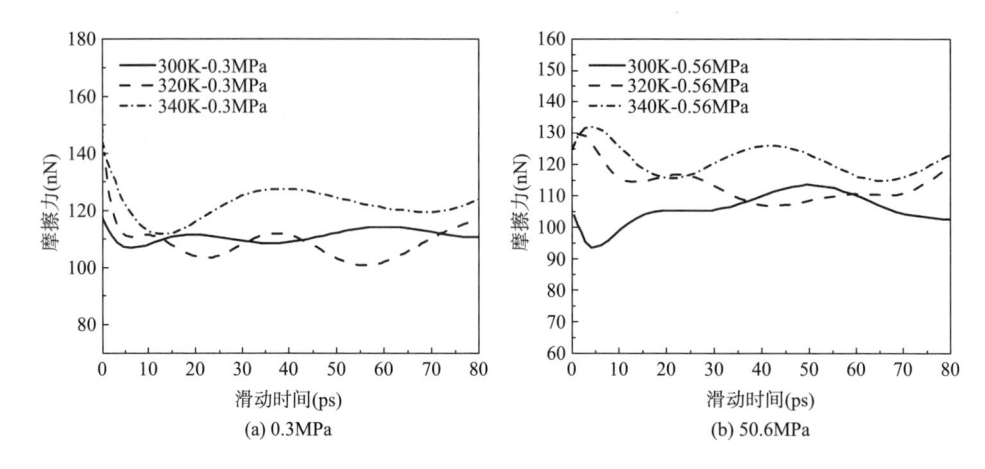

图 6-41 不同的载荷和温度下摩擦力随滑动时间的演变

结果表明,随着滑动时间的增加,摩擦力在初始阶段会减少。但是,随着滑动的进行,摩擦力会略有增加,并且趋于稳定。在滑动的初始阶段,摩擦力的大小与温度呈正相关。在后期,摩擦温度越高,摩擦力的波动越小。当载荷增加时,摩擦力先以较高速率降低,然后稳定下来。有趣的是,不同载荷、温度条件下的摩擦系统在摩擦力曲线稳定时所耗费的模拟时间大致相同。从图 6-28 可以看出,界面 Cr═O 键的数量随着滑动时间的增加而以较高的速度增加,然后逐渐稳定下来,这与图 6-41 中的摩擦趋势是一致的。

2. 对晶态棉纤维素与金属铬摩擦过程中摩擦系数的影响

由于摩擦系数是瞬时值,因此在模拟过程中,摩擦系数在一定范围内的平均值作为摩擦系数的相应时间。图 6-42 显示了摩擦系数在不同载荷和温度下滑动时间的演变。

如图 6-42 所示,当模拟时间在 0~40ps 时,摩擦系数的曲线出现波动。当模拟时间超过 40ps 时,摩擦系数波动速率减缓并逐渐趋于稳定。通常情况下,摩擦系数往往与温度呈正相关。在不同载荷下,高载荷系统中的摩擦系数波动较小。由于摩擦系统初始状态下的摩擦界面存在不均匀性,摩擦系数的大小间接决定了接触界面的磨损程度,也反映了铬层的损坏程度。

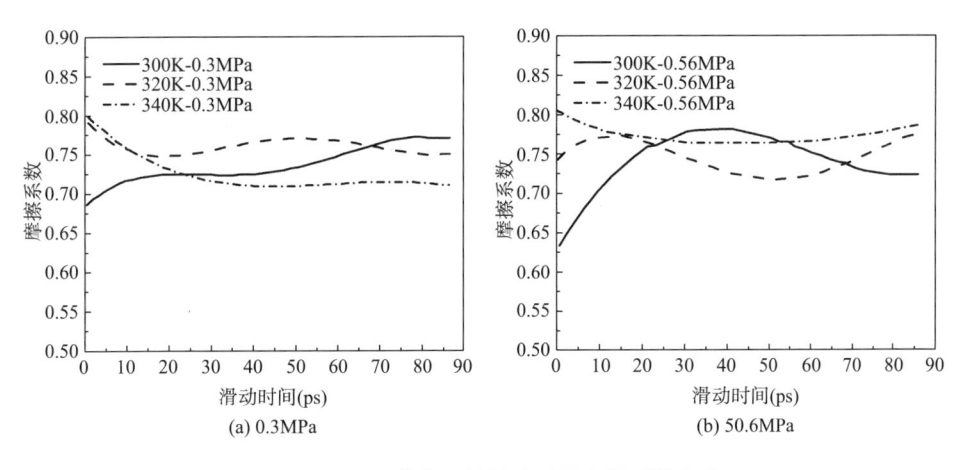

图 6-42　不同载荷下的滑动时间摩擦系数变化

（四）载荷和温度对非晶态棉纤维素与金属铬摩擦特性的影响研究

1. 对非晶态棉纤维素与金属铬摩擦过程中摩擦力的影响

在滑移过程中，载荷和温度不仅会引起金属铬表面损伤，还会影响界面摩擦力。摩擦力是根据上层铬原子所受力在 x 方向分量（平行于滑移方向）来计算的。垂直于滑移方向的法向载荷则基于棉纤维长链分子对上层金属铬分子作用的时间和系综平均值计算。图 6-43 描绘了摩擦力在不同载荷（金属铬的刚性可移动层施加不同载荷）和温度下随滑移时间的演变情况，图 6-43（a）、

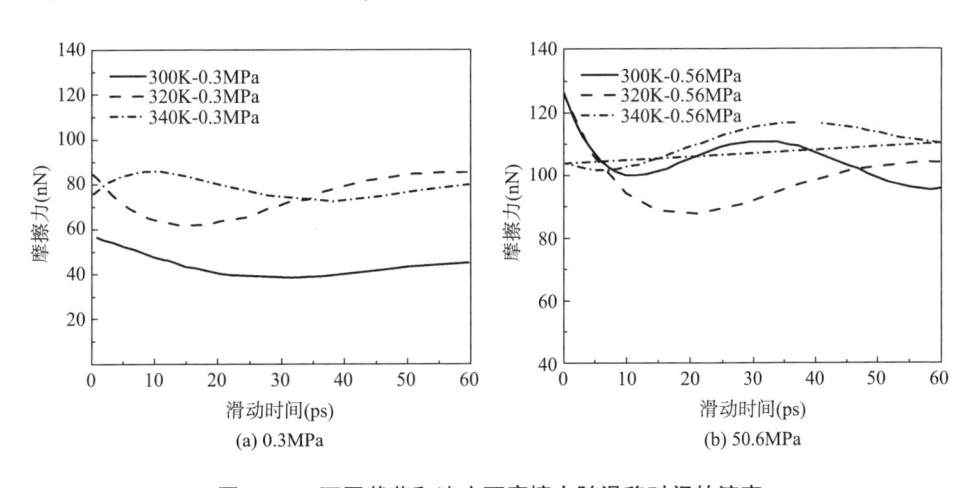

图 6-43　不同载荷和速度下摩擦力随滑移时间的演变

(b)均显示了三个样本的平均数据在相邻平滑后的平均值。无定形棉纤维的玻璃化温度为336K,温度低于336K时,材料呈玻璃态,而高于336K时则表现为高弹态。结果表明,摩擦力在初始阶段随着滑移时间的增加而减少。

主要原因在于压缩阶段使得上铬层与棉纤维素的接触原子产生了较强的分子吸引力。随着滑移的进行,摩擦力增加并趋于稳定。这是因为随着模拟时间的增加,摩擦接触界面的原子间的排斥力增大,最终达到排斥力与吸引力之间的动态平衡。在初始阶段,当施加更高的温度时,低载荷下的摩擦力增加。当载荷增大,初期摩擦力以较高的速率降低,后期摩擦力以较快的速度下降,直至趋于稳定。高、低载荷摩擦系统的摩擦力下降速率不同,主要是由于在动态摩擦过程中,摩擦界面接触分子的数量存在差异,如图6-44所示。

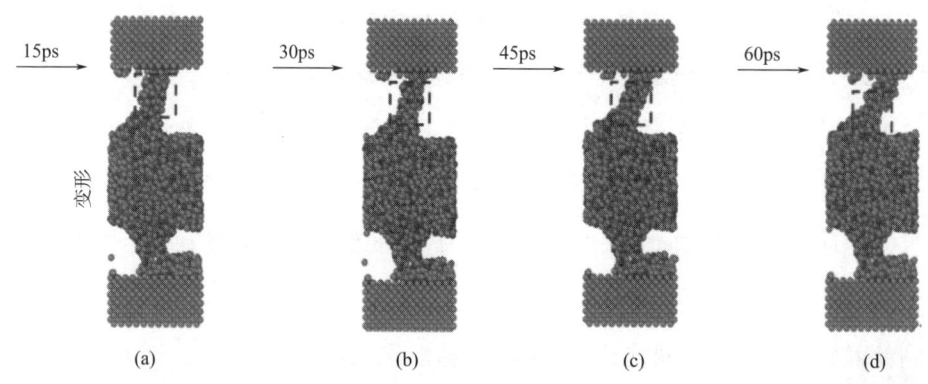

图 6-44 非晶态纤维素在 Cr 上滑移的干摩擦过程
(接触载荷为 0.3MPa;温度为 300K)

2. 对非晶态棉纤维素与金属铬摩擦过程中摩擦系数的影响

载荷和温度是影响接触棉纤维素与金属铬表面滑动摩擦的两个关键技术参数,因此本文研究了载荷和温度影响下的摩擦系统的接触表面的摩擦系数。

在滑移过程中,模型的最外层保持了刚性。在 285ps 的时间内进行了模拟仿真。然后分析了 MD 仿真得到的轨迹,以评估体系中的滑移摩擦行为。在滑移阶段,计算棉纤维素与上铬层之间的摩擦系数。随后,将收集到的不同载荷及温度下的摩擦系数进行分类,表征不同载荷温度下的摩擦系数随模拟时间的演化。

如图 6-45 所示,在棉纤维处于玻璃态时(300K、320K),摩擦系数随温度的增高而增加。此外,随着载荷的增加,模拟体系的摩擦系数达到稳定所需的时间也相应缩短。当棉纤维转变为高弹态(340K)时,观察到低载荷下的摩擦系数在稳定后与 300K 时的值几乎一致。这种情况是不同物理状态、温度耦合作用下导致的。高载荷时,该摩擦系统稳定后的摩擦系数低于低温条件下的值。综上所述,处于高弹态的棉纤维与光滑金属铬表面接触时,摩擦系数较小。这一特性有助于提高棉纤维与金属铬之间的摩擦滑移性能,从而有效延长金属部件的使用寿命。

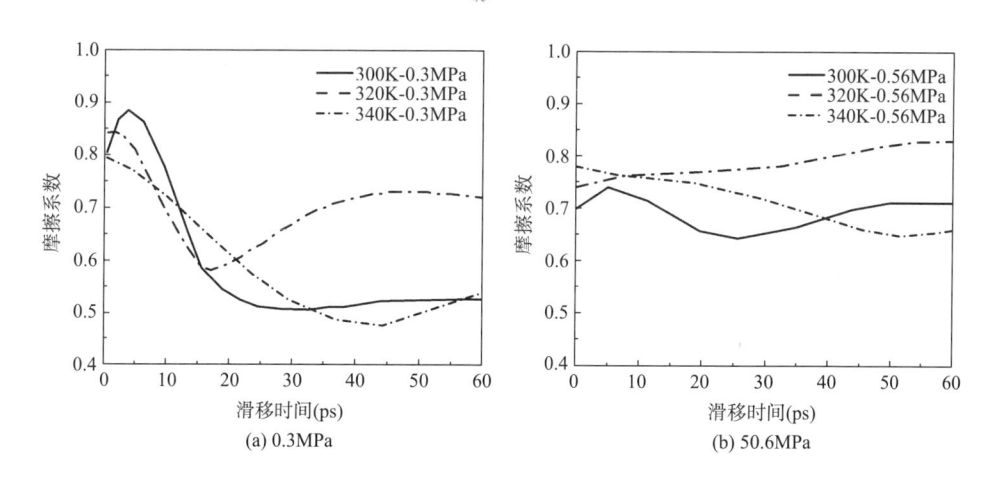

(a) 0.3MPa

(b) 50.6MPa

图 6-45　0.3MPa 和 340K 的摩擦系数随滑移模拟时间的变化

三、小结

本小节首先构建了棉纤维素晶态和非晶态模型,其次对金属铬层进行了构建,使用软件建立了摩擦几何模型,选择合适的初始条件和势函数的选择,对构建的各个组件模型进行了优化。并采用能量最小化对棉纤维与铬金属系统模型进行了优化。此外,还对棉纤维素晶态和非晶态与铬滑动摩擦仿真的相关参数及势函数进行了选取,并对模拟得到的参数进行分析归纳,整个模拟过程得到了可视化展示。在不同载荷和温度下,基于可视化的原子快照情况分析了模拟体系接触界面的情况并对其规律进行了归纳。可视化结果表明,在滑动摩擦过程中,棉纤维的氧原子与接触界面的铬层原子形成了化学键。随着滑移进行,形成的铬氧键数量也逐渐增多,最终趋于动态稳定,且接触界面铬的亚表层中嵌入的棉纤维原子越来越多。最后又分别介绍了载荷和温度这两个影响因素对晶态棉纤维与铬模拟体系及非晶态棉纤维与铬模拟体系滑移过程中,接触界面间摩擦力、摩擦系数的影响。

第四节 机械摩擦作用下棉纤维微观损伤机理的研究

棉纤维从原料获取到成品经过多重加工,在此过程中,棉纤维不仅会发生断裂等肉眼可见的宏观损伤,还存在微观层次的表面撕裂、初生层破坏及内部基原纤结构损伤甚至是原子层次共价键的破坏及官能团的断裂等,影响棉花力学性能及使用性能[96-98]。因此,厘清棉纤维在加工部件摩擦作用下微观摩擦机理及损伤机制是提升棉纺织品质量的重要途径。

长时间的摩擦作用会使棉纤维的物理和化学性质发生变化,从而影响其后续的加工性能和最终产品的质量。目前对于纤维结构的相关检测技术已趋于成熟,包括扫描电镜、XRD、红外光谱等。其中扫描电镜常被用来观测纤维的表面损伤,而衰减全反射光谱(ATR)广泛应用在纤维内部结构的无损检测方面[99-101]。许多学者应用这些检测技术,实现了对纤维损伤机理的表征[102-104]。魏等采用扫描电子显微镜(SEM)对干燥后的棉纤维分析发现[105]。棉织物发生了不同程度的变形、毛羽、微孔、微裂纹、断裂、纤维表面干磨损等损伤。阿比迪等采用通用衰减全反射红外光谱仪(ATR-FTIR)对不同发育阶段收获的棉纤维进行光谱分析,监测棉纤维发育不同阶段细胞壁的变化[106]。戴等研究位错对大麻纤维力学性能的影响机理[107],采用了OM(光学显微镜)以及FEG-SEM对大麻纤维的位错进行了形态表征,利用 XRD 和 ATR-FTIR 确定纤维的结晶度,发现了位错处半纤维素、木质素的脱除以及氢键变化。这项研究表明,其他形式的损伤也可能会对天然纤维理化性质产生影响。在研究初期,棉纤维微观结构上的摩擦损伤可能会使其内部纤维素结晶区域受到破坏向无定形区域转变,从而使其结晶度降低。同时,摩擦损伤必然会引起纤维素基原纤的变形、断裂。从分子层面来讲,这是纤维素链各位置的共价键的破坏造成的。所以,我们预测受损后棉纤维红外光谱结果中,氢键、共价键、键角振动所对应峰值会发生降低。

天然纤维的纳米级界面摩擦特性是影响其加工质量的重要因素。棉纤维表面分布着微小的棱脊状条纹,这些条纹排列相对整齐,深度和间距约为 0.5μm,长度在 10μm 以上,与纤维生长方向存在一定的相关性,这些条件使棉纤维表面具有独特的摩擦性能。原子力显微镜(AFM)是一种广泛使用的表征材料表面形貌、纳米摩擦学和纳米力学性能的仪器[108-109]。一些学者把原子力显微镜应用到了纤维的力学性能研究上。萨达伊等[110]采用自组装单层(SAM)修饰的悬臂作为摩擦力显微镜(FFM)的"毛发模型探针",发现发尖的摩擦系数(COF)大于发根。发尖处的摩擦对载荷的依赖性明显,而发根处依赖性较小。霍塞伊纳里等[111]利用 AFM 的不同操作模式,对两种棉纤维样品的表面形貌和纳米力学特性进行了表征,发现两种样品存在显著差异。棉纤维具有多层结构,主要包括初生层、缠绕层、次生层和中腔等[112]。在加工过程中,通常会去除表面蜡、果胶等物质,留下纤维素成分。本文选择脱胶后的棉纤维进行测试,排除了蜡、果胶对摩擦性能的影响。推测棱脊状条纹的排列方式会对其微观摩擦性能产生各向异性。于是通过 AFM 表征纤维表面形貌、表面摩擦性能,主要考虑了不同加载载荷和摩擦角度对摩擦性能的影响,并分析了摩擦前后的表面形貌变化。

前面内容讲述了棉纤维内部结构变化及其表面摩擦性能的相关测试手段,在得到相关试验结果后,如何揭示这些结果产生的本质原因是这项研究的一个难点。近年来,分子动力学模拟已成为主流的原子尺度模拟工具,被广泛应用到聚合物力学性能、损伤机理等领域。吴等采用分子动力学模拟方法研究了纤维素纳米晶体间的滑动摩擦。预测了滑动速度、正常载荷和滑动面之间的相对角度的影响[113]。古普塔等在考虑纤维捻度的情况下,考察了晶体纤维素在拉伸过程中的结构变化和氢键特性,并从单个键的角度分析了纤维素的破坏机理[114]。这些学者的研究给了我们启发,纤维素在拉伸时的受力使其主链产生破坏,纤维素链的破坏可能会导致其结晶度降低。在摩擦时其侧链也会受到很强的作用力,可以推测摩擦会导致其侧链官能团的断裂脱离。这项研究将从分子角度研究纤维素链破坏的动态演变过程,并与试验结果进行对照,揭示实验测试结果与微观结构变化的内在关联。闫哲系统地介绍了荷载和温度对结晶棉纤维素与金属铬摩擦行为的影响机理,为研究棉纤维素与金属的摩擦磨损机理提供了新的视角,但没有考虑到纤维素晶体的各向异性对其与摩擦时的影响。纤维素晶体具有各向异性,其不同晶面力学性能及表面形貌都存在差异,这可能对微观摩擦性能产生较大的影响。同时考虑到晶体中纤维素链排列规整,摩擦角度的改变对纤维素链的受力形式有很大的影响。加工部件与棉纤维的作用涉及复杂的耦合关系,基原纤结构排列方式、纤维素晶体的各向异性,使得想要完全厘清其相互作用机制是一个巨大的工程,本文将以此为突破口,对几种因素进行独立研究,为后续工作做好基础。

针对这些问题,研究首先通过摩擦试验机对棉纤维进行摩擦试验,来复刻棉纤维在加工工况下产生的损伤现象。借助扫描电镜、红外光谱对其表面及内部结构损伤、理化性质进行了透彻的分析。利用扫描电镜观测其表面损伤形貌。通过红外光谱得到其氢键数量、共价键、官能团、结晶度变化。然后使用原子力显微镜对脱胶棉纤维进行摩擦测试,研究载荷与摩擦角度对棉纤维摩擦性能的影响,并分析摩擦前后的形貌变化。最后运用分子动力学原理对纤维素进行了摩擦模拟,从加载深度、摩擦角度等多个方面对摩擦机理进行探究。模拟分析纤维素摩擦系数变化、表面形貌变化并与原子力显微镜结果进行对照。同时,统计纤维素结晶度变化、链内及链间氢键破坏情况与纤维素主链与侧链官能团中共价键的破坏情况,并将其与试验检测结果进行对比分析。

一、材料与方法

研究流程示意图如图 6-46 所示。

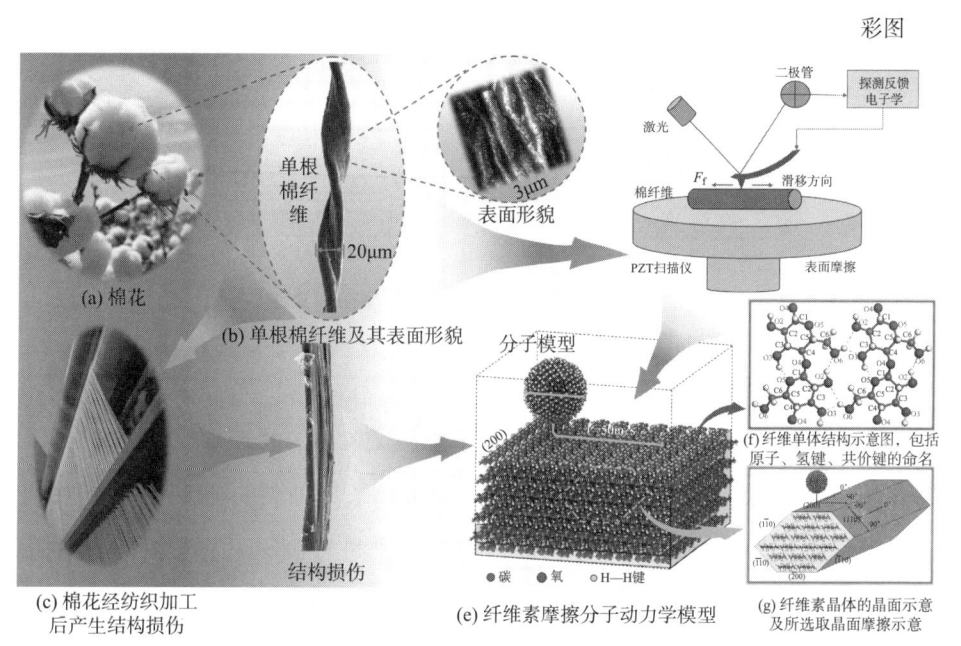

图 6-46　研究流程示意图

（一）微观损伤检测

1. 摩擦测试

为复现棉纤维在纺织加工中发生的摩擦现象，通过往复摩擦试验机对棉线与 304 不锈钢销进行往复摩擦。棉线为双股棉线，线密度依次为 54.9tex，弹性模量为 7.5GPa，泊松比为 0.85。304 不锈钢销粗糙度为 8.5μm，弹性模量为 193GPa，硬度为 205HV。试样通过夹具进行固定，棉线为下试样进行往复运动，304 不锈钢销为上试样固定不动，单次进行三根棉线的摩擦实验，三根棉线的总预加张力为 15N。调节加载载荷为 3N、4.5N、6N、7.5N，摩擦次数为 5000 次，摩擦距离为 1cm，得到不同损伤程度的棉线。摩擦示意图如图 6-47 所示。

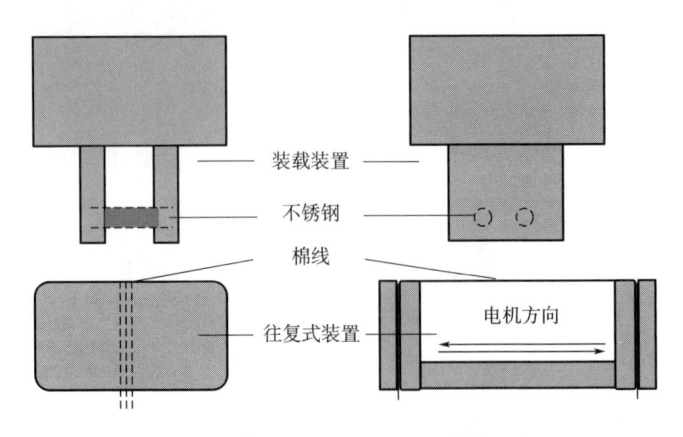

图 6-47　摩擦试验机上下试样摩擦示意图

2. 扫描电镜测试

扫描电镜测试的样品源自不同载荷下摩擦试验后的受损棉线,提取的棉纤维不统一。使用镊子从受损棉线的主要摩擦位置剥离断裂的棉纤维,得到摩擦损伤特征的单根棉纤维。随机选取多根棉纤维进行测试。将棉纤维试样在 30mA 条件下使用离子溅射仪进行溅射镀膜处理 5min 后,采用可变真空超高分辨场发射扫描电子显微镜(APREO-S,USA),观察棉纤维试样表面形貌,如图 6-46(b)所示。

3. ATR-FTIR 测试

剪取不同载荷下的棉线摩擦损伤区域进行检测,并与原棉进行对比。用 Pekin-Elmer 傅里叶变换衰减全反射红外光谱仪进行测定。每一试样扫描 16 次,中红外光谱区域为 $650 \sim 4000 \text{cm}^{-1}$,分辨率为 2cm^{-1}。FTIR 光谱分析使用 NICOLET_Omnic_8.2 软件进行处理。

(二)微观摩擦实验

1. 样品制备

本试验所用棉纤维样品采自新疆阿拉尔市的塔河 2 号长绒棉,经手工采摘和手动除杂处理得到原棉。使用果胶酶对棉纤维进行脱胶处理,去除表面的蜡、果胶等杂质。在载玻片上放置长方形纳米胶,将单根棉纤维的一端下压粘在纳米胶上,轻轻夹取另一端拉伸纤维使其伸直,随后将另一端下压,将整个纤维与纳米胶贴近并牢固的粘在纳米胶上(表6-8)。在原子力显微镜成像期间,严禁出现任何显著的漂移或蠕变。

表6-8 纳米胶产品参数

品牌	3M
产品名称	VHB强力双面胶
厚度	1mm
宽度	1cm
型号	4910
材料	VHB闭孔丙烯酸胶黏剂
耐温型	长期耐温93℃,短期耐温149℃

2. 纳米力学性能测量

使用Bruker Dimension Icon多模原子力显微镜,采用PeakForce定量纳米力学性能映射(PF-QNM)模式,获得了3μm×3μm纤维表面的纳米形貌和纳米力学性能图像。原子力显微镜工作原理如图6-46(d)所示。在纳米力学实验中,使用曲率半径为$R=10$nm、标称弹簧常数为$C=0.06$N/m的锥形探针(Bruker scanasyst-air)。通过调节纤维角度,使探针摩擦方向与纤维棱脊条纹方向垂直或平行。采用接触模块分别计算棉纤维表面摩擦力,扫描范围为2μm×2μm,略小于形貌范围。将扫描区域划分为五个区域,分别施加法向载荷30nN、50nN、70nN、90nN、110nN,在对应的区域进行摩擦测试。最后,再次使用PeakForce模块扫描3μm×3μm区域以检测摩擦后的形貌,并与摩擦前进行对比。摩擦力是根据trace和retrace摩擦力之间的差值除以二来计算的。形貌图片处理及摩擦力数据提取均在NanoScope Analysis 1.9软件进行。

(三)分子动力学模拟

1. 模型建立及优化

在模拟模型的选择及构建方面,因全原子模型可以完全表露分子信息,全方面地呈现出模拟前后的变化,尤其是在分子链的变化、原子的迁移等方面,故而本文使用全原子模拟方法进行分子建模。纤维素是棉纤维的主要成分,为简化模拟过程,以纤维素作为研究对象[115]。棉纤维与金属部件相互作用时其表现为硬对软的损伤作用,所以在模拟时选用了刚体球形压头作为摩擦刀具,建立了单峰接触模型。构建了纤维素晶体微观摩擦过程中存在的两种摩擦体系模型:晶体纤维素(200)面摩擦模型(35474个原子)、晶体纤维素(110)面摩擦模型(39506个原子)。如图6-46(g)所示,各个晶面的详细信息。图6-48所示为两种模型的侧视图以及纤维素晶面形貌。晶体纤维素模型是根据X射线衍射得到的Iβ晶体纤维素晶格参数构建,详细信息见表6-9[116]。晶体纤维素基底尺寸分别为83.04Å×82.01Å×42.74Å、83.04Å×83.58Å×46.47Å。金刚石压头位于纤维素基底上方10Å左右,直径为26Å。模型详细信息如图6-46(e)。模型沿z轴分为三层,分别为底部的固定层、恒温层、牛顿层,恒温层温度

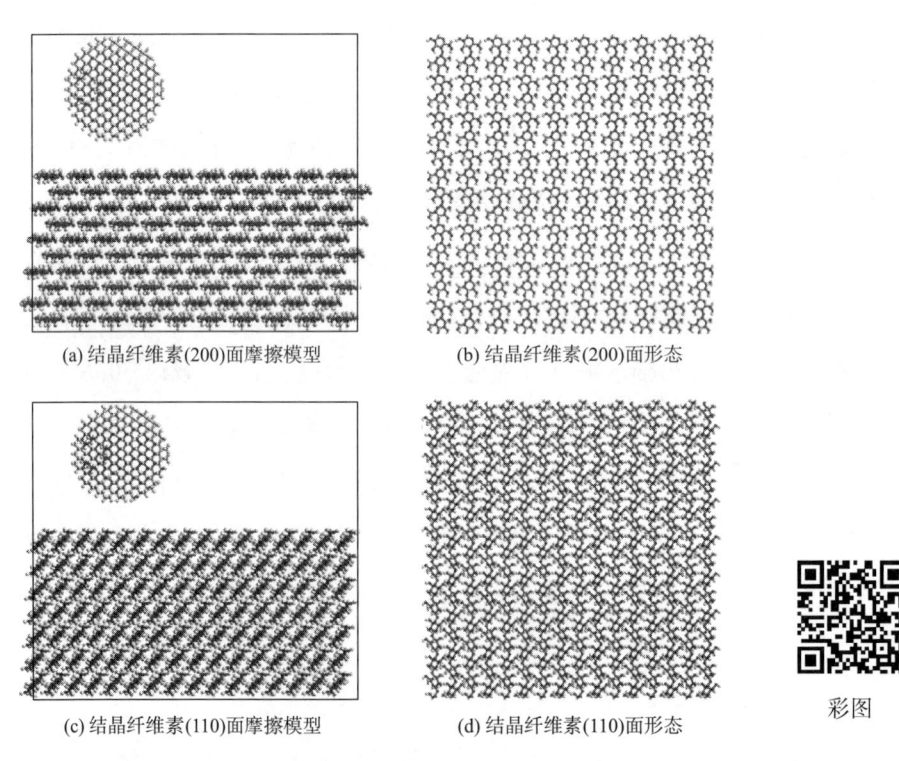

(a) 结晶纤维素(200)面摩擦模型
(b) 结晶纤维素(200)面形态
(c) 结晶纤维素(110)面摩擦模型
(d) 结晶纤维素(110)面形态

彩图

图6-48 两种模型的侧视图及纤维素晶面形貌

固定为 300K。在 x、y 方向上具有周期性边界条件,在 z 方向上具有自由边界条件。模拟前对模型中根据原子在单体中的位置对各原子进行了命名,并标记了氢键层内部氢键的理想分布情况,如图 6-46(f)。

表 6-9　纤维素 Iβ 结构的晶格参数

结构	纤维素 Iβ
晶系	单斜
空间组	P 1 1 2₁(4)
$a(\text{Å})$	7.784
$b(\text{Å})$	8.201
$c(\text{Å})$	10.38
$\alpha(°)$	90
$\beta(°)$	90
$\gamma(°)$	96.55

2. 模拟方法

模拟是在 Lammps 软件进行的,首先对模型能量最小化,再在温度 300K、压强 0GPa 的 NPT 系综下弛豫 40ps,松弛体系内应力,最后在 300K 的 NVT 系综下弛豫 60ps 至能量稳定,达到平衡状态。选取的力场为 ReaxFF_mattsson 力场,该力场已成功应用于纤维素力学性能的测试[117]。反应力场可以提供分子共价键、氢键断裂与形成的详细描述。模拟分为四个阶段:加载、保持、摩擦和卸载,通过对压头施加速度 v 来进行摩擦。压头压向结晶纤维素直至达到固定深度,然后保持不动,接着沿纤维表面滑移一定距离,压头从底部取出。模拟时长为 165ps。通过改变压头的移动方向对晶体纤维素进行不同角度的摩擦,如图 6-46(g)所示。

二、棉纤维摩擦试验

首先通过摩擦测试得到具有损伤特征的棉纤维。图 6-49(a)所示为原始棉线,棉线存在少量的毛羽现象,整体未见明显损伤。在 3N 的法向载荷作用下进行摩擦后,棉线表面大量棉纤维发生断裂。随着法向载荷增加,棉线受损情况加剧,毛羽数量增多,在较高载荷下棉线几乎断裂。图 6-49(f)所示为 3N 法向载荷作用下横向摩擦后的棉线,摩擦位置集中在一点,没有加剧毛羽现象,棉线在摩擦作用下逐步断裂。

(a) 初始无损棉线

(b) 3N载荷下纵向往复摩擦后的棉线

(c) 4.5N载荷下纵向往复摩擦后的棉线

(d) 6N载荷下纵向往复摩擦后的棉线

(e) 7.5N载荷下纵向往复摩擦后的棉线

(f) 横向往复摩擦后的棉线

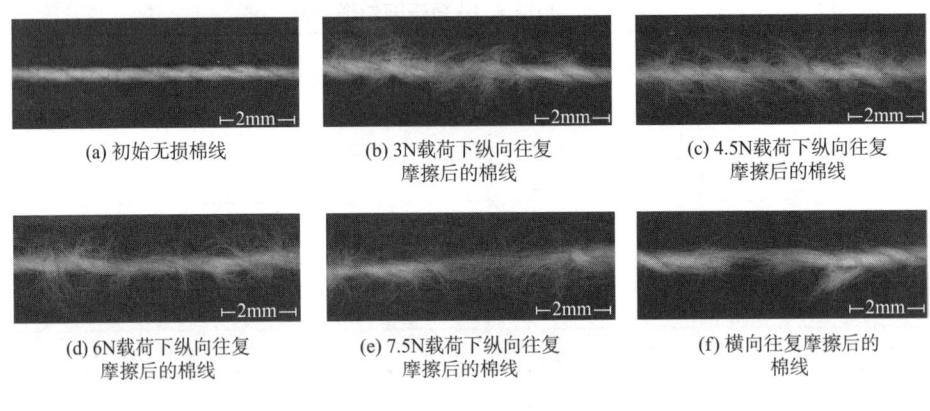

图 6-49 光学显微镜 100 倍放大下的棉线

三、棉纤维摩擦损伤形貌

从摩擦后的棉线样品中提取出单根棉纤维,借助 SEM 观察其损伤。如图 6-50 中 a_1,表示的是扫描电镜 1000 倍状态下的无损棉纤维,可以看到其呈扁平带状且具有天然螺旋转曲,直径在 15μm 左右。棉纤维横向截面呈腰圆形,一些过成熟的棉纤维截面会呈圆形[118]。在图 6-50 中 a_2、a_3 观察到棉纤维上存在孔洞,这些孔洞可能是棉纤维自然生长时内部结构本身的缺陷造成的,或者是棉纤维在金属物理作用下产生的损伤。图 6-50(b)中的棉纤维表面存在着摩擦作用造成的位错、缺陷、裂纹等现象,从图 6-50 中 b_1 可以看到,纤维左侧有一个较小的位错,纤维内部的微原纤发生断裂。此外纤维右侧存在着裂纹,裂纹的伸长方向与纤维纹理方向相同,在纤维的裂缝里存在着微原纤的连接。这和图 6-50 中 b_2 中的裂纹类似,在图 6-50 中 b_3 棉纤维的 10000 倍放大图中可以清晰地观察到纤维裂缝中的微原纤结构。虽然这些棉线在加工时进行了脱胶处理,但是观测到部分棉纤维表面仍存在蜡。从图 6-50 中 b_2 左侧部分可以清晰

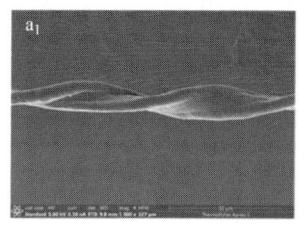

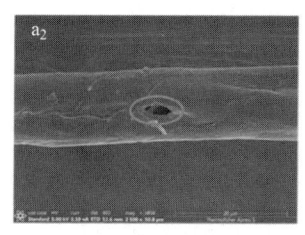

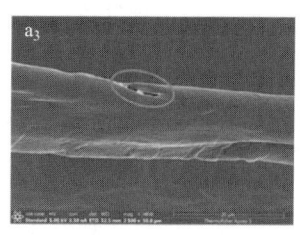

(a) 无损状态下的棉纤维(1000倍)及表面存在孔洞的棉纤维图片(2500倍)

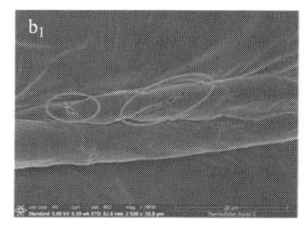

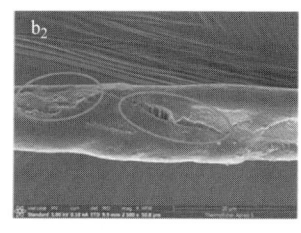

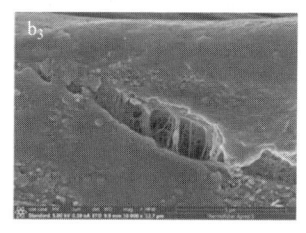

(b) 表面存在裂纹的棉纤维图片(2500倍、10000倍)

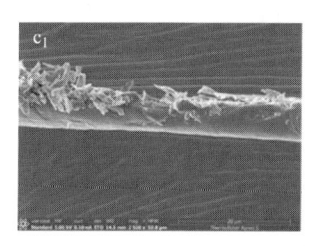

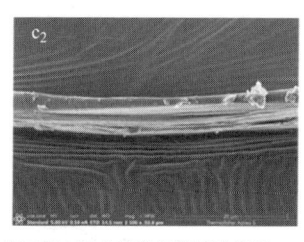

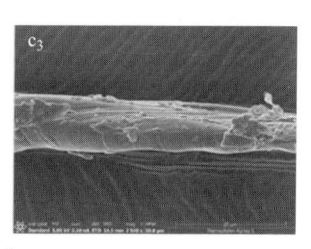

(c) 表面存在较大缺陷的棉纤维图片(2500倍)

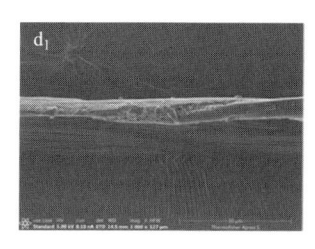

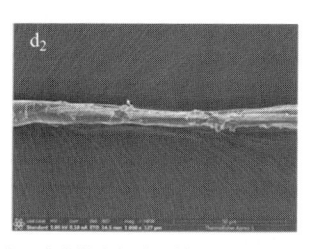

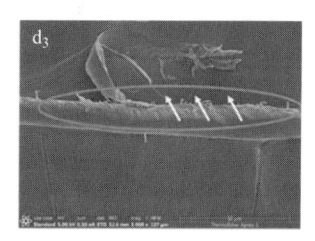

(d) 表面存在较大缺陷的棉纤维图片(1000倍)

图 6-50　棉纤维扫描电镜图

看到纤维表面的缺陷,这个缺口是由于棉纤维表面的蜡在摩擦作用下被剥离造成的,可以看到缺口表面纤维紧密排列,缺口边缘呈碎片状。图 6-50(c)展示了摩擦作用下棉纤维表面的显著损伤。在图 6-50 中 c_1 中,棉纤维表面可见大量残留的碎片状物,这是破坏的表皮层的蜡的堆积。图 6-50 中 c_2 和图 6-50

中 c_3 显示了棉纤维的不同程度的撕裂。棉纤维次生层越接近中腔，微原纤排列方向与纤维轴向的角度越小。在图 6-50 中 c_2 中，损伤较为严重，从厚度上看，损伤深度较大且损伤位置的微原纤排列方向与纤维轴向角度偏差较小，表明损伤可能位于棉纤维次生层较深处，接近内腔。而在图 6-50 中 c_3 中，损伤较轻，损伤深度较浅且微原纤排列方向与纤维轴向角度偏差较大，可能位于次生层表层附近。图 6-50(d) 展示了尺寸大于 $30\mu m$ 的损伤棉纤维的图像。其中图 6-50 中 d_3 是从横向摩擦的棉线中提取的棉纤维，其棉纤维损伤方向和纵向存在较为明显的差异。

四、棉纤维内部结构损伤检测

红外光谱中的峰值与物质中的特定化学键振动有关。峰值的高低可以提供有关特定化学键强度和结构特征的信息。对比不同峰值的相对强度，观察摩擦对纤维素官能团、共价键造成的影响。有关棉纤维红外光谱峰值的分配见表 6-10[119-121]。

表 6-10　棉纤维红外光谱峰值分配和来源

波数(cm^{-1})	频段分配	来源
3604	水 O—H	吸收水
3542	自由 O—H	—
3564	自由 O_6H 和 O_2H	弱吸收水
3422	$O_2H\cdots O_6$ 分子内氢键	纤维素
3336	$O_3H\cdots O_5$ 分子间氢键	纤维素
3278	$O_6H\cdots O_3$ 分子间氢键	—
3097	O—H 伸展	纤维素
2920	CH_2 不对称拉伸	蜡
2900	C—H 伸展	纤维素
2850	CH_2 不对称拉伸	蜡
1640	C═O 拉伸(酰胺Ⅱ)	蛋白质或果胶
1429	CH_2 不对称弯曲	—

续表

波数(cm^{-1})	频段分配	来源
1315	CH_2 变形	—
1201	C—O 键拉伸	吡喃糖环
1161	反对称桥 C—O—C 拉伸	纤维素
1105	反对称面内拉伸带	纤维素
1059	C—O 键拉伸	—
1025	C—O 键拉伸	—
897	C—O—C 拉伸	糖苷键

在光谱图 3000~3700cm^{-1} 区域通常表示纤维素羟基的伸缩振动,反映棉纤维内氢键数量及强度的变化。从图 6-51(a)中观察到,与初始棉纤维相比,摩擦后的棉纤维在该区域的强度降低,表明摩擦作用下羟基受损,羟基数量和强度减少,从而导致了棉纤维内部氢键的损伤。加载载荷越大,棉纤维损伤越严重,其内部氢键受损情况也更加严重。横向摩擦后的棉纤维氢键受损程度略高于纵向,该区域强度略低于相同载荷下纵向摩擦后的棉纤维。为了详细了解棉纤维氢键的损伤情况,对该区域的光谱数据进行二阶导数处理,帮助确定分峰位置。结合导数光谱进行高斯分峰拟合,得到了三种氢键的峰值信息,如图 6-51(c)所示。图 6-51(c)显示了初始棉纤维以及 7.5N 载荷下纵向摩擦的该区域解卷积图像。Ⅰ型纤维素在该区间存有三种氢键,即 $O_2H\cdots O_6$ 和 $O_3H\cdots O_5$ 分子内氢键以及 $O_6H\cdots O_3$ 分子间氢键,对应图中的 3401cm^{-1}、3335cm^{-1} 和 3265cm^{-1} 处的峰值[122]。如图 6-51 所示,位错区域的纤维素氢键波峰分别从无损区域纤维素的 3401cm^{-1}、3335cm^{-1}、3265cm^{-1} 偏移至 3396cm^{-1}、3332cm^{-1}、3269cm^{-1}。其强度分别降低了 38.12%、27.01%、27.52%,表明链内和链间氢键均受损,且损伤程度相近。在 3584cm^{-1} 的峰值是由于纤维素内游离的羟基和吸收水引起的,而 3184cm^{-1} 及 3105cm^{-1} 处的峰值则是由于羟基的伸展而引起的[119]。

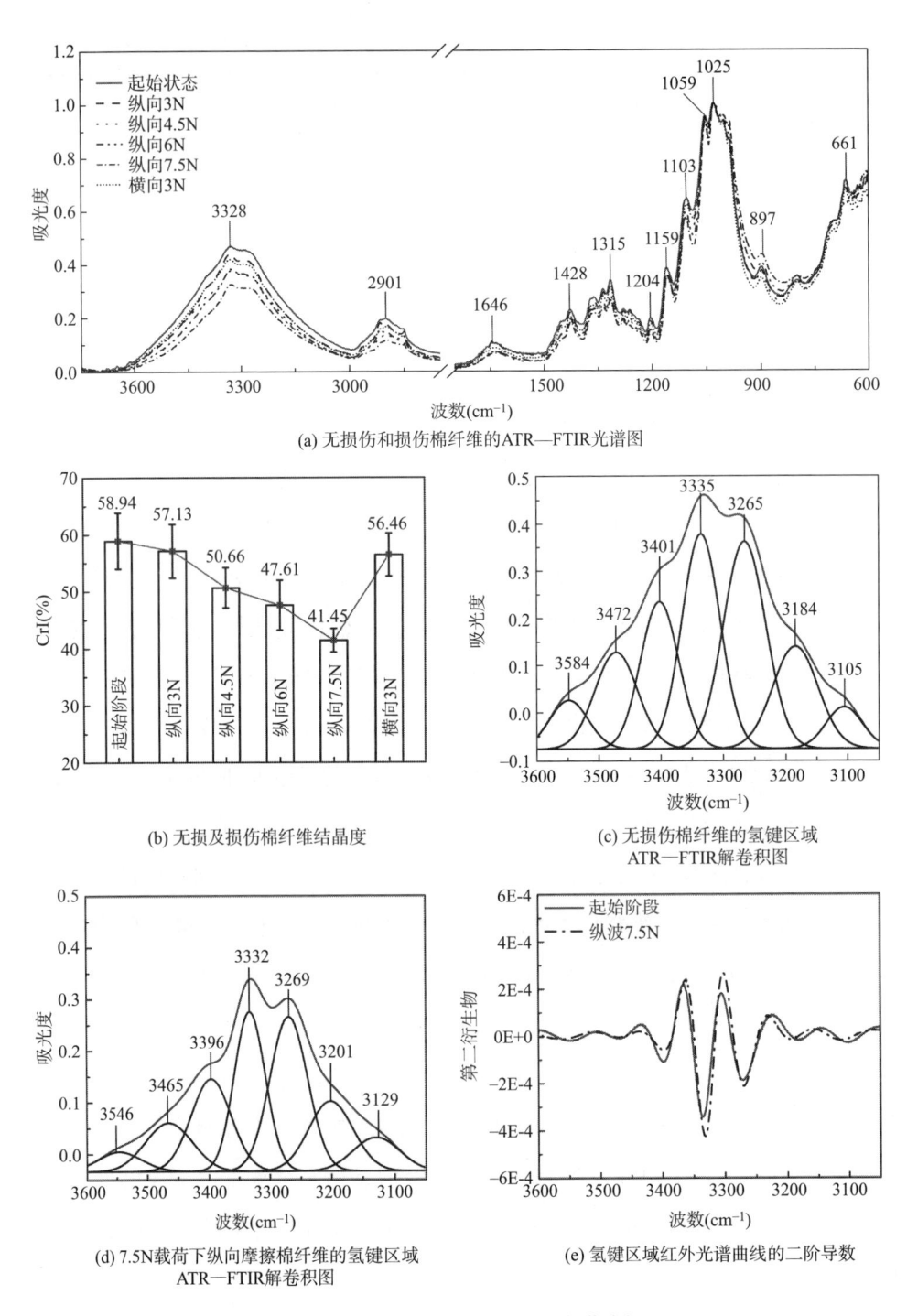

图 6-51 棉纤维 ATR—FTIR 光谱分析

(a) 无损伤和损伤棉纤维的ATR—FTIR光谱图

(b) 无损及损伤棉纤维结晶度

(c) 无损棉纤维的氢键区域ATR—FTIR解卷积图

(d) 7.5N载荷下纵向摩擦棉纤维的氢键区域ATR—FTIR解卷积图

(e) 氢键区域红外光谱曲线的二阶导数

在化学处理后,棉纤维仍然可能存在残留的蜡和果胶分子等物质。在棉纤维的 FTIR 光谱中,2917cm^{-1} 和 2850cm^{-1} 振动强度均有所下降。这是由于摩擦导致纤维初生层包括蜡、果胶在内的特定主要壁成分的损失,在扫描电镜中观察到初生层的破碎现象。在光谱图 600～1700cm^{-1} 区域,波峰相比于 3000～3700cm^{-1} 区域下降程度较低。1428cm^{-1} 的振动被指定为"结晶"吸收带,而 897cm^{-1} 处的振动被指定为"非晶"吸收带,其强度与无序纤维素含量成正比。1428cm^{-1} 与 897cm^{-1} 振动的比值被定义为纤维素的经验"结晶度指数"[119,121,123]。根据这种方法进行计算,得到了不同条件下棉纤维的结晶度变化。结果显示,其结晶度随着加载载荷的增大(即损伤程度的增大)而降低,如图 6-51(b)所示。一般来说摩擦损伤程度越大,对其结构有序性破坏更加严重,其结晶度越低。由于晶体区域具有较强的有序排列和较高的强度,晶体结构的破坏结晶度下降的主要原因。这种损伤会使结晶的纤维素分子链会变得无序,从而减少了结晶区域的比例。损伤的晶体区域可能会引起局部的结构缺陷,这些缺陷会影响纤维素的整体结晶度,使得纤维变得更容易受损,形成恶性循环。1204cm^{-1} 的振动被分配到 Glc 环的 C—O 拉伸模式的表现也类似[124]。与初始棉纤维进行对比,随着载荷的增大,其峰值在不断地降低,表明摩擦过程可能导致 Glc 环的断裂,从而使其强度降低。1159cm^{-1} 的振动是由于纤维素分子中的糖苷键非对称拉伸引起的,在棉纤维的纤维素中,糖苷键是连接 D—Glc 单元形成纤维素长链的关键化学键,峰值降低表明糖苷键产生破坏,这会导致纤维素分子链的直接断裂。而 1103cm^{-1} 的振动是 C—O—C 的反对称平面内拉伸振动引起的,1059cm^{-1} 的振动是由 C—O 拉伸振动引起的,其峰值均有所降低。

在棉纤维红外光谱测试结果中,观察到摩擦损伤区域的多个光谱峰值下降。在分析其 3600～3000cm^{-1} 区域的光谱时,发现链间和链内的三种氢键数量均有所下降。进一步分析其 1700～600cm^{-1} 区域的光谱,发现 Glc 环、糖苷键中 C—O—C、C—O 键对应的峰值均有所下降且发生了偏移,表明这些结构发生了破坏。计算得到的结晶度指数显示,受损后棉纤维的结晶度明显下降。在试验中,纤维损伤是多种因素耦合作用的复杂结果。为了进一步理解损伤的动态过程,后续采用分子动力学方法,在控制因素的情况下从分子尺度对其损伤过程进行复现。

五、棉纤维微观摩擦试验

在先前的扫描电镜结果中观察到棉纤维表面存在大量排列相对整齐的棱脊状条纹,如图6-52(a)所示,这些棱脊状条纹和纤维生长方向密切相关。研究的要点在于棉纤维表面棱脊状条纹对不同摩擦角度下摩擦性能的影响。通过原子力显微镜中的 Force tapping 模块对棉纤维表面进行扫描,得到了棉纤维表面形貌。探针的移动方向是横向,首先沿着棉纤维找到棱脊状条纹与扫描方向相对垂直的位置(纵向),再旋转棉纤维试样沿纤维找到棱脊状条纹平行于扫描方向的位置(横向),如图6-52(b)所示。棉纤维表面高度差在 0.37μm 左右,两条沟壑间的距离在 0.4μm 左右。分别进行两个方向的摩擦测试,对比其摩擦性能差异箭头表示压头滑动方向,左图纤维表面条纹纵向排列,其条纹方向垂直于摩擦方向,右图纤维表面条纹横向排列,其条纹方向平行于摩擦方向 (3μm×3μm)。

棉纤维表面的摩擦力通过 contact 模块进行检测,检测区域为形貌图中心 2μm×2μm。如图6-52(c)中表示,是不同载荷下棉纤维表面横向及纵向的摩擦力。可以看到,随着载荷的增加,前进扫描(trace)摩擦力增大,回程扫描(retrace)摩擦力减小,摩擦力整体呈上升趋势。对比横向和纵向摩擦,观察到横向摩擦前进扫描摩擦力的上限、回程扫描摩擦力的下限均大于纵向摩擦,表明棉纤维横向摩擦时具有更大的摩擦力,尤其是其条纹峰处表现出了显著的摩擦力峰值,而在纵向摩擦时则未观察到明显的峰值。这说明纤维表面的棱脊状条纹导致了棉纤维表面摩擦力的各向异性,摩擦角度的不同会导致摩擦力的变化。为了更清晰地观测到纤维表面摩擦性能变化细节,对其摩擦力及摩擦系数进行了处理分析,如图6-52(d)所示。在两个方向上纤维摩擦力均随其载荷越大而增大,且其摩擦系数也随着载荷的增加而增长。在相同载荷时,横向摩擦产生的平均摩擦力以及摩擦系数都要大于纵向摩擦。随后使用 Force tapping 模块检

第六章 棉纤维摩擦行为的理论与实验研究

(a) 棉纤维扫描电镜图像(2500倍)

(b) 调整好放置角度后的棉纤维表面形貌

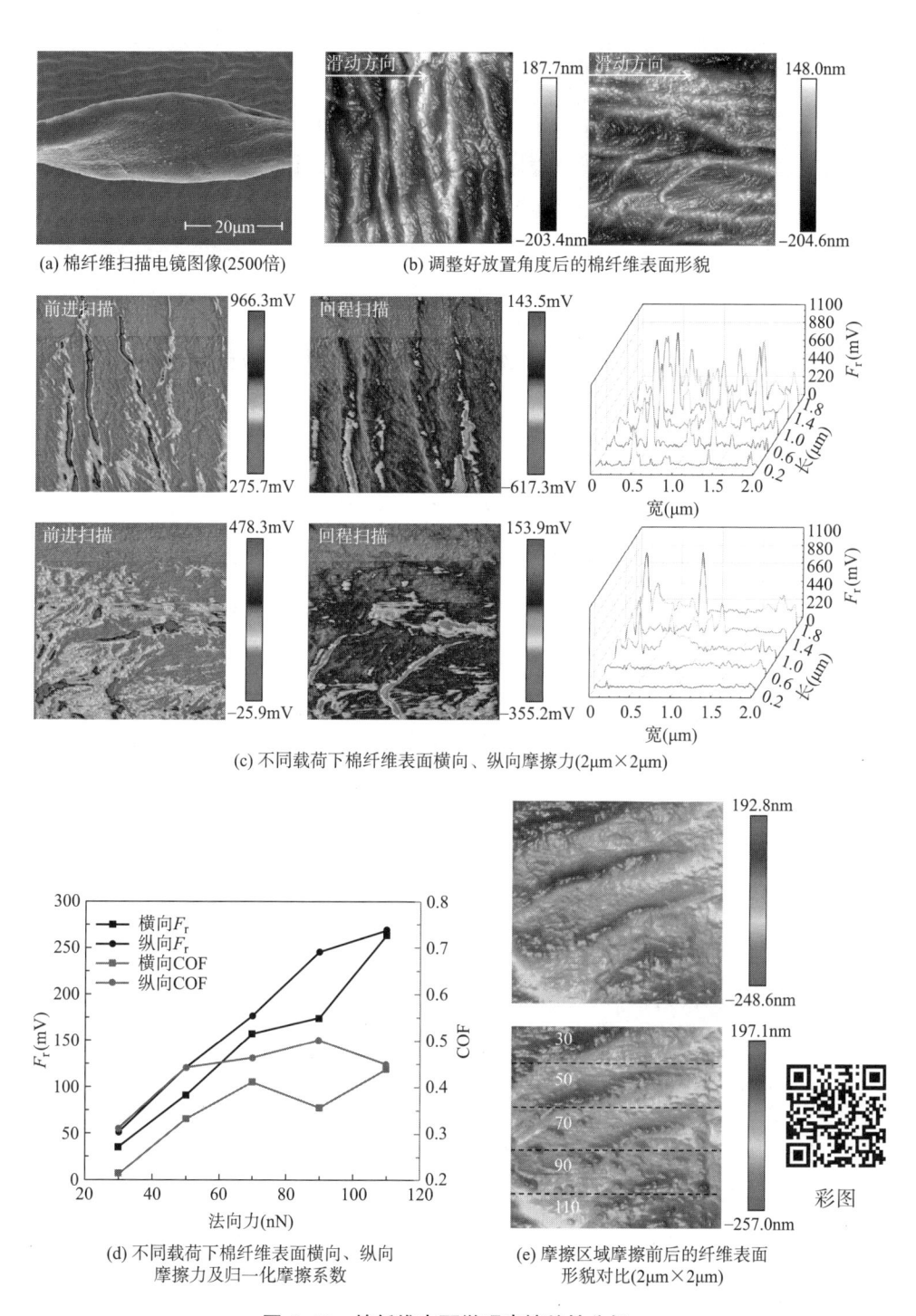

(c) 不同载荷下棉纤维表面横向、纵向摩擦力(2μm×2μm)

(d) 不同载荷下棉纤维表面横向、纵向摩擦力及归一化摩擦系数

(e) 摩擦区域摩擦前后的纤维表面形貌对比(2μm×2μm)

图 6-52 棉纤维表面微观摩擦特性分析

219

测摩擦后的纤维表面,扫描范围为 3μm×3μm,从中提取摩擦区域表面形貌(2μm×2μm),如图 6-52(e)所示。发现摩擦后纤维表面出现了一些堆积突起,这些突起广泛集中在高载荷摩擦区域,说明摩擦过后纤维表面产生了损伤。且可以清晰地看到摩擦区域的边缘处存在隆起的边界,这是摩擦造成损伤的纤维结构堆积在了摩擦边缘处。

在原子力显微镜测试结果中,发现棉纤维棱脊状条纹使得棉纤维表面摩擦特性产生了各向异性,并得到了其纳米尺度下摩擦系数随着载荷的增加而增长的结果,后续将通过分子动力学对其摩擦系数变化进行对比验证。

六、棉纤维素晶体摩擦性能的各向异性

本节主要研究纤维素晶面、摩擦角度和加载深度对棉纤维素摩擦性能的影响。首先对摩擦角度进行了研究。如图 6-53(a)所示,在(200)面与纤维素链呈 0°摩擦时的 COF 要小于 90°,这是由于以 90°摩擦时,纤维素链会对压头的移动产生一个横向拦截的作用,直至纤维素链断裂或从压头底部滑过。而与纤维素链呈 0°摩擦时,压头顺着纤维素链进行滑动,纤维素起到阻碍作用较小,其产生的摩擦力也较小。在(110)面则产生了新的变化,摩擦方向为 0°的摩擦力要低于与纤维素链垂直时的摩擦力,这样的结果与(200)面类似。但在同样垂直于纤维素链的 90°及-90°摩擦方向上,摩擦力出现了明显的差异性。在 90°摩擦方向时的摩擦力要远大于-90°方向时的摩擦力。这是由于(110)面纤维素链呈倾斜的"倒刺状",在 90°时逆着"倒刺"的方向,纤维素链产生了更大的阻力,所以摩擦力会更大。相反,在-90°时这个倾斜的纤维素链会起到一个卸力的作用,减少阻力,得到的摩擦力要小于(200)面 90°时的摩擦力。通过图 6-53(b)、(c)可知,随着下压深度的增大(200)面和(110)面的 COF 均发生了增长。在较浅下压深度时,棉纤维素 COF 呈周期性振荡变化,表现出黏着摩擦现象,这也与其规则性表面结构相关。对比两者 COF 可以发现,棉纤维素晶体(200)的 COF 更大,这和(200)面力学性能更弱结构更容易被破坏有关[117]。在分子级摩擦时,摩擦角度的改变会对纤维素摩擦性能产生较为明显得影响,这说明如果接

触点深入棉纤维内部纤维素排列整齐的次级壁时,棉纤维素结构会使摩擦角度对棉纤维摩擦性能产生影响。如果接触点位于初级壁的网状原纤时,角度对摩擦性能影响应较为微弱,但表面的棱脊状条纹使得角度依然对摩擦性能产生较为明显的影响。另外在模拟和实验中均发现纤维素摩擦系数随法向载荷得增大而增大。

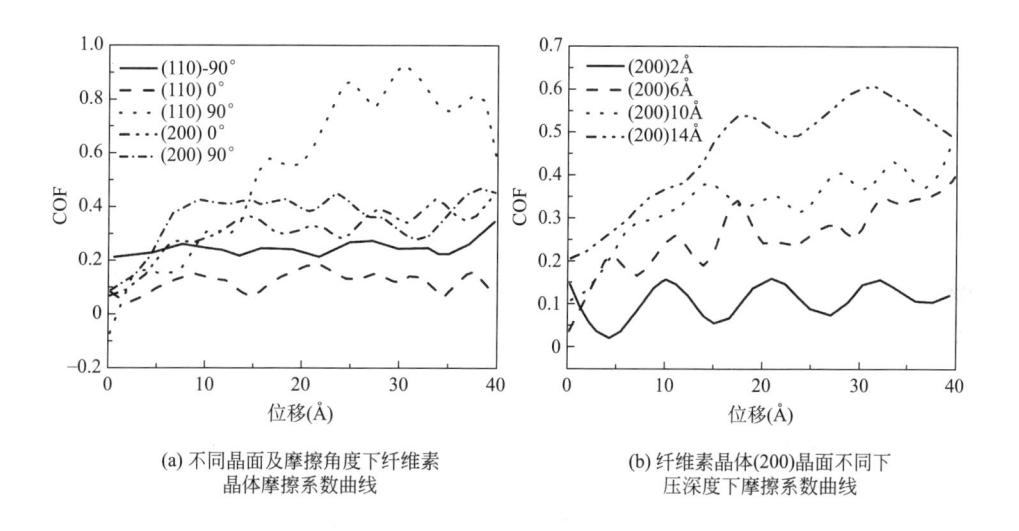

(a) 不同晶面及摩擦角度下纤维素晶体摩擦系数曲线

(b) 纤维素晶体(200)晶面不同下压深度下摩擦系数曲线

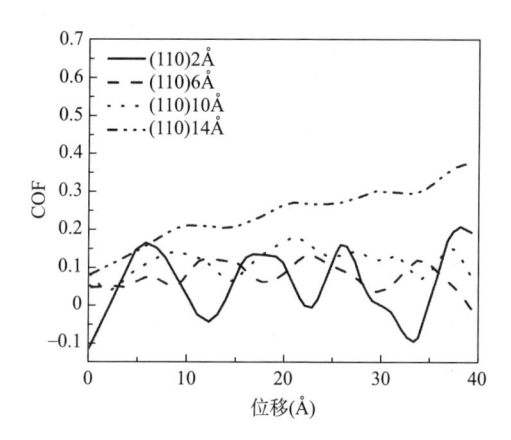

(c) 纤维素晶体(110)晶面不同下压深度下摩擦系数曲线

图 6-53　不同状态下的摩擦系数曲线

七、棉纤维素晶体表面损伤形貌

通过统计原子的位移距离,绘制了原子位移图,显示出纤维素分子结构在摩擦过程中的演化过程,及其受损情况。图6-54(a)显示了加载过程中,纤维素(200)面分子结构的演化,随着压头加载的进行,纤维表面产生凹陷、变形。继续下压,压头底部纤维素 Glc 环产生了破坏,接着底部纤维素糖苷键发生断裂,同时,位于压头侧下方的纤维素链也发生了断裂,在断裂后应力释放的作用下,纤维素链变得散乱。从图6-54(b)~(d)可以看到,在压头摩擦作用下,纤维素结构出现严重的损伤,纤维素链发生断裂并堆积在摩擦途径两侧及前方。在压头卸载后,纤维素结构变形部分得到了恢复。而在加载过程中,纤维素(110)面并没有发生纤维素链的断裂,仅发生了变形,这和其(110)面力学性能更强有关。

彩图

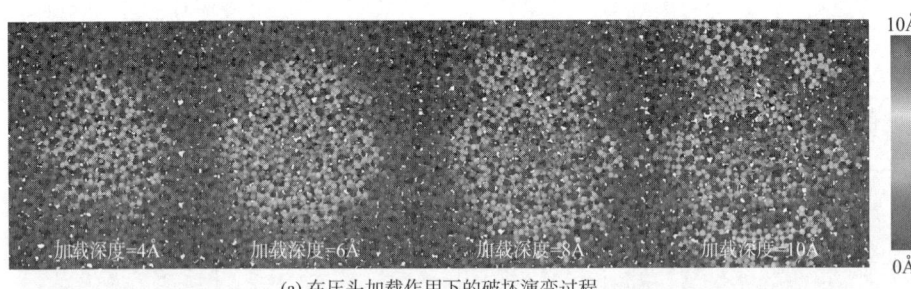

(a) 在压头加载作用下的破坏演变过程

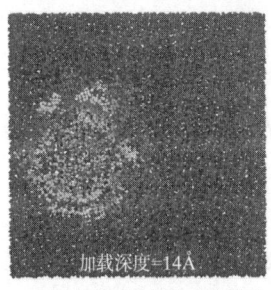

(b) 压头加载后的结构变化情况　(c) 压头摩擦后的结构变化情况　(d) 压头卸载后的残余结构变化

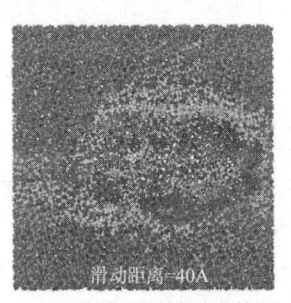

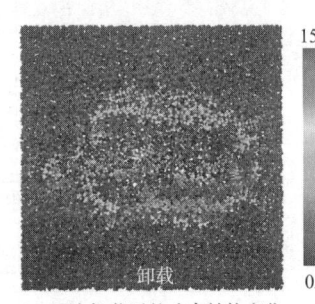

图6-54　纤维素晶体(200)面结构原子位移图

图 6-55 为选取不同加载深度、晶面、摩擦方向进行摩擦时纤维素表面结构的演化示意图。图 6-55(a)~(c)为(200)面不同下压深度纤维素原子位移状态。在下压深度为 2Å 进行摩擦时,棉纤维素结构没有受损。下压深度为 6Å 时,棉纤维素结构开始产生损伤。随着下压深度的增加,纤维素链滑移、堆积、断裂情况逐渐加剧,纤维损伤更严重。图 6-55(d)~(f)表示(110)面摩擦后的棉纤维素表面原子位移

彩图

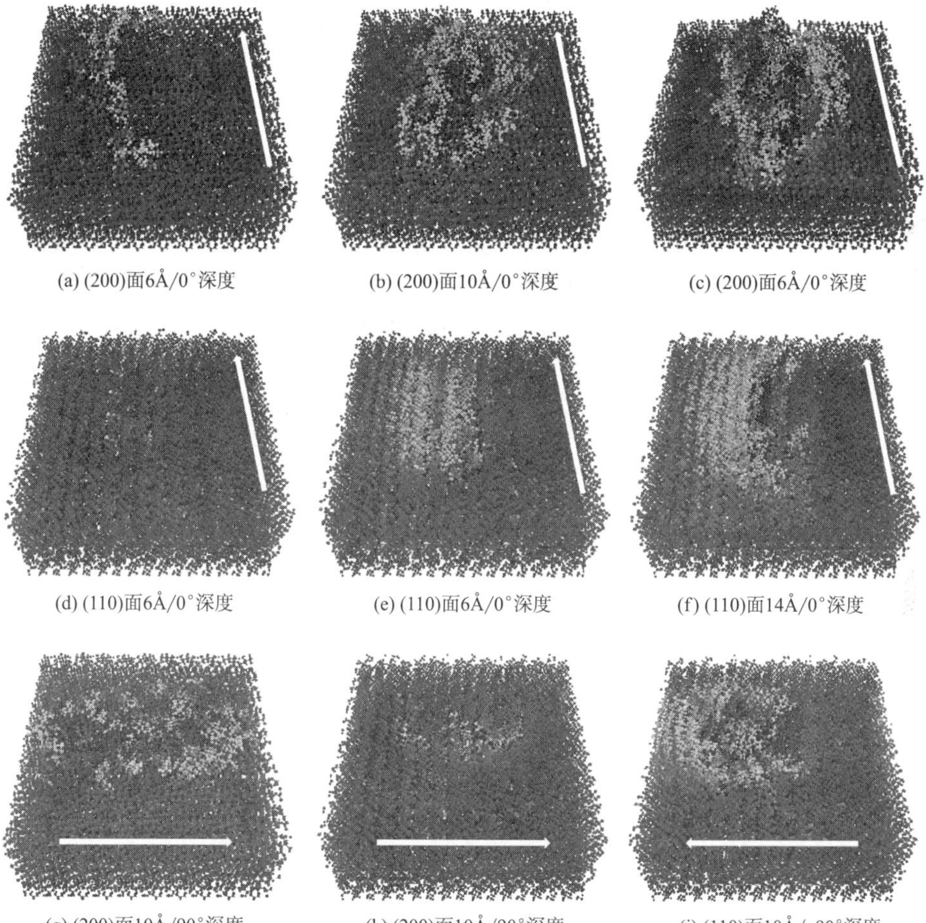

(a) (200)面6Å/0°深度

(b) (200)面10Å/0°深度

(c) (200)面6Å/0°深度

(d) (110)面6Å/0°深度

(e) (110)面6Å/0°深度

(f) (110)面14Å/0°深度

(g) (200)面10Å/90°深度

(h) (200)面10Å/90°深度

(i) (110)面10Å/-90°深度

图 6-55 压头摩擦卸载后纤维素晶体原子位移图(不同加载深度、摩擦角度及晶面),箭头表示摩擦方向

状态。分析发现,(110)面在下压深度为10Å时纤维才开始产生损伤,这说明(110)面耐磨性更好。晶面与摩擦方向的差异导致纤维素分子链的受力形式产生了明显的差异,所以在摩擦作用下产生的损伤形式也不同。在(200)面0°方向摩擦时[图6-55(b)],由于下压过程中纤维素链已经发生破坏,所以在摩擦过程中压头推动底部的断裂纤维素链向前滑移堆积,在滑移的过程中对这些纤维素链再次产生破坏。而两侧的纤维素链在压头挤压作用下向两侧滑移,并产生了部分损伤。而在90°方向摩擦时,压头向前滑动受到纤维素链的阻拦,纤维素链发生弯曲变形,随着压头的继续移动,拦截在压头前方的纤维素链往往会发生断裂。在(110)面0°方向摩擦时如图6-55(e)所示,下压过程中没有发生纤维素链的断裂,由于(110)面纤维素链的倾斜排列,所以在摩擦过程中压头左侧的纤维素链产生了更大的形变,同时压头底部部分纤维素链的断裂,但断裂较少。在(110)面90°方向摩擦时如图6-53(h)所示,压头顺着纤维素链倾斜的方向摩擦,下压时纤维发生变形,当压头从纤维表面滑过后纤维素变形恢复,仅有较小的残余变形。而在(110)面-90°方向摩擦时如图6-55(i)所示,压头逆着纤维倾斜的方向进行摩擦,可以明显观察到压头前方纤维素链产生了大范围的变形、堆积,随着摩擦持续,变形逐渐增大纤维素链发生破坏。原子位移变化提供了其总体结构的演化,接下来将从共价键、氢键等方面更详细的揭示其内部损伤机制。

八、棉纤维素摩擦损伤对结晶度影响分析

在先前的试验中计算了棉纤维摩擦前后的结晶度变化,发现受损后其结晶度明显降低。模拟部分通过XRD研究了摩擦损伤对棉纤维素结晶度的影响,摩擦前后棉纤维素晶体XRD图谱如图6-56所示。采用Segal法计算纤维素的结晶度[125]。从整体上来看在棉纤维素晶体产生摩擦损伤后,其(200)处衍射峰值明显降低,结晶度均产生下降。其结晶度变化情况和其原子位移图相吻合。结合原子位移图观察到,规则的纤维素晶体表面分子链在摩擦后产生变形或断裂,整体结构变得更加无序,这也是其结晶度发生降低的原因。纤维素晶体受

损情况越严重,其结晶度下降越多。所以(200)面90°摩擦角度,纤维素晶体结晶度大于(200)面0°,如图6-56所示。而(110)面结晶度大小为(110)-90°<(110)0°<(110)90°,如图6-56所示。两种晶面纤维素晶体结晶度均呈现随着加载深度的增加结晶度降低的趋势。模拟结果为试验提供了重要的理论依据,验证了试验结果的准确性。

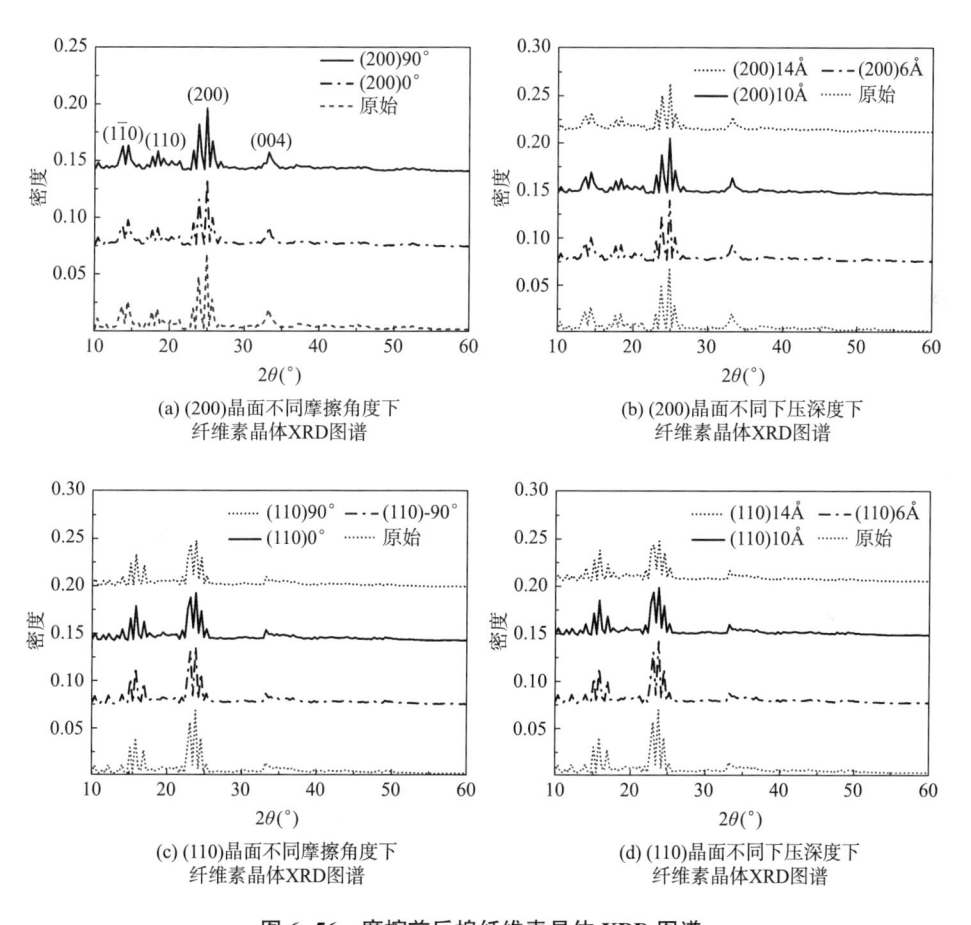

(a) (200)晶面不同摩擦角度下纤维素晶体XRD图谱

(b) (200)晶面不同下压深度下纤维素晶体XRD图谱

(c) (110)晶面不同摩擦角度下纤维素晶体XRD图谱

(d) (110)晶面不同下压深度下纤维素晶体XRD图谱

图6-56 摩擦前后棉纤维素晶体 XRD 图谱

九、棉纤维素结构破坏机制

从损伤后的棉纤维红外光谱测试结果中发现,Glc 环及 C—O—C、C—O

键对应的峰值均有所下降且发生了偏移,表明这些结构发生了破坏。结合键序变化对模拟时共价键失效情况进行分析,发现主链受到的损伤要大于侧链,因为主链对外界作用力起到主要抵抗作用。对沿不同深度摩擦后的纤维素晶体主链共价键断裂数量进行分析,如图6-57(a)~(f)所示。(200)面在下压深度为2Å摩擦时纤维素没有损伤,在下压深度为6Å进行摩擦时纤维共价键发生断裂。对比10Å、14Å深度下共价键断裂情况,发现随着下压深度的增大,其主链共价键断裂数量也逐渐增加。在(110)面时同样呈现此规律,但(110)的共价键断裂数量低于(200)面,这和其原子位移图结果相一致,相同深度下进行摩擦时,(110)面的结构变化弱于(200)面。对不同角度进行摩擦后的棉纤维素晶体主链共价键断裂数量进行分析,如图6-57(b)、(e)、(g)~(i)所示。在(200)面时,以0°摩擦时断裂的共价键要远低于90°摩擦时;在(110)面时,同样是0°摩擦时断裂的共价键最少,但以-90°和90°摩擦时结果产生了明显的差异,在-90°时的共价键失效数量明显多于90°,主要体现在C1—O5断裂数量明显增加。在摩擦过程中主链损伤最为严重的共价键是C1—O4键(位于纤维素单体之间的糖苷键),这归因于糖苷键的强度要弱于Glc环。

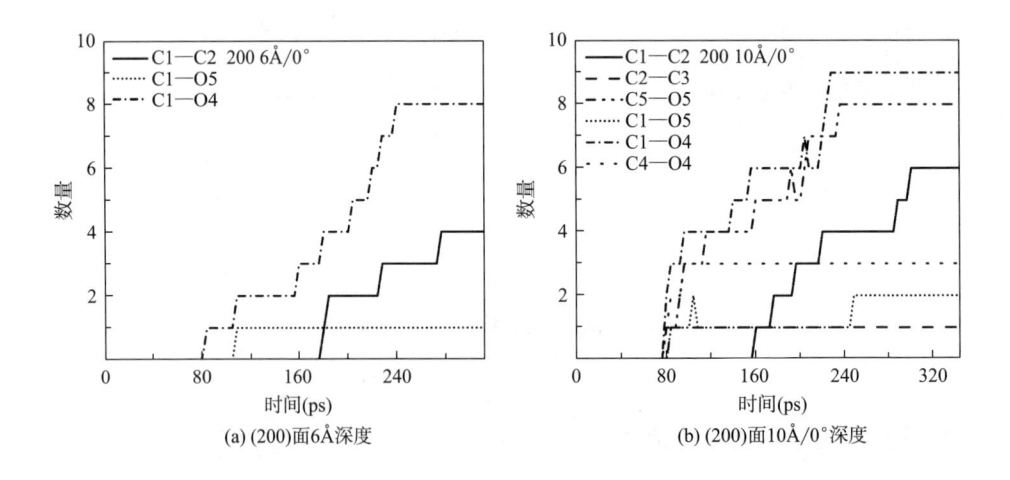

(a) (200)面6Å深度

(b) (200)面10Å/0°深度

第六章 棉纤维摩擦行为的理论与实验研究

(c) (200)面14Å深度

(d) (110)面6Å深度

(e) (110)面10Å/0°深度

(f) (110)面14Å深度

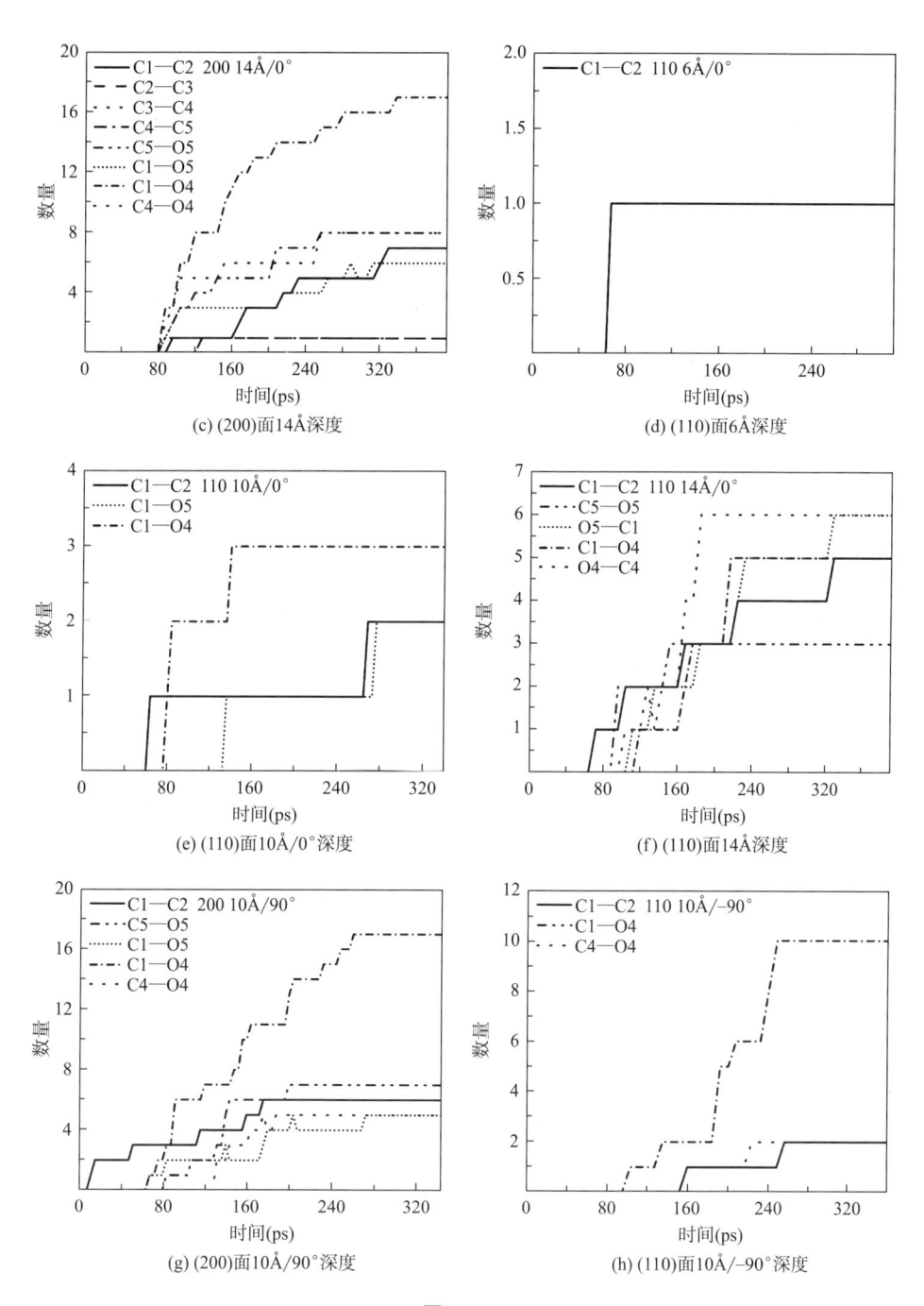

(g) (200)面10Å/90°深度

(h) (110)面10Å/-90°深度

图 6-57

227

(i) (110)面10Å/90°深度

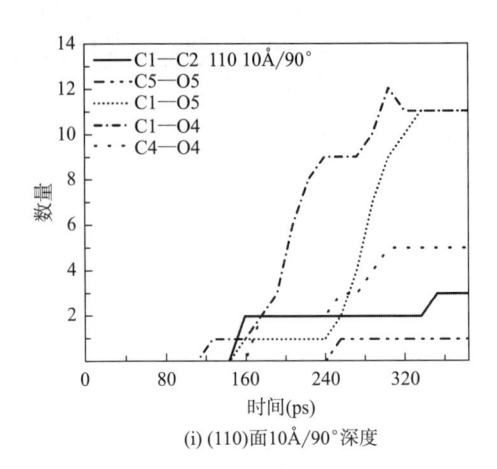

图 6-57　不同加载深度、摩擦角度及晶面纤维素晶体主链共价键失效数量变化趋势

棉纤维素侧链相比于主链不易产生损伤。对共价键损伤情况进行统计分析，如图 6-58 所示。纤维素晶体(200)面在下压深度 10Å、14Å 以及摩擦角度为 90°的三种情况下，侧链产生了较为明显的损伤，而相同情况下(110)面侧链几乎没有损伤，这表明只有在纤维素受损较为严重的情况下才会产生侧链的损伤。而在纤维素侧链上受损最为严重的共价键是 C6—O6 键，该键位于羟甲基官能团上，因其长度大于羟基，在摩擦过程中与压头接触面积更大、受到作用力更强，所以失效数量最多。

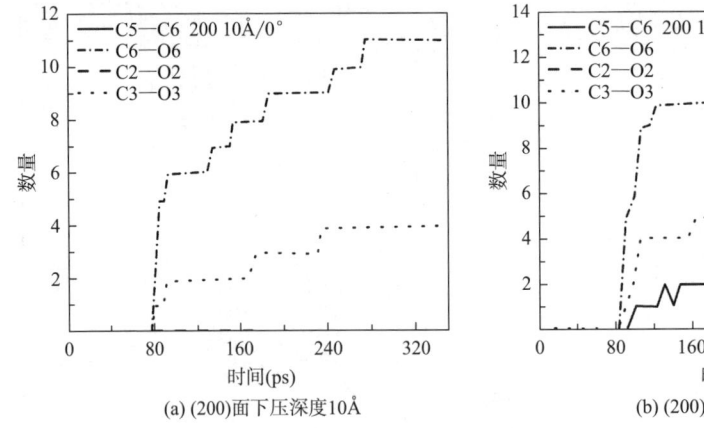

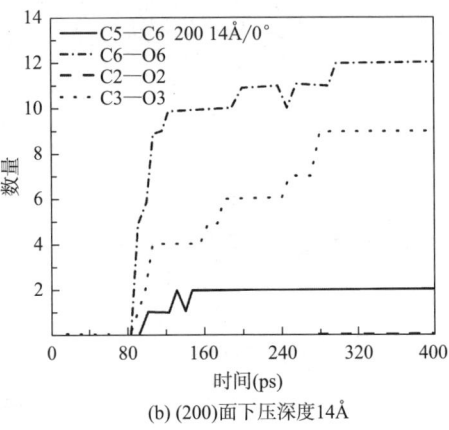

(a) (200)面下压深度10Å

(b) (200)面下压深度14Å

(c) (200)面摩擦角度90°

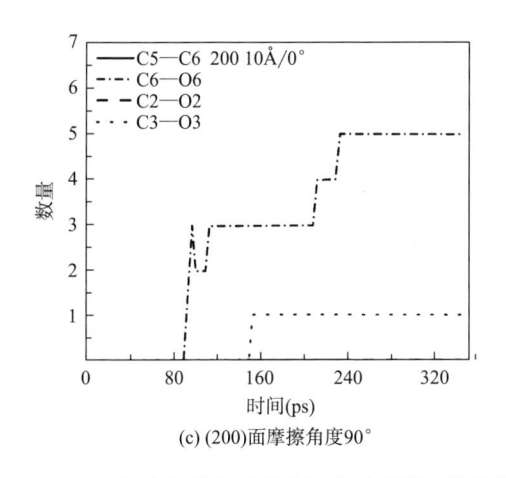

图 6-58　纤维素晶体侧链共价键失效数量变化趋势

图 6-59(a)为压头下压时纤维素链的部分断裂情况,其共价键从糖苷键 C1—O4 位置断裂,这也是断裂数量最多的共价键。另外观测到 C6—O6 侧链的断裂。这和共价键失效统计图结果相同,在摩擦发生前就存在侧链的断裂。图 6-59(b)、(c)显示的是纤维素链横向摩擦时的弯曲变形直至断裂,这个过程断裂位置主要存在糖苷键 C1—O4、C4—O4 上,在 Glc 环上也存在少量断裂。图 6-59(d)、(e)表示的是在压头摩擦前端堆积分子链的失效情况。压头前方的分子链在断裂后失去束缚,或仅有一段束缚,在纤维的二次破坏下的断裂的位置更加无序,广泛存在于 Glc 环。模拟结果对试验中 Glc 环及 C—O—C、C—O 键对应的峰值降低进行了更加详细的解释,包括纤维素单体中产生断裂的多种形式以及具体位置。

在试验中发现,损伤后的棉纤维红外光谱 3000~3600cm^{-1} 区域波高降低,是棉纤维内部氢键发生破坏的结果。模拟时使用 VMD 软件对棉纤维素晶体的氢键数量进行统计,氢键的成键标准设置为距离小于 3.5Å、角度小于 30°。图 6-60 为不同加载深度、摩擦角度及晶面纤维素晶体氢键失效情况。在(200)面观测到,摩擦作用破坏了棉纤维素内部氢键,氢键的形成与棉纤维素侧链官能团息息相关,由于 C6—O6 键断裂数量较多,所以与 O6 相关联的三种氢键受损略大,而 O3H—O5 链内氢键损伤较低。对比(200)面晶体,棉纤维素不同角

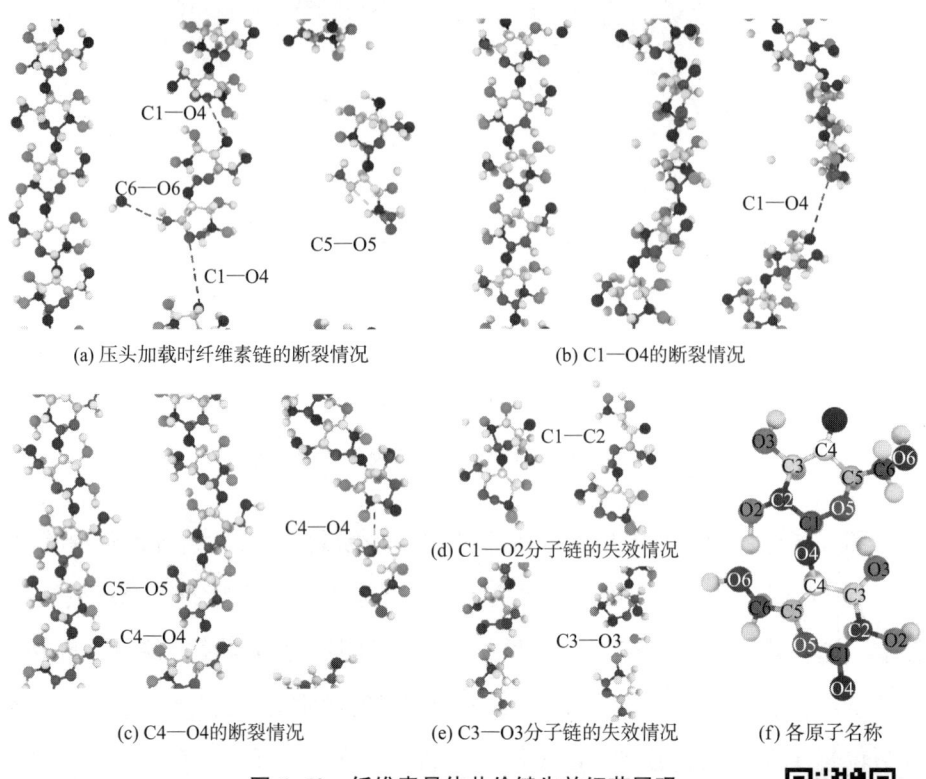

(a) 压头加载时纤维素链的断裂情况　　(b) C1—O4的断裂情况

(c) C4—O4的断裂情况　　(d) C1—O2分子链的失效情况　　(e) C3—O3分子链的失效情况　　(f) 各原子名称

图 6-59　纤维素晶体共价键失效细节展现

度摩擦后的氢键数量,发现在 90°摩擦下的氢键失效数量低于 0°摩擦下的数量。这归因于在晶体纤维素(200)面上,以 90°角度摩擦,其侧链中共价键失效的数量要低于 0°角度摩擦,如图 6-58(a)、(c)所示。氢键是由棉纤维素侧链上的官能团形成的,侧链上的官能团影响着氢键的数量,并且这种影响要比主链共价键的断裂或变形对氢键的影响更加直接。侧链共价键的断裂会导致其官能团的脱离,从而使氢键数量产生明显的降低。虽然(110)面的几种摩擦情况下几乎没有产生官能团的断裂,但由于压缩变形导致官能团相对位置的改变以及主链断裂,同样造成了氢键的破坏,(110)面晶面氢键破坏数量和其原子位移程度以及主链共价键破坏数量成正比。(110)面氢键破坏的数量要低于相同条件下(200)面破坏的氢键数量。在这个晶面观察到和(200)面类似的结果,与 O6 相关联的三种氢键受损略大,这是由于 C6—O6 键位于的羟甲基官能团的长度大于羟基,在摩擦过程中更易发生形变。观察到其氢键失效数量与原子位移图具有较强的相关性,原子位移图呈现出棉纤维素晶体结构变形程度。随着加载深度的增加,棉纤维素晶体结构变形加剧,摩擦损伤造成的氢键失效数量也随之增加,如图6-60所示。从整体来看,氢键失效数量主要受两个因素影响,首先是形成氢键的相关官能团的断裂,其次是棉纤维素结构的形变致使官能团位置偏离氢键成键标准。模拟结果和红外光谱试验结果保持了高度的一致性,证明了棉纤维在摩擦损伤后,其氢键被破坏的试验结果的准确性,并且给出了更加详细的氢键损伤演化过程的分析。

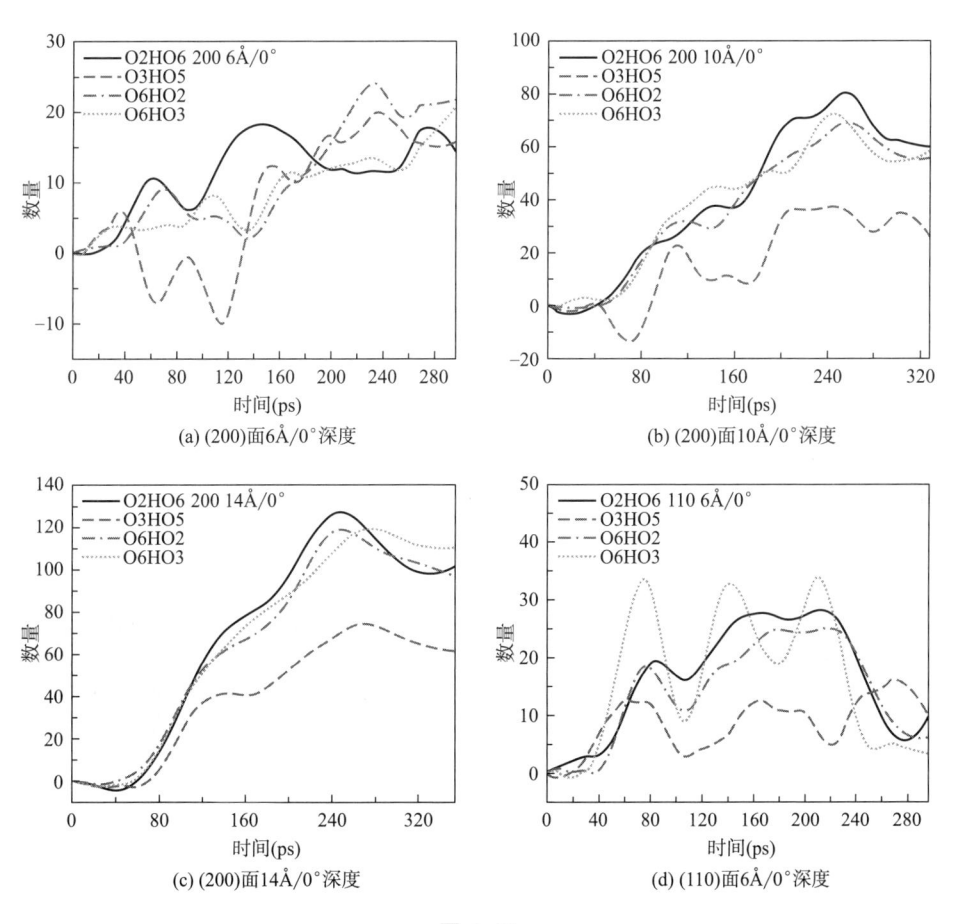

图 6-60

(e) (110)面10Å/0°深度

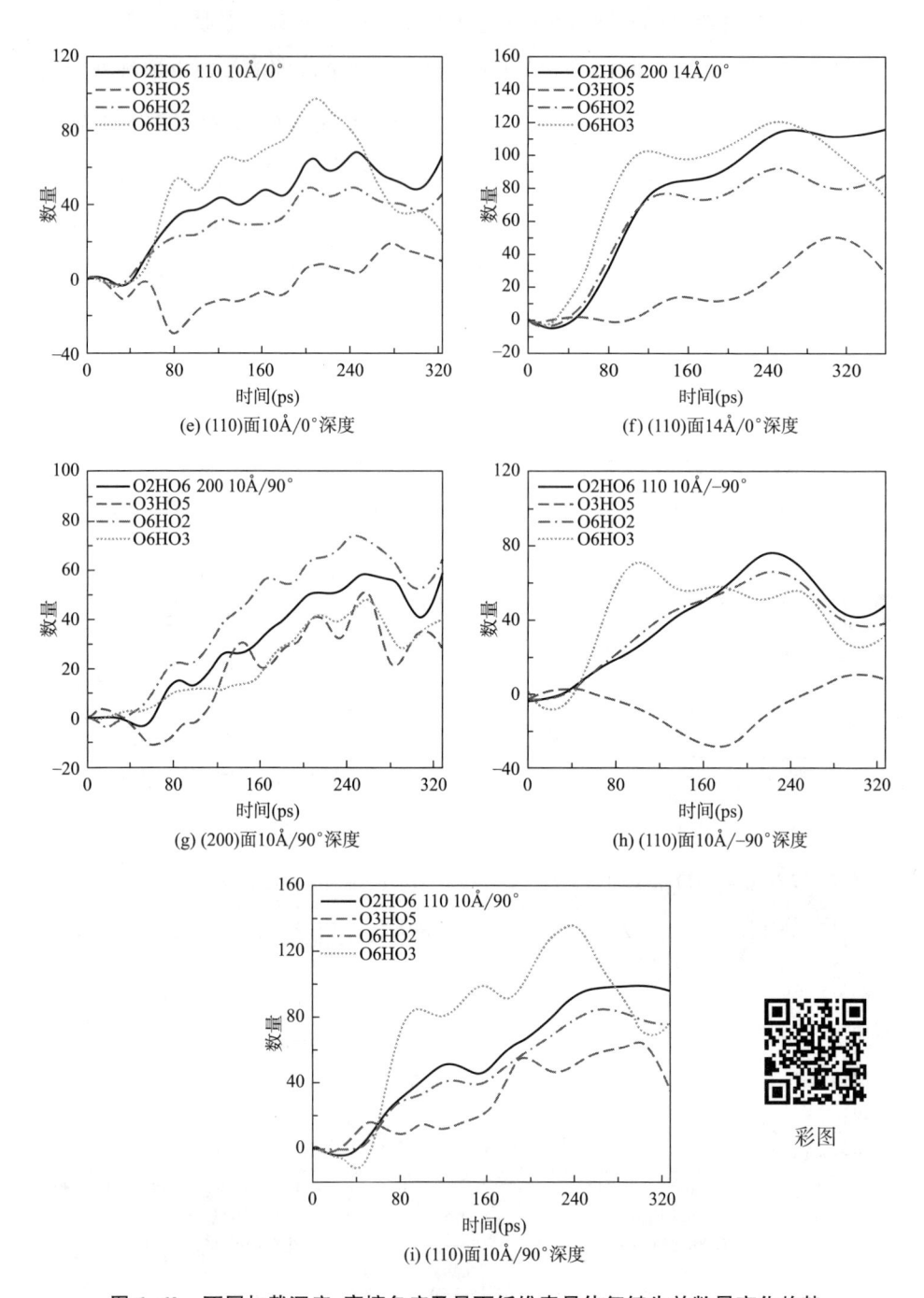

(f) (110)面14Å/0°深度

(g) (200)面10Å/90°深度

(h) (110)面10Å/-90°深度

(i) (110)面10Å/90°深度

图 6-60 不同加载深度、摩擦角度及晶面纤维素晶体氢键失效数量变化趋势

十、小结

本文通过相关测试手段对金属摩擦作用后的损伤棉纤维理化性质及摩擦性能进行了分析,结合分子动力学模拟揭示了棉纤维界面的微观摩擦学性能及其损伤演化规律。通过扫描电镜观察摩擦后的棉纤维,发现纤维表面出现了空洞、位错、缺陷和不同程度的撕裂现象。红外光谱测试结果分析得到链间和链内氢键数量均有所下降、结晶度明显下降,纤维素内的 Glc 环、糖苷键中 C—O—C、C—O 键等结构受到破坏。棉纤维表面的棱脊状条纹使其微观摩擦性能产生了各向异性。棉纤维纵向平均摩擦力低于横向平均摩擦力。棉纤维摩擦力和摩擦系数均随其载荷增大而增大。在原子尺寸下,棉纤维素(200)及(110)晶面的摩擦系数均随着载荷的增加而增长,且其纵向摩擦系数均小于横向摩擦系数。其中(110)面横向摩擦 90°时摩擦系数远低于 -90°时。纤维素晶体(200)面摩擦系数较高、耐磨性更差。纤维素受损后其结晶度产生下降,结果与实验相符。结合键序变化对其共价键失效情况进行分析,发现主链和侧链均产生了损伤,主链受到的损伤要大于侧链。摩擦过程中主链损伤最为严重的共价键是 C1—O4 键,侧链为 C6—O6 键。与 O6 相关联的三种氢键受损略大,而 O3H—O5 链内氢键损伤较低。

第五节　棉纤维素与聚乙烯滑动摩擦行为的分子动力学研究

随着材料科学和工程技术的持续进步,聚合物材料因其优越的性能和低成本逐渐取代金属和陶瓷材料,广泛应用于现代农业、工业以及日常生活的各个领域。这些材料在摩擦学性能方面表现突出,因而被加工成各种机械零部件,满足不同领域的需求。聚乙烯作为一种常见的聚合物材料,不仅具有良好的加工性能,还展现出卓越的力学性能,成为目前使用广泛的热塑性聚合物之一[126-131]。在棉花采摘和纺织品加工过程中,棉花及棉纤维制品与聚乙烯机械件之间的相对运动引发了摩擦磨损现象。例如,在轧棉作业中,棉花与轧棉机旋转台之间的摩擦,或者在纺纱过程中,纱线与辊之间的相互作用,都会不可避免地导致机械零部件的磨损,进而影响设备的使用寿命。因此,深入理解聚乙烯材料在摩擦磨损中的行为和机理,对其损伤保护具有重要的实际意义。

为了探索棉纤维素与聚乙烯在摩擦过程中的相互作用,本节采用分子动力学模拟技术,并使用全原子模型来研究不同滑动速度和载荷条件下的摩擦行为。通过定量计算摩擦系数和磨损率,系统地监测和讨论棉纤维素与聚乙烯摩擦体系中能量分解、键伸缩能与键角弯曲能的变化。此外,还分析聚乙烯体系的均方位移(MSD)和链迁移情况。这些研究不仅有助于理解摩擦过程中的微观机制,也为改进聚乙烯材料的损伤保护提供了科学依据。

本文可以为棉纤维与聚乙烯之间的摩擦磨损机理提供理论支持,从而为相关领域的材料选择和工艺优化提供指导,改善聚乙烯的耐磨损性能,进而提升机械设备的运行效率和使用寿命。

一、模型与模拟方法

(一) 棉纤维素模型的构建

棉花是天然纤维素的重要来源,棉制品的发展历史悠久、资源丰富、价格低廉、绿色环保,在纺织、服装、医疗等行业广泛使用。作为一种自然界丰富的可生物降解再生聚合物资源,棉花的使用符合当今绿色可持续发展的环保理念,是重要的战略物资。

棉纤维的主要成分是纤维素,其内纤维素的含量达到 88.0%~96.5%[132-134],同时还含有少部分的蛋白质、灰分、果胶质等成分,见表 6-11。纤维素是线形无支链葡萄糖分子的聚合体,属于天然高分子化合物,其重复单元结构为纤维二糖,化学结构分子式为 $(C_6H_{10}O_5)_n$,聚合度为 6000~15000,如图 6-61 所示。纤维素的结晶区在 X 射线衍射谱中清晰可见,其主要官能团羟基在分子内和分子间会形成氢键,使得纤维素大分子有序规则紧密排列。而在纤维素的非结晶区,分子链之间的间隙较大,排列较为松散。一般情况下,纤维素与其他物质主要是在非结晶区发生化学反应,结晶区与非结晶区的比例会影响纤维素的性能[135]。早期的研究已经提出多种纤维素结构模型,这些模型一致表明纤维素是由结晶区和非结晶区共同构成的[136]。棉纤维素的结晶度为65%~72%[137],结晶区与非结晶区是一种逐渐过渡的状态,没有明显的分割界限。本文将对棉纤维素的晶态与非晶态进行分开讨论,以深入分析其结构特性及对性能的影响。

表6-11　棉纤维的化学组成

组成成分	纤维素	蛋白质	灰分	果胶质	蜡状物质	其他
含量(%)	88.0~96.5	1.0~1.9	0.7~1.6	0.4~1.2	0.4~1.2	0.5~0.8

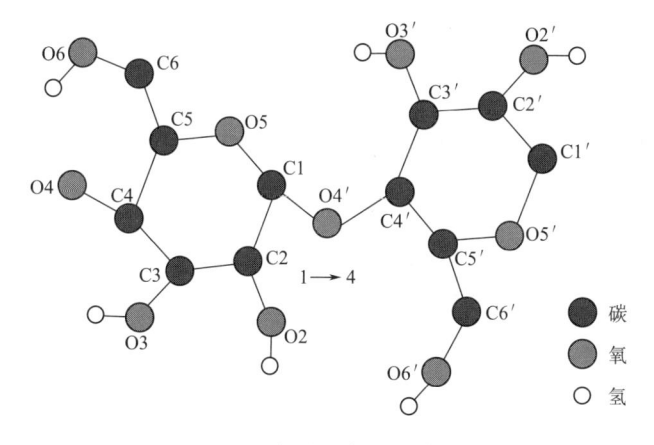

图6-61　纤维二糖的化学结构

(二)非晶棉纤维素模型的构建

与宏观尺度相比,分子动力学所模拟的时间尺度、空间尺度和现实存在较大的差距,以目前的计算设备与计算能力,还不足以模拟现实尺度下的聚合物体系。模拟体系过小则无法较好的表征聚合物的性质特征,模拟体系过大则会造成计算资源的浪费。聚合度(DP)表示聚合物分子链中重复单元的数目,是衡量分子大小的重要指标。天然棉纤维素的聚合度在6000~15000,包含的原子数目巨大,在进行分子动力学模拟时对计算机的硬件要求极高,并且需要花费较长时间完成计算,因此在建模时需要选择合适的聚合度。马佐等[138]用分子动力学方法研究了不同聚合度对纤维素链的性质影响,结果表明纤维素链理化性质受聚合度改变的影响并不明显。闫哲等[139]与凡鹏伟等[140]在采用分子动力学方法模拟棉纤维素摩擦性能时均选择聚合度为30构建了纤维素链。本文采用 Materials Studio(MS)7.0 分子模拟软件建模,考虑到计算时间与计算资源的问题,构建非晶棉纤维素模型时聚合度设置为30,如图6-62所示。构建好纤维素单长链后,采用特奥多鲁[141]首先提出的构建无定形聚合物的方法,使用 Amorphous Cell 模块将3条单长链填充到单元中,模型的目标密度设定为 1.5g/cm^3 [140,142],构建非晶棉纤维素模型。

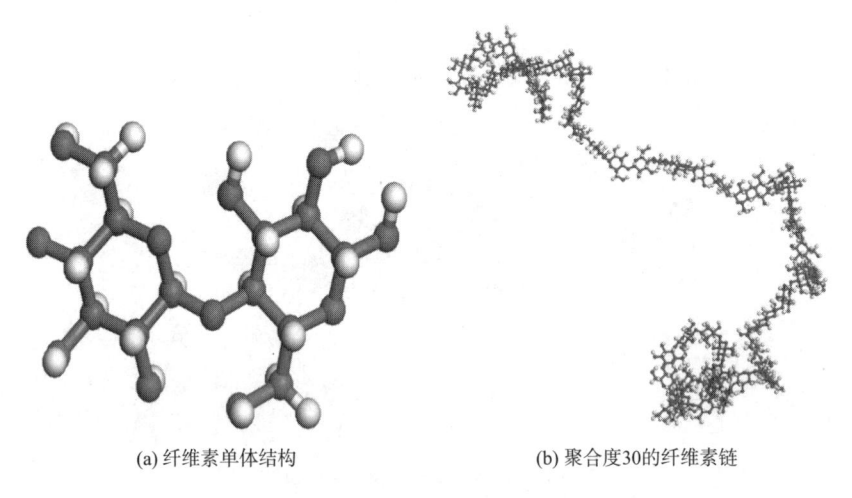

(a) 纤维素单体结构　　(b) 聚合度30的纤维素链

图 6-62　非晶棉纤维素单体结构和单长链模型

非晶棉纤维素模型的初始结构处于不稳定状态,内部能量过高。为了消除体系内部残余能量,寻找能量最低构型,需要进行优化。首先采用 MS 软件中的 Forcite 模块执行 Anneal 任务进行退火,从 300~500K 进行 5 次循环退火,体系内分子得到充分的弛豫,从而找到能量最低体系的最优构型[143]。为了进一步消除体系内的不合理构型,再执行 Geometry Optimization 任务进行几何优化[144],选择 COMPASS Ⅱ 力场,最小化算法采用 Smart 方法,电荷分配选择

Forcefield assigned,原子间长程静电相互作用和范德华相互作用求和方法分别选择 Ewald 和 Atom based。最后再使用 Dynamics 进行动力学优化,选择 NPT (等温等压)系综,温度设置为 298K,压力为 0.1MPa,分子动力学步长设置为 1fs[145-146]。对体系进行多次优化后,分子链分布更加均匀,结构更加合理,如图 6-63 所示。

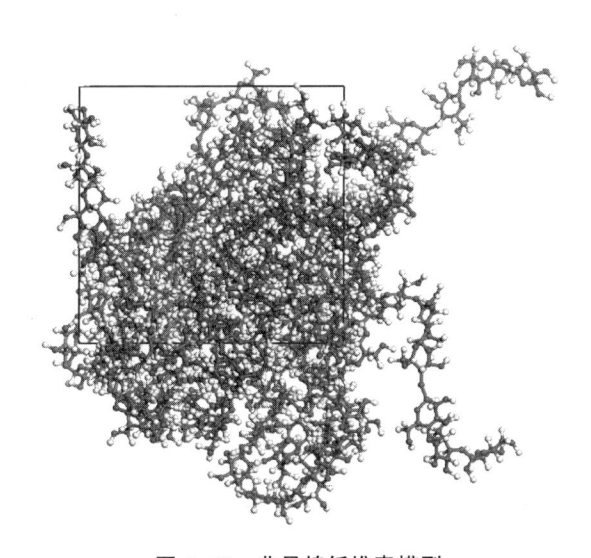

图 6-63 非晶棉纤维素模型

(三)晶体棉纤维素模型的构建

由于纤维素分子中存在大量的氢键、^{4}C1 椅式结构的脱水葡聚糖环以及特殊的 β-1,4-糖苷键连接方式,所以纤维素能够以片层堆积的形式形成各种稳定的晶体结构。学者们对结晶纤维素的不同晶型,如纤维素Ⅰ、Ⅱ、Ⅲ和Ⅳ,进行了广泛而深入的研究[147]。而天然纤维素具有纤维素Ⅰ晶型结构,存在于植物、藻类、细菌和被囊类动物等多种有机体中[148]。纤维素Ⅰ具有Ⅰα(三斜晶系)和Ⅰβ(单斜晶系)两种构型,见表 6-12。Ⅰα 的晶胞多存在于藻类、细菌纤维素[149-150]等中,仅含有一条纤维素分子链,而Ⅰβ 的结构多存在于棉花、树木等高等植物细胞壁纤维中[151],具有两条彼此平行的纤维素分子链。本研究中采用的结晶纤维素模型为Ⅰβ 单斜晶体结构。

表 6-12　棉纤维 Ⅰα 和 Ⅰβ 晶体的晶格参数

结构名称	纤维素 Ⅰα 晶体	纤维素 Ⅰβ 晶体
晶体结构	三斜晶系	单斜晶系
a(nm)	0.672	0.778
b(nm)	0.596	0.820
c(nm)	1.040	1.038
α(°)	118.08	90.0
β(°)	114.80	90.0
γ(°)	80.375	96.5

为保证晶体棉纤维素重复单元结构的准确性,从晶体学开放数据库(crystallography open database)中获取纤维晶胞模型[152]。如图 6-64 所示,采用 MS 模拟软件中的 Build 模块进行建模,使用 Supercell 功能构建 4×4×3 的超胞结构[143,153],然后进行相应的优化。

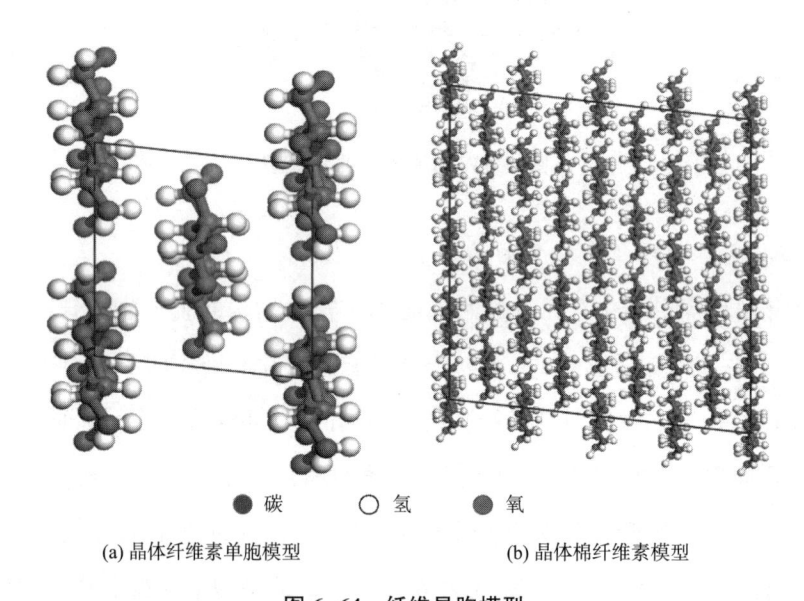

● 碳　　○ 氢　　● 氧

(a) 晶体纤维素单胞模型　　(b) 晶体棉纤维素模型

图 6-64　纤维晶胞模型

(四) 聚乙烯模型的构建

聚乙烯(PE)是由乙烯(CH_2=CH_2)单体经过聚合制备的具有重复单元

(—CH₂—CH₂—)的热塑性高分子聚合物,如图 6-65 所示。聚乙烯可以采用注塑、挤出、热成型、压延成型等方式加工而成[154]。作为结构最简单的环境友好型高分子材料,聚乙烯无毒无味、性价比高、拥有卓越的力学性能和加工性能等,已广泛应用于航空航天、农林机械、医疗卫生、日常生活等诸多领域。聚乙烯根据其密度被分为:高密度聚乙烯(HDPE,密度 0.94~0.97g/cm³)、低密度聚乙烯(LDPE,密度 0.91~0.93g/cm³)、线性低密度聚乙烯(LLDPE,密度 0.90~0.94g/cm³)。高密度聚乙烯因其强度较高、耐磨性较好,被广泛使用。

$$n\mathrm{CH_2}\!=\!\mathrm{CH_2} \longrightarrow \mathrm{+CH_2\!-\!CH_2\!+}_n$$

图 6-65　聚乙烯生成方程式

聚乙烯为半结晶聚合物,包含晶区和非晶区。在相关研究中,学者们发现聚合物材料在宏观摩擦时,非晶态区域是最先受到损坏的[130]。因此,本文重点研究非晶态聚乙烯的分子模型。选择聚合度(DP)20 构建聚乙烯的单长链,如图 6-66 所示,再将 30 条聚乙烯单长链填充到模型盒子中,模型的目标密度设定为 0.95g/cm³。为了保证摩擦模型接触的合理性,聚乙烯模型的 x 和 y 方向尺寸将与晶体和非晶棉纤维素相同。优化后的聚乙烯模型如图 6-67 所示。

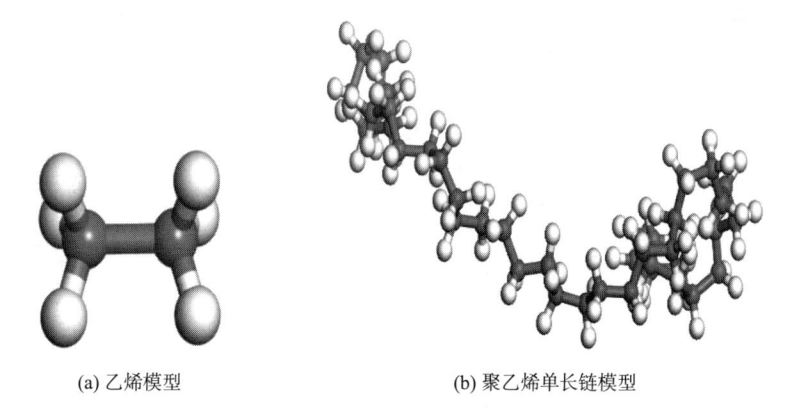

(a) 乙烯模型　　(b) 聚乙烯单长链模型

图 6-66　聚合度(DP)20 构建的聚乙烯模型

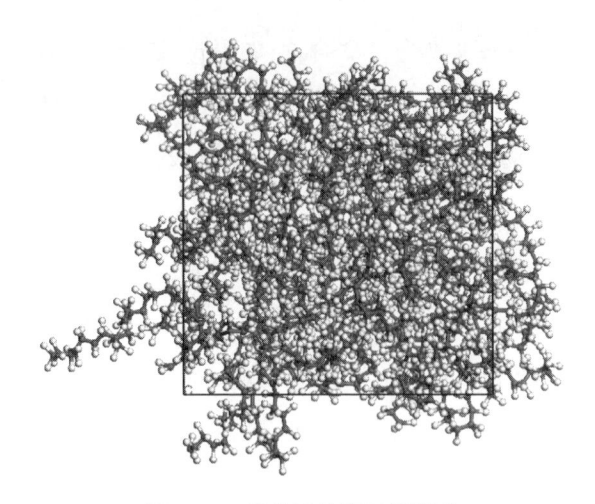

图 6-67 优化后的聚乙烯模型

(五) 非晶棉纤维素与聚乙烯的摩擦模型

如图 6-68 所示,利用 MS 软件的 Build Layers 工具构建非晶棉纤维素与聚乙烯二层摩擦副模型,间隙为 3Å。整个摩擦系统在 x、y 和 z 方向上的初始尺寸分别为 32.80Å×31.14Å×103.27Å。

● 碳
○ 氢
● 氧

彩图

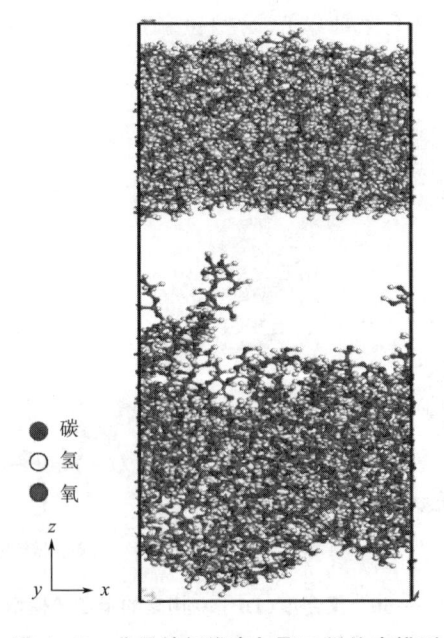

图 6-68 非晶棉纤维素与聚乙烯仿真模型

(六)晶体棉纤维素与聚乙烯的摩擦模型

图 6-69 为晶体棉纤维素与聚乙烯仿真模型,整个摩擦系统在 x、y 和 z 方向上的初始尺寸分别为 32.80Å×31.14Å×73.71Å。

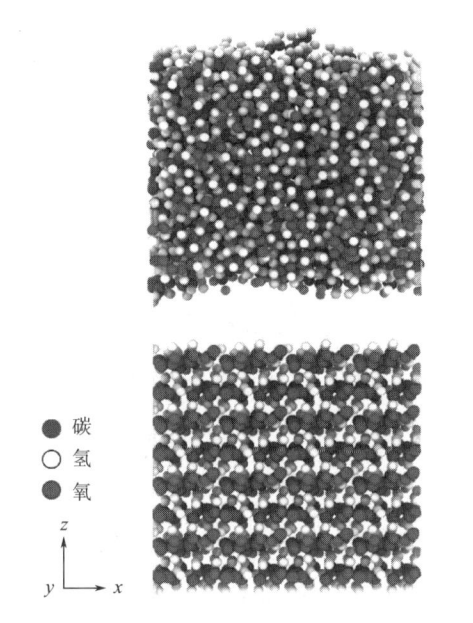

图 6-69 晶体棉纤维素与聚乙烯仿真模型

(七)模型优化及模拟方法

1. 模拟步骤

分子动力学的本质是采用统计力学的方法,通过获取相空间的系综平均或时间平均,研究模拟体系中所有粒子随时间演变的运动状态,从而揭示体系的力学性能和物理特性。在正式开始进行摩擦模拟之前,为了使摩擦模型的自由能达到最小值,最接近真实材料的结构状态,必须对构建的模型进行充分的弛豫。同时还需要平衡系统的密度,来确定模型的可靠性。在模拟过程中,选择合适的积分步长至关重要。过短的步长会导致计算时间增加,降低相空间搜索的能力;而过长的步长则可能引发粒子间激烈碰撞,导致数据溢出。因此,为了节省计算时间并保证结果的精确性,需要在两者之间找到最佳平衡。

MS 建立模型后导出为 data 文件,再使用 LAMMPS 进行分子动力学模拟。首先采用共轭梯度算法消除模型中的不合理结构,使模型能量最小化。整个模拟分为四个阶段。

第一阶段:弛豫阶段。在 300K 恒温下对模型进行弛豫使其达到平衡状态。为了使摩擦系统处于稳定状态,已经在 MS 构建模拟系统时对其结构能量进行了优化,但是在用 LAMMPS 进行分子动力学模拟的时候还需要再进行一次弛豫,主要是为了打破能量壁垒,防止模拟系统出现假平衡状态。

第二阶段:加载阶段。给定聚乙烯层沿-z 方向施加一个均匀的载荷,聚乙烯受到压力向棉纤维素移动。这个阶段在聚乙烯自由层和棉纤维素自由层之间设置一面"墙"进行壁面约束,使得聚乙烯的分子链并不会在载荷的作用下进入棉纤维素。虽然在 MS 建模时设置了非晶棉纤维素与聚乙烯的目标密度,但是在用 Build Layers 工具构建棉纤维素/聚乙烯二层摩擦副模型时,得到的模型并不符合密度要求。所以设置加载阶段聚乙烯与棉纤维素层的高度,使得载荷加载完成后,聚乙烯与非晶棉纤维素的密度分别达到目标密度 $0.95g/cm^3$、$1.5g/cm^3$。经过这个阶段晶体棉纤维素与聚乙烯摩擦模型的尺寸由 32.80Å×31.14Å×73.71Å 变为 32.80Å×31.14Å×67.07Å,非晶棉纤维素与聚乙烯摩擦模型的尺寸由 32.80Å×31.14Å×103.27Å 变为 32.80Å×31.14Å×61.57Å。

第三阶段:平衡阶段。经过此阶段的平衡模拟,消除因加载阶段产生的内应力,使整个摩擦模型再次达到平衡状态。

第四阶段:摩擦阶段。模型被分为自由层、恒温层和刚性层三层结构。自由层中的原子在牛顿第二运动定律的基础上可以自由移动。恒温层通过调整原子的速度,以消散模拟过程中产生的热量,保持在 300K 的恒定温度。刚性层由顶部的刚性移动层和底部的刚性固定层组成,固定层可以避免粒子在加载和摩擦过程中超出模型边界。对刚性移动层沿-z 方向施加一个均匀的载荷,同时沿着 x 方向施加一定的移动速度。x 和 y 方向为周期性边界条件,以解决边界效应问题,z 方向为非周期边界条件,如图 6-70 所示。

本次模拟设置的滑动速度分别为 50m/s、100m/s、150m/s,实际棉纤维摩擦

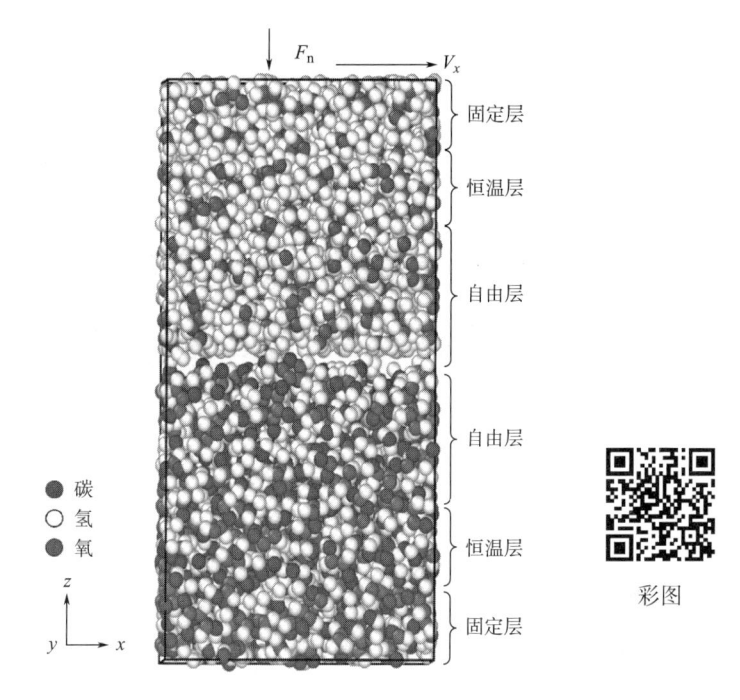

图 6-70 非晶棉纤维素与聚乙烯摩擦模型

的较高速度在 10m/s 左右,模拟选择的速度比实际机器运转的速度大,主要是因为在分子动力学模拟中步长很小,模拟时间较短,考虑到计算量的问题,需要选择较大的滑动速度,这一量级的滑动速度在很多模拟中被采用[155]。载荷分别为 0.3MPa、3MPa 及 30MPa,模拟过程施加的外部载荷是从实际设备运行过程中的工作最小压力以及瞬时高压选取的。积分步长选择 0.25fs[139-140,143,153,156],整个摩擦阶段持续 200ps。使用开放式可视化工具(OVITO)对模拟结果进行可视化,使用 MATLAB 及 Origin 软件对数据进行处理。

2. 平衡构型的判断

一般来说,当能量和温度的曲线在一定时间内趋于恒定数值或者上下波动比较小时,可以判定体系达到平衡状态[157-158]。为了判断第三阶段模型是否已达到平衡状态,分别分析了非晶棉纤维素与聚乙烯摩擦模型、晶体棉纤维素与聚乙烯摩擦模型动力学优化过程最后 100ps 的体系总能量,以及温度随时间的变化曲线,如图 6-71、图 6-72 所示。由图可知,摩擦模型的温度和总能量都已

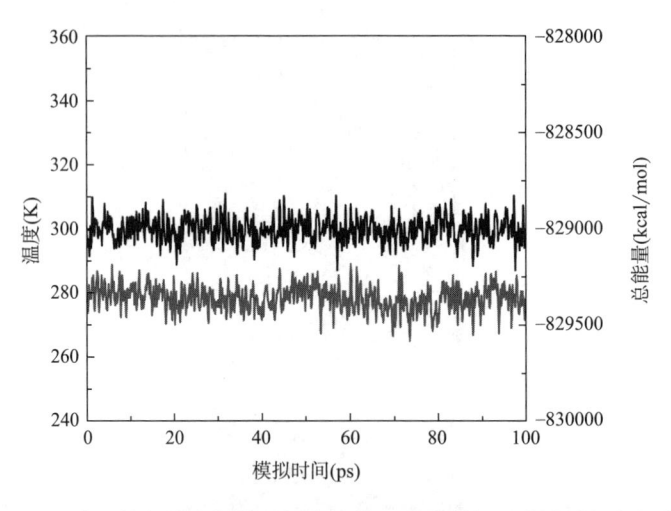

图 6-71　非晶棉纤维素与聚乙烯摩擦体系总能量与温度随时间变化曲线

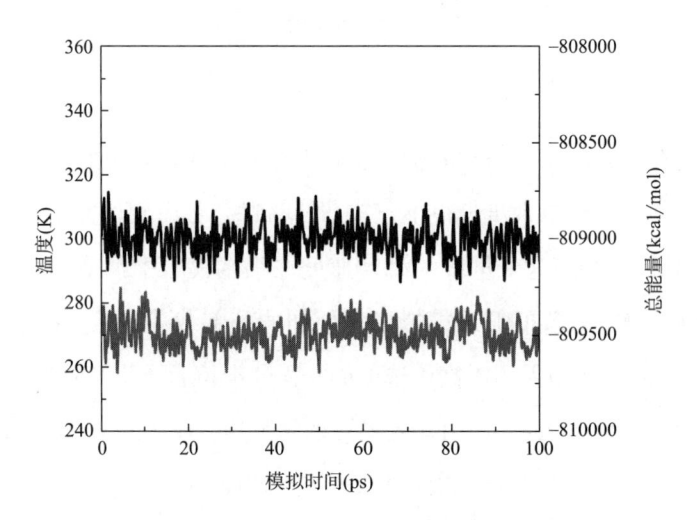

图 6-72　晶体棉纤维素与聚乙烯摩擦体系总能量与温度随时间变化曲线

经趋于稳定,所以认定模拟的第三阶段达到平衡状态。

二、滑动速度与载荷对非晶棉纤维素与聚乙烯摩擦性能的影响

摩擦系数是指两个接触表面间摩擦力与正压力的比值,跟摩擦副的表面粗

糙度有关,但跟接触面积的大小无关。干摩擦条件下,表面粗糙度越高,相对的摩擦系数也越大。摩擦系数的计算式为

$$\mu = F_f/F_n \qquad (6-41)$$

式中,μ 为摩擦系数;F_f 和 F_n 分别为摩擦力和正压力。

滑动速度和载荷是影响接触表面摩擦机理的两个关键技术参数,为此本文考察了不同滑动速度和载荷对非晶棉纤维素与聚乙烯摩擦行为的影响,并绘制了不同条件下摩擦系数 μ 随滑动时间的变化曲线。如图 6-73、图 6-74 所示,摩擦系数曲线出现剧烈的上下波动,这种锯齿形波动现象主要是由摩擦副的摩

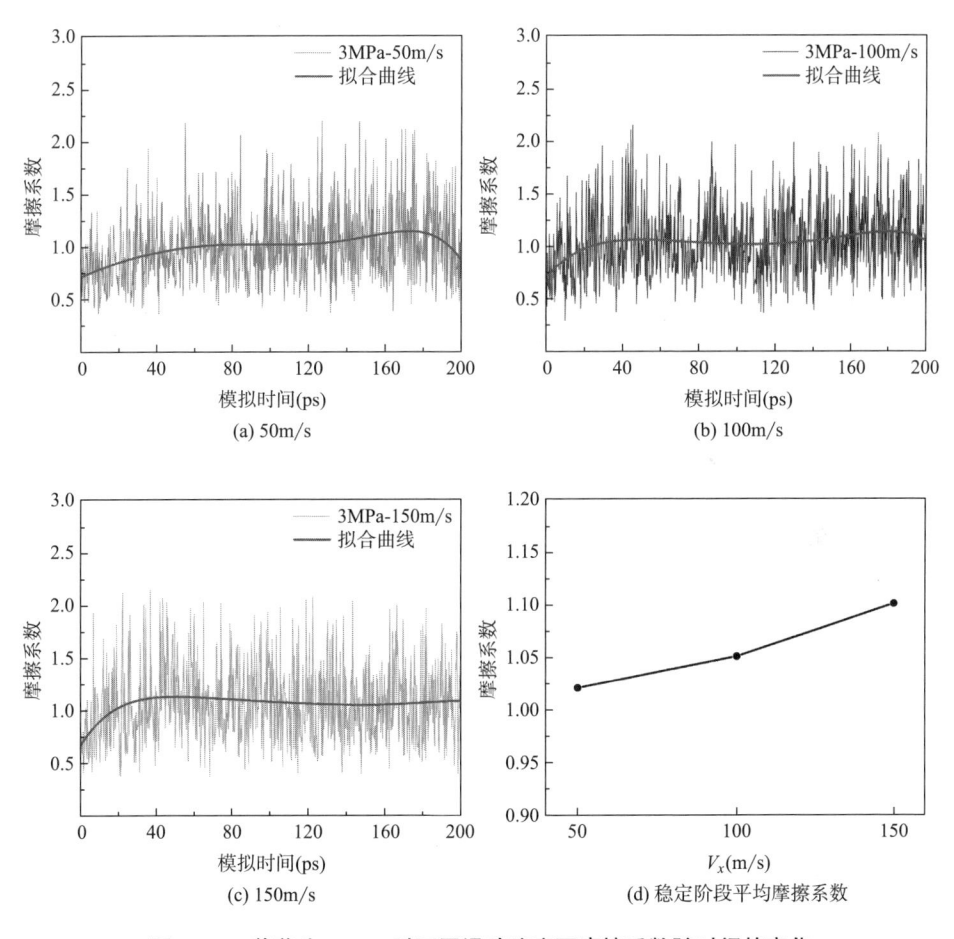

图 6-73 载荷为 3MPa 时不同滑动速度下摩擦系数随时间的变化

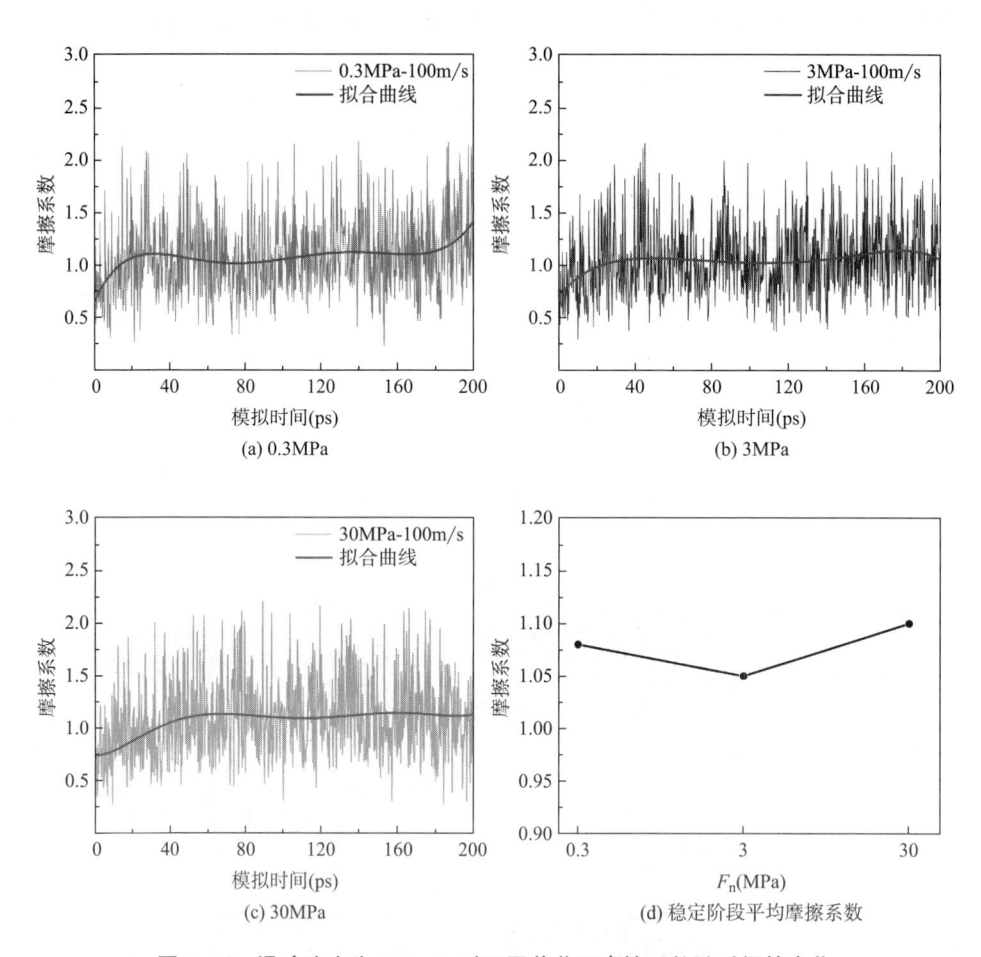

图 6-74 滑动速度为 100m/s 时不同载荷下摩擦系数随时间的变化

擦界面凹凸不平引起的。通过拟合曲线可以看出,非晶棉纤维素与聚乙烯之间的摩擦过程分为两个阶段:第一阶段摩擦系数上升,非晶棉纤维素与聚乙烯在载荷作用下距离逐渐缩小,导致两者相互挤压,从而使摩擦系数增加;第二阶段摩擦系数进入稳定阶段,非晶棉纤维素与聚乙烯之间距离相对恒定,摩擦系数也趋于稳定。

由图 6-73 可以看出,在 3MPa 的载荷下,随着滑动速度的增大,摩擦系数拟合曲线的初始斜率逐渐增大,同时进入稳定阶段的时间缩短。在滑动速度为 50m/s、100m/s 和 150m/s 时,稳定摩擦阶段的平均摩擦系数分别为 1.02、1.05

和 1.10,随着滑动速度的提高,摩擦系数逐渐上升。在相同载荷作用下,随着滑动速度的提高,聚乙烯分子链滑动需要克服的摩擦力也相应增大。这表明,滑动速度的提升显著影响了摩擦行为,反映出摩擦过程的动态特性。

非晶棉纤维素与聚乙烯的摩擦系数不仅与滑动速度有关,还受到载荷的影响。如图 6-74 所示,在 100m/s 的滑动速度下,随着载荷的增大摩擦系数拟合曲线的初始斜率逐渐减小,同时进入稳定阶段的时间增加,这一现象与滑动速度增加时的情况正好相反。载荷在 0.3MPa、3MPa 及 30MPa 稳定摩擦阶段的平均摩擦系数分别为 1.08、1.05 及 1.10,随载荷的增加先增大后减小。当载荷较小时,随着载荷的增加,外加载荷使得非晶棉纤维素与聚乙烯摩擦表面分子排列更加紧密,摩擦表面越光滑,其摩擦系数越小。但当载荷较大时,非晶棉纤维素与聚乙烯的摩擦表面会因挤压作用发生塑性变形,导致表面粗糙度增大,因此摩擦系数也增大。

三、滑动速度与载荷对非晶棉纤维素与聚乙烯能量变化的影响

摩擦是一个涉及能量转换的复杂过程。在整个摩擦体系中,模型受到 x 方向的滑动牵引和外加的法向载荷的作用,总能量呈现增加的趋势。摩擦系统的总能量(E_{total})包括键伸缩能(E_{bond})、键角弯曲能(E_{angle})、二面角扭转能($E_{dihedral}$)和范德瓦耳斯相互作用能(E_{vdW}),Δ 代表各能量的变化。为揭示摩擦过程中能量变化与聚乙烯分子链变形及摩擦学性能变化之间的关联,厘清各个能量项变化对总能量的贡献,计算了摩擦期间的所有四个项的能量变化 ΔE。图 6-75 显示了 30MPa 和 150m/s 下非晶棉纤维素与聚乙烯摩擦系统中摩擦过程的能量分解。在摩擦过程中各能量都是不可忽视的重要因素,有着明显的变化。但 ΔE_{bond} 和 ΔE_{angle} 占 ΔE_{total} 的 80% 以上,其中能级远大于二面角扭转能和范德瓦耳斯相互作用能,说明分子链的变形主要受键长和键角变化的影响。

图 6-76 和图 6-77 分别显示了不同滑动速度和载荷下总能量与键伸缩能的变化,可以看出分子链的键伸缩能与总能量的变化呈现相似的趋势,均随着

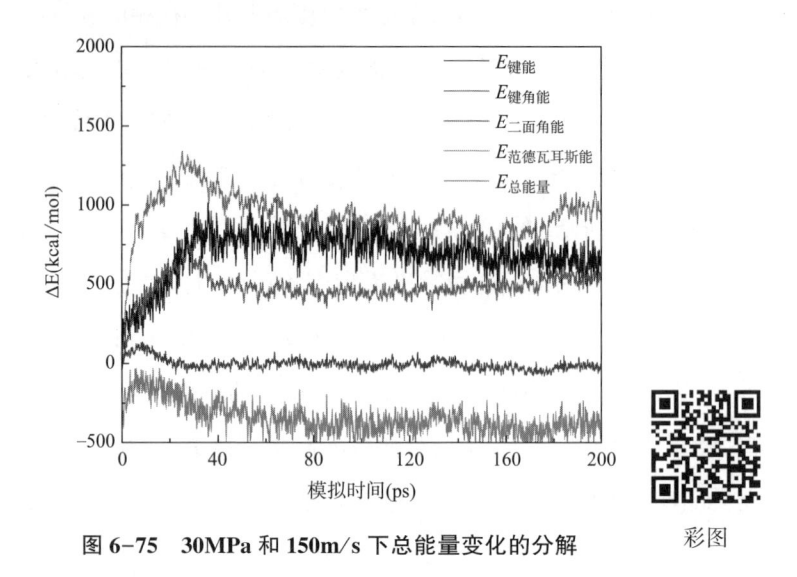

图 6-75　30MPa 和 150m/s 下总能量变化的分解

图 6-76　不同滑动速度和载荷下总能量变化

滑动速度的增加而增加，随载荷的增加变化较为有限，总能量与键伸缩能的变化主要受滑动速度的影响。而在不同的滑动速度和载荷下，键伸缩能呈现出相似的上升趋势，表现为能量突然增加后又下降至低能级，并保持平衡。在键伸缩能和键角弯曲能急剧增加的阶段，分子链为抵抗滑动牵引的作用，键长和键角偏离其平衡位置，导致键伸缩能和键角弯曲能

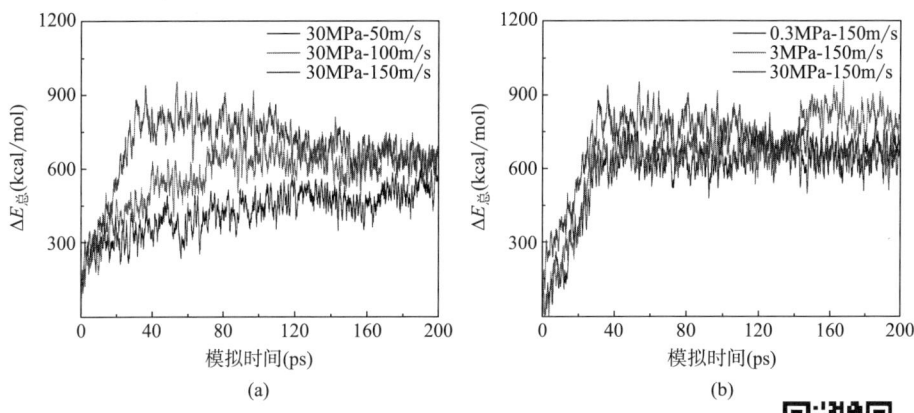

图 6-77　不同滑动速度和载荷下键伸缩能变化图

增大。同时,整个摩擦模型体系的总能量也随之上升,聚乙烯发生塑性变形。随着滑动摩擦的继续,分子链间的键长因为超过其键级而出现了断键,导致键伸缩能出现下降的趋势,最后趋于平衡。键伸缩能和键角弯曲能随着滑动速度的增加而增大,而对载荷变化的敏感性则相对较小,表明分子链的变形随着滑动速度的增加而增大,受载荷的影响相对较小。

据统计,材料主要有腐蚀、磨损和断裂三种失效形式,其中磨损所导致的失效占比高达 80%[159]。磨损是摩擦过程中摩擦副表层材料不断发生损耗的必然结果。黏着磨损是导致聚乙烯材料产生磨损的主要机理之一[160-162]。记录了聚乙烯中所有原子的运动路径,以计算其磨损率,从主基体中剥离出来的原子被视为磨损的聚乙烯原子,磨损率由磨损的原子数与聚乙烯基质的总原子数的比值给出[163]。由于非晶棉纤维素与聚乙烯是干摩擦,且摩擦表面由多个微凸体构成,并不是光滑平整的,微凸体峰顶相互接触时,由于接触和剪切应力过大而产生局部迅速升温和塑性变形,从而发生黏着现象,造成黏着磨损。

如图 6-78 所示,聚乙烯的磨损率在 7.84%~10.33%,随滑动速度和载荷的增大而逐渐增大,载荷对磨损率的变化影响相对较小。结合摩擦系数的变化可以看出,随着滑动速度的增加,摩擦系数不断增大,聚乙烯分子链在摩擦力的作用下产生的塑性变形增大,导致摩擦界面粗糙度和接触面积增大,产生更多的摩擦热,从而使得聚乙烯材料磨损增大。同时,随着磨损率增大,表面粗糙度也相应增大,反过来会导致摩擦系数增大。而外加载荷的增大会造成摩擦力增大,但是在微观层面载荷的增加会使非晶棉纤维素与聚乙烯摩擦表面分子排列更加紧密,导致摩擦表面更加光滑。在双重因素作用下,载荷对聚乙烯分子链磨损率的影响并不明显。

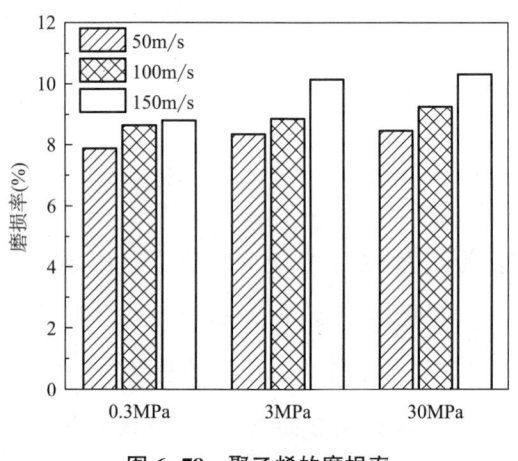

图 6-78 聚乙烯的磨损率

四、非晶棉纤维素与聚乙烯接触摩擦界面的分析

(一) 均方位移

分子链的运动伴随着摩擦开始,摩擦过程中聚合物链段的重要微观结构响应包括链取向、链扩散和链缠结等与链运动相关的分子重排。哈曼达里斯等[164]使用均方位移(MSD)和其曲线斜率来量化分子链的扩散迁移情况。均方位移可以表示一段时间内系统中粒子相对于初始时刻的位移的统计平方的平均值。MSD 的曲线斜率越大,粒子的迁移率越大,粒子的扩散系数 D 可以根据均方位移计算得出。通过 MSD 与 D 可以分析聚乙烯在摩擦过程中的扩散规律,其计算为:

$$\mathrm{MSD} = R(t) = \langle |r(t) - r(0)|^2 \rangle \qquad (6-42)$$

$$D = \lim_{t \to \infty} \left\langle \frac{|r(t) - r(0)|^2}{6t} \right\rangle = \frac{R(t)}{6t} = \frac{k}{6} \qquad (6-43)$$

式中，$r(t)$为粒子t时刻的位置；$r(0)$为粒子的初始位置；<>为均方位移的系统平均；k为均方位移对时间所作曲线的斜率。

为深入研究聚乙烯链的扩散迁移，计算了聚乙烯自由层的均方位移。MSD是衡量分子链迁移率的重要指标，其曲线斜率越高，表明分子链的迁移率越大。如图6-79所示，在0.3MPa和50m/s条件下，聚乙烯自由层的MSD在各方向随时间的变化表现出显著差异。具体而言，聚乙烯链沿x方向（滑动方向）的MSD_x的变化迅速，而沿y方向（其他方向）（MSD_y）和z方向（加载方向）（MSD_z）的变化缓慢。这表明聚乙烯分子链的运动主要是沿滑动方向，而不是沿加载方向或其他方向。

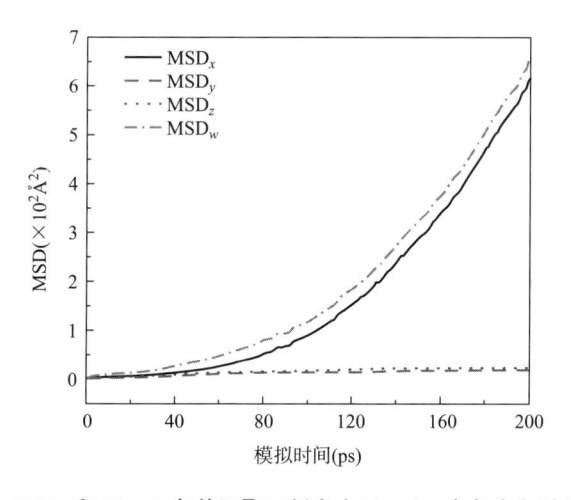

图6-79　0.3MPa和50m/s条件下聚乙烯自由层MSD在各方向随时间的变化

图6-80为聚乙烯自由层MSD在不同滑动速度和载荷作用下随时间的变化，摩擦启动初期，MSD值变化缓慢，而在40ps之后，尤其是在较高的滑动速度下，变化逐渐显著，曲线斜率也逐渐增大。MSD和曲线斜率都随着滑动速度的增加而增加，这说明聚乙烯链的运动能力增强，扩散迁移率提高。随着载荷的改变，聚乙烯链的MSD和其曲线斜率整体变化不明显，载荷对聚乙烯链的迁移

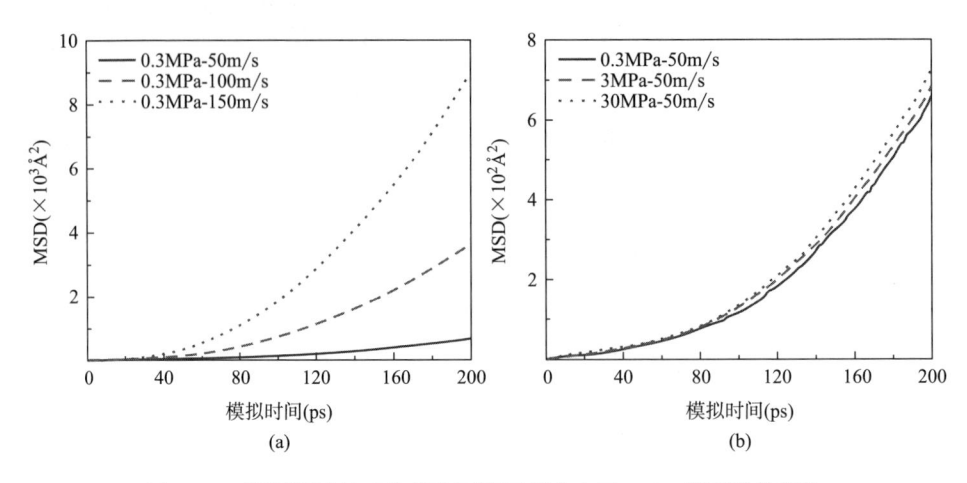

图 6-80　不同滑动速度和载荷下聚乙烯自由层 MSD 随时间的变化

率影响较小。结果表明,相对于载荷,滑动速度才是影响聚乙烯链滑动摩擦时链迁移的主要因素。

均方位移与能量变化的结果相互印证,在滑动牵引的作用下键长和键角偏离其平衡位置,键伸缩能和键角弯曲能增大,聚乙烯分子链沿滑动方向扩散迁移,产生塑性变形。随着滑动速度的增加,扩散迁移率提高,塑性变形也增大。

(二) 界面结构

以 3MPa 和 100m/s 条件下非晶棉纤维素与聚乙烯滑动摩擦过程中界面结构的演变为例,如图 6-81 所示。在 0ps 时,非晶棉纤维素与聚乙烯的摩擦还未开始,聚乙烯的结构是完整的。滑动 100ps 后,聚乙烯中嵌入的非晶棉纤维素原子增加,出现亚表面损伤。滑动 200ps 后,大量原子嵌入到聚乙烯中,聚乙烯的结构受到严重破坏。

为深入探讨滑动摩擦过程中聚乙烯表面损伤的机理,对非晶棉纤维素渗透进入聚乙烯的深度进行了分析。图 6-82 显示了摩擦过程进行到 200ps 时,不同滑动速度和载荷下非晶棉纤维素原子沿 z 方向渗透进入聚乙烯的深度。结果表明,在载荷较低时,渗透深度随着滑动速度的增加而增加,但载荷相对较大时,渗透深度随着滑动速度的增加先减小,随后再增加。此外,渗透深度整体上随着载荷的增加而减小,且滑动速度越大,减小的趋势越明显。这些结果表明,

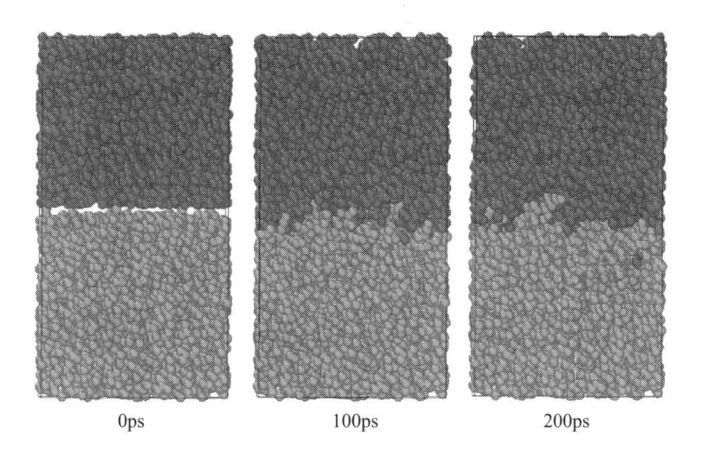

图 6-81　3MPa 和 100m/s 条件下非晶棉纤维素与聚乙烯滑动过程中界面结构的演变

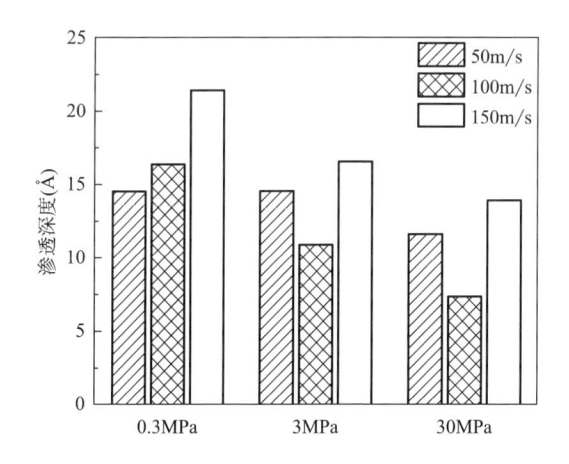

图 6-82　非晶棉纤维素渗透进入聚乙烯的深度

载荷的增加使聚乙烯的结构更加紧密，使界面微观结构在摩擦过程中更加稳定。

五、滑动速度与载荷对晶体棉纤维素与聚乙烯摩擦性能的影响

(一) 摩擦系数

图 6-83、图 6-84 分别为不同滑动速度和载荷下，晶体棉纤维素与聚乙烯

体系摩擦系数随滑动时间的变化曲线。摩擦系数曲线的整体趋势与非晶棉纤维素与聚乙烯的摩擦系数相似，因为摩擦副的摩擦界面凹凸不平而出现剧烈的上下波动，摩擦系数的拟合曲线也分为摩擦系数上升阶段和摩擦系数稳定阶段。但是摩擦系数上升阶段的时间相对于非晶棉纤维素与聚乙烯摩擦系统较短，且基本不随滑动速度和载荷的变化而变化。这是因为晶体棉纤维素比非晶棉纤维素排列紧密，在载荷的作用下晶体棉纤维素与聚乙烯之间的距离改变较小且持续的时间短。但是前期上升阶段的斜率随滑动速度的增大而增大，随载荷的变化趋势不明显。

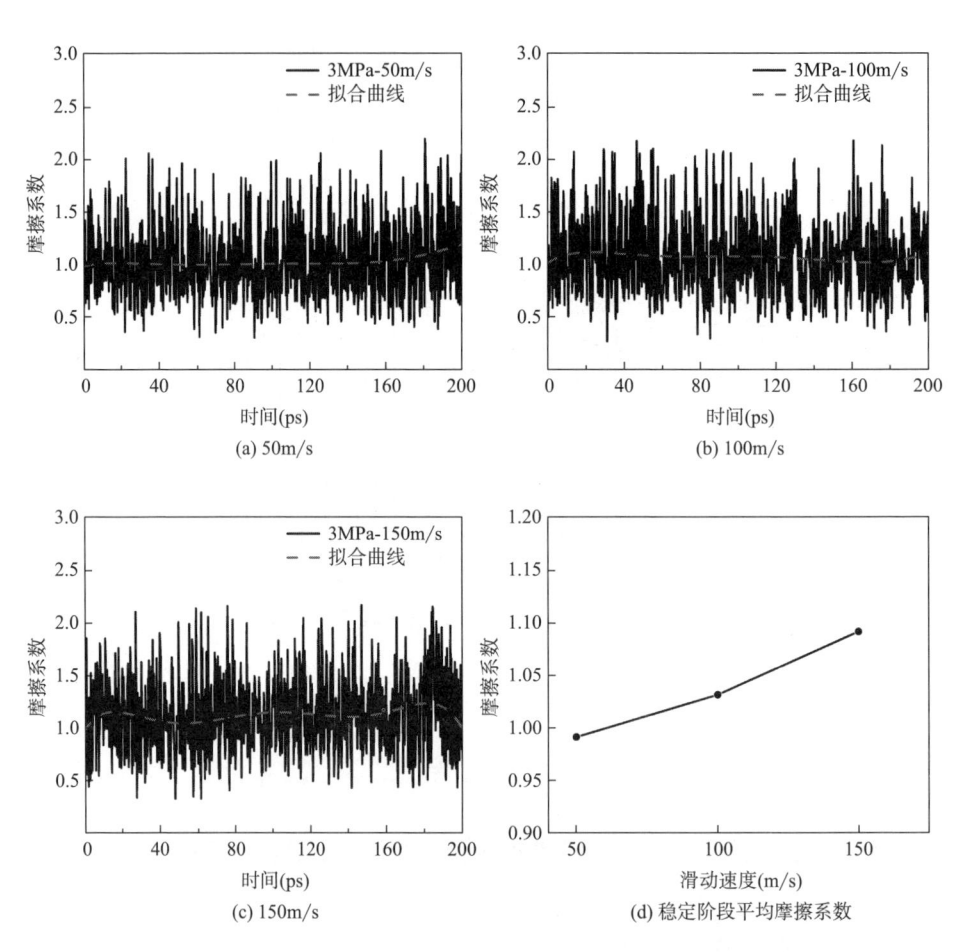

图 6-83 载荷为 3MPa 时不同滑动速度下摩擦系数随时间的变化

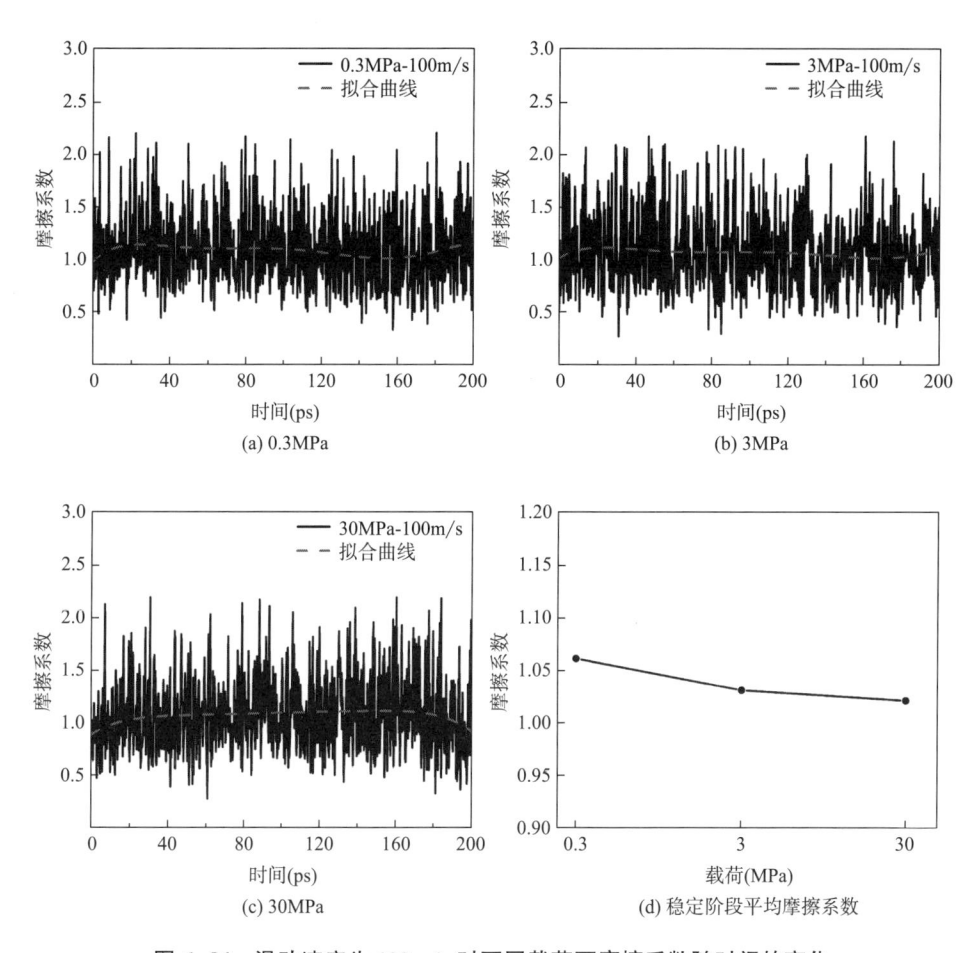

图 6-84　滑动速度为 100m/s 时不同载荷下摩擦系数随时间的变化

由图 6-83(d)可以看出,在 3MPa 的载荷作用下,滑动速度在 50m/s、100m/s 和 150m/s 稳定摩擦阶段的平均摩擦系数分别为 0.99、1.03 和 1.08,随着滑动速度的增加而增加。与非晶棉纤维素的平均摩擦系数 1.02、1.05 和 1.10 相比,晶体棉纤维素的摩擦系数分别降低 2.94%、1.90%、1.82%。如图 6-84d 所示,在 100m/s 的滑动速度下,载荷在 0.3MPa、3MPa 和 30MPa 稳定摩擦阶段的平均摩擦系数分别为 1.06、1.03、1.02,随着载荷的增大而减小,这个趋势与非晶棉纤维素的先增大后减小略有不同。与非晶棉纤维素的 1.08、1.05、1.10 相比,晶体棉纤维素的摩擦系数分别降低 1.89%、1.94%、7.84%。由于晶体棉纤维素的分子排列更加紧密,与聚乙烯的摩擦表面更加光滑,其摩擦系数总体相对更小。在体系微观演变过程中,外加载荷使得晶体棉纤维素与聚乙烯摩擦表面分子排列更加紧密,随着载荷的增大,摩擦表面更加光滑,从而降低了摩擦系数。

(二)聚乙烯磨损率

采用同样的方法记录了晶体棉纤维素与聚乙烯摩擦过程聚乙烯中所有原子的运动路径,以计算其磨损率。晶体棉纤维素与聚乙烯是干摩擦,产生塑性变形从而发生黏着现象,造成黏着磨损。图6-85所示为晶体棉纤维素与聚乙烯摩擦过程进行到200ps时,聚乙烯的磨损率。随滑动速度的增大聚乙烯的磨损率逐渐增大,载荷对磨损率的变化影响相对较小。同非晶棉纤维素与聚乙烯摩擦系统一样,晶体棉纤维素与聚乙烯的摩擦过程中,外加载荷的增加也会导致摩擦力增大,同时摩擦表面分子排列更加紧密,导致摩擦表面更加光滑。但相对于非晶棉纤维素,载荷作用使晶体棉纤维素摩擦表面变光滑的效果较差,因此载荷对晶体棉纤维素与聚乙烯摩擦系统中聚乙烯分子链磨损率的影响规律更加复杂。非晶棉纤维素与聚乙烯的磨损率在7.84%~10.33%,而晶体棉纤维素与聚乙烯的磨损率仅有0.98%~1.72%,这是因为非晶棉纤维素的分子链

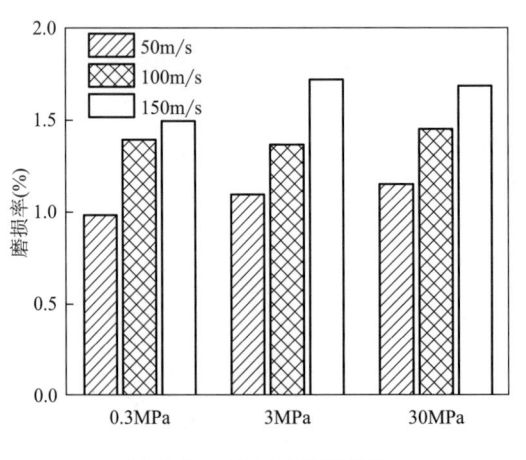

图6-85 聚乙烯的磨损率

排列松散,摩擦过程中两者的分子链相互纠缠,造成聚乙烯产生大量磨损,而晶体棉纤维素分子链排列整齐紧密,对聚乙烯的磨损效果明显减弱。

六、滑动速度与载荷对晶体棉纤维素与聚乙烯能量变化的影响

图 6-86 为 30MPa 和 150m/s 条件下,晶体棉纤维素与聚乙烯摩擦过程中总能量变化的分解图。ΔE_{bond} 和 ΔE_{angle} 占 ΔE_{total} 的 70% 以上,这比非晶棉纤维素的 80% 的占比要低,而范德瓦耳斯相互作用能的变化则比非晶棉纤维素的高,说明对于晶体棉纤维素与聚乙烯摩擦体系而言,其键长和键角的变化作用比非晶棉纤维素与聚乙烯摩擦体系的小。从另一方面证实了非晶棉纤维素的分子链排列松散,而晶体棉纤维素排列整齐,与聚乙烯的摩擦表面相对更光滑,在摩擦过程中使聚乙烯分子链的键长和键角偏离平衡位置的作用更弱。

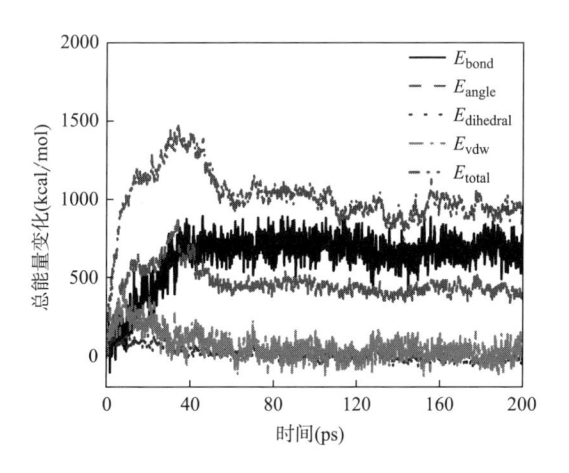

图 6-86　30MPa 和 150m/s 条件下总能量变化的分解

图 6-87 与图 6-88 分别表示晶体棉纤维素与聚乙烯摩擦体系下,总能量和键伸缩能随滑动速度和载荷的变化情况。总能量和键伸缩能随着滑动速度和载荷的变化趋势与非晶棉纤维素的相似,随滑动速度的增加而增加,随载荷的增加变化较为有限,能量的变化主要受滑动速度的影响。但晶体棉纤维素与聚乙烯摩擦过程中的能量变化要比非晶棉纤维素与聚乙烯的大,如在 30MPa 和

150m/s 条件下,晶体棉纤维素与聚乙烯摩擦体系的总能量变化(ΔE_{total})最大时为 1475kcal/mol,摩擦进行到 200ps 时为 994kcal/mol,而非晶棉纤维素与聚乙烯的总能量变化(ΔE_{total})最大时为 1364kcal/mol,摩擦进行到 200ps 时为 926kcal/mol,分别增大 8.1%和 7.3%。总能量的差值(ΔE_{total})可间接表示材料在塑性变形时所吸收的能量[165],因此晶体棉纤维素与聚乙烯摩擦体系发生塑性变形时需要的能量更多,其抵抗塑性变形的能力更强。

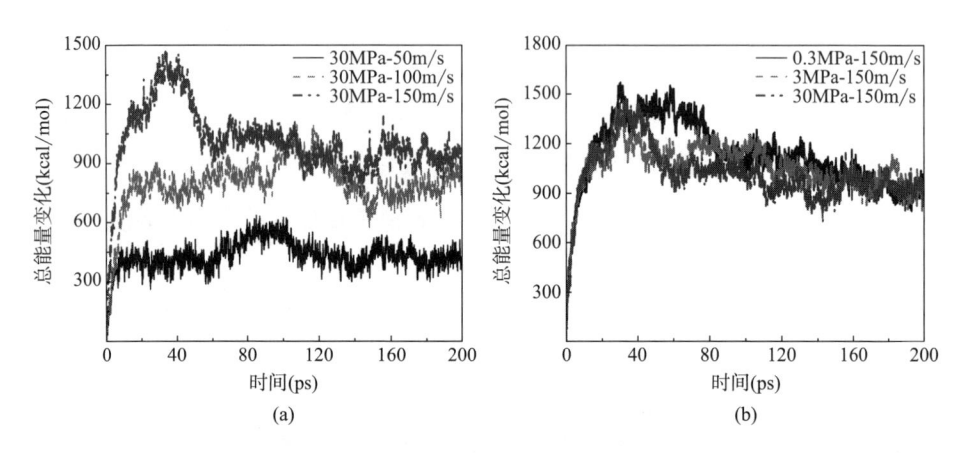

图 6-87 晶体棉纤维素与聚乙烯摩擦体系下不同滑动速度和载荷下总能量变化图

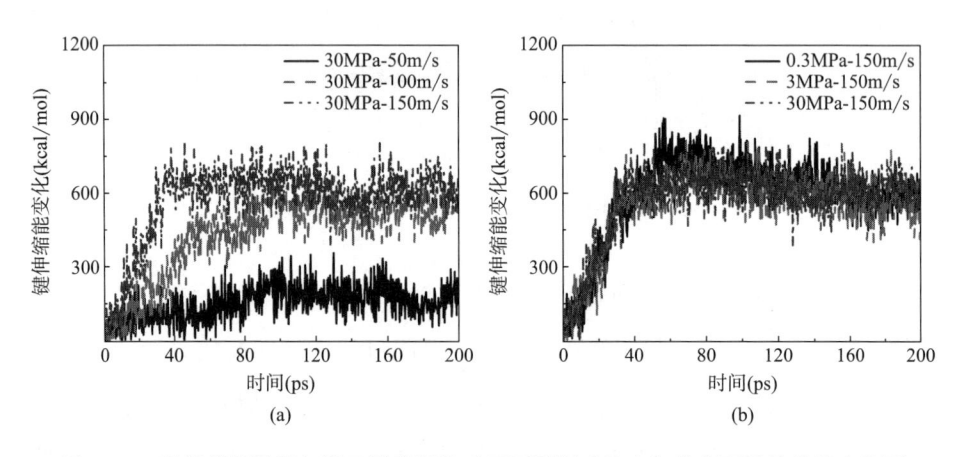

图 6-88 晶体棉纤维素与聚乙烯摩擦体系下不同滑动速度和载荷下键伸缩能变化图

七、晶体棉纤维素与聚乙烯接触摩擦界面的分析

(一) 均方位移

图 6-89 为 0.3MPa 和 50m/s 条件下,聚乙烯自由层 MSD 在各方向随时间的变化,可以看出,晶体棉纤维素与聚乙烯摩擦过程中,聚乙烯自由层的扩散规律与非晶棉纤维素与聚乙烯的基本一致。此时聚乙烯分子链 MSDx 的变化迅速,主要沿滑动方向运动。

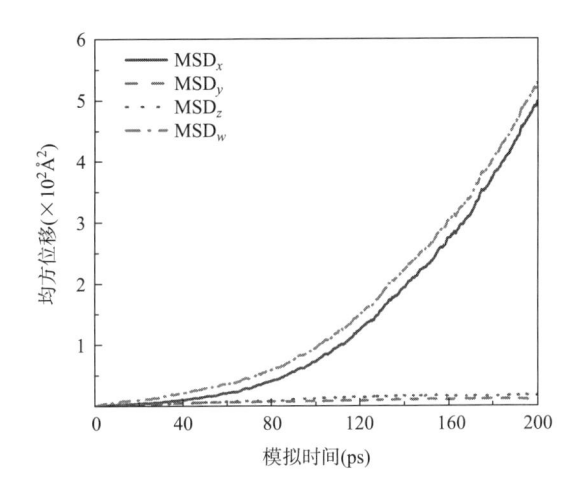

图 6-89　0.3MPa 和 50m/s 聚乙烯自由层 MSD 在各方向随时间的变化

图 6-90 表示晶体棉纤维素与聚乙烯摩擦体系中聚乙烯自由层 MSD 在不同滑动速度和载荷作用下随时间的变化。MSD 的值在摩擦启动初期变化缓慢,40ps 之后,MSD 和曲线斜率变化逐渐显著,都随着滑动速度的增加而增加,随着载荷的改变整体变化不明显。在聚乙烯滑动摩擦时,滑动速度是影响其链迁移的主要因素。不同的是,晶体棉纤维素与聚乙烯摩擦时,聚乙烯自由层的 MSD 比非晶棉纤维素的明显降低,如 0.3MPa 和 150m/s 条件下,摩擦进行到 200ps 时,晶体棉纤维素与聚乙烯摩擦体系中的聚乙烯自由层 MSD 仅为 $4.8\times10^2\text{Å}^2$,而非晶棉纤维素与聚乙烯的为 $8.9\times10^2\text{Å}^2$,降低 46.1%。晶体棉纤维素在摩擦过程中对聚乙烯分子链扩散运动的作用更小。

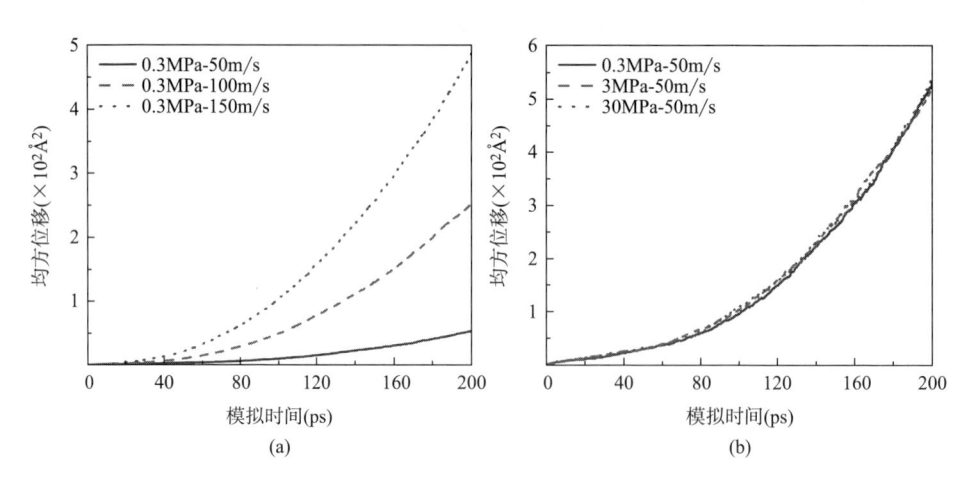

图 6-90　不同滑动速度和载荷下聚乙烯自由层 MSD 随时间的变化

(二) 界面结构

以 3MPa 和 100m/s 条件下晶体棉纤维素与聚乙烯滑动过程中界面结构的演变为例,如图 6-91 所示,在 0ps 时,晶体棉纤维素与聚乙烯的摩擦还未开始,聚乙烯结构完整。滑动 100ps 后,聚乙烯中嵌入的晶体棉纤维素的原子极少,亚表面基本未受到损伤。滑动 200ps 后,少量原子嵌入到聚乙烯中,聚乙烯的亚表面出现损伤。

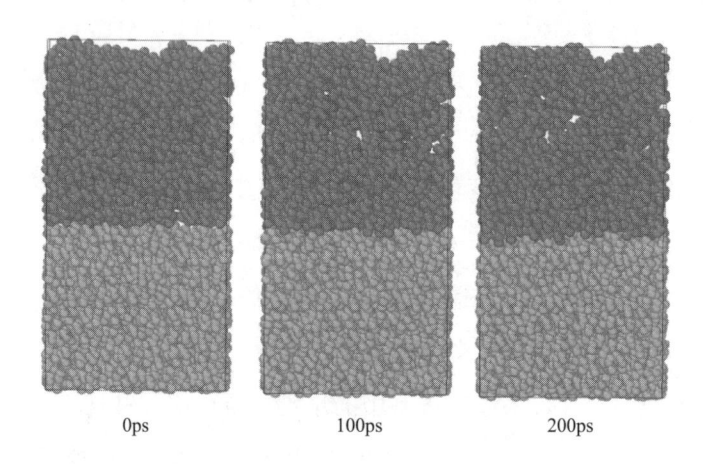

图 6-91　3MPa 和 100m/s 条件下晶体棉纤维素与聚乙烯滑动过程中界面结构的演变

同时还计算了摩擦过程中不同滑动速度和载荷下晶体棉纤维素原子渗透进入聚乙烯的深度,但是数值均极小。结果表明,随着摩擦的进行,晶体棉纤维素渗透进去聚乙烯的深度很小,这是因为晶体棉纤维素分子链排列整齐,摩擦过程中与聚乙烯的相互作用较弱,所以亚表面结构造成的损伤较小。

八、棉纤维素结构形态对摩擦性能的影响

为了进一步探究不同棉纤维素结构形态对聚乙烯摩擦过程中性能的影响,分别研究了0.3MPa和50m/s条件下,摩擦过程中非晶棉纤维素、晶体棉纤维素的自由层MSD随时间的变化情况,如图6-92、图6-93所示。值得注意的是,两种不同结构形态的棉纤维素之间,无论是MSD值的大小还是曲线的变化趋势,都存在显著差异。结果表明,摩擦过程进行到200ps时,非晶棉纤维素与晶态棉纤维素自由层的MSD分别为9.65$Å^2$、0.84$Å^2$,非晶棉纤维素的链扩散度要高得多。晶体棉纤维素在初始摩擦过程中观察到了急剧的链式扩散,MSD曲线明显更粗糙。均方位移反映了摩擦体系中某一时刻粒子的空间位置偏离初始位置的程度,晶体棉纤维素因为排列规则紧密,在摩擦过程中链运动较弱,相对于非晶棉纤维素MSD值明显降低,并且曲线更粗糙,这与本章前面非晶棉纤维素与

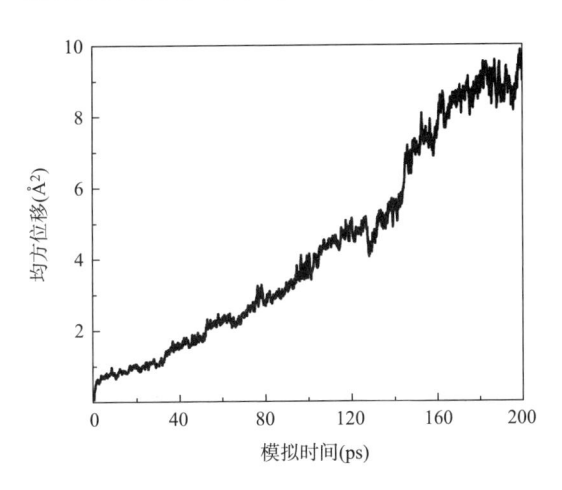

图6-92　0.3MPa和50m/s条件下非晶棉纤维素自由层MSD随时间的变化

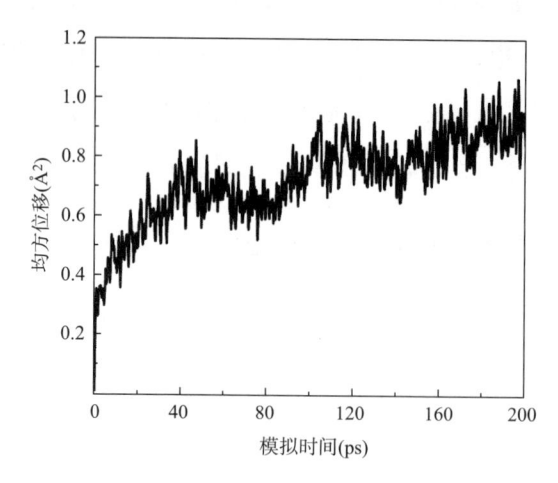

图 6-93　0.3MPa 和 50m/s 条件下晶体棉纤维素自由层 MSD 随时间的变化

晶体棉纤维素对聚乙烯摩擦相关性能参数的观点相互印证。

九、小结

为了对棉纤维素与聚乙烯之间的摩擦磨损的机理有一个更清楚的认知，采用分子动力学方法分别研究了非晶棉纤维素、晶体棉纤维素与聚乙烯摩擦过程中的相关性能。主要结论如下：

(1)棉纤维素与聚乙烯在摩擦过程中的运动分为两个阶段：第一阶段，在载荷作用下，两者之间的距离逐渐缩小导致两者相互挤压，摩擦系数逐渐增大；第二阶段，棉纤维素与聚乙烯之间距离相对稳定，摩擦系数进入稳定阶段。稳定过程中，非晶棉纤维素、晶体棉纤维素与聚乙烯平均摩擦系数均随滑动速度增加而增加，而非晶棉纤维素与聚乙烯的摩擦系数随载荷的增加先减小后增大，晶体棉纤维素的随载荷的增加而减小。

(2)在滑动牵引的作用下，聚乙烯分子链的键长和键角偏离其平衡位置，键伸缩能和键角弯曲能增大。聚乙烯分子链在滑动方向上发生扩散和塑性变形。随着滑动速度的增加，聚乙烯分子链扩散迁移和塑性变形增大，会导致摩擦界面粗糙度和接触面积增大，产生更多的摩擦热，从而加剧聚乙烯材料磨损。同时,磨损率的增加导致表面粗糙度上升,反过来又促使摩擦系数增加。

(3)在 z 轴方向,随着载荷的增加,非晶棉纤维素渗透进入聚乙烯的深度逐渐减小。相比之下,由于晶体棉纤维素分子链排列更加紧密,其渗透深度非常有限。载荷的增大会导致聚乙烯的结构更加紧密,使界面微观结构在摩擦过程中更加稳定。但外加载荷的增大会造成摩擦力增大。在双重因素作用下,载荷对聚乙烯分子链的扩散迁移和磨损率的影响并不显著。

(4)晶体棉纤维素比非晶棉纤维素排列更加紧密有序,虽然其摩擦系数、磨损量、能量变化、均方位移整体趋势与非晶棉纤维素相似,但是摩擦系数、磨损率、渗透深度数值相对较低。在载荷为 3MPa 时,滑动速度分别为 50m/s、100m/s 和 150m/s 时,稳定阶段的平均摩擦系数晶体棉纤维素比非晶棉纤维素分别降低 2.94%、1.90%、1.82%;而在滑动速度为 100m/s 时,载荷分别为 0.3MPa、3MPa 和 30MPa 时,晶体棉纤维素的平均摩擦系数比非晶棉纤维素分别降低 1.89%、1.94%、7.84%。非晶棉纤维素与聚乙烯的磨损率在 7.84%~10.33%,而晶体棉纤维素的仅有 0.98%~1.72%。相较于非晶棉纤维素,晶体棉纤维素对聚乙烯的摩擦磨损作用相对较弱。但在 30MPa 及 150m/s 条件下,晶棉纤维素与聚乙烯的 ΔE_{total} 相比非晶棉纤维素与聚乙烯的 ΔE_{total} 最大值,与摩擦进行到 200ps 时的值分别增大 8.1% 和 7.3%。晶体棉纤维素与聚乙烯摩擦体系总能量的差值 ΔE_{total} 相对更大,发生塑性变形时需要的能量更多,具有更强的抵抗塑性变形的能力。

(5)滑动速度相较于载荷对棉纤维素与聚乙烯摩擦磨损的影响更为显著。因此,在棉花采摘与加工、纺织品制造等工艺中,为了有效减缓聚乙烯机械部件的磨损,选择适当的滑动速度显得更为重要。

第六节 棉纤维间摩擦损伤测试表征

本节深入探索了棉纤维间摩擦损伤的特性与量化方法,过程借助了往复摩擦试验仪这一精密设备完成了棉纤维间摩擦损伤的表征实验、测试了载荷、预加张力、速度对纱线间摩擦系数据的影响,同时还研究了不同股数棉纱线在摩擦过程中所产生的损伤,旨在全面剖析棉纤维在不同条件下的摩擦行为及其导致的损伤状况,为后续研究提供了宝贵的参考依据。

值得一提的是,本节还特别关注了棉纱线股数这一因素对摩擦损伤的影响。通过对比不同股数棉纱线在相同或不同摩擦条件下的表现,揭示了纱线股数增加时,其整体结构强度、表面积变化以及纤维间相互作用力等因素如何共同作用于摩擦过程,进而影响摩擦系数及损伤程度。这一发现不仅丰富了人们对棉纤维摩擦行为的理解,也为纺织行业在材料选择、工艺优化等方面提供了重要的理论依据和实践指导。

综上所述,本节通过往复摩擦试验仪的应用与探索,完成了棉纤维间摩擦损伤的表征与测试。同时,深入剖析了载荷、张力、速度以及纱线股数等多个关键因素对摩擦系数及损伤程度的影响机制。这一研究为相关领域的研究与应用开辟了新的视角与思路,促进了对棉纤维摩擦行为的更深入理解,并为未来的相关研究奠定了坚实的基础。

一、载荷对纱线间摩擦系数的影响

根据往复摩擦试验仪的载荷范围,确定适合试验的载荷参数为5N、6N、7N。预加张力为12N,分别探究速度为5mm/s、10mm/s、15mm/s、20mm/s时,开展往复摩擦试验。由图6-94可知,当预加张力相同时,随着载荷的增大,摩擦系数整体呈现先增加后趋于平稳的状态,同一速度下的摩擦系数整体呈降低趋势。且由单个图分析发现,相同频率调节的速度下,其摩擦系数趋于相近。结果显示,在相同条件下,载荷对摩擦系数有显著影响。根据图6-94(a),当载荷为6N时,摩擦系数较5N时降低15%;而载荷为7N时,摩擦系数较5N时降低28%。图6-94(b)的数据显示,载荷为6N时,摩擦系数降低16.5%;而在载荷为7N时,相比5N降低21.6%。从图6-94(c)来看,载荷为6N时,摩擦系数比5N时低12.5%;在载荷增加至7N时,摩擦系数比6N时降低20%,与5N时相比,

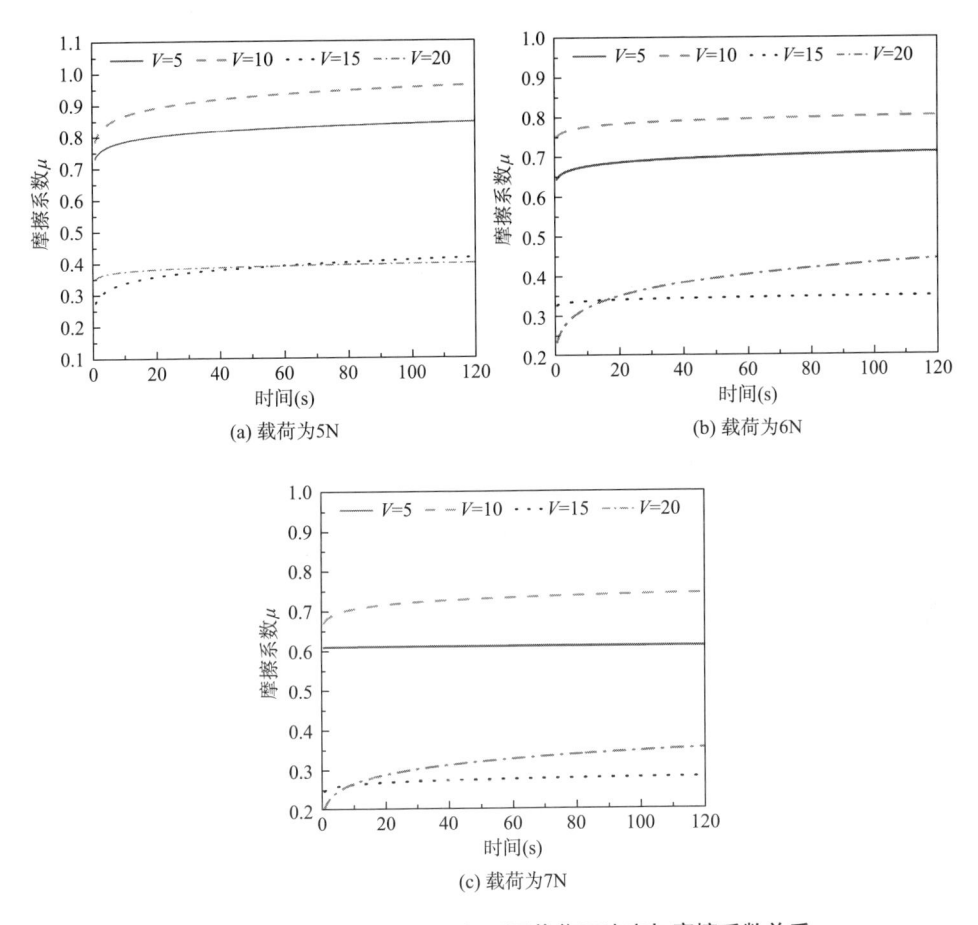

图 6-94　预加张力为 12N 时,不同载荷下速度与摩擦系数关系

总降幅达到 30%。阿贾伊等[166]通过研究发现,随着载荷的增加,不同织物的摩擦系数呈现下降的趋势,且基本相似。

通过观察分析,随着载荷的增加,纱线的磨损程度也随之加剧。这一机制的关键在于,增加载荷时,纱线之间的接触面积扩大,摩擦界面上纤维之间的接触力增大。在进行往复摩擦运动时,纱线间接触力较大就会产生较大的摩擦阻力,进而引发更多的纤维断裂。因此,载荷的变化显著影响纱线的摩擦特性和表观形貌。上述试验结果表明,载荷的变化对摩擦系数影响较为明显,随着载荷的增大,摩擦系数整体呈现先增加后趋于平稳的状态。这一结论与天津工业大学的研究相一致,张剑等指出,在纤维束织造过程中,法向负载的变化对氧化铝纤维的摩擦力影响显著[167]。随着法向载荷的增加,摩擦力增大,摩擦系数则会减小,这进一步验证了载荷对摩擦行为的影响机制。

二、预加张力对纱线间摩擦系数的影响

在保持载荷为5N、时间为120s不变的条件下,棉纱线在不同预加张力下(12N、15N、18N、21N),速度分别为5mm/s、10mm/s、15mm/s、20mm/s时,进行五次测量,取其摩擦系数平均曲线并进行分析。图6-95数据显示,当载荷相同时,随着预加张力的增加,摩擦系数整体呈下降趋势。在相同速度下,摩擦系数先增加后降低,最终趋于平稳,各个速度下的趋势基本一致。在图6-95(a)中,预加张力为15N时的摩擦系数较12N时增加0.0044;而预加张力为18N时,相比15N时降低0.0384;预加张力为21N时,相比18N时降低0.0454。图6-95(b)中,预加张力为15N时的摩擦系数较12N时增加0.0361;预加张力为18N时,相比15N时降低0.0788;预加张力为21N时,相比18N时降低0.0035。图6-95(c)中,预加张力为15N时的摩擦系数较12N时降低0.0218;预加张力为18N时,相比15N时增加0.0259;预加张力为21N时,相比18N时降低0.0242。最后,图6-95(d)显示,预加张力为15N时的摩擦系数较12N时降低0.0262;预加张力为18N时,相比15N时降低0.0228;预加张力为21N时,相比18N时增加0.1888。综合以上结果可以得出结论随着预加张力的增加,摩擦系数与载荷整体呈负相关关系。

纱线中预加张力的大小直接决定了相互接触的两股纱线之间的相互作用力的大小,因此,纱线中预加张力是影响纱线摩擦性能的重要因素。综上,试验结果表明,纱线间摩擦时随着预加张力的增加,摩擦系数整体呈降低趋势,但其降低趋势较小。这一结论符合了何丽云等[168]在报告中提到的随着预加张力的增大,纤维受到的摩擦力增大,即随着纤维受到的压力变大,摩擦系数减小。而预加张力并非越大越好,过大的张力会使纤维受损,从而使得纱线强力损失。

(a) 预加张力12N

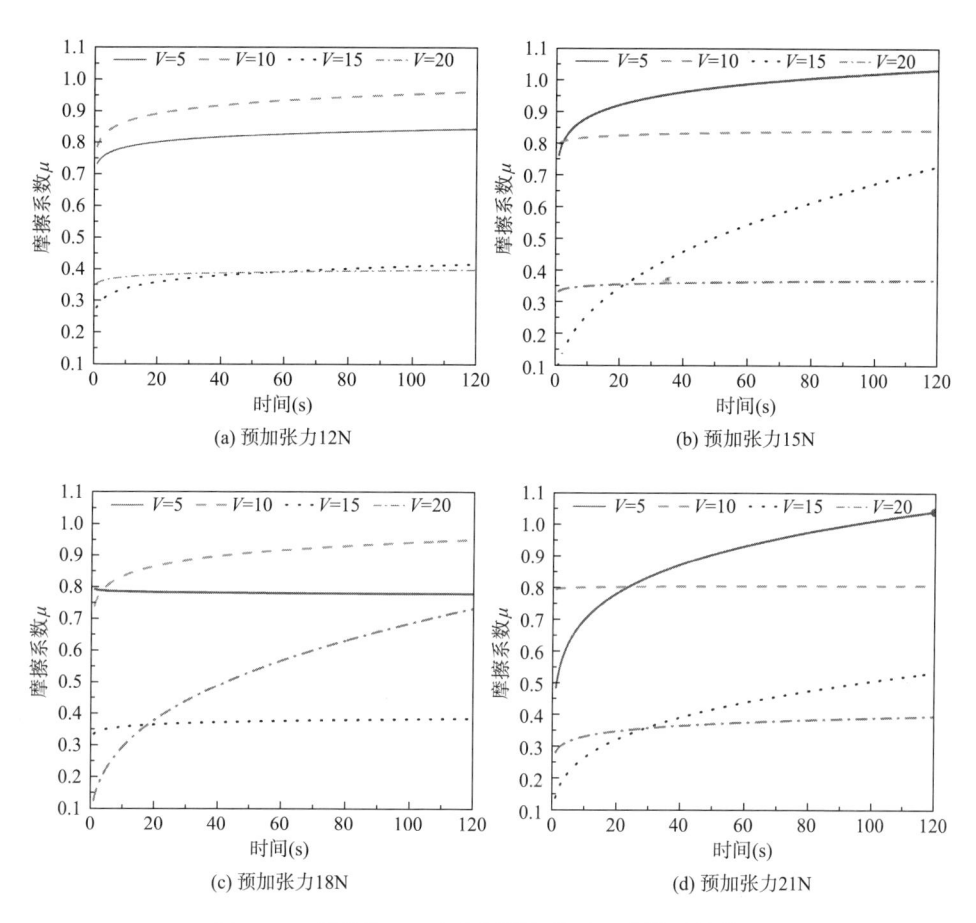

(b) 预加张力15N

(c) 预加张力18N

(d) 预加张力21N

图 6-95　载荷为 5N 时,不同预加张力下摩擦系数关系

三、速度对纱线间摩擦系数的影响

在保持载荷为 5N、6N、7N,时间为 120s 不变的条件下,棉纱线在不同速度下(5mm/s、10mm/s、15mm/s、20mm/s),预加张力为 12N、15N、18N、21N 时,进行五次测量,取其摩擦系数平均曲线并进行分析。图 6-96 所示为在载荷和预加张力相同的条件下,不同速度与摩擦系数的关系。由图可知,当载荷和预加张力相同时,随着速度的变化,摩擦系数整体呈现先增加后降低趋势。同一预加张力不同载荷或同一载荷不同预加张力下,摩擦系数呈现整体下降趋势。由

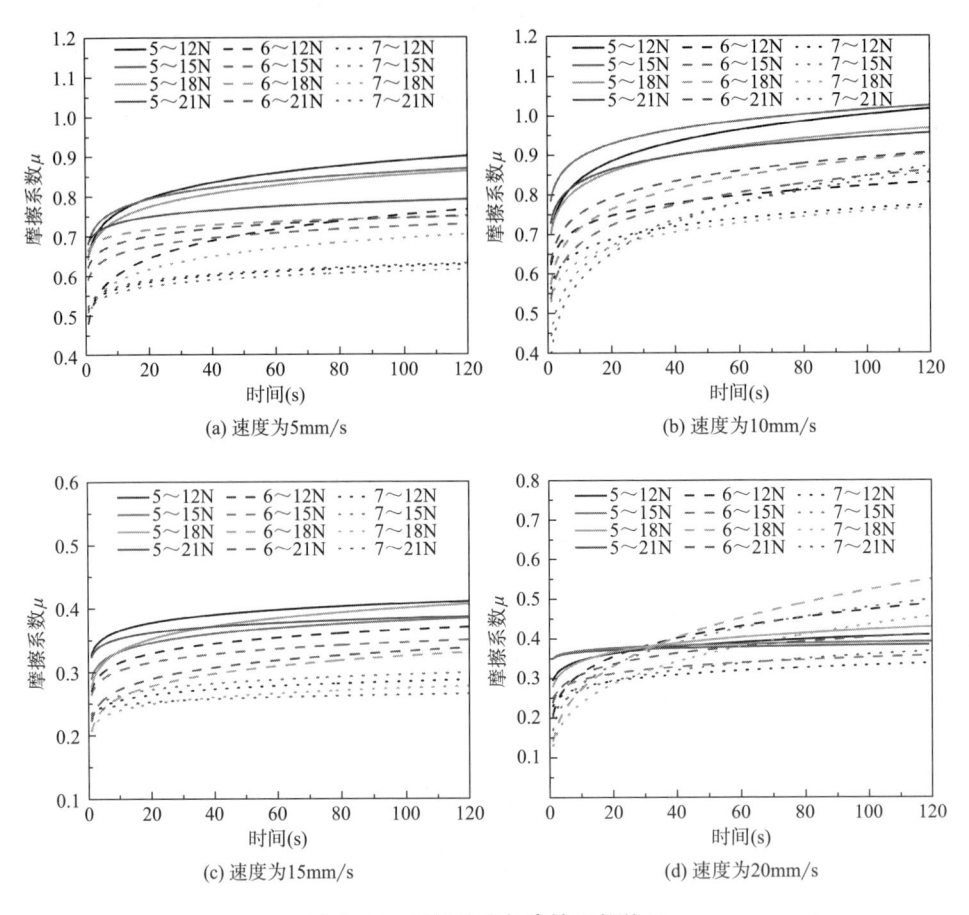

图 6-96　不同速度与摩擦系数关系

单个图分析发现,相同频率调节的速度下,其摩擦系数趋势基本相似。以下是具体数据。

当调控位移为 5000mm,频率为 1Hz 的速度为 5mm/s 时,由图 6-96(a)可以发现,在相同预加张力下,较大的载荷对应较小的摩擦系数,且摩擦系数随着时间的推移逐渐平稳。预加张力为 12N,载荷为 5N 时的摩擦系数相比于 6N 时的摩擦系数增加 16.2%;6N 较 7N 时增加 13.9%。而载荷为 5N 时,预加张力为 12N 时的摩擦系数相比于 15N 时则增加了 4%;预加张力为 15N 时,相比于预加张力为 18N 时,其摩擦系数增加 2.4%;预加张力为 18N 时的摩擦系数则相比于

21N 时增加 1.3%。

当预加张力为 15N 时,载荷为 5N 时,摩擦系数较 6N 时增加 12.4%;而载荷为 6N 时与 7N 时相比,增加 14.9%。载荷为 6N 时,预加张力为 12N 时相比 15N 时的摩擦系数降低 0.28%;15N 与 18N 相比降低 4.33;18N 与 21N 相比则增加 1.33%。对于预加张力为 18N,载荷为 5N 时,摩擦系数较 6N 时增加 6.33%;6N 与 7N 时增加 11.86%。在载荷为 7N 的情况下,预加张力为 12N 时与 15N 时的摩擦系数增加 0.87%;15N 与 18N 相比降低 7.47;而 18N 与 21N 相比增加 6.75%。

预加张力为 15N,载荷为 5N 时的摩擦系数较 6N 时增加 12.4%;而 6N 与 7N 时增加 14.9%。而载荷为 6N 时,预加张力为 12N 时的摩擦系数相比于 15N 时则降低 0.28%;预加张力为 15N 时与 18N 时相比,降低 4.33%;预加张力为 18N 时与 21N 时相比,则增加 1.33%。预加张力为 18N,载荷为 5N 时的摩擦系数相比于 6N 时的摩擦系数增加 6.33%;载荷为 6N 时相比于载荷为 7N 时摩擦系数增加 11.86%。而载荷为 7N 时,预加张力为 12N 时的摩擦系数相比于 15N 时则增加了 0.87%;预加张力为 15N 时相比于预加张力为 18N 时,其摩擦系数降低 7.47%;预加张力为 18N 时的摩擦系数则相比于 21N 时增加 6.75%。最后,在预加张力为 21N 的条件下,载荷为 5N 时的摩擦系数较 6N 时增加 6.35%;而载荷为 6N 时与 7N 时的摩擦系数增加 16.71%。这些结果进一步确认了摩擦系数与载荷及预加张力之间的复杂关系。

当调控位移为 10000mm,频率为 1Hz 的速度为 10mm/s 时,由图 6-96(b)可以发现,在相同预加张力下,载荷越大,摩擦系数也开始逐渐增大,但其增加趋势不明显,且基本无明显增加。预加张力为 12N、载荷为 5N 时的摩擦系数相比于 6N 时的摩擦系数增加 16.12%;载荷为 6N 时相比于 7N 时摩擦系数增加 4.23%。而载荷为 5N 时,预加张力为 12N 时的摩擦系数相比于 15N 时则降低 5.11%;预加张力为 15N 时相比于预加张力为 18N 时,其摩擦系数增加 12.58%;预加张力为 18N 时的摩擦系数则相比于 21N 时降低 3.08%。预加张力为 15N,载荷为 5N 时的摩擦系数相比于 6N 时的摩擦系数增加 21.19%;载荷为6N时相比于7N时摩擦系数增加2.55%。而载荷为6N时,预加张力为12N时的摩擦系数相比于15N时则增加1.24%;预加张力为15N时相比于预加张力为18N时,其摩擦系数降低1.5%;预加张力为18N时的摩擦系数则相比于21N时降低8.14%。预加张力为18N,载荷为5N时的摩擦系数相比于6N时的摩擦系数增加8.49%;载荷为6N时相比于7N时摩擦系数增加13.48%。而载荷为7N时,预加张力为12N时的摩擦系数相比于15N时则增加0.48%;预加张力为15N时相比于预加张力为18N时,其摩擦系数增加9.88%;预加张力为18N时的摩擦系数则相比于21N时降低11.55%。预加张力为21N,载荷为5N时的摩擦系数相比于6N时的摩擦系数增加0.4%;载荷为6N时相比于7N时摩擦系数增加10.75%。

当调控位移为7500mm,频率为2Hz的速度为15mm/s时,由图6-96(c)可以发现,在相同预加张力下,载荷越大,摩擦系数越小,且摩擦系数随摩擦时间增长逐渐平稳,与速度为5mm/s时相似。预加张力为12N、载荷为5N时的摩擦系数相比于6N时的摩擦系数增加10.96%;载荷为6N时相比于7N时摩擦系数增加21.95%。而载荷为5N时,预加张力为12N时的摩擦系数相比于15N时则增加8.02%;预加张力为15N时相比于预加张力为18N时,其摩擦系数增加1.52%;预加张力为18N时的摩擦系数则相比于21N时降低2.44%。预加张力为15N,载荷为5N时的摩擦系数相比于6N时的摩擦系数增加8.95%;载荷为6N时相比于7N时摩擦系数增加13.02%。而载荷为6N时,预加张力为12N时的摩擦系数相比于15N时则增加5.95%;预加张力为15N时相比于预加张力为18N时,其摩擦系数增加8.92%;预加张力为18N时的摩擦系数则相比于21N时降低2.11%。预加张力为18N,载荷为5N时的摩擦系数相比于6N时的摩擦系数增加15.78%;载荷为6N时相比于7N时摩擦系数增加15.57%。而载荷为7N时,预加张力为12N时的摩擦系数相比于15N时则降低4.8%;预加张力为15N时相比于预加张力为18N时,其摩擦系数增加11.58%;预加张力为18N时的摩擦系数则相比于21N时降低2.3%。预加张力为21N,载荷为5N时的摩擦系数相比于6N时的摩擦系数增加16.07%;载荷为6N时相比于7N时摩擦系数增加15.54%。

当调控位移为10000mm,频率为2Hz的速度为20mm/s时,由图6-96(d)可以发现,在相同预加张力下,摩擦系数与摩擦时长及载荷无明显关系。预加张力为12N,载荷为5N时的摩擦系数相比于6N时的摩擦系数降低5.38%;载荷为6N时相比于7N时摩擦系数增加24.6%。而载荷为5N时,预加张力为12N时的摩擦系数相比于15N时则降低0.05%;预加张力为15N时相比于预加张力为18N时,其摩擦系数增加3.1%;预加张力为18N时的摩擦系数则相比于21N时增加2.72%。预加张力为15N、载荷为5N时的摩擦系数相比于6N时的摩擦系数增加13.05%;载荷为6N时相比于7N时摩擦系数降低19.63%。而载荷为6N时,预加张力为12N时的摩擦系数相比于15N时则增加17.46%;预加张力为15N时相比于预加张力为18N时,其摩擦系数降低7.44%;预加张力为18N时的摩擦系数则相比于21N时增加5.59%。预加张力为18N、载荷为5N时的摩擦系数相比于6N时的摩擦系数增加3.6%;载荷为6N时相比于7N时摩擦系数增加19.39%。而载荷为7N时、预加张力为12N时的摩擦系数相比于15N时则降低30.95%;预加张力为15N时相比于预加张力为18N时,其摩擦系数增加27.6%;预加张力为18N时的摩擦系数则相比于21N时增加0.07%。预加张力为21N、载荷为5N时的摩擦系数相比于6N时的摩擦系数增加11.82%;载荷为6N时相比于7N时摩擦系数增加14.68%。

摩擦理论认为:材料在法向压力作用下互相接触,当接触面相互滑动时产生的切向阻力与法向压力成正比。在往复摩擦试验中,下试样纱线所承受的法向压力与其张力成正比,因此张力越大,摩擦作用也越明显。纱线之间处于相互滑动摩擦,其滑动摩擦系数和物体的相对速度有关。在低速情况下,速度对滑动摩擦系数的影响很小,可近似看作常数。而在高速时,滑动摩擦系数随速度增大而减小。试验研究表明,当棉纱线在控制摩擦速度时,适度增加摩擦速度会导致纱线的摩擦系数下降,从而增加摩擦损伤次数。这一结论与马芹等[169]在报告中提出的一致,即随着摩擦速度的加快,纱线的耐磨性减弱,纱线损伤随摩擦系数的减小而减小。

四、不同股数棉纱线摩擦损伤表面形貌分析

表面形貌表征分析是一种用于研究材料表面形态、结构和特性的方法。旨在揭示表面的微观和宏观特征,本小节借助蔡司显微镜(Smartzoom5)和扫描电镜对摩擦试验后的棉纱线进行表面形貌分析。

(一)四股面纱线摩擦损伤表面形貌分析

表面损伤主要包括表面机械划伤和纤维摩擦损伤,主要因辊与纤维表面之间或纤维之间的摩擦作用引起。对试验条件进行统一,当预加张力为 15N,摩擦速度为 10mm/s,变量载荷分别为 5N、6N、7N,摩擦时间为 20min,使得棉纱线断裂,在蔡司显微镜下观察其上试样与下试样损伤情况,如图 6-97 所示。结果表明,随载荷增加上试样的损伤逐渐明显。由图 6-97 可知,载荷为 5N、6N、7N 时,棉纱线在摩擦 20min 后逐渐断裂,且随着载荷的增加断裂时间变短,断口形貌由撕裂转变为直接断裂。这一现象表明,棉纱线的摩擦断裂是纤维的磨损和在载荷与预加张力的同时作用下抽拔拉伸综合作用时产生的结果。其断裂过程为在摩擦力、载荷和预加张力的综合作用下,摩擦区域的棉纱线中的棉纤维逐步断裂,断裂的棉纤维在摩擦区域的两端形成聚集[170-171]。而此时纱线上的

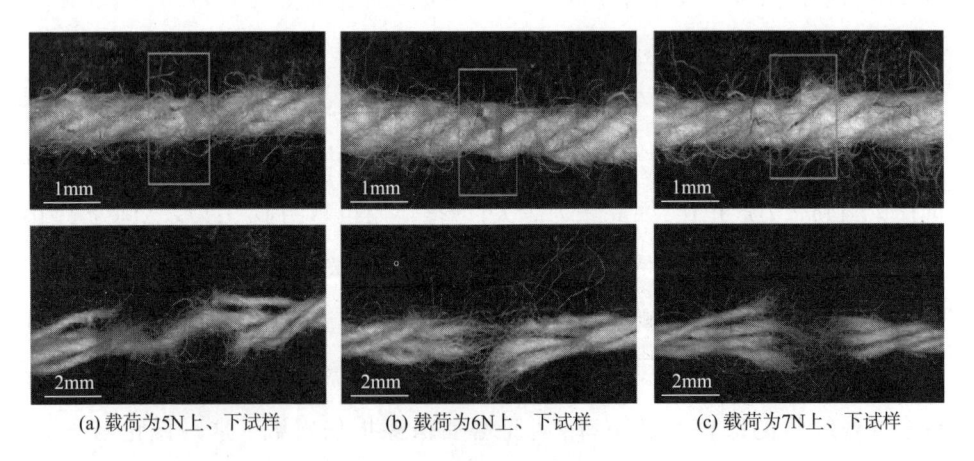

(a) 载荷为5N上、下试样　　(b) 载荷为6N上、下试样　　(c) 载荷为7N上、下试样

图 6-97　四股棉纱线摩擦损伤表面形貌

纤维在摩擦过程中发生纠缠,随着聚集程度增加,摩擦的进行受到一定阻碍,从而增加了摩擦阻力。随着摩擦的进行,越来越多的纤维被磨断,最终导致强度下降,纱线整体断裂。

(二) 两股面纱线摩擦损伤表面形貌分析

在此处分析了当两股棉纱线在载荷为 0.4N,预加张力为 3N 时,摩擦速度分别为 20mm/s、30mm/s、40mm/s 的条件下进行往复摩擦试验,对棉纱线上试样和下试样进行摩擦区标注,开展摩擦损伤表面表征,如图 6-98 所示。

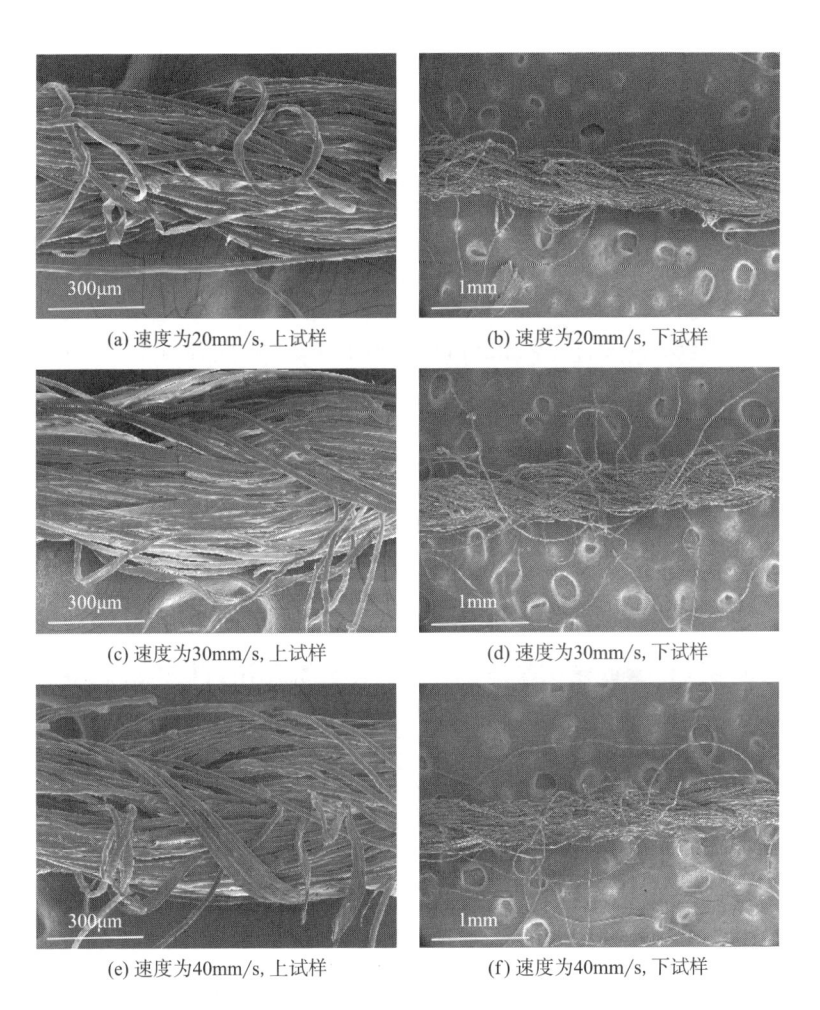

(a) 速度为20mm/s,上试样　　(b) 速度为20mm/s,下试样

(c) 速度为30mm/s,上试样　　(d) 速度为30mm/s,下试样

(e) 速度为40mm/s,上试样　　(f) 速度为40mm/s,下试样

图 6-98　两股棉纱线摩擦损伤表面形貌

观察图6-98(a)、(c)、(e)上试样发现,随着摩擦速度的增加,其纱线表面紧凑度增加,且表皮纤维损伤数量也增加。在棉纱线的摩擦过程中,由于纱线与纱线间的持续相互作用,随着下试样纱线运动的速度增加,上试样保持静止不动,在同一时间内循环次数增加,从而导致上试样纱线表皮纤维损伤数量增加,紧凑度增大。

观察图6-98(b)、(d)、(f)下试样发现,随着摩擦速度的增加,其纱线捻度降低,且纱线周围毛羽增加。在棉纱线摩擦过程中,由于纱线间存在持续相互作用,随着摩擦速度的增加,下试样纱线摩擦频率增加,在同一时间段内循环次数增加,从而导致下试样纱线捻度降低,表皮毛羽随着摩擦频率的增加而增加。

(三)单根棉纱线摩擦损伤表面形貌分析

在此处分析了当棉纱线经过往复摩擦试验时纱线单纤维损伤程度。此处所示的损伤是在纱线尚未断裂时所抽取的单根纤维上观察到的,即在纱线最终因摩擦而断裂之前的某个时间点,对纱线摩擦表面附近的单根纤维的损伤进行检测得到,如图6-99所示。在此处选取的棉纱线为两股棉纱线,分别在载荷为0.4N、0.6N、0.8N时,预加张力为2N、3N、4N,摩擦速度为10mm/s的条件下进行往复摩擦试验,后选取摩擦区域抽取单根棉纤维进行损伤表面测试。

图6-99(a)展示了在载荷为0.4N、预加张力为2N的条件下,棉纱线经过往复摩擦后所获得的棉纤维摩擦损伤表面形貌。由图可知,单根棉纤维表面会存在部分小凸起,且表面发生广泛的纤颤,但并未出现明显的缺陷或裂纹。分析其原因可能是由于纱线在摩擦过程中由于外部作用力使得纤维表皮产生堆积而形成凸起或纤颤,但由于外部作用力有限,未对纤维表面造成显著损伤,所以无其他明显特征。

图6-99(b)展示了在载荷为0.6N、预加张力为2N的条件下,棉纱线经过往复摩擦后所获得的棉纤维摩擦损伤表面形貌。在这一条件下,观察到单根棉纤维表面出现大量从纤维主体脱落的碎屑。这些碎屑可能对应于纤维的自然层状分裂。由于载荷的增加,纱线在磨损过程中形成的接触点增多,导致纤维在受到不同外部作用力时,交联最密集的表层优先脱落,而层间交联密度较低

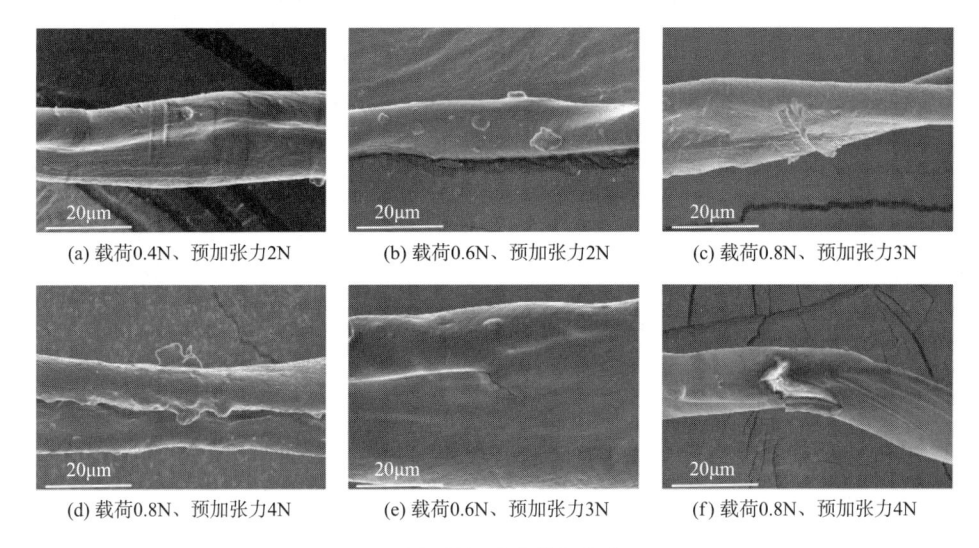

(a) 载荷0.4N、预加张力2N　　(b) 载荷0.6N、预加张力2N　　(c) 载荷0.8N、预加张力3N

(d) 载荷0.8N、预加张力4N　　(e) 载荷0.6N、预加张力3N　　(f) 载荷0.8N、预加张力4N

图6-99　单根棉纤维摩擦损伤表面形貌

的部分则逐渐脱落,形成碎屑的数量因此有所不同。

图6-99(c)、(d)展示了在载荷为0.8N、预加张力为3N和4N的条件下,棉纱线经过往复摩擦后所获得的棉纤维摩擦损伤表面形貌。由图观察发现,单根棉纤维表面产生了小楔形的缺口和部分纤颤,且随着预加张力增加,小楔形缺口损伤程度增加。存在这种类型的损伤主要是由于在摩擦过程中预加张力的增加,纱线在更大的张紧力下有划伤作用,使得纤维在摩擦过程中出现的楔形损伤,同时也使得纤维表皮伴随纤颤,直到纤维最终被划伤出现楔形损伤直至断裂。

图6-99(e)、(f)展示了在载荷为0.6N和0.8N、预加张力为3N和4N的条件下,棉纱线经过往复摩擦后所获得的棉纤维摩擦损伤表面形貌。由图观察发现,单根棉纤维表面显示出较小的裂缝或形成孔洞,这些小的裂缝仍然由微纤维连接,且这些裂缝或孔洞占主导地位,主要沿着原纤维的螺旋方向或近似于垂直方向,或是尽可能沿着纤维表面的褶皱方向存在。分析其产生这种损伤形态的原因发现,可能是由于摩擦期间纱线表层的纤维在载荷和预加张力的增加下产生弯折的结果。

综上所述,通过对棉纱线摩擦损伤后的单根棉纤维表面进行损伤形貌表征发现,棉纤维表面产生不同程度的损伤形态主要和棉纱线在摩擦过程中外部作用力相关,但主要原因是棉纤维在摩擦过程中接触面的不同,使得其产生损伤程度不同。

五、小结

载荷的增加显著加剧了棉纱线的磨损程度,这主要是由于载荷提升导致纱线间接触面积的扩大和摩擦界面上接触力的增强,从而增加了摩擦阻力,促进了纤维断裂。试验结果显示,随着载荷的增大,摩擦系数呈现出先增加后趋于平稳的趋势。此外,预加张力对摩擦性能也具有重要影响。研究发现,随着预加张力的增加,摩擦系数整体呈下降趋势,但下降幅度较小。过大的预加张力可能导致纤维损伤,进而降低纱线的强度。因此,预加张力需要适度,以避免对纤维造成负面影响。在摩擦速度方面,试验表明适度提高摩擦速度可以缩短摩擦时间,并降低摩擦系数,这会增加纱线的磨损次数。这一发现与相关文献一致,指出摩擦速度的提升会减弱纱线的耐磨性,导致更多的损伤。综上所述,纱线在摩擦过程中产生的损伤形态与外部作用力密切相关,特别是不同接触面条件对损伤程度的影响,这些结果为理解棉纱线的摩擦特性提供了重要依据。

第七节 基于分子动力学模拟的棉纤维间摩擦磨损行为

纤维素作为棉花的主要成分,其摩擦特性的研究通常依赖试验方法,尽管试验结果真实可靠,但往往受到试验条件的限制,难以从微观层面进行深入分析。分子动力学(MD)模拟为此提供了一种有效的补充工具,已被证明在研究纤维素特性及其摩擦行为中具有显著效果。研究者们通过 MD 技术探讨了纤维素与金属材料之间的摩擦特性,获得的结果对采棉机和纺纱机的部件保护具有实际意义。然而,目前的研究多集中于结晶纤维素,未充分考虑无定形纤维素与结晶纤维素间的摩擦特性。

因此,为了全面理解纤维素的摩擦特性,本小节将建立三种摩擦模型,通过 MD 模拟从微观层面探讨无定形纤维素、结晶纤维素及其间摩擦的特征,并分析载荷和滑动速度对棉纤维摩擦磨损的影响,这将为提升棉纤维在纺织过程中的性能提供重要的理论依据。

一、棉纤维间摩擦磨损的模型构建和模拟

纤维素链由两个葡萄糖残基组成,通过 $\beta(1\text{-}4)$ 糖苷键连接,由结构排列整齐的晶体区域和结构混乱的非晶体区域构成,如图 6-100 所示。晶体纤维素包括 $I\text{-}\alpha$ 晶体纤维素及 $I\text{-}\beta$ 晶体纤维素,其中 $I\text{-}\beta$ 纤维素更为稳定,是本文研究的对象。

彩图

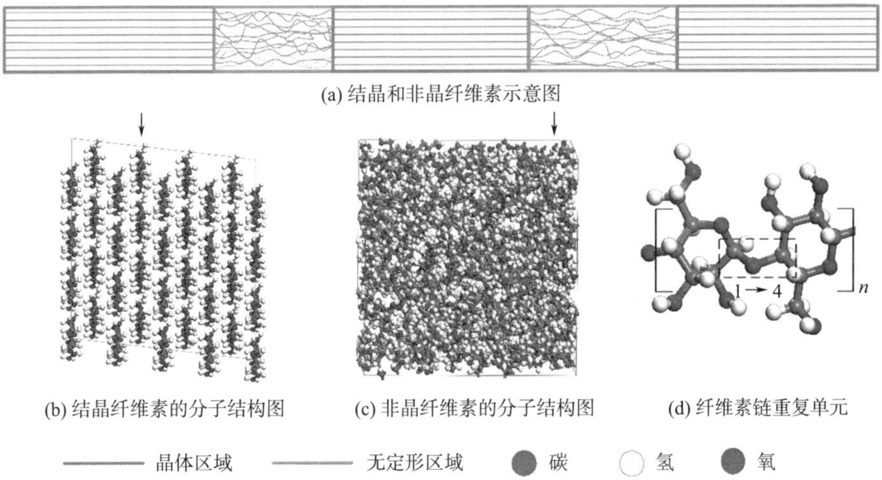

(a) 结晶和非晶纤维素示意图

(b) 结晶纤维素的分子结构图　(c) 非晶纤维素的分子结构图　(d) 纤维素链重复单元

——— 晶体区域　　——— 无定形区域　● 碳　○ 氢　● 氧

图 6-100　纤维素链结构

在本文的研究中,使用单位细胞尺寸的 $a=7.8$、$b=8.2$、$c=10.4$、$\gamma=96.5°$[172] 模型 $I\text{-}\beta$ 结晶纤维素,和非晶纤维素建模的聚合 30 和密度 1.5g/cm³[173],如图 6-101 所示。

本文使用了三种摩擦模型,第一种是晶体纤维素与晶体纤维素间的摩擦模

(a) 结晶纤维素单元细胞示意图　　(b) 单个非晶纤维素链示意图

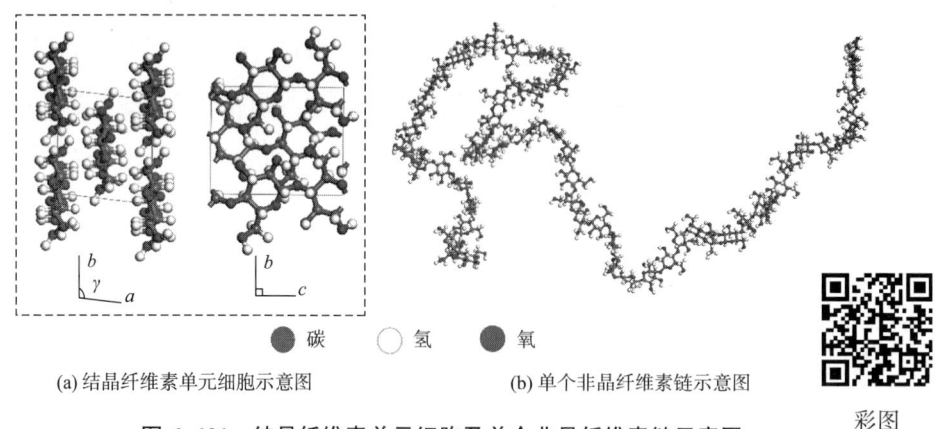

● 碳　　○ 氢　　● 氧

图 6-101　结晶纤维素单元细胞及单个非晶纤维素链示意图

彩图

型(FMCC),第二种是非晶体纤维素与非晶体纤维素间的摩擦模型(FMCA),第三种是晶体纤维素与非晶体纤维素间的摩擦模型(FMAA),模型尺寸是 101.2Å×16.4Å×68.3Å,如图 6-102 所示,其中,x 方向的尺寸未完全展示。沿 z 方向,模型分为三层,最外层是刚性层,包括位于顶端的移动刚性层(MRL)及位于底部的固定刚性层(FRL)。刚性层中的所有原子在模拟过程中不变形,因为它们都被设置为刚体。其中,FRL 原子是固定的,不发生位移,而 MRL 原子会沿 x 方向进行滑动,并且承担沿 z 轴方向的载荷。紧邻刚性层的是恒温层,通过重新调整原子速度,保证该层温度不变,本文将温度设置为 300K。模型中的其余原子被定义为牛顿层,原子可以根据牛顿第二运动定律自由运动。模型边界条件设置为 x 和 y 方向为周期性的,而 z 方向则是非周期性的。为了进一步平衡模拟模型,在进行 MD 模拟之前,在恒温恒容(NVT 组合)条件下进行了五次退火处理。每个退火过程的温度以 4K/ps 的速度从 300K 升至 500K,然后以 80K/ps 的高速度降至 300K。

模拟过程共分为三个阶段,时间步长设置为 0.25fs。在第一阶段,在 300K 的恒温条件下进行了 100ps 的松弛,以消除模型中的内应力。在第二阶段,沿 z 方向对 MRL 加载 200ps。最后,在 x 方向上对 MRL 施加滑动速度,产生两层纤维素之间的相对滑动,模拟时间为 100ps。在本文中,保持载荷为 10GPa 不变,

(a) FMCC的示意图　(b) FMCA的示意图　(c) FMAA的示意图

图 6-102　三种摩擦模型示意图

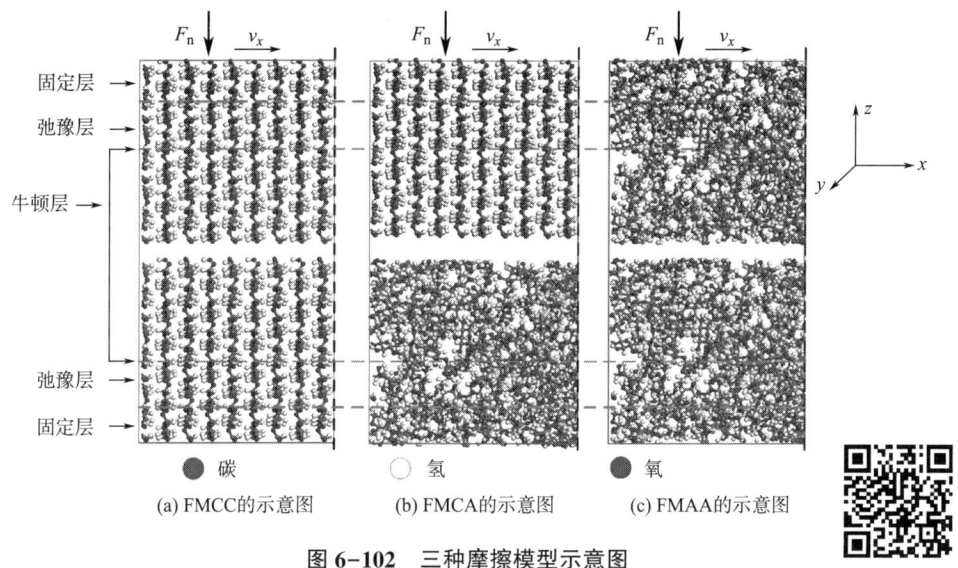

彩图

滑动速度设置为 1Å/ps、2Å/ps、3Å/ps、4Å/ps 和 5Å/ps,分析速度对摩擦和磨损的影响。保持速度是 1Å/ps 不变,载荷设置为 4GPa、6GPa、8GPa、10GPa 和 12GPa,分析加载对摩擦和磨损的影响。通过大规模原子/分子大规模并行模拟器(LAMMPS)[174]来执行所有的模拟,这是已知的 MD 模拟的开放源代码,然后由 OVITO[175]进行可视化,并利用 CHON-2017_weak[176]的反作用力场(ReaxFF)描述原子间的相互作用力,阿曼[177]用此研究纤维素纳米晶体的性质。

二、不同载荷和速度下的摩擦行为

结晶纤维素和非晶态纤维素具有不同的性质,因此本文模拟了 FMCC、FMCA 和 FMAA 三种摩擦模型,分析了它们的摩擦特性。摩擦力 F_f 是将固定层所有原子沿 x 方向[178-179]的切向力相加,以及 F_f 与原子随载荷 F_n 和滑动速度 v_x 的变化得到的结果,研究它们对摩擦的影响。

图 6-103 和图 6-104 显示了 FMCC 的摩擦力 F_f 随 F_n 及 v_x 的变化,由图可知,摩擦力变化可分为三个阶段。第一个阶段(S_I)摩擦力随滑动增加,此时的

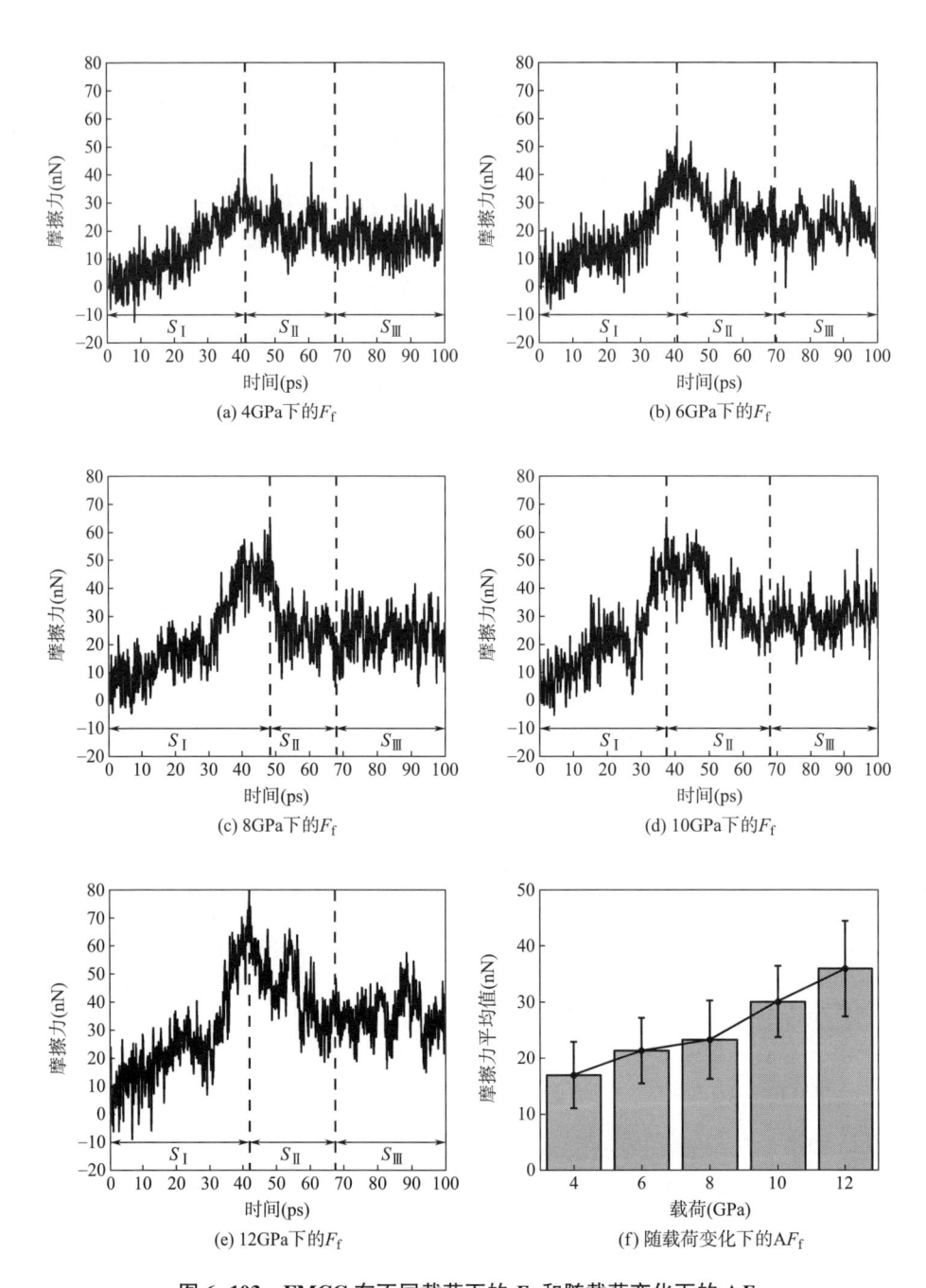

图 6-103 FMCC 在不同载荷下的 F_f 和随载荷变化下的 AF_f

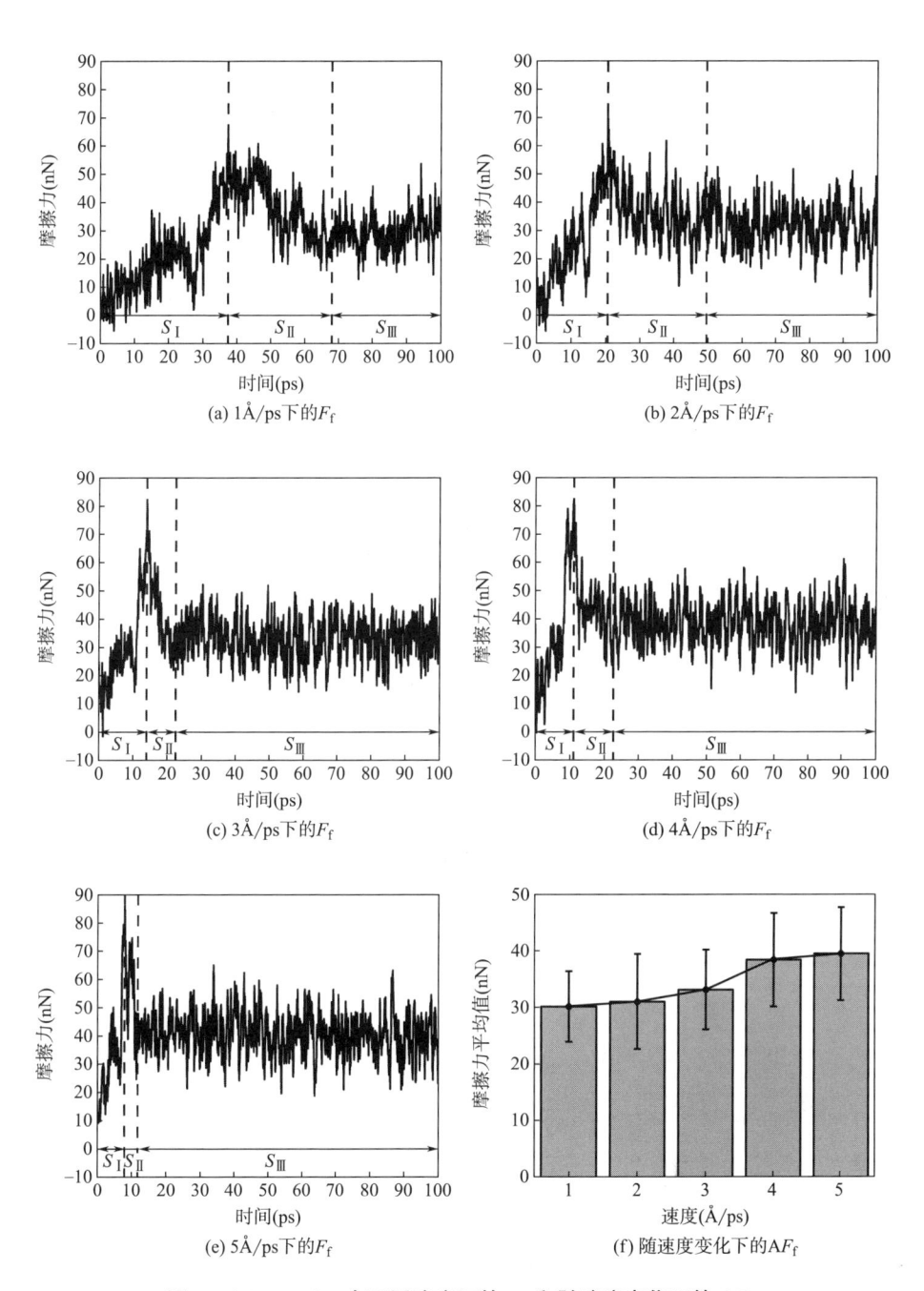

图 6-104　FMCC 在不同速度下的 F_f 和随速度变化下的 AF_f

摩擦界面由静止转向滑动,并且随着滑动的持续,越来越多的原子开始滑动,直至所有原子处于滑动状态,此时,摩擦力达到最大,进入第二阶段(S_{II})。在S_{II}阶段,所有原子处于滑动状态,但由于进入滑动有先后,导致各个原子的运动状态并不完全一致,此阶段摩擦力变化较为剧烈,但随着原子滑动趋于稳定,摩擦力也逐渐趋于稳定并呈现出下降趋势。S_{I}到S_{II}是由静止进入滑动的转变,也是静摩擦向动摩擦的转变。在进入S_{III}阶段后,摩擦力变化较为平稳,此时进入稳定摩擦状态。由图6-103(a)~(e)可知,随着F_n的增大,三个阶段的摩擦力变化较为明显,呈现出增大趋势,但值得注意的是,F_n的变化,对三个阶段持续的时间并无太大影响。根据图片数据显示,所有滑动在80ps以后均进入稳定摩擦状态。因此,将80~100ps的摩擦力平均值(AF_n)作为分析对象,研究F_n对稳定摩擦力的影响。如图6-103(f)所示,随着F_n增加,AF_n呈现增大趋势。

然而,v_x对摩擦力的影响与F_n有所不同,由图6-104(a)~(e)可知,三个阶段的持续时间随v_x变化较为明显,S_I和S_{II}的时间会随v_x减小,S_{III}的时间变大,也就是较大的v_x,摩擦更容易进入稳定阶段。同时,v_x对摩擦力的大小会有影响,由图6-104(f)可知,随着v_x增大,AF_n也会增大,但没有F_n影响显著。从以上的分析可知,F_n会显著影响摩擦力的大小,而v_x对摩擦状态变化较为明显。

图6-105和图6-106显示了FMCA的摩擦力F_f随法向力F_n和滑行速度v_x的变化,图6-107和图6-108显示了FMAA的摩擦力F_f随F_n及v_x的变化,这些图表表明,FMCA和FMAA的摩擦力特征与FMCC存在显著差异。在FMCA和FMAA中,摩擦力F_f主要分为两个阶段,即S_I和S_{III},并且缺乏S_{II}。S_I阶段的F_f逐渐增加,这与FMCC相似,但当F_f达到最大值时,它直接过渡到S_{III}阶段,而没有经过S_{II}阶段。这种现象的原因在于FMCA和FMAA中含有非晶态纤维素。与结晶纤维素的层状结构不同,非晶态纤维素的结构使得摩擦特性发生变化。结晶纤维素具有层状结构,导致在S_I阶段原子速度的层状分布,当所有原子都在运动并进入S_{II}阶段时,F_f达到最大值。由于在S_I阶段结束时原子的速度差异,各层的原子在不同的时间进入S_{III}阶段,因此存在一个从S_I到S_{III}的过渡阶段,即S_{II}阶段。非晶态纤维素不具有层状结构,纤维素链的原子是随

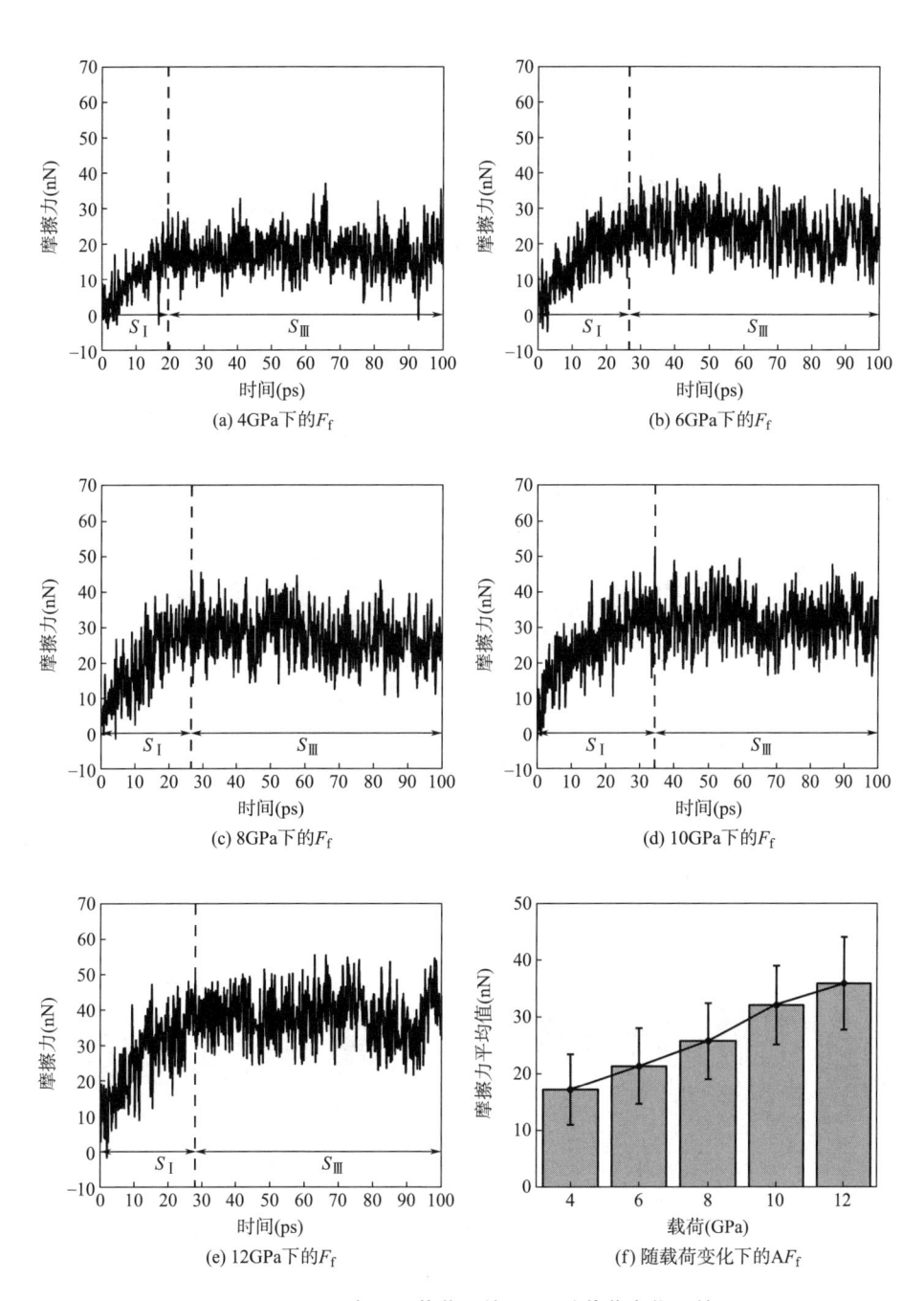

图 6-105 FMCA 在不同载荷下的 F_f 和随载荷变化下的 AF_f

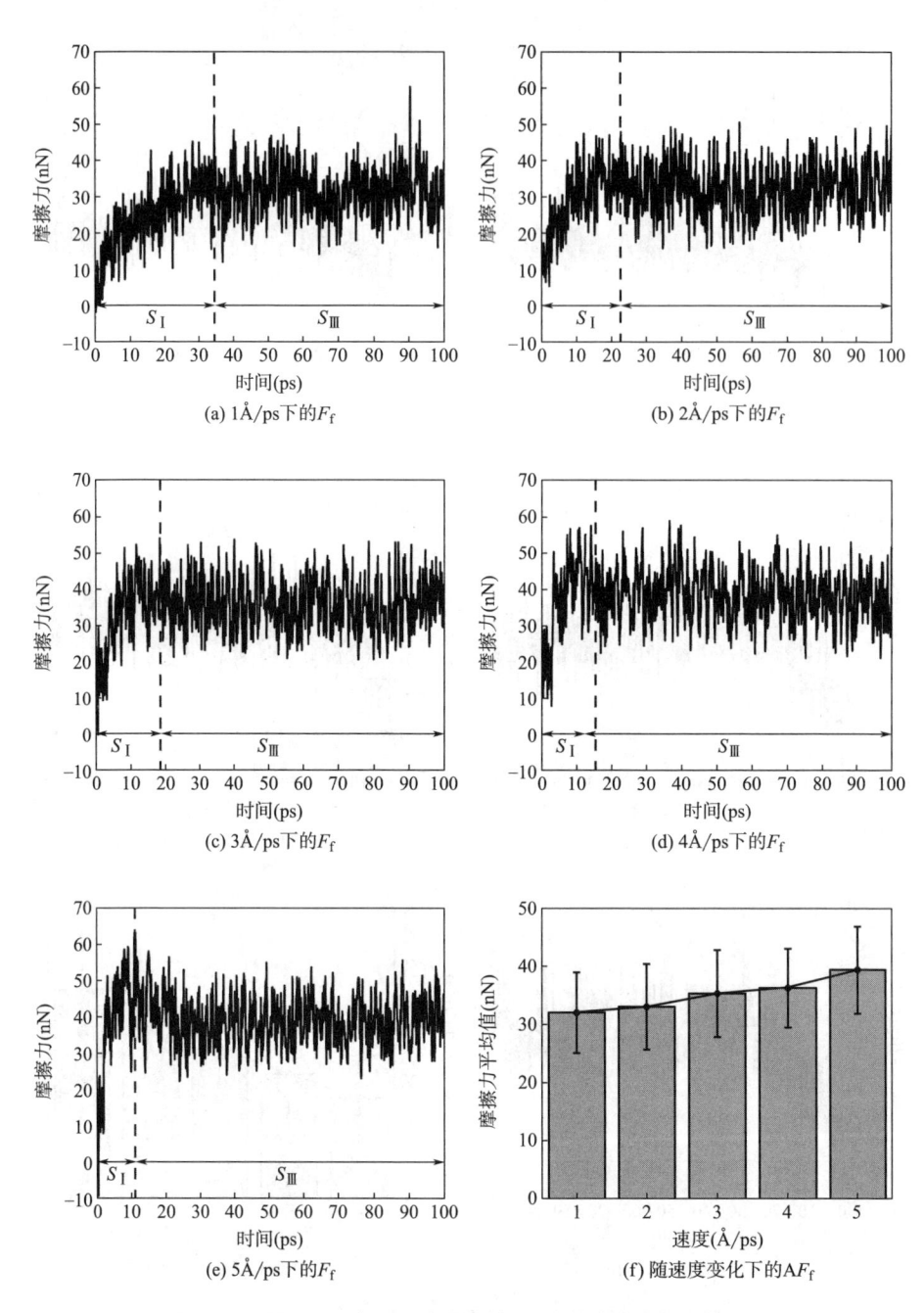

图 6-106 FMCA 在不同速度下的 F_f 和随速度变化下的 AF_f

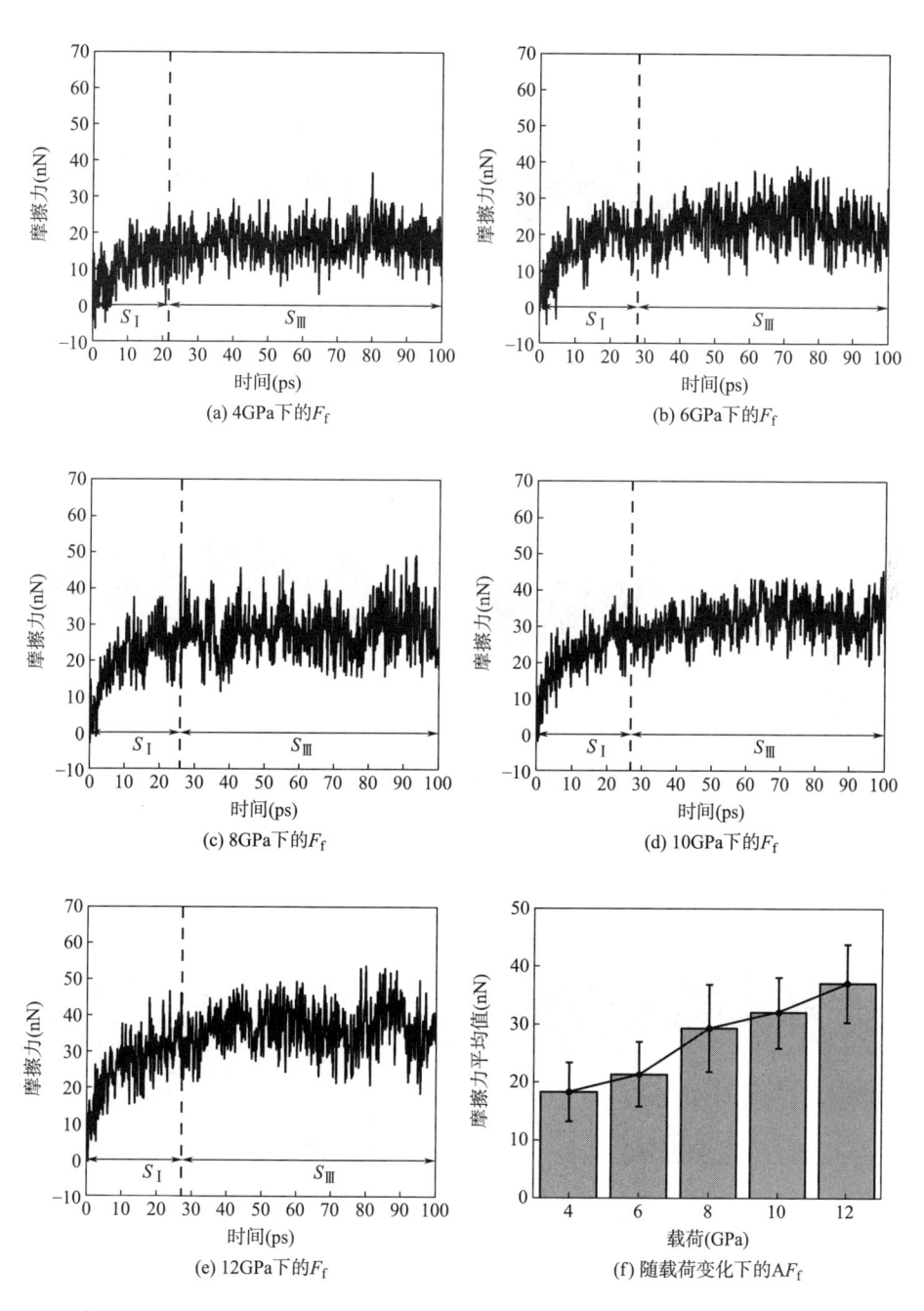

图 6-107 FMAA 在不同载荷下的 F_f 和随载荷变化下的 AF_f

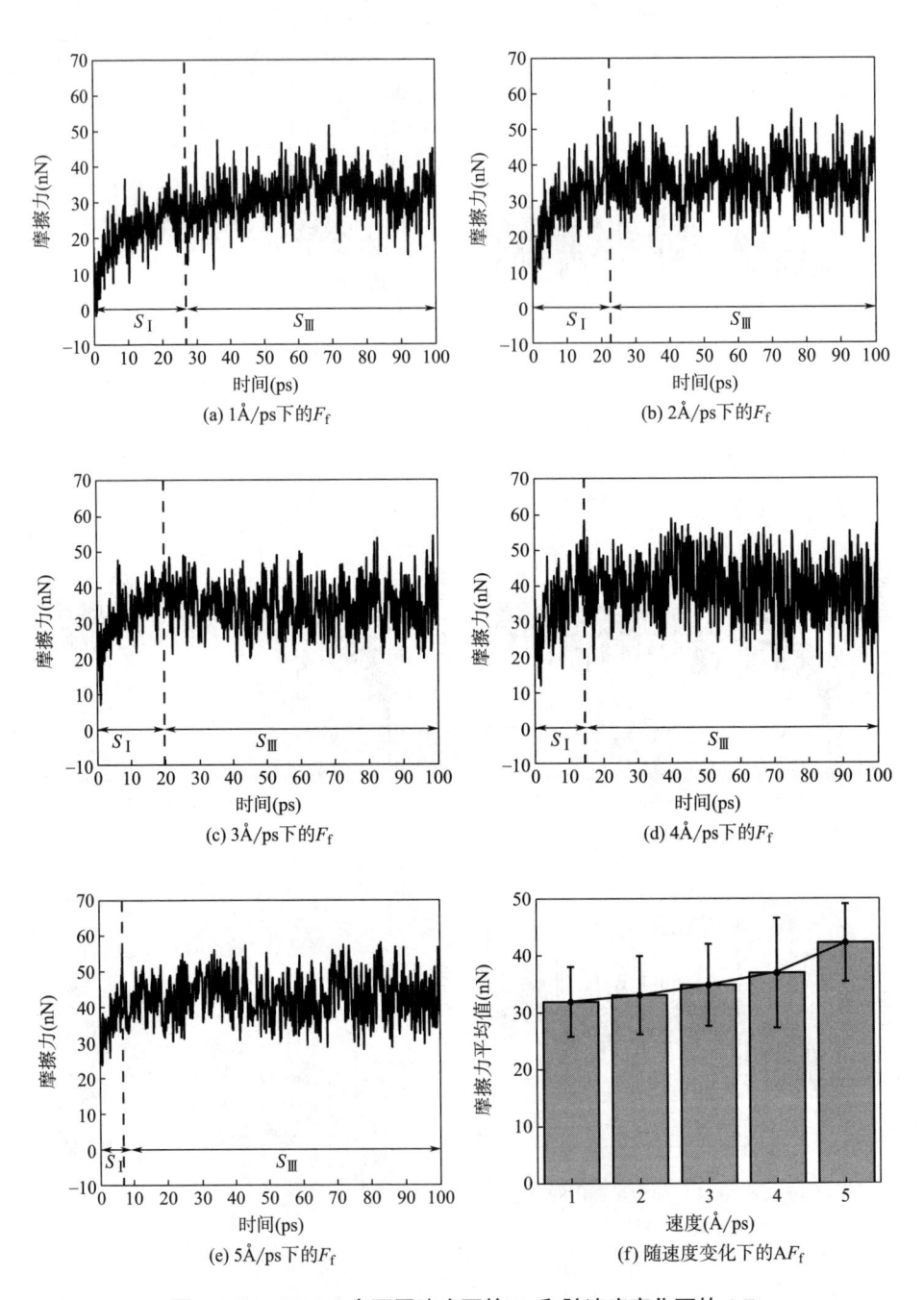

图 6-108 FMAA 在不同速度下的 F_f 和随速度变化下的 AF_f

机分布的。在 S_I 阶段,原子几乎同时开始运动,使得所有原子几乎在同一时间进入 S_{III} 阶段,因此 F_f 直接从 S_I 阶段跃迁至 S_{III} 阶段。与 FMCC 相似,F_n 对 AF_f 有显著影响,而 v_x 对进入 S_{III} 阶段的时间起着重要作用。

从以上分析可知,晶体纤维素从静止到进入稳定滑动状态时,会有一个过渡阶段,是由于层状结构引起各层原子速度不同,导致进入稳定状态时间不同。而非晶体纤维素中各原子分布较为随机,各原子相互影响,速度较为均匀,几乎同时进入稳定滑动阶段,因此,不存在过渡阶段。F_n 对晶体纤维素和非晶体纤维素的稳定摩擦阶段的摩擦力影响显著,对进入稳定阶段的时间影响较小,而 v_x 则是对进入稳定阶段的时间影响显著,对摩擦力大小影响较小。

三、不同载荷和速度下的磨损行为

摩擦会引起磨损,导致表面材料的损失,宏观试验可以通过测量减轻重来确定磨损量,但很难测量到极小的重量损失。分子动力学(MD)模拟提供了一种有效的手段,可以通过计算纳米尺度上的磨损原子数量来表征磨损。此研究中,磨损原子被定义为位移超过晶格常数的原子[180]。然而,非晶态纤维素的磨损原子不能用这种方式来定义,因此在研究中根据断裂共价键数量来确定磨损原子并量化纤维素的磨损。阿曼·古普塔[177]和石[181]等对纤维素的力学性能进行了研究,发现碳氧键断裂是导致纤维素失败的主要因素,纤维素的碳氧键主要位于 β-1,4 糖苷键连接两个 β 糖基组,以及 β 糖基的基环。在本研究中,通过断裂的 C—O 键的数量(N_B)来分析纤维素的磨损,在给定的 F_n 或 v_x 下,最后 1ps 的平均 NB 被用于量化磨损。然而,在这一时间段内,摩擦表现得极为稳定,因此每一帧的 N_B 值几乎相同,这导致误差条的标准偏差为零。

图 6-109 展示了 C—O 键断裂数量随 F_n 的变化,分析图 6-109(a)可知,晶体—晶体纤维素摩擦时,N_B 较少,甚至在 F_n=6GPa 时为 0,说明晶体纤维素不易磨损,即使 F_n 增大,磨损也并未发生较大的变化。然而,晶体—非晶体纤维素摩擦时,N_B 随 F_n 增大而快速增大,如图 6-109(b)所示。同时,非晶体—晶体摩擦时,N_B 数量较大,并且随 F_n 增大呈现出增大趋势,如图 6-109(c)所

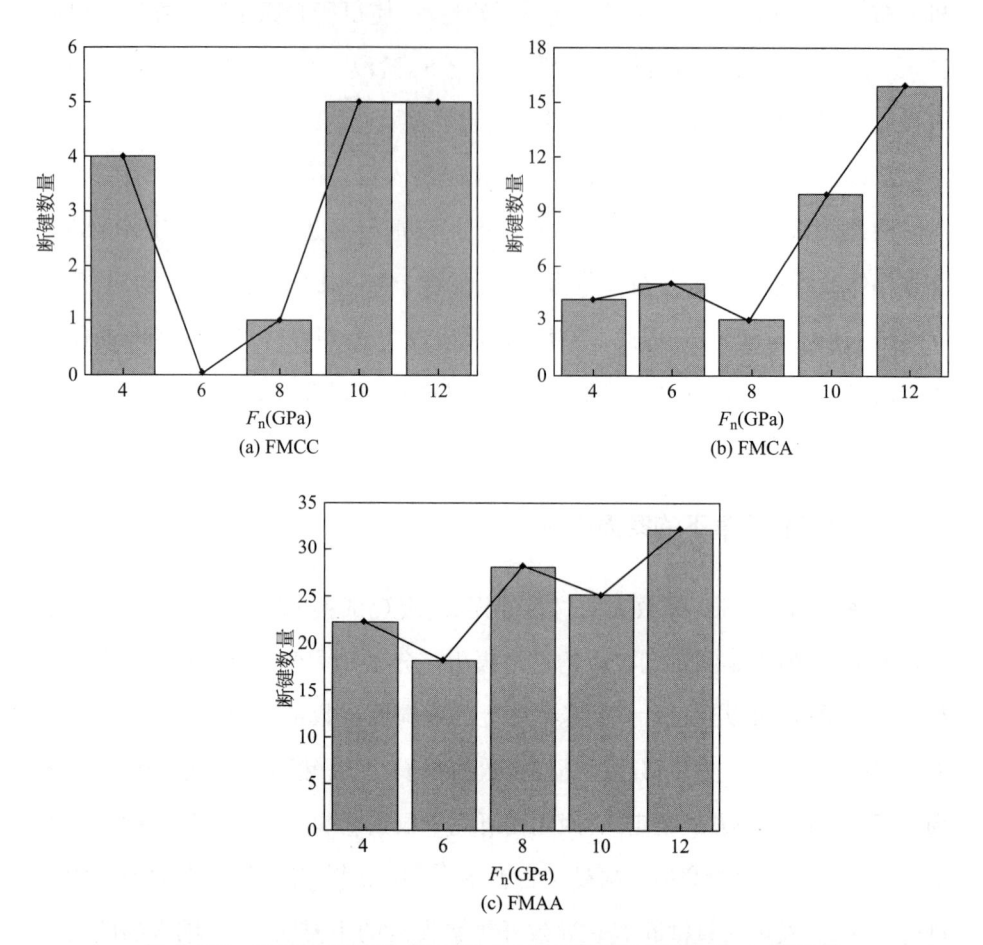

图 6-109 FMCC、FMCA 和 FMAA 在不同载荷下断裂 C—O 键数量

示。图 6-110 展示了 N_B 随 v_x 的变化情况。结果显示,在晶体—晶体摩擦中,N_B 数量最少,而在非晶体—非晶体摩擦中,非晶体—非晶体摩擦时,N_B 数量最多,这进一步证明非晶体纤维素相较于晶体纤维素更易磨损。另外,三种摩擦模型的 N_B 随 v_x 增大而逐渐增大,表明 v_x 对磨损的影响较大,其中一个重要的原因是,速度增大导致单位时间内的滑移距离增大,使 C—O 键承受更多冲击而发生断裂。但是,从图 6-110(c) 可知,v_x=4Å/ps 增加到 v_x=5Å/ps 时,N_B 略微增加,变化不大。表明随着 v_x 增大,N_B 并不会无限制地增加,即纤维素的磨损不会随 v_x 增大而持续上升。对比三种摩擦模型的磨损随 F_n 和 v_x 的变化,可以得知非晶体纤维素比晶体纤维素更容易磨损,并且非晶体纤维素磨损受 F_n 影响较大,晶体纤维素磨损受 F_n 影响较小,而 v_x 对晶体与非晶体纤维素的磨损均有较大的影响。

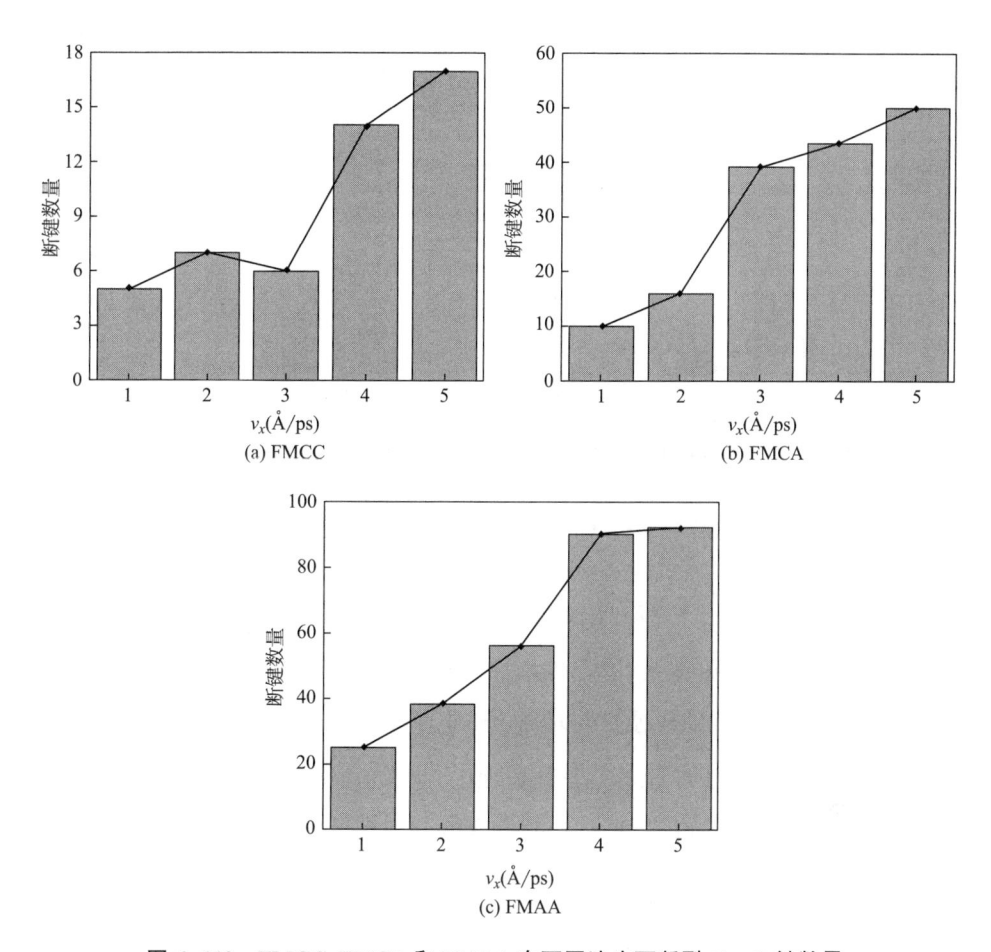

图 6-110　FMCC、FMCA 和 FMAA 在不同速度下断裂 C—O 键数量

在三种摩擦模型中,第二种是非晶体与晶体的摩擦,是上下摩擦面纤维素类型不同的摩擦模型。为了更好证明非晶体纤维素比晶体纤维素更易磨损,本研究把非晶体—晶体摩擦模型的上下摩擦面的 N_B 作为研究对象进行分析。在第二种摩擦模型中,上摩擦界面是晶体纤维素,下摩擦界面是非晶体纤维素,二者的 N_B 随 F_n 和 v_x 的变化如图 6-111 所示。从图 6-111 可知,非晶体纤维素

N_B 数量较大,然而,晶体纤维素的 N_B 数量较少,甚至在 $F_n=4\text{GPa}$[图 6-111(a)]和 $v_x=2$[图 6-111(b)]时,N_B 为 0。在同一对摩擦副的情况下,晶体与非晶体纤维素的 N_B 数量相差如此巨大,表明非晶体确实比晶体纤维素更容易磨损。

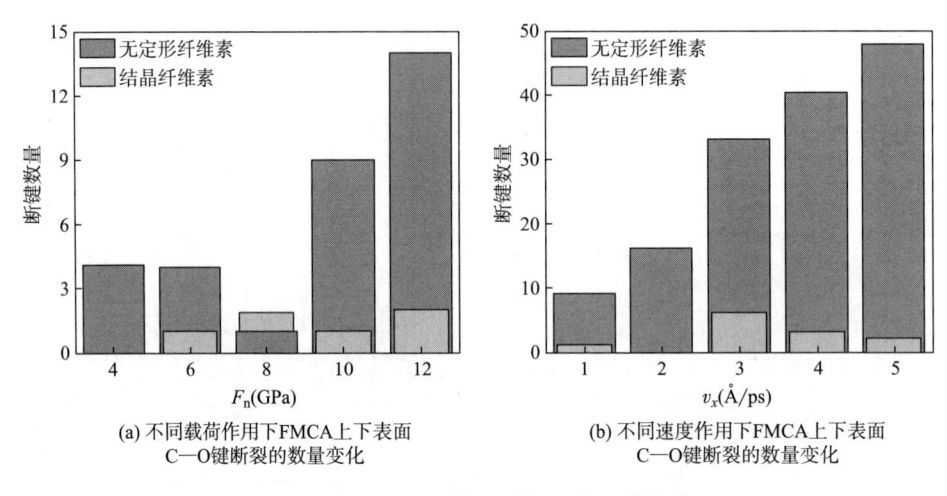

(a) 不同载荷作用下FMCA上下表面C—O键断裂的数量变化

(b) 不同速度作用下FMCA上下表面C—O键断裂的数量变化

图 6-111 FMCA 的 N_B 随 F_n 和 v_x 的变化

同时,本文还分析了上下摩擦面的温度,如图 6-112 所示。从图中可以看出,摩擦表面的温度随着 F_n 和 v_x 的增加而升高,而 v_x 对温度的影响更大,这是因为滑动距离随着 v_x 的增加而增加,产生了更多的热量。事实上,根据胡等[182]提出的原子尺度摩擦的能量耗散理论,摩擦功最终转化为热,这表明摩擦实际上是一个能量转换的过程。在两个摩擦面相互滑动的过程中,它们之间的原子不断地接触、撞击和移动,以完成能量转换。以 FMCC 模型中的 C 原子为例,当原子移动时,能量就会发生转移,如图 6-113 所示。C 原子的动能增加,说明其中一些原子能转化为动能。原子的动能增加导致更剧烈的原子运动,导致温度上升。原子平均动能(E_k)和平均温度(温度)之间的关系,可以描述为 $E_k=3k_B\times\text{温度}/2$[178,183],原子的平均动能($E_k$)由原子的质量和速度计算,$k_B$ 为玻尔兹曼常数,原子的动能增加导致原子的运动更加剧烈,从而导致温度升高。此外,随着速度的增加,原子动能的增加更加明显,导致 v_x 越大时温度越高,而 F_n 时的能量传递小于 v_x 时的能量传递。而且,温度及温度差随 F_n 和 v_x 的变

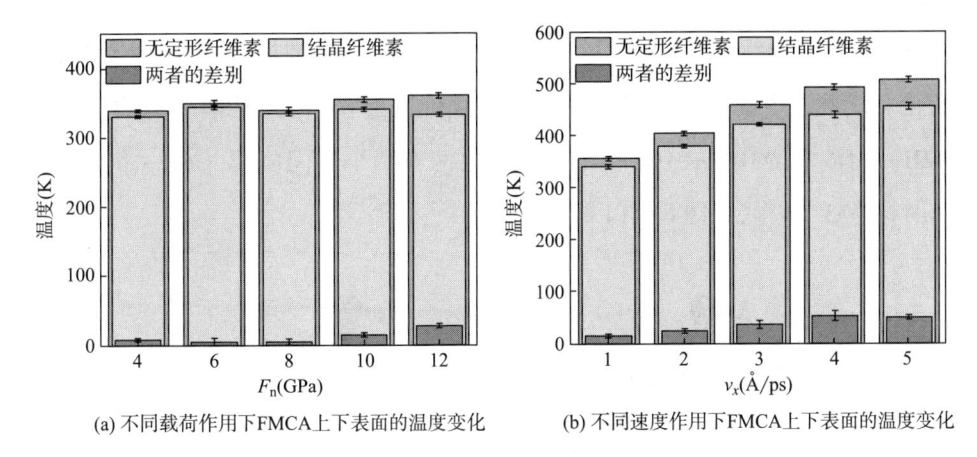

(a) 不同载荷作用下FMCA上下表面的温度变化　　(b) 不同速度作用下FMCA上下表面的温度变化

图 6-112　FMCA 的温度随 F_n 和 v_x 变化

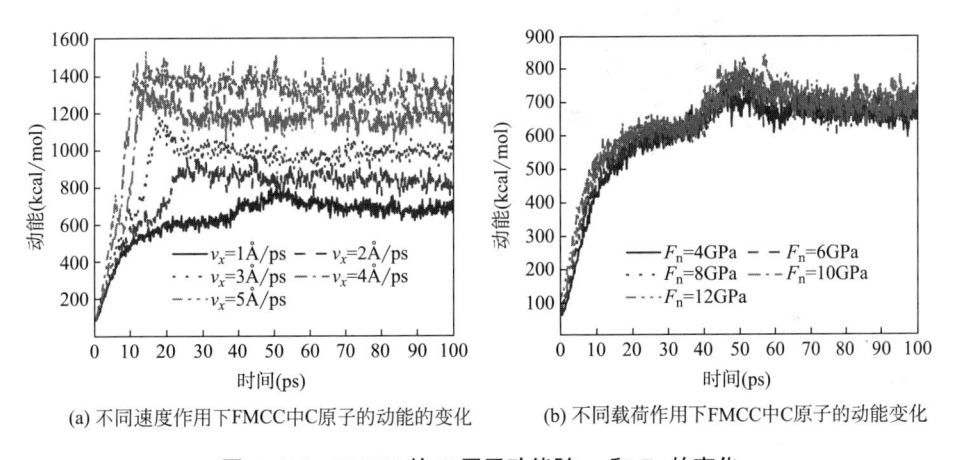

(a) 不同速度作用下FMCC中C原子的动能的变化　　(b) 不同载荷作用下FMCC中C原子的动能变化

图 6-113　FMCC 的 C 原子动能随 v_x 和 F_n 的变化

化,与 N_B 的变化较为一致。因此,可以得知摩擦时非晶体纤维素温度更高,导致原子运动更为剧烈,同时,过高的温度为 C—O 键的断裂提供充足的能量,使得非晶体纤维素更容易磨损。

四、纤维素结构形态对摩擦磨损性能的影响

纤维素不仅包括共价键,如 C—O 键,还包括氢键(Hbond)。氢键扮演着重要的角色在纤维素的力学性能,反映了纤维素链[185]的排列程度,此外,这是一个重要因素影响纤维素摩擦[184],然后摩擦改变纤维素结构,导致氢键数量的变化。纤维素中的葡萄糖单元由 C—O 共价键连接,两侧是两个链内氢键,O2H---O6 和 O3H---O5,在不同的链之间有两个链间氢键,O6H---O2 和 O6H---O3[177,185],如图 6-114 所示。

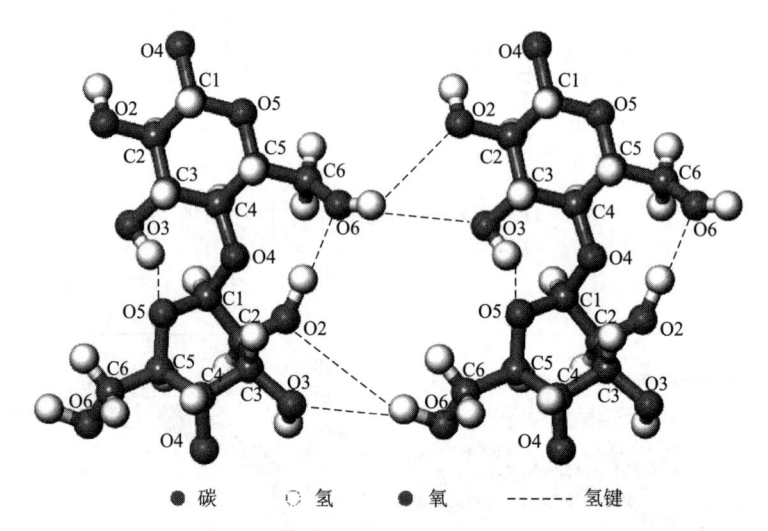

图 6-114　四种类型的氢键(链内 O2H---O6 和 O3H---O5,
链间 O6H---O2 和 O6H---O3)

当纤维素不受外力作用时,纤维素结构不会改变,且纤维素中各原子的位置相对稳定,因此四种氢键不会断裂。而其结构变形时受到张力或摩擦,导致原子的位置发生变化,导致氢键断裂,直到结构不再改变,原子相对稳定,因此氢键的数量也逐渐稳定。氢键形成的标准设置为 $r \leqslant 3.5$ 和 $\alpha \leqslant 30°$,r 是供体和受体氧原子之间的距离,α 是受体供氧供体氢配置[181,184]形成的角度。

FMCC 在 $F_n=4\text{GPa}$ 和 $v_x=1\text{Å/ps}$ 下的摩擦过程如图 6-115 所示,显示了摩擦过程中纤维素结构的变化和氢键的变化。从 $T=0\text{ps}$ 图中可以看出,纤维素的结构在被加载时发生了变化,导致氢键甚至共价键被破坏。事实上,结晶纤维素的有序排列产生了大量的氢键,从而提高了结晶纤维素的力学性能。加载会破坏纤维素的原有结构,使有序结构变成无序,其氢键也被破坏。纤维素结构随摩擦而不断变化,原子间的距离也发生变化,由于氢键与纤维素结构密切相关,这会导致氢键的断裂或产生。虽然摩擦过程中氢键的断裂和产生同时存在,但纤维素结构破坏后变得无序使得断裂次数高于产生次数,因此氢键的数量随着摩擦的增加而减少。

彩图

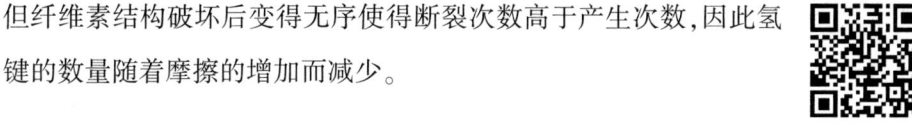

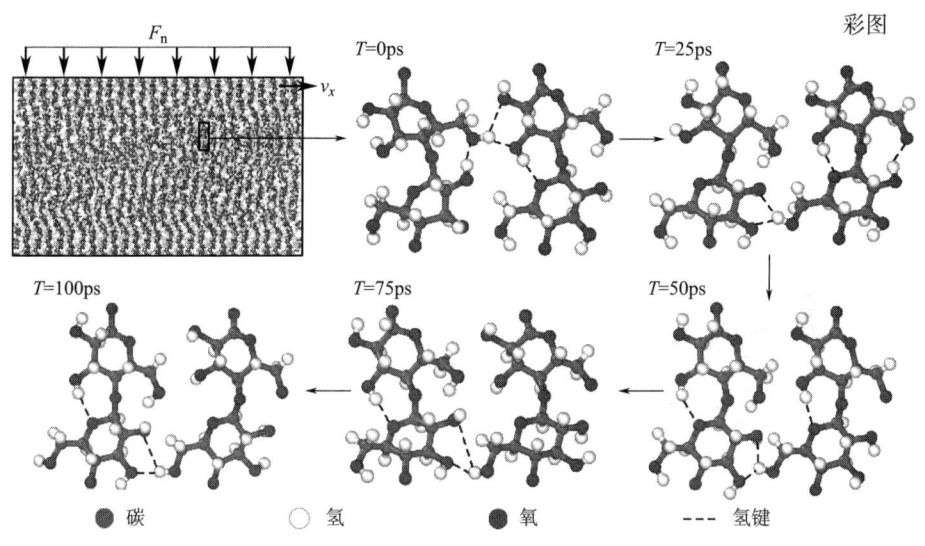

图 6-115　FMCC 中氢键随摩擦力的变化

通过 VMD 软件计算了氢键的数量,图 6-116 显示了氢键随 F_n 和 v_x 的变化。图 6-116(a) 和图 6-116(d) 为 FMCC 中氢键的数量,并随着滑动而逐渐稳定,说明摩擦界面结构趋于逐渐稳定。此外,随着 F_n 和 v_x 的增加,氢键数量减少,说明较大的载荷和速度更有可能破坏摩擦界面的结构。而数量稳定的时间随着 v_x 的增加而减少,这与摩擦进入稳定阶段的时间变化相一致。然而,FMCA 的氢键数量随着滑动减少,没有保持稳定,如图 6-116(b) 和图 6-116(e)。在 FMAA 摩擦体系中这种现象更为明显,如图 6-116(c) 和图 6-116(f) 所示,这表明摩擦界面的结构没有稳定滑动。此外,FMCC 的数量最大,而 FMAA 的数量最小,说明结晶纤维素的结构比非晶态纤维素更有序。

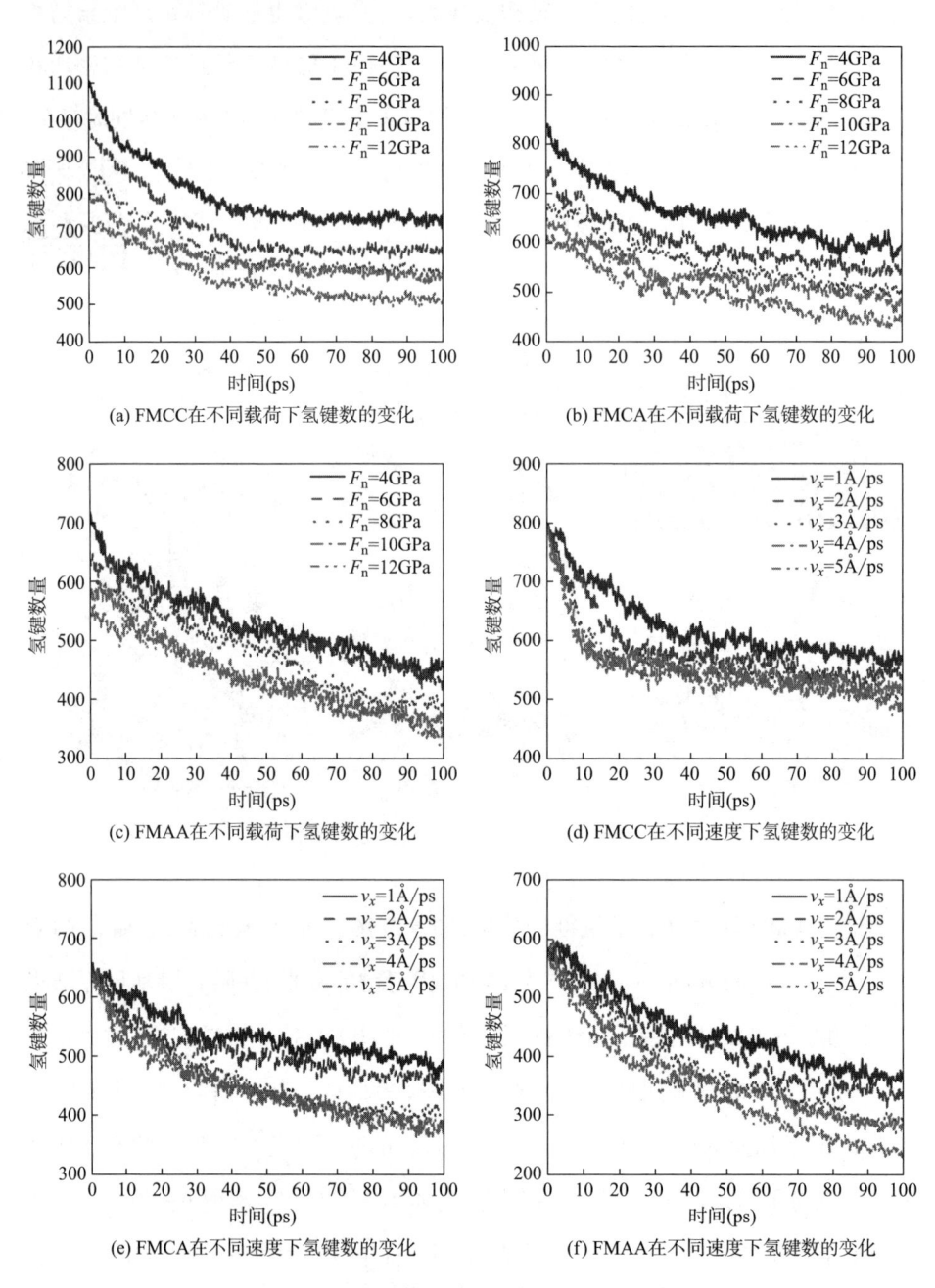

(a) FMCC在不同载荷下氢键数的变化

(b) FMCA在不同载荷下氢键数的变化

(c) FMAA在不同载荷下氢键数的变化

(d) FMCC在不同速度下氢键数的变化

(e) FMCA在不同速度下氢键数的变化

(f) FMAA在不同速度下氢键数的变化

图 6-116 三种模型的氢键数随 F_n 和 v_x 变化

五、小结

使用分子动力学模拟的方法,分析了微观层面棉纤维间的摩擦磨损现象,考虑的影响因素包括压力和滑移速度。主要研究结论如下:

晶体纤维素与晶体纤维素摩擦时,摩擦力的变化包括三个阶段。第一个阶段摩擦力随滑动而变大,运动状态由静摩擦向滑动摩擦转变。第二个阶段摩擦力随滑动下降并趋于稳定,是进入稳定滑动摩擦前的过渡阶段。第三阶段摩擦力稳定变化,是稳定滑动摩擦阶段。滑移速度 v_x 对三个阶段的时间影响显著,v_x 越大,摩擦越容易进入稳定阶段,而压力 F_n 对三个阶段的时间影响较小。稳定阶段的平均摩擦力 AF_f 随 F_n 和 v_x 增大,并且 F_n 的影响比 v_x 的影响显著。

在晶体纤维素与非晶体纤维素摩擦及非晶体纤维素与非晶体纤维素摩擦的两种情况下,由于非晶体纤维素参与摩擦,使得这两种情况下摩擦力变化只包含两个阶段。第一阶段摩擦力随滑动变大,当摩擦力达到最大时直接进入稳定摩擦阶段,缺少了过渡阶段。另外,v_x 对进入稳定阶段的时间影响明显,F_n 对稳定阶段的 AF_f 影响明显。

纤维素结构对原子运动及摩擦磨损有重要影响。晶体纤维素原子有序排列,原子运动具有较强的规律性,而非晶体纤维素原子排列不具有规律性,原子运动规律性较弱。原子运动对摩擦力有直接影响,因此,晶体纤维素和非晶体纤维素表现出不同的摩擦性质。同时,非晶体纤维素更容易发生磨损,导致纤维素链断裂,引起棉纤维的失效。

第八节 基于分子动力学的纤维素晶体横向弹性模量及压缩变形机理分析

纤维素的分子结构由 β-1,4 糖苷键连接的 d-葡萄糖单元组成,形成纤维素纳米晶体(CNC),这些晶体呈棒状,具有显著的结晶度、强度和热稳定性。

CNC的提取通常通过无机酸水解选择性去除无定形区域,以获取结晶部分,这一过程使其成为开发高性能复合材料的重要增强剂。

关于CNC的轴向弹性模量的研究受到广泛关注,研究结果的差异主要源于提取材料和测试方法的不同,轴向模量范围通常在120~220GPa。相较于轴向模量,横向模量的研究较为不足。已有研究采用原子力显微镜测定CNC的横向弹性模量,但通常难以判断晶体的取向。纤维素晶体的结晶方向对横向弹性模量有显著影响,因此需要通过模拟和实验相结合的方法进行深入研究。近年来,聚合物的变形机理研究也取得了进展。相关研究表明,材料在纳米压痕过程中表现出复杂的弹性和塑性变形行为。通过分子动力学模拟,可以详细揭示纤维素晶体的弹塑性变形机制。然而,目前对于CNC的变形机理研究仍然较少,这限制了对其潜在性能的深入了解和新应用的开发。

本小节基于分子动力学方法模拟了纤维素晶体的压缩变形,选取纤维素晶体(100)平面作为研究对象,探讨了加载速度、压头半径和加载深度对横向弹性模量的影响。通过分析压缩前后的表面形貌,进一步揭示了变形行为的相关因素。此外,本小节还考虑了氢键在变形过程中的作用,利用ReaxFF力场模拟氢键能的变化,深入探讨了氢键在纤维素结构压缩过程中的影响机制。此研究为理解纤维素晶体的变形机理提供了新的视角,并为未来材料开发提供了重要的理论基础。

一、研究方法

(一)模型

尽管珠链模型和联合原子模型已被广泛用于简化最小尺度的接触问题,但这些模型不能捕捉到所有的结构细节,因此在变形机理的研究方面有很多局限性。另一方面,全原子模型是对分子信息的完整披露,可以充分显示模拟前后的变化,包括分子链的变化和原子迁移。因此,本小节采用全原子模拟方法进行分子建模。根据X射线衍射法[186],见表6-13,得到的Iβ结晶纤维素晶格常数$a = 7.784$Å,$b = 8.201$Å,$c = 10.38$Å,$\alpha = \beta = 90°$,$\gamma = 96.55°$,用Materials Studio

软件创建纤维素晶体单体,然后展开,得到 5×10×8 的 Iβ 结晶纤维素,原子数为 33600,如图 6-117 所示。

表 6-13　纤维素 Iβ 结构的晶格参数

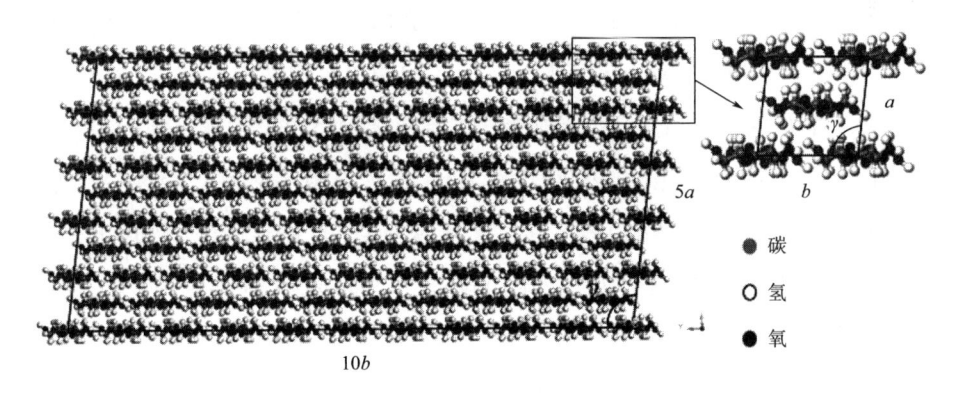

结构	Iβ 纤维素
晶系	单斜
空间群	P 1 1 2 1(4)
$a(Å)$	7.784
$b(Å)$	8.201
$c(Å)$	10.38
$\alpha(°)$	90
$\beta(°)$	90
$\gamma(°)$	96.55

图 6-117　纤维素 Iβ 晶体和其超单元(5×10×8)

图 6-118 是理想化纤维素晶体的截面示意图,其中有 36 条纤维素链(纤维素 Iβ 晶体结构)以单斜结构排列。每个白色方块是沿 y 方向的纤维素链,每个纤维素横截面都是单独定义的。(100)界面是纤维素晶体氢键层所在的表面。在这种结构中,主要有三种类型的氢键:链内氢键、链间氢键和层间氢键,它们分别在单个纤维素链内、同一氢键层内的两个纤维素链之间以及两个氢键层内的纤维素链之间形成。其中,链间氢键和链内氢键在纤维素晶体的氢键层中最为丰富。

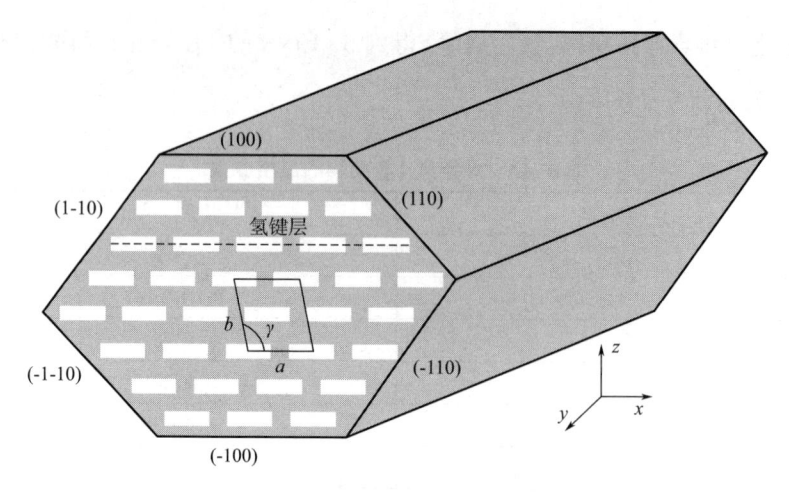

图 6-118　晶体纤维素横截面示意图

图 6-119 显示了西山[187]提出的两个氢键层中理想化的氢键网络。细虚线代表链内氢键,粗虚线代表链间氢键,箭头代表供体—受体—供体方向图 6-118 结晶纤维素的截面示意图,图 6-119 氢键层的理想氢键网络示意图,图 6-120 是压头半径为 2nm 的晶体纤维素纳米压痕模拟模型。以位于纤维素(１００)表面中心上方 6.5Å 的氢化球形金刚石作为压头,该模型在 x 和 y 方向有周期性边界条件,在 z 方向有自由边界条件。该模型由底部的刚性固定层(0~4.6Å)、中间的恒温层(4.6~12.4Å)和顶部的牛顿层(12.4~89.54Å)分层,并由 40932 个原子组成。其尺寸沿 x、y 和 z 方向分别为 83.04Å(长)×82.01Å(宽)×89.54Å(高)。原子被固定在静止层以减少底部的表面效应,并在恒温层保持在 298K 左右以散热。仿真是用 LAMMPS 软件进行的,在压痕仿真前放松了纤维素晶体。简而言之,整个系统首先在 NPT 组合下松弛 100ps,以放松系统的内部应力,然后在微谐波组合下松弛 350ps,以减少系统的能量,使结构更加稳定。兰格文温度控制器被用来保持恒温层的温度在 298K。松弛后的纤维素密度为 $1.54\mathrm{g/cm}^3$[188]。仿真分为加载、保持和卸载阶段,又进一步细分为加载非接触阶段、加载接触阶段、保持阶段、卸载接触阶段和卸载分离阶段。通常情况下,纳米压痕有两种模式:加载控制和位移控制。在本模拟中,选择了位移控制模式。在加载阶段,压头以均匀的速度 V_z 压在晶体纤维素上,直到达到一个固定

的深度。然后进入保持阶段,这个阶段通常是加载时间的十分之一,接着是卸载阶段,在这个阶段,压头以同样的速度从底部撤出。

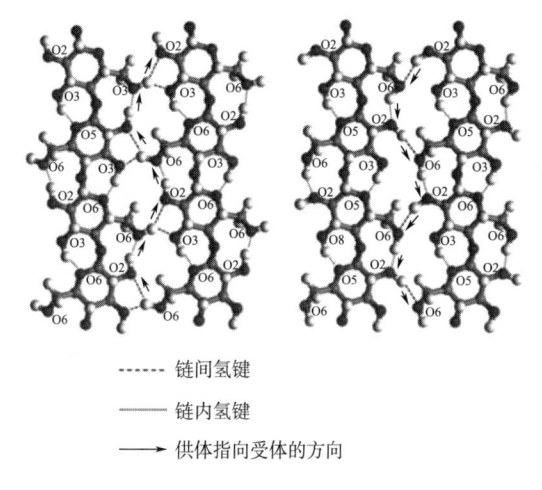

图 6-119 氢键层中理想氢键网络示意图

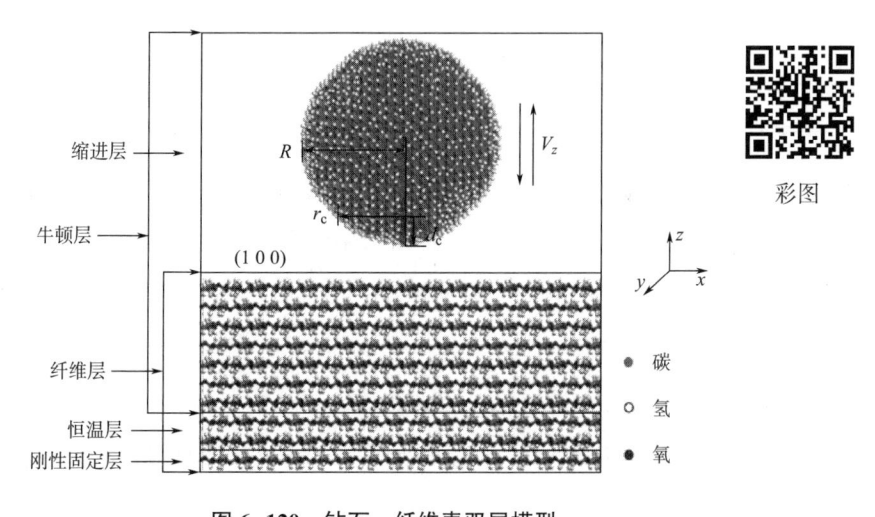

图 6-120 钻石—纤维素双层模型

(二) 力场

本文采用 ReaxFF 力场进行模拟,与传统力场相比,ReaxFF 力场能更准确地描述键的断裂和形成。该力场根据原子间的距离计算键序,并考虑到不同的非键相互作用,如范德瓦耳斯力和库仑力,并有明确的氢键表达。本文选择了 ReaxFF_Chenoweth 力场,它最初用于碳氢化合物的氧化模拟[189]。德里等[190]用该力场模拟了晶体纤维素的分子动力学,并分析了该力场下纤维素的晶格参数。整个系统的能量公式为:

$$E_{system} = E_{bond} + E_{atom} + E_{lone-pair} + E_{mol} + E_{angle} + E_{pen} + E_{coa} +$$
$$E_{h-bond} + E_{dihedral} + E_{co} + E_{waals} + E_{coulomb} + E_{fi} + E_{qeq} \quad (6-44)$$

式中,E_{bond} 为键能;E_{atom} 为原子能;$E_{lon-pair}$ 为孤对能;E_{mol} 为分子能;E_{angle} 为价角能;E_{pen} 为双键价角惩罚;E_{coa} 为价角共轭能;E_{h-bond} 为氢键能;$E_{dihedral}$ 为二面体能;E_{co} 为共轭能;E_{waals} 为范德瓦耳斯能;$E_{coulomb}$ 为库仑能;E_{fi} 为电场能;E_{qeq} 为电荷平衡能。

(三)力学性能的计算公式

纤维素晶体的横向弹性模量是根据力和压痕深度的拟合曲线来计算的。通过将压头在基体原子表面施加的所有法向力之和来计算压头和基体材料之间的作用力。

$$F = \sum_{i=1}^{n} if_z \quad (6-45)$$

这种方法是由奥利弗等[191]提出,用于计算基于载荷深度曲线的纤维素晶体的弹性模量。接触刚度通常是指卸载曲线的顶部斜率。由于停滞阶段刚转入卸载阶段时,力的曲线波动很大,所以采用从第一个非零点到最大载荷距离的 95% 的模拟数据进行拟合。载荷深度曲线的卸载部分通常用以下函数来拟合:

$$F = a(d - d_f)^b \quad (6-46)$$

式中,a 和 b 为拟合参数;d_f 为残余深度,即压痕过程后材料恢复到的最终深度。

$$S = \frac{d(F)}{d(d)} = ab(d - d_f)^{b-1}$$

接触刚度 S 是 F—d 卸载曲线的最大加载点的斜率。

$$r_c = \sqrt{R^2 - (R - d_c)^2} \quad (6-47)$$

式中，R 为压头的半径；d_c 为下压的深度；r_c 为投影半径。

$$A = \pi r_c^2 \quad (6\text{-}48)$$

式中，A 为压头的投影面积。

$$E_r = \frac{S\sqrt{\pi}}{2\sqrt{A}} \quad (6\text{-}49)$$

式中，E_r 为还原模量。

$$\frac{1}{E_r} = \frac{1-v^2}{E} + \frac{1-v_i^2}{E_i} \quad (6\text{-}50)$$

式中，E 为纤维素晶体的弹性模量；V_s 为纤维素晶体的泊松比，尺寸为 0.46[192]。由于金刚石压头是通过固定移动命令移动的，它带有刚体效应，金刚石压头的模量是无限大的。因此，该公式可以简化为

$$E = (1-V_s^2)E_r \quad (6\text{-}51)$$

高分子材料具有黏弹性特性，这意味着在外力作用下，它们会发生变形。当外力解除后，这些材料能够迅速恢复部分形变。恢复深度 d_r 和恢复率 φ 是由穿透深度 d_c 和残留深度 d_f 计算出来的。

$$d_r = (d_c - d_f) \quad (6\text{-}52)$$

$$\varphi = \frac{d_r}{d_c} \times 100\% \quad (6\text{-}53)$$

二、纤维素晶体弹性模量的影响因素

为了研究纤维素晶体的弹性模量，本文选择了三个因素，包括加载深度、加载速度和压头半径。对每个因素进行了三次独立的模拟试验，并取平均值作为模拟结果，研究条件如图 6-121 所示。在模拟过程中，压头原子上的力被定义为沿 Z 轴的正方向，纤维素晶体表面的距离为零。以加载深度为 10Å、加载速度为 50m/s、压头半径为 2nm 为条件进行模拟试验，分析出力和深度曲线如图 6-121 所示。在加载的非接触阶段，压头逐渐接近纤维素晶体表面。当两者之间的距离为 3.3Å 时，在范德瓦耳斯力和库仑力等远程力的作用下，压头原子

(a) 在速度为50m/s、压头半径为2nm时三种不同加载深度的力和深度曲线

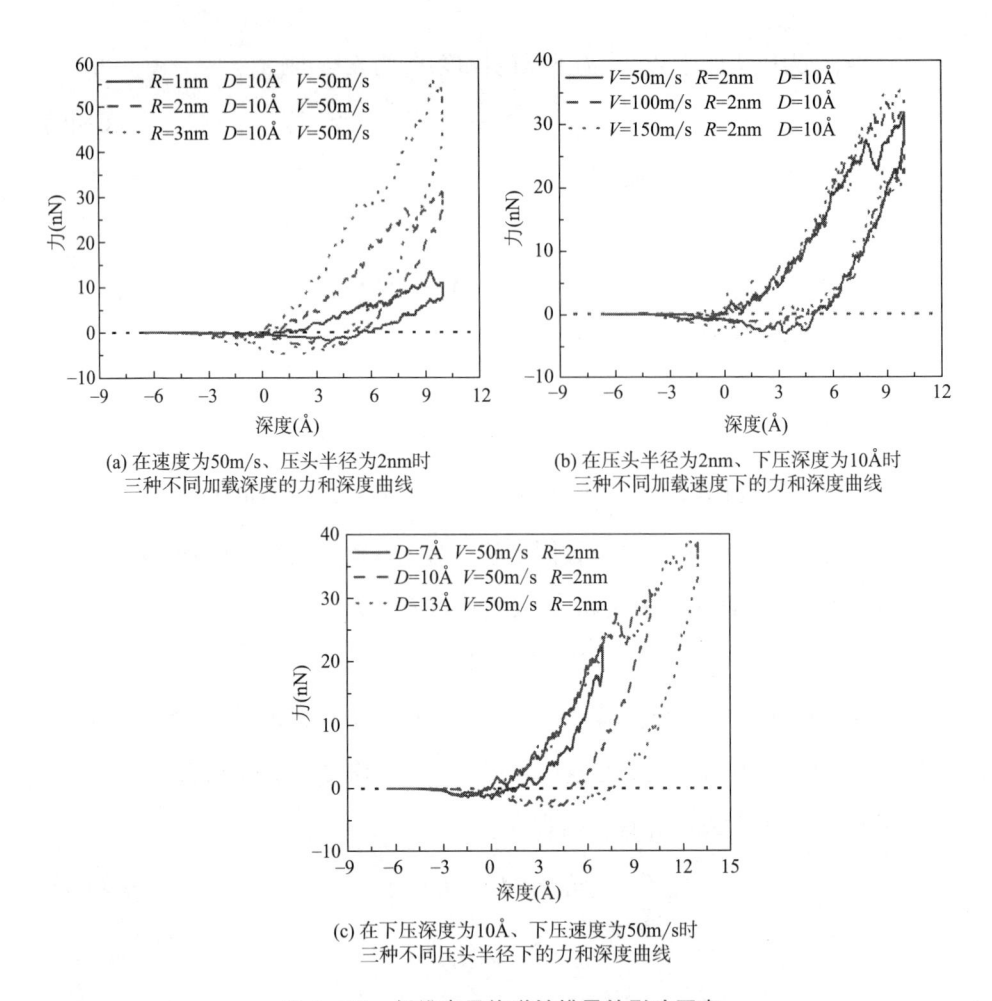

(b) 在压头半径为2nm、下压深度为10Å时三种不同加载速度下的力和深度曲线

(c) 在下压深度为10Å、下压速度为50m/s时三种不同压头半径下的力和深度曲线

图 6-121　纤维素晶体弹性模量的影响因素

和纤维素原子产生吸引力,力和深度曲线向下移动。随着距离的减少,吸引力逐渐增加,在 −1.31nN 时达到峰值。随着压头进一步接近纤维素,压头和纤维素晶体之间的远程力逐渐减少,直到转化为排斥力。进入加载接触阶段后,压头与纤维素晶体表面接触,力和深度曲线迅速增加,直到达到 7.8Å 的加载深度。在这一点上,力和深度曲线急剧向下波动。这是因为随着压头加载深度的增加,第一层纤维素晶面中的弯曲链绷向压头两侧产生滑移现象,导致压头力突然下降。随着压头的进一步深入,压头的 Z 向法向力不断增加,直到达到 10Å 的深度。在这一点上,最大载荷为 30.4nN。进入保持阶段后,压头上的压

力减少。保持阶段的主要目的是减缓加载过程中对纤维素结构的冲击,确保在卸载过程中纤维素的弹性变形恢复更加合理。卸载接触阶段被认为是一个纯弹性作用的阶段。金刚石压头以恒定的速度上升,因为纤维素由于弹性变形的恢复而对压头产生了排斥力。随着压头的上升,两者之间的排斥力逐渐减少,直到纤维素的弹性变形恢复结束。此时,压头和纤维素之间的排斥力为零,压头的深度就是纤维素的残余深度。压头继续上升,进入卸载分离阶段。在分子间范德瓦耳斯力和库仑力的作用下,压头和纤维素之间产生了黏合力。与非接触加载阶段相比,纤维素和压头之间的接触面积更大,相互作用的原子更多,分子间的吸引力也更大,最大黏合力为-2.70nN。随后,压头逐渐远离纤维素,分子间力逐渐减少,直至达到0ns。

在不同的加载深度下,最大载荷随着加载深度的增加而增加。此外,加载深度的变化会影响压头的投影面积,而最大载荷和投影面积的变化会影响弹性模量,如图6-121(a)所示。本文采用奥利弗和法尔[191]提出的方法来计算不同加载深度下纤维素晶体的横向弹性模量。这些结果表明,加载深度的变化对纤维素晶体的弹性模量没有明显影响,见表6-14。通过拟合卸载曲线,计算出的纤维素晶体在7Å、10Å 和13Å 加载深度下的刚度分别为71.57N/m、78.01N/m 和89.10N/m。硬度随着加载深度的增加而增加,并显示出与弹性模量的正相关关系。然而,随着加载深度的增加,投影面积也增加。压头在7Å、10Å 和13Å 深度下的投影面积分别为 7.26nm^2、9.42nm^2 和 11.03nm^2。此外,投影面积与弹性模量呈负相关,这表明加载深度的变化对弹性模量没有显著影响。

表6-14 不同影响因素下纤维素晶体的弹性模量

影响因素	模拟状态	弹性模量(GPa)
加载深度	$D=7$Å $V=50$m/s $R=2$nm $D=10$Å $V=50$m/s $R=2$nm $D=13$Å $V=50$m/s $R=2$nm	17.66 16.91 17.15
加载速度	$V=50$m/s $R=2$nm $D=10$Å $V=100$m/s $R=2$nm $D=10$Å $V=150$m/s $R=2$nm $D=10$Å	16.91 16.50 15.56

续表

影响因素	模拟状态	弹性模量（GPa）
压头半径	$R=1$nm　$D=10$Å　$V=50$m/s	10.09
	$R=2$nm　$D=10$Å　$V=50$m/s	16.91
	$R=3$nm　$D=10$Å　$V=50$m/s	18.46

对不同加载速度下的力和深度曲线的分析[图6-121(b)]表明,最大载荷随着速度的增加而增加。然而,保持阶段力的下降程度也随着速度的增加而增加,使纤维素晶体的刚度随着速度的增加而略有下降。在相同的加载深度,即投影面积相同的情况下,弹性模量随着加载速度的增加而略有下降。从整体上看,速度对纤维素晶体的弹性模量影响不大见表6-14。在不同的压头半径下,1nm半径的压头(面积=3.14nm^2)的投影接触面积远小于3nm半径的压头(面积=15.7nm^2),较少的纤维素链能抵抗压头的加载[图6-121(c)]。在相同的加载深度和加载速度条件下,半径为1nm的压头的最大载荷要比半径较大的压头低很多。通过多次验证,在此条件下,1nm半径压头作用下的纤维素弹性模量有较大差距,而3nm半径压头作用下的纤维素弹性模量略有增加,偏差不大。总的趋势是,弹性模量随着压头半径的增加而增加。在小压头的作用下,可能会产生较大的塑性变形,导致弹性模量结果的失真,见表6-14。瓦格纳[193]使用载荷控制方法来拟合35nN的载荷和小于1nm的压力深度的力和深度数据。考虑到压头大小、压力速度和材料的影响,模拟的力和深度曲线与实验的接近,计算结果准确再现了试验的压痕力—位移曲线。仿真计算得到的弹性模量为(17.04±2.03)GPa,在瓦格纳通过试验得到的横向弹性模量2~37GPa的范围内,也在其他学者通过试验和仿真数据的统计分析得到的2~50GPa的范围内[193-195]。因此,目前数控原子力显微镜纳米压痕试验可以成功模拟。

在本研究中,将卸载时压头零力对应的深度作为残余深度。残余深度表示纤维素晶体的塑性变形程度,指数恢复率反映纤维素晶体的弹性变形程度。在加载深度d_c为7Å、10Å和13Å的情况下,恢复深度d_r为5.37、4.95Å和5.55Å,残余深度d_f为1.63Å、5.05Å和7.45Å,恢复率φ分别为76.8%、49.5%

和 42.7%（图 6-122）。随着加载深度的增加，残余深度也增加，恢复深度略有变化，恢复率下降，但不是线性的。在加载速度为 50m/s、100m/s 和 150m/s 时，恢复深度 d_r 为 4.95Å、5.12Å 和 5.37Å，残余深度 d_f 为 5.05Å、4.88Å 和 4.63Å，恢复率 φ 分别为 49.5%、51.2% 和 53.7%（图 6-122）。速度的变化对纤维素的变形程度影响不大。当压头半径为 1nm、2nm 和 3nm 时，恢复深度 d_r 为 4.50Å、4.95Å 和 5.25Å，残留深度 d_f 为 5.50Å、5.05Å 和 4.75Å，恢复率 φ 分别为 45.0%、49.5% 和 52.5%（图 6-122）。较小半径的压痕在纤维素上引起较大的残留深度。低恢复率表明纤维素晶体有较大的塑性变形。然而，由于残留深度只是纤维素晶体变形的一个指标，它不能完全代表纤维素晶体的变形程度。因此，为了进一步分析纤维素晶体的变形机制，采用了压痕模拟过程中的结构能量变化。

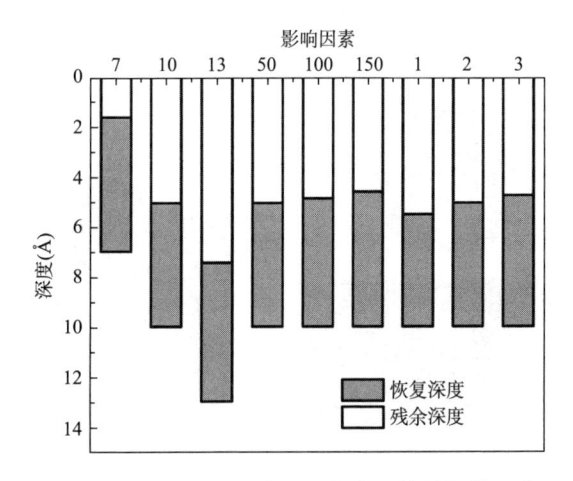

图 6-122　不同影响因素下纤维素晶体的加载深度、
恢复深度、残余深度和恢复百分比

三、纤维素晶体压缩过程的结构形态

以加载深度为 10Å 为例，分层观察纤维素晶体，分析了纤维素晶体的压缩过程，如图 6-123 所示。这张图显示了纤维素晶体的初始状态，可以看出，当压

到最深时,变形的纤维素链主要分布在前五层,前三层严重变形,后两层轻微变形。卸载后,在前两层发现有残余变形。图6-123(d)显示了模型被压到最深的地方的主视图,半径为2nm的压头主要作用于压头正下方的三条纤维素链。随着压制深度的增加,三条链两侧的链会滑落,压头一侧下方的链会受到压头的挤压,中间部分的链会向两侧弯曲并堆积产生一个凸起。

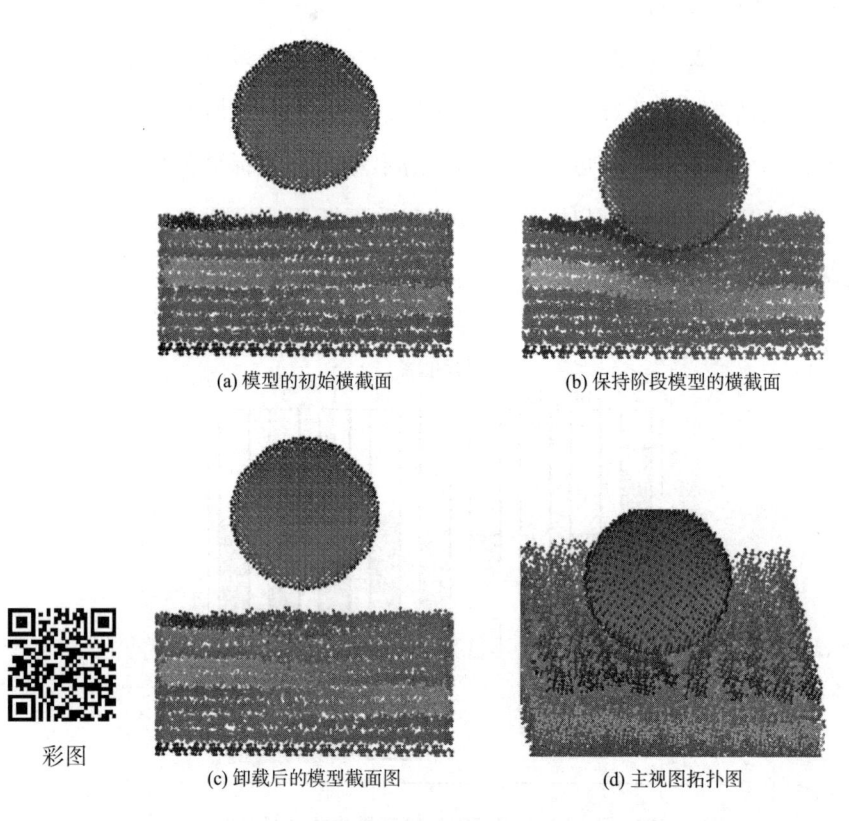

(a) 模型的初始横截面　　　　(b) 保持阶段模型的横截面

彩图　(c) 卸载后的模型截面图　　　(d) 主视图拓扑图

图6-123　纤维素晶体压缩过程

对结构变形行为的进一步分析,揭示了高分子材料的复杂响应。图6-124(a)显示了松弛后的原始表面形貌,纤维素链条沿纵向排列。图6-124(b)是 $X—Y$ 平面与原始纤维素晶体形貌的高度差。在7Å、10Å和13Å三个不同的加载深度下分析了纤维素晶体的表面形貌[图6-125(a)]。使用OVITO软件对模拟结果进行了可视化,结果显示在加载过程中,压头中心底部的纤维素链被

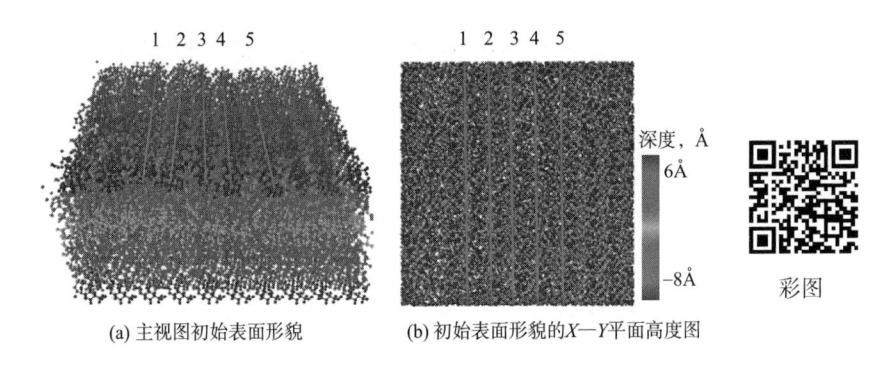

(a) 主视图初始表面形貌　　(b) 初始表面形貌的$X-Y$平面高度图

图 6-124　松弛后的原始表面形貌

压缩弯曲,而压头侧面底部的纤维素链被推到两侧形成隆起。当压头上升时,两边的隆起会稍微减少。当压头上升到起点时,在纤维素晶体表面可以观察到一个明显的纺锤形缺口,这一缺口主要集中在纤维素链的两侧。纤维素链之间的连接主要依赖分子间作用力,如氢键和范德瓦耳斯力。这些分子间力容易受到破坏,从而导致链间的空隙形成。以剑桥结构数据库共价半径之和的 1.15 倍为标准来统计键的总数[196],发现在模拟过程中键的总数没有变化,说明在压缩过程中并未发生断键。这也表明共价键明显强于氢键、范德瓦耳斯力和其他分子间力。因此,压头打破了链之间的分子间力,使纤维素链弯曲并向两边滑移,形成两边的隆起。这就打破了层与层之间的分子间力,在纤维素晶体表面产生凹痕。在不同的加载深度下,纤维素链之间的变形也有所不同。在加载深度为 7Å 的表面形态模拟中,观察到第三和第四条链之间有一个缺口。在加载深度为 10Å 时,这些链之间的间隙更大。此外,在第四条链的右侧观察到一个小的堆积,第三条链的中间部分向下凹陷。在加载深度为 13Å 时,第三和第四链的纺锤形间隙进一步扩大,第四链右侧的隆起增加,第一链左侧的隆起出现,第二和第三链的高度明显下降。说明加载深度与变形程度呈正相关关系。

此外,分析不同加载速度下纳米压痕模拟后的纤维素晶体表面形态,纤维素晶体的第三和第四链之间的间隙仅有轻微变化[图 6-125(b)]。对不同压头半径的纳米压痕模拟后纤维素的表面形态进行分析。与其他压头相比,半径为 1nm 的压头的作用范围更集中在第一条纤维素链上,对其他三条链造成了很大程度的变形。半径为3nm的压头有更大的影响范围,对第二、第三和第四条链造成变形,并对纤维素造成更大程度的变形[图6-125(c)]。值得注意的是,表面形貌只能反映一般的变形情况,精确的变形程度则与能量变化密切相关。

(a) 在速度为50m/s、压头半径为2nm时三种不同加载深度下的纤维素表面形貌

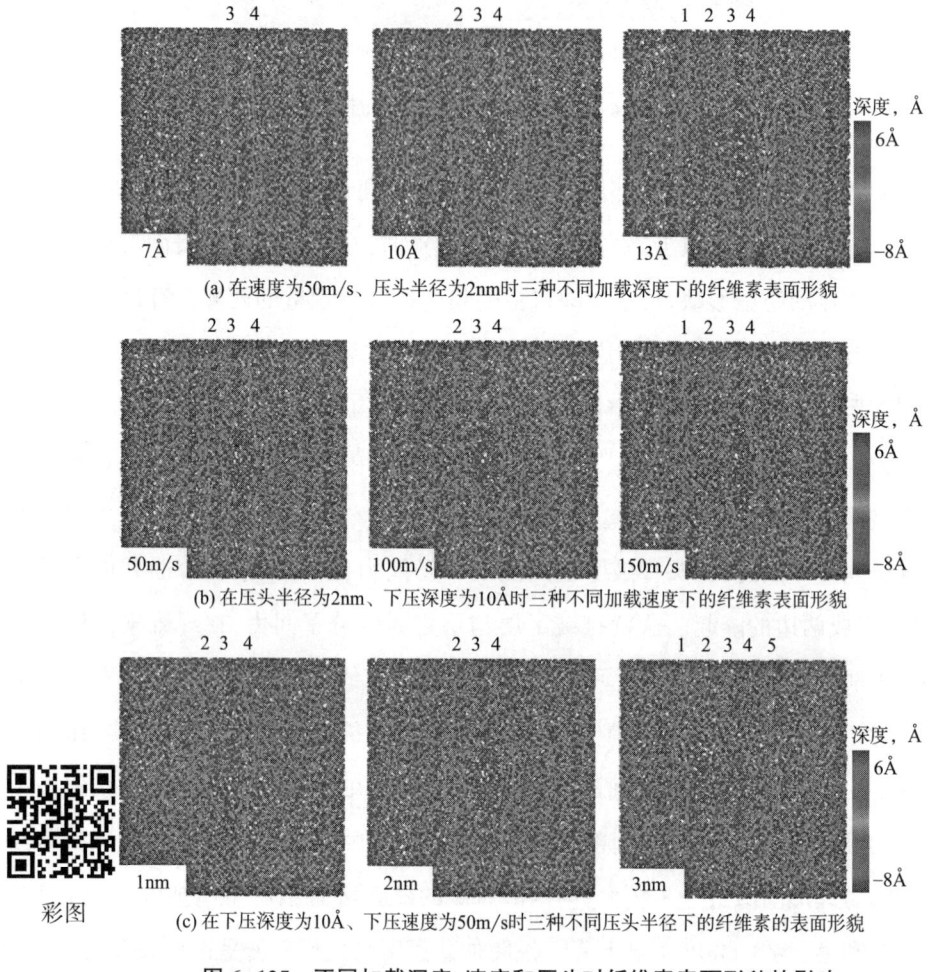

(b) 在压头半径为2nm、下压深度为10Å时三种不同加载速度下的纤维素表面形貌

(c) 在下压深度为10Å、下压速度为50m/s时三种不同压头半径下的纤维素的表面形貌

图6-125 不同加载深度、速度和压头对纤维素表面形貌的影响

四、能量变化

由于纳米压痕模拟是一个动态过程,实时监测分子链结构(键长、键角和二

面角的拉伸扭转)和分子间的非键相互作用的变化是具有挑战性的。然而,这个过程可以根据系统中每个部分的能量计算来描述,主要用四个方面来分析纤维素晶体压缩过程中的结构变化:键角、二面角、势能和氢键能。在纳米压痕模拟过程的五个阶段中,分析了能量变化(图6-126)。在第一阶段,压头向下压,但不接触纤维素晶体,在每个部分没有观察到明显的能量变化。在第二阶段,压头接触并压入纤维素晶体,使纤维素晶体结构变形,势能、键角能和二面角能增加。这表明在加载过程中,分子链的键角和二面角发生了变化。与二面角相比,键角能的变化更高,相当于势能变化的44.3%~55.6%。这表明键角能在纤维素结构的变形过程中起主要作用。键弯曲能的急剧增加可以用Argon模型来解释,该模型是一种经典的分子水平屈服理论[197]。在第三阶段,压头保持不动,各部分的能量没有明显变化。在第四阶段,压头逐渐恢复,纤维素晶体的弹性变形发生。各部分的能量逐渐减少,但没有恢复到初始状态,表明纤维素晶体的塑性变形是在压缩过程中产生的。对不同加载深度下的能量变化的比较表明,加载深度越大,各部分的能量增加越明显,模拟和初始状态的能量差也越大(图6-127)。这意味着加载深度越大,纤维素晶体的变形程度越大,这与纤

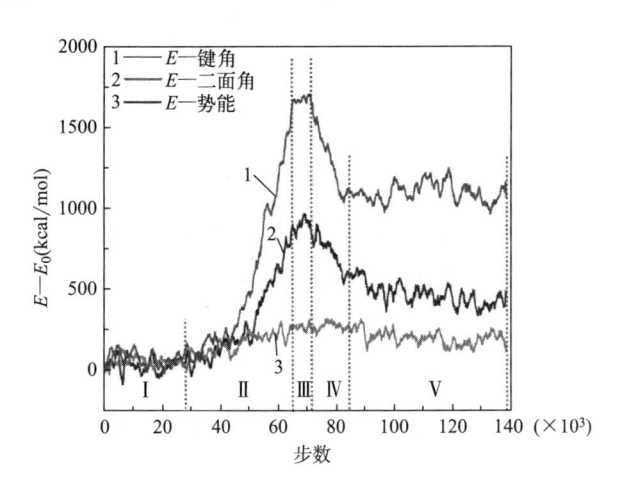

图6-126 能量变化分段图

注 Ⅰ为加载的非接触阶段;Ⅱ为加载接触阶段;
Ⅲ为保持阶段;Ⅳ为卸载接触阶段;Ⅴ为卸载分离阶段。

维素晶体的表面形貌和残留深度结果是一致的,此外,在7Å的加载深度下,纤维素晶体势能恢复的比例高于10Å和13Å(49.8%对35.4%和37%),说明在浅层深度下弹性恢复的比例较大。

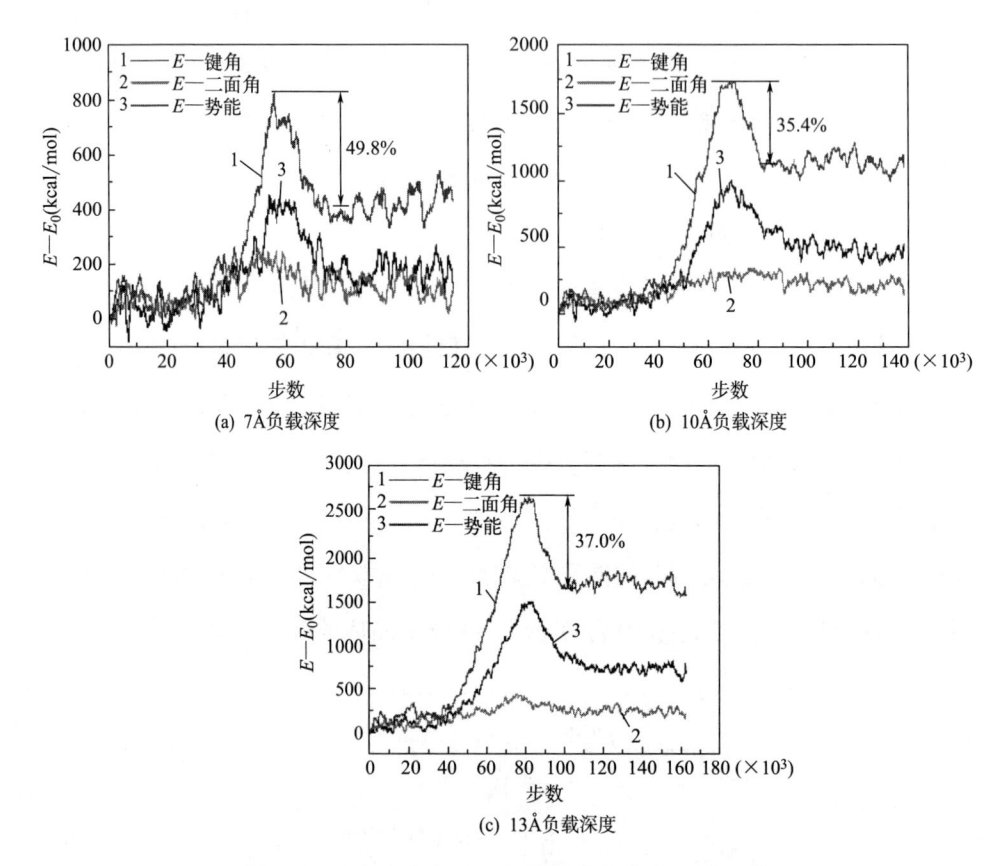

(a) 7Å负载深度

(b) 10Å负载深度

(c) 13Å负载深度

图6-127　在速度为50m/s、压头半径为2nm时三种不同下压深度下对应的纤维素晶体能量变化

对不同加载速度下的能量变化进行比较,发现不同速度下的能量变化没有明显差异,这也与表面形貌和残留深度的结果一致,这说明速度对纤维素晶体的弹塑性变形影响不大(图6-128)。根据最终的能量差异进一步分析,压头半径越大引起的能量变化也越显著,对纤维素晶体造成的变形程度越大。这是因为半径较大的压头和纤维素晶体之间的接触面积较大,从而产生更大的变形量。在 1nm、2nm 和 3nm 压头半径作用下的势能恢复比例分别为 27.7%、35.4%和 39.7%,这一结果表明,压头半径越小,塑性变形的比例越高,与恢复深度的比例结果相一致(图 6-129)。在 3nm 压头半径和 13Å 之间的比较表明,它们之间的势能变化没有区别。纤维素晶体在 3nm 压头半径的压力下的变形量为 14.67nm³,远远高于纤维素晶体在 13Å 的压力深度下的变形量为 9.33nm³。因此,在较大深度下较小的变形量可以引起与较大变形量相同的势能变化。这意味着,在相同的变形量条件下,加载深度越大,势能变化也越显著。

(a) 50m/s加载速度下的纤维素晶体能量变化趋势

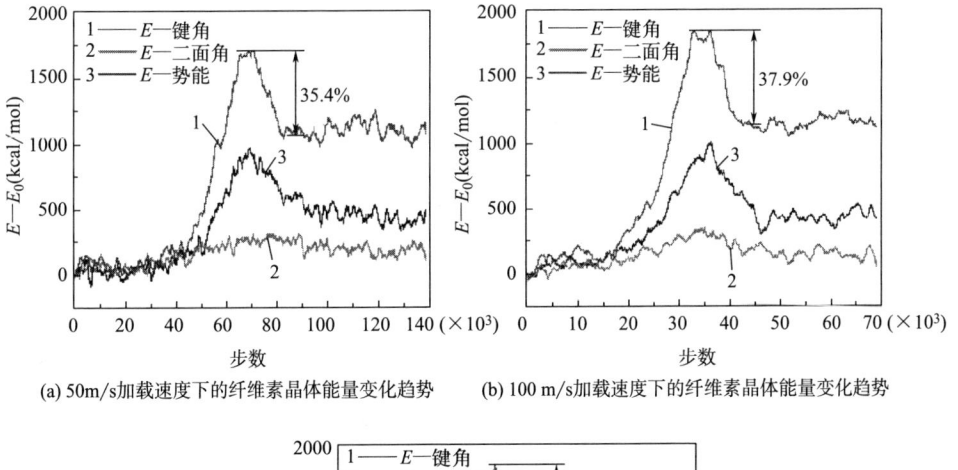

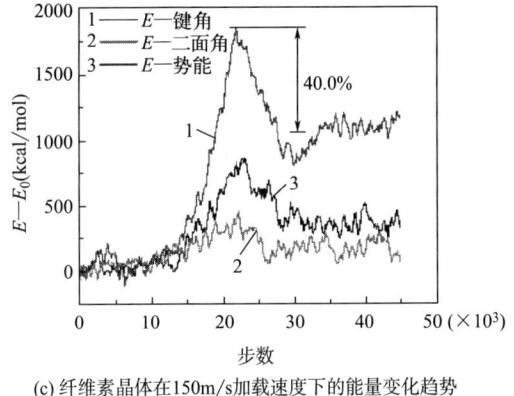

(b) 100 m/s加载速度下的纤维素晶体能量变化趋势

(c) 纤维素晶体在150m/s加载速度下的能量变化趋势

图 6-128 在压头半径为 2nm、下压深度为 10Å 时三种不同下压速度下对应的纤维素晶体能量变化

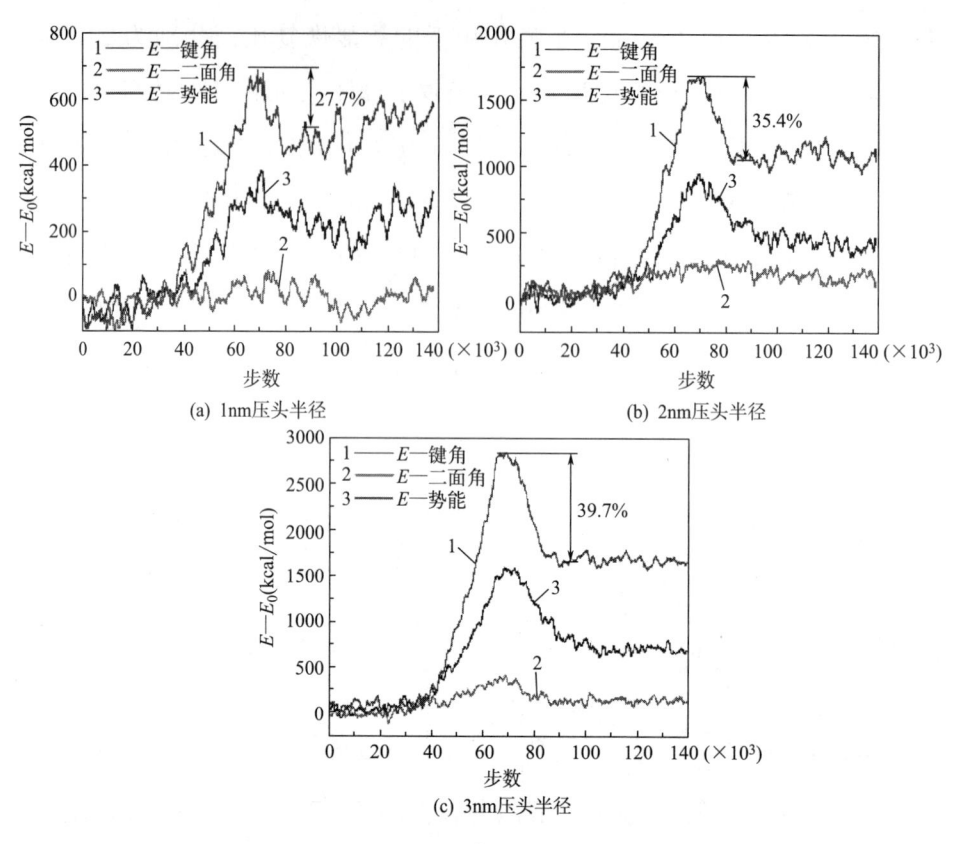

图 6-129 在下压深度为 10Å、下压速度为 50m/s 时三种不同压头半径下对应的纤维素晶体能量变化

五、压缩条件下纤维素晶体的氢键变化

本文使用 Visual Molecular Dynamics(VMD)软件研究了模拟过程中的氢键数量。在本文中,氢键形成的标准被定义为供体与受体之间距离小于 3.5Å、角度 30°。纤维素晶体中的氢键能量在加载过程中逐渐减少,在卸载过程中逐渐增加,这与氢键数量的变化相一致。能量的降低意味着结构更加稳定,表明在加载过程中氢键形成,在卸载过程中氢键被破坏。在加载过程中,纤维素的受力方向沿着球形压头的表面发散。根据 VMD 模拟,随着压头底部的纤维素链向下移动,纤维素链的层间距离减少,导致表面之间的氢键数量增加。同时,随

着压头两侧的纤维素链向两侧挤压移动,链间距离缩小,进一步增加了链间的氢键数量。然而,在链的滑移和堆积区域,氢键也被打破。在加载过程中产生的氢键数量大于断裂的氢键数量,导致总的键数增加。当加载压头上升时,纤维素晶体发生弹性恢复,氢键数量减少,产生滑移的两条链之间的距离也恢复。然而,大部分的链间距离仍然大于氢键形成的标准,不能形成氢键(图 6-125)。因此,氢键的数量趋于减少。最终,在链与链之间以及面与面之间的氢键数量增加与滑移堆积,导致的减少之间没有观察到任何区别。在不同的加载深度下,加载深度越大,氢键能量的减少和氢键数量的增加也越显著(图 6-130、图 6-131)。加载速度的变化对氢键的影响并不明显。相比之下,压头半径对

(a) 在速度为50m/s、压头半径为2nm时不同加载深度下的氢键能量变化

(b) 在压头半径为2nm、下压深度为10Å时不同加载速度下的氢键能量变化

(c) 在下压深度为10Å、下压速度为50m/s时不同压头半径下的氢键能量变化

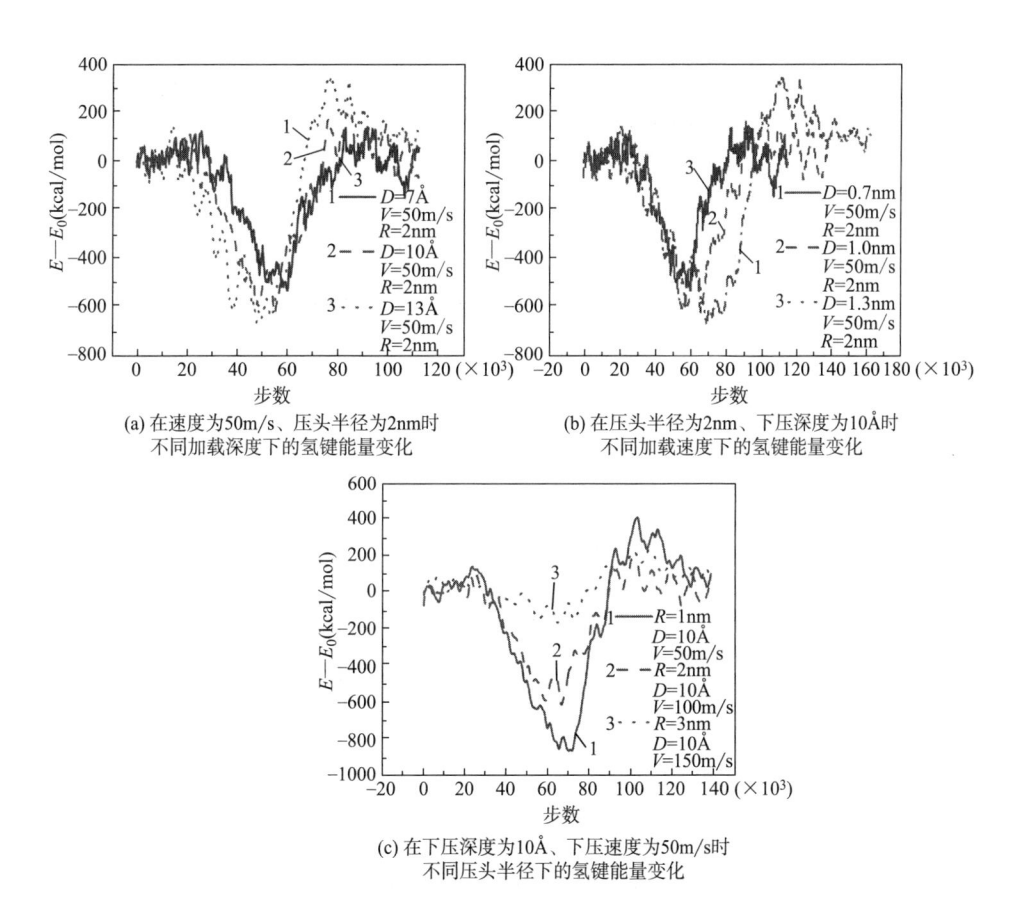

图 6-130　不同压缩条件下对纤维素晶体氢键能量的影响

氢键数量的影响是最显著的,随着压头半径的增加,氢键的数量和能量迅速增加。在半径为3nm的压头之间,势能的变化是相似的,但在半径为3nm的压头下明显大于深度为13Å的压头。这是因为压头越大,产生的变形体积越大,而氢键数量的变化是由变形体积决定的。

(a) 在速度为50m/s、压头半径为2nm时不同加载深度下氢键数量的变化

(b) 在压头半径为2nm、下压深度为10Å时不同加载速度下氢键数量的变化

(c) 在下压深度为10Å、下压速度为50m/s时不同压头半径下的氢键数量的变化

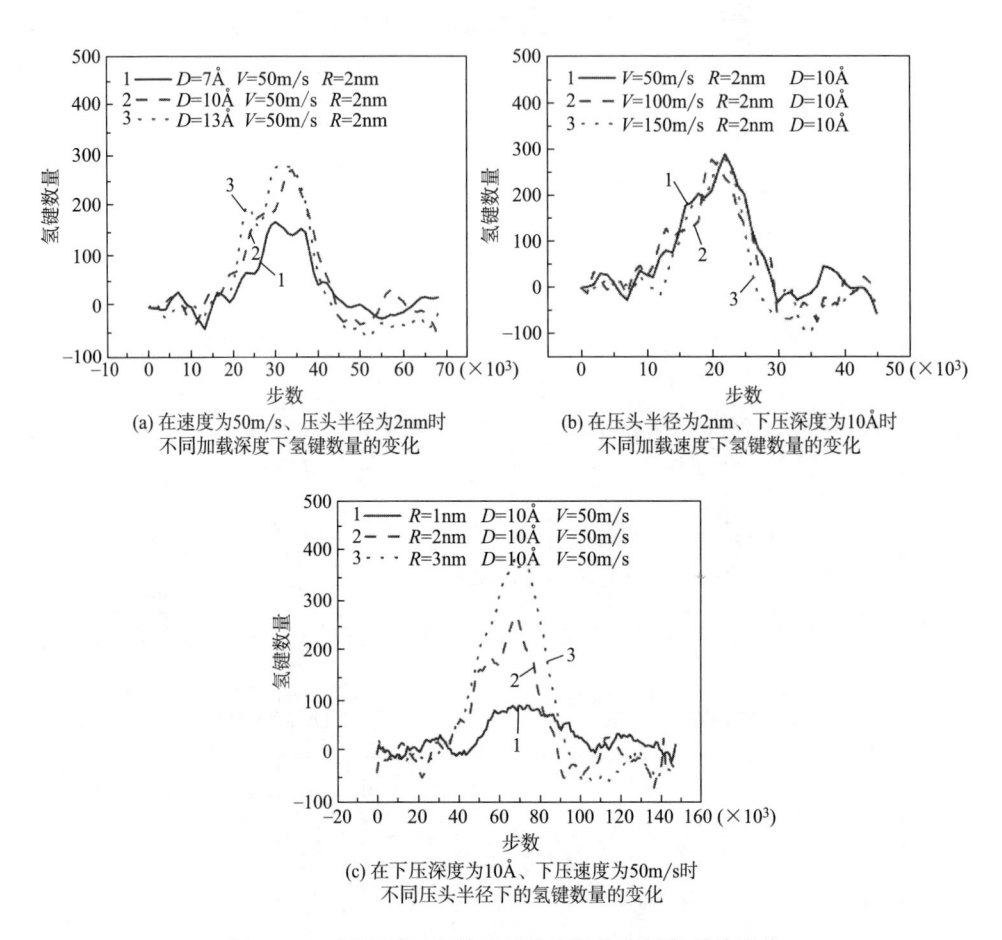

图6-131 不同压缩条件对纤维素晶体氢键数量的影响

六、小结

通过分子动力学模拟,采用纳米压痕法研究了晶体纤维素(100)表面的横向弹性模量,并探讨了加载深度、加载速度和压头半径对横向弹性模量的影响。

结果表明,加载深度和加载速度对横向弹性模量的影响很小。此外,压头半径的增加只导致弹性模量的轻微增加,较小的压头会导致弹性模量的失真。模拟结果表明,用原子力显微镜测量弹性模量时,压头的半径是一个重要的考虑因素。晶体纤维素的横向弹性模量为(17.04±2.03)GPa,模拟结果与试验结果一致。

分析了纤维素的压缩变形机制,并利用力和深度曲线分析了压头与晶体纤维素之间的相互作用。力和深度曲线在加载和卸载过程中的滞后现象表明,在压缩过程中发生了塑性变形。结合恢复百分比、表面形态和势能曲线的分析,证明了结合角在抵抗变形方面起着重要作用。还探讨了加载深度、加载速度和压头半径对晶体纤维素弹塑性变形的影响。加载深度和压头半径的增加均会提升晶体纤维素的变形程度。较浅的加载深度会产生较大比例的弹性,而半径较小的压头会产生较大比例的塑性变形。值得注意的是,速度对纤维素晶体的变形程度的影响并不明显。在相同的变形量条件下,较大的压下深度会比较大半径压头引起更显著的势能变化。

最后,探讨了(100)表面压缩对体系中氢键能量和数量的影响。结果显示,在下压过程中,氢键的数量增加,氢键能量下降,在卸载过程中恢复。速度的改变对氢键数量的变化没有影响,而下压深度和压头半径的改变对氢键数量的影响很大,氢键数量的变化受到纤维素晶体变形量的影响。

――――― **参考文献** ―――――

第七章 水润滑作用下棉纤维摩擦损伤行为的分子动力学模拟

第一节 概述

从采摘棉花到制成纺织品的过程中,棉花常常与各种材料制成的机器部件发生摩擦,这种摩擦不仅会导致棉花纤维的损伤,还可能引起机器部件的磨损甚至损坏[1-3]。在工程实践中,摩擦是阻止两物体相对滑动的重要因素,为了保证机械设备的正常运转,必须克服这种摩擦[4]。磨损通常是伴随摩擦产生的,导致材料从基体表面损失,是决定机器寿命的重要因素[5]。为了延长零部件使用寿命,提高表面耐磨性是一种重要的解决方案。金属铬具有高硬度、耐热性、耐磨性和强度等优点,经常被用作机械部件表面的涂层材料[6]。然而,具有铬涂层的部件与棉花接触时依然有较大的摩擦,长时间工作会产生严重磨损[7-8]。摩擦和磨损造成了严重的经济损失[9-12],因此,寻找减少摩擦和磨损的方法变得尤为重要。降低摩擦磨损的一个重要方法是使用润滑剂,润滑剂可显著降低相互滑动物体之间的摩擦与磨损。液体润滑系统,主要通过建立加压液膜来润滑,是一种适用于各种摩擦系统的通用润滑方法。尤其是水基润滑剂,在许多情况下,比传统的石油基或离子液体润滑剂具有更多优势。水资源丰富、成本低廉,更重要的是它环保无污染,这使得水基润滑剂在当今可持续发展和环境保护的社会背景下显得尤为重要[13-16]。开发和使用高效的水基润滑系统不仅有助于提高机械效率,还有助于推动纺织行业向更加环保和可持续的方向发展。

第二节　非晶态棉纤维对铬滑动水润滑的分子动力学研究

棉花的主要成分是天然纤维素，目前，纤维素与不同材料的摩擦磨损研究主要采用试验方法[17-21]。试验方法的优点是结果真实可靠，但试验环境有限，无法在原子水平上揭示摩擦磨损机理，难以提供清晰的认识。分子动力学（MD）模拟的环境更为广阔，可以弥补试验的不足，在原子水平上展现摩擦磨损机理[22-31]。潘[28-29]和郝[30]通过试验和 MD 模拟相结合的方法，研究了铁和聚四氟乙烯（PTFE）之间的摩擦特性，更重要的是证实了 MD 模拟在摩擦磨损方面的正确性和可靠性。同时，利用 MD 模拟研究水作为纤维素的润滑剂[32-38]以减少摩擦和磨损[39-41]的特性仍然是有效和可行的。通过这些研究，我们可以更好地掌握摩擦和磨损的本质，为未来的材料设计和应用奠定基础。闫[7-8]研究了晶体纤维素和无定形纤维素与铬（Cr）的干摩擦。本章则利用水分子作为润滑剂，通过分子动力学模拟研究了滑动速度和载荷对金属铬和非晶棉纤维摩擦的影响。研究发现，在滑动过程中，水分子在接触界面间的运动主要是沿滑动方向而不是沿加载方向。高滑动速度或大载荷会降低水分子的润滑性能，增加稳定过程中的平均摩擦系数。稳定前的滑动时间随滑动速度的增加而增加，随加载量的增加而减少。另外，水润滑剂可以减少金属铬的损伤，而滑动速度的增加比载荷更容易引起金属铬的损伤，因此选择合适的滑动速度更为重要[42-45]。

一、建模及模拟

（一）纤维素模型

纤维素是一种由 1-4-β-糖苷键连接的 β-D-吡喃葡萄糖基和两个葡萄糖单元组成的线性多糖，纤维素是纤维素的重复单位。纤维素包括晶态区和无定形区，晶态区呈高度有序排列，如图 7-1 所示[46]。结晶区和无定形区的性质有很大不同，需要分别进行研究，本文以无定形纤维素为研究对象。构建聚合度

(DP)为 30 的无定形纤维素,在模拟模型中以 1.5g/cm³[47]的密度在胞内填充三条链,如图 7-2 所示。

(a) 结晶纤维素和无定形纤维素示意图

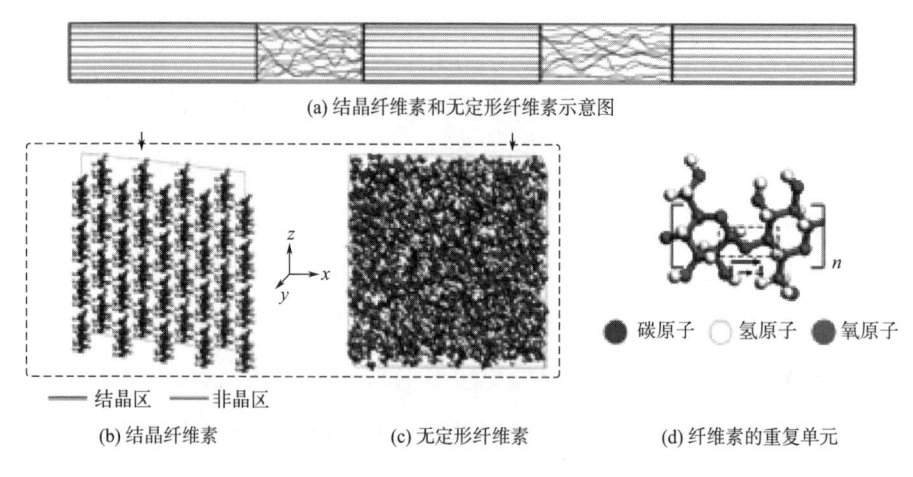

(b) 结晶纤维素

(c) 无定形纤维素

(d) 纤维素的重复单元

图 7-1 纤维素结构和重复单元

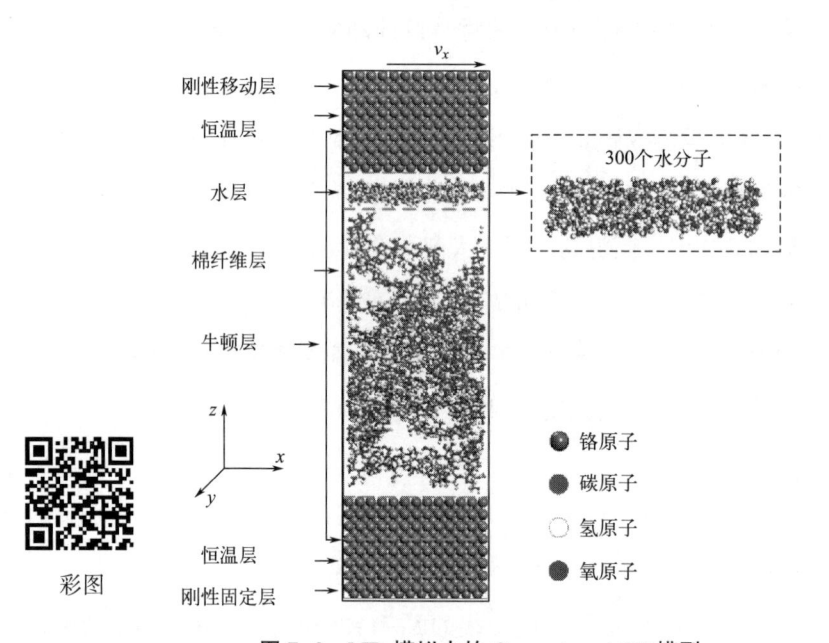

图 7-2 MD 模拟中的 Cr-water-ACF 模型

(二)仿真模型

模拟模型有两层 Cr 层,共 300 个水分子,ACF 位于两层 Cr 层之间,如图 7-2

所示。两层铬的尺寸为34.6Å×34.6Å×23.1Å,每层有2304个Cr原子。该模型包括三层,最外层为刚性层,刚性层沿z方向由底部的刚性固定层(RFL)和顶部的刚性移动层(RML)组成。在模拟过程中,刚性层中Cr原子的几何形状保持不变。另外,RFL固定,RML沿z方向对仿真模型进行加载,沿x方向进行滑动速度。紧挨着刚性层的是恒温层,通过调整原子速度,温度保持在300K不变。除刚性层和恒温层外,其余原子定义为由Cr原子、水分子和ACF组成的牛顿层。牛顿层中的原子可以根据牛顿第二运动定律自由运动。在MD模拟开始之前,在恒温恒容条件下进行了从300~500K的5个退火过程,速率为4K/ps,然后以80K/ps的高速率降至300K,进一步平衡了模拟模型。

摩擦模拟包括三个阶段。第一阶段,在300K的恒温条件下进行弛豫,以消除模型中的内应力,并促进水分子的运动,使其随机分布。第二阶段,沿z方向对RML施加载荷,在Cr原子上施加一个均匀的力。第三阶段,沿x方向对RML施加滑动速度,以实现铬层和ACF之间的相对滑动。边界条件在x和y方向上都是周期性的,以解决ACF对Cr基底的边界效应问题,而在z方向上则采用非周期性边界。仿真时间步长为0.25fs,三个阶段的仿真时间分别为100ps、200ps和100ps,以确保它们趋于稳定。当F_n为5GPa时,v_x设置为1Å/ps、2Å/ps、3Å/ps、4Å/ps和5Å/ps;当v_x为1Å/ps时,F_n设置为1GPa、3GPa和5GPa。因此,本文共进行了7次模拟。

所有模拟均由大规模原子/分子大规模并行模拟器(LAMMPS)完成,该模拟器是一种用于MD模拟的开源编码[48]。原子间的相互作用由反应力场(ReaxFF)进行评估。ReaxFF允许键在模拟过程中断裂和形成,连接性由原子间距离计算出的键序决定。ReaxFF中的整个系统能量E_{system}由各种部分能量项组成,如式(7-1)所示,为

$$E_{Reax} = E_{bond} + E_{lp} + E_{over} + E_{under} + E_{val} + E_{pen} + E_{coa} + E_{tors} + E_{conj} + E_{H-bond} + E_{vdW} + E_{Coulomb} \tag{7-1}$$

式中,E_{bond}为共价相互作用能;E_{under}、E_{over}为原子欠配/过配作用能;E_{val}为键角相互作用能;E_{pen}为补偿能;E_{tors}为二面扭转能;E_{conj}为键结合能;E_{vdW}为范

德华作用能;E_{Coulomb}为静电作用能。

二、水分子在不同条件下的运动

由于 Cr 和 ACF 具有润滑剂的作用,水分子在接触界面之间的运动显著影响其摩擦行为。均方位移是反映液体运动的一个重要参数,用于研究水分子在滑动过程中的运动,以阐明其对摩擦机理的影响[49-51]。不同条件下水分子的 MSD_w 如图 7-3 所示。由图 7-3(a) 可以看出,在 $F_n = 5\text{GPa}$, $v_x = 1\text{Å/ps}$ 的情况下,摩擦过程中水分子沿 x 方向(滑动方向)的运动变化较大,而沿 y 方向和 z 方向(加载方向)的运动基本保持低值不变。这表明水分子的 MSD_w 主要是沿着

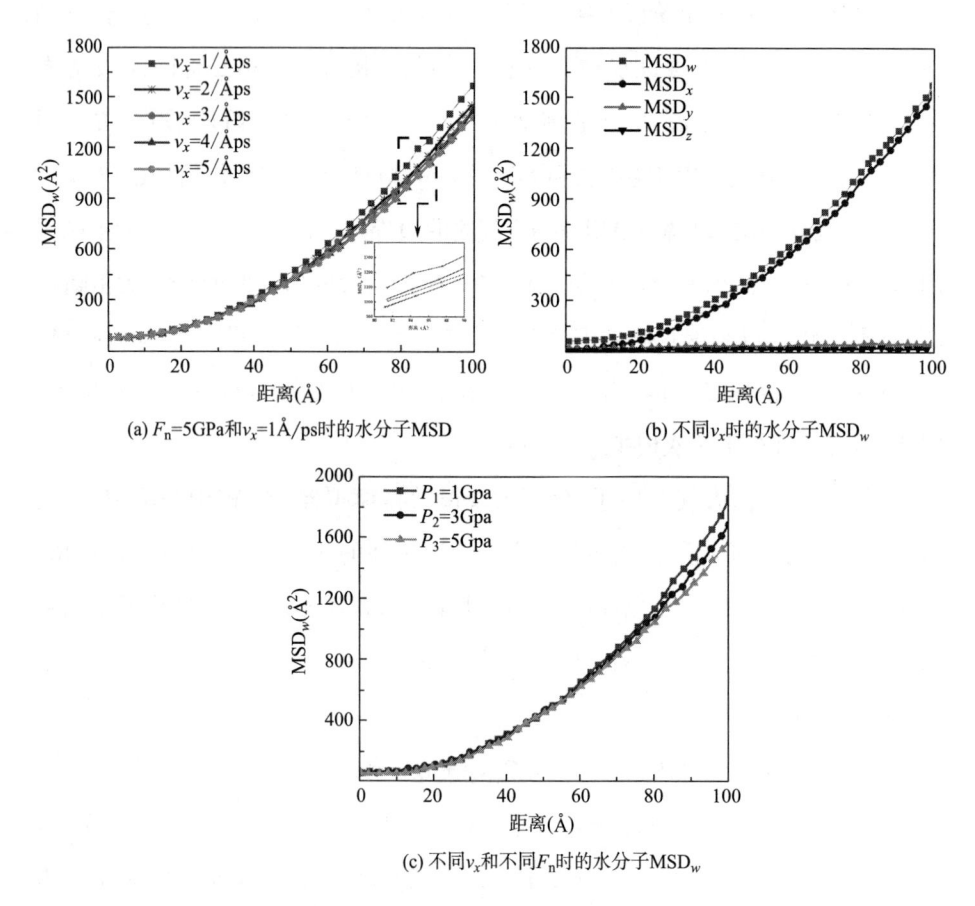

(a) F_n=5GPa和v_x=1Å/ps时的水分子MSD

(b) 不同v_x时的水分子MSD_w

(c) 不同v_x和不同F_n时的水分子MSD_w

图 7-3 不同条件下水分子的 MSD_w

滑动方向的运动,而不是沿着加载方向或其他方向的运动。其他条件下(不同F_n和v_x)的MSD_w没有显示,因为它们的结果相同。

如图7-3(b)和图7-3(c)所示,v_x和F_n会影响水分子的运动,这表明MSD_w随v_x和F_n的增大而减小。在滑动过程中,位于接触界面之间的水分子会随着Cr的滑动而发生平移和旋转等调整运动,从而均匀分布。然而,相对于v_x而言,水分子的调整运动速度较慢,在v_x较大时无法充分调整,进而影响水分子在接触面上的分布。因此,大的滑动速度会抑制水分子的运动,降低其润滑作用。密闭在两个物体之间的液体的黏度会随着压力的增加而增加,因此,当F_n较大时,位于接触界面之间的水分子的黏度会增加,并影响其运动和分布。因此,大载荷会增加水分子的黏度,降低其润滑性能。因此,大滑动速度和大载荷会影响水分子的活动,导致MSD_w下降。

三、不同条件下的摩擦系数

不同的v_x和F_n会影响接触界面的COF,如图7-4和图7-5所示。在所有条件下,滑动初期(S_I)的COF及其波动幅度都相当大,这是因为位于接触界面之间的水分子保持静止状态,需要一定时间的流动才能起到润滑作用。这意味着S_I是一种非稳定的润滑摩擦状态,COF很大,而且变化很大。水分子开始充当润滑剂,减少接触界面的摩擦力,因为它们的运动随着滑动的进行趋于稳定,然后进入稳定的润滑摩擦状态(S_{II})。在S_{II}过程中,COF变化平稳,波动幅度较小,利用其在S_{II}中的平均值COF来比较水润滑在该条件下的效果。

在F_n为5GPa的条件下,v_x(1~5Å/ps)对COF的影响如图7-4(a)~(e)所示。S_I的滑动时间随v_x的增大而增加,因为大的v_x会抑制水分子的运动,完成润滑需要更多的时间。从图7-4(f)可以看出,在S_{II}过程中,平均COF也随v_x的增大而增大,这是因为大的v_x会抑制水分子的运动,导致水分子的润滑作用随v_x的增大而减弱。然而,随着v_x的增大,平均COF的变化逐渐变小,这是因为其抑制水分子运动的能力降低了,这一行为与图7-3(b)中所示的MSD_w的趋势一致。在给定的v_x(1Å/ps)条件下,不同的F_n对COF的影响如图7-5(a)~

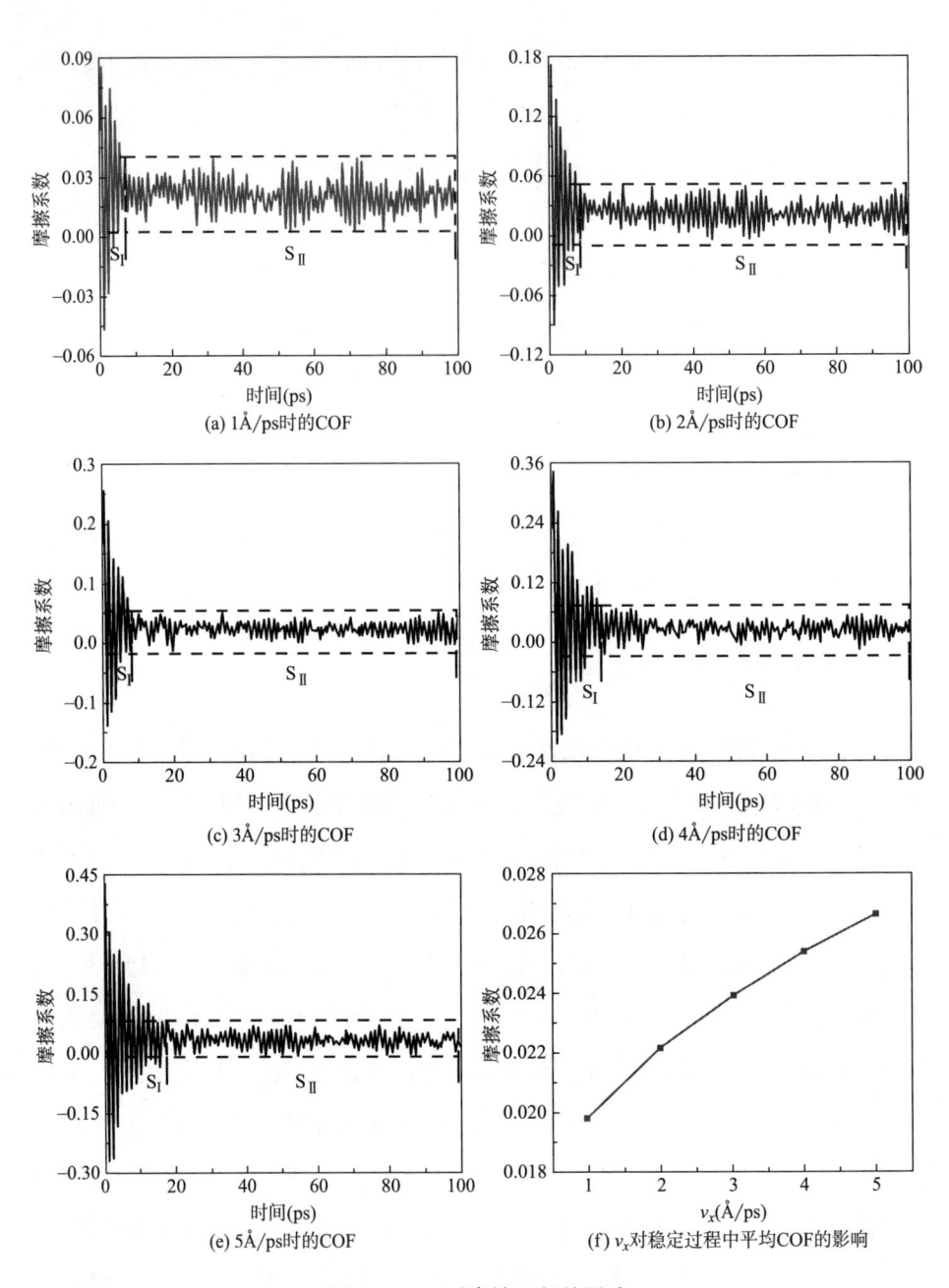

图 7-4　v_x 对摩擦系数的影响

(c)所示。如图 7-3(c)所示,当 F_n 较大时,由于水分子的运动活性降低,其黏度增加,因此水分子更容易得到稳定,S_I 的滑动时间随 F_n 的增大而减小。此外,如图 7-5(d)所示,水分子的润滑性受其黏度的影响而减弱,导致平均 COF 增加,而其波动幅度减小。

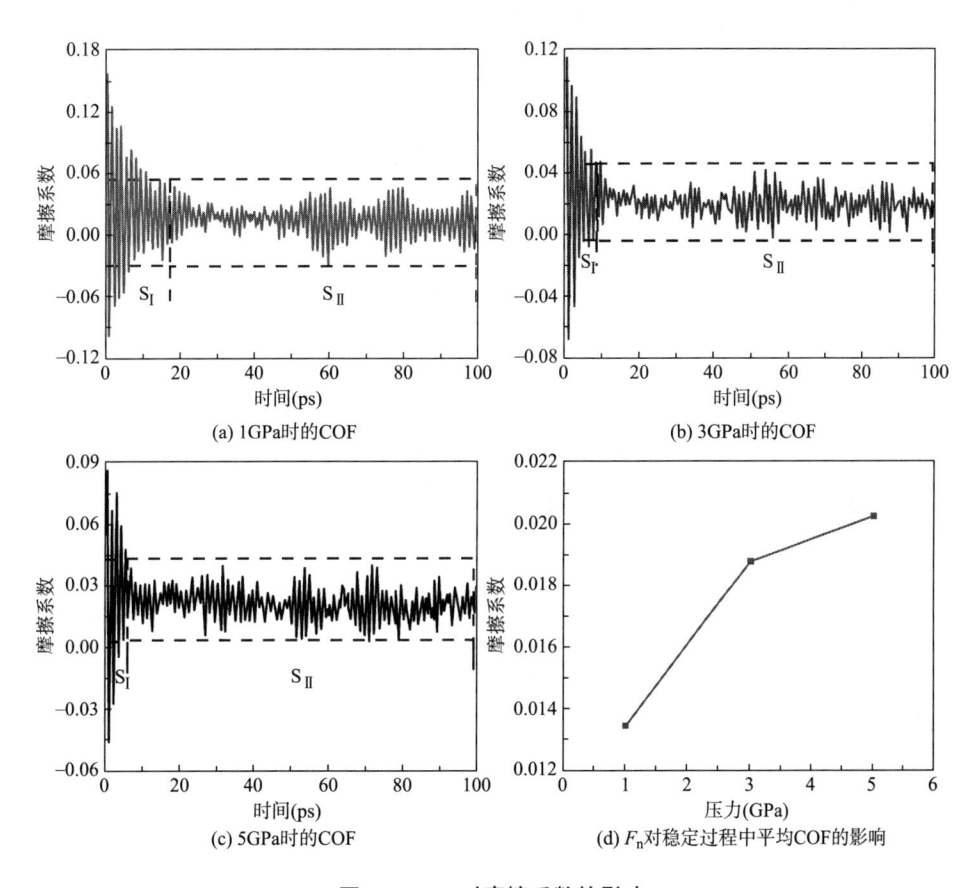

图 7-5 F_n 对摩擦系数的影响

(a) 1GPa时的COF
(b) 3GPa时的COF
(c) 5GPa时的COF
(d) F_n 对稳定过程中平均COF的影响

四、不同条件下对铬的损害

在铬与 ACF 的摩擦过程中,接触表面发生化学变化,ACF 中的氧原子和铬原子产生 Cr═O 键,进而生成 Cr_2O_3,这会造成铬的损伤。Cr═O 键的数量是衡量铬表面损伤的重要指标,因此通过计算 Cr═O 键的数量来分析摩擦过程中对铬的损伤。Cr═O 键的形成和断裂根据 1.96Å 的截断长度进行评估,ACF 中的氧原子与上层的 Cr 原子产生的 Cr═O 键数为 N_U,与下层产生的 Cr═O

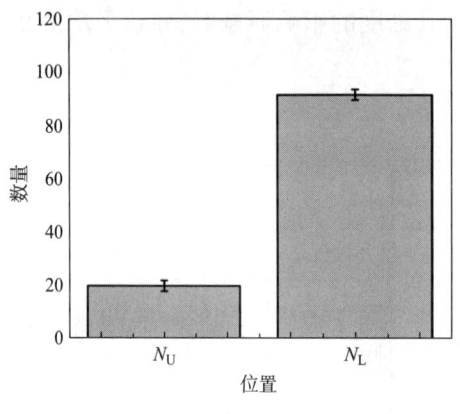

图 7-6 v_x 为 1Å/ps、F_n 为 5GPa 处的 N_L 和 N_U

键数为 N_L。如图 7-6 所示,在 v_x 为 1Å/ps、F_n 为 5GPa 条件下比较有水分子和无水分子摩擦对 Cr 造成的破坏。结果表明,N_U 显著低于 N_L,表明水分子作为润滑剂能够有效保护铬,减少其损伤。在有水分子润滑的摩擦过程中,ACF 和 Cr 没有直接接触,因为润滑剂在它们之间形成了一层润滑膜。在这种情况下,接触界面之间的滑动主要取决于润滑剂的流动。在水分子作为润滑剂的影响下,Cr 与 ACF 之间的摩擦力和对 Cr 的损伤减小,这导致 N_U 相对于 N_L 较小。这与无润滑剂摩擦时的情况相反。为了清楚地显示 N_U 和 N_L 的变化,计算了它们的平均值,如图 7-6 所示。

如图 7-7 所示,使用 N_U 分析了在不同的滑动速度(v_x)和载荷(F_n)条件下,水润滑摩擦对铬的损伤情况。可以看出,N_U 随 v_x 和 F_n 的增加而增加,而且 v_x 对 N_U 的影响大于 F_n,这是因为位于接触界面之间的水分子的运动更依赖于滑动而不是加载,如图 7-3(a) 所示。此外,由于水分子的运动受到抑制,COF

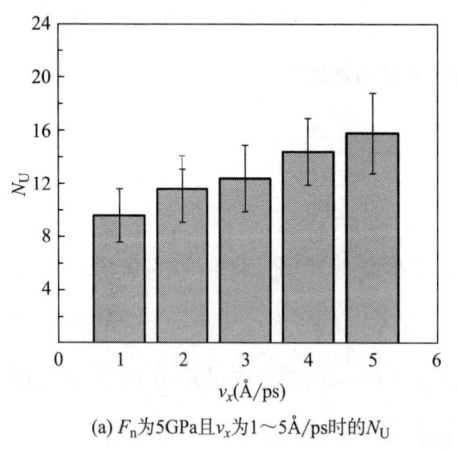

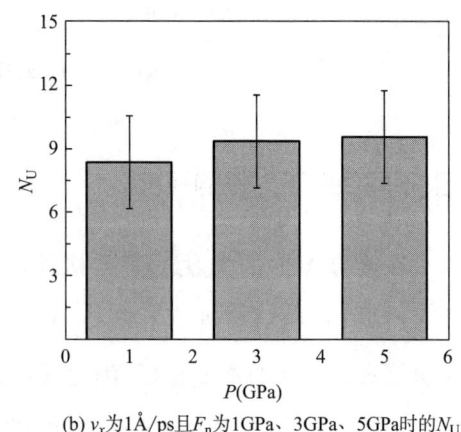

(a) F_n 为 5GPa 且 v_x 为 1~5Å/ps 时的 N_U

(b) v_x 为 1Å/ps 且 F_n 为 1GPa、3GPa、5GPa 时的 N_U

图 7-7 水润滑摩擦对铬的损伤情况

随 v_x 和 F_n 的增加而增大,从而对 Cr 造成更大的破坏。但在润滑的情况下,ACF 和 Cr 在加载作用下并不直接接触,避免了较大的摩擦力对 Cr 造成的严重损害。因此,水分子作为润滑剂在保护铬方面发挥了重要作用。

五、小结

在干摩擦过程中,ACF 与 Cr 直接接触,接触界面上会发生剧烈摩擦,而使用水分子作为润滑剂,可以显著减少摩擦。本文利用 MD 仿真,通过分析不同滑动速度和载荷下的水分子运动、COF 以及对 Cr 的损伤,以评估水润滑的性能。研究发现,水分子在接触界面间的运动主要沿滑动方向而非载荷方向进行,且随着滑动速度的增加,水分子的运动会受到抑制。

同时,大载荷会增加水的黏度。运动受抑制和黏度增大都会降低水分子的润滑性,影响润滑摩擦。摩擦开始时,水分子保持静止,未能发挥润滑作用,这将导致较大的 COF 和波动幅度。随着水分子的流动,摩擦逐渐趋于稳定,稳定前的滑动时间随滑动速度的增加而延长,随载荷的增加而缩短。在稳定阶段,COF 较小并在一定范围内变化,平均 COF 随滑动速度和载荷的增加而增大。干摩擦 N_L 时产生的 Cr═O 键的数量远远大于水润滑摩擦 N_U 时产生的数量,这表明水分子起到了润滑剂的作用,保护 Cr 不受损伤。最后,根据研究结果,滑动速度对 Cr 的破坏能力要强于水润滑摩擦时的载荷。因此,使用水润滑可以很好地保护铬,而选择合适的滑动速度则更为重要。

第三节 水润滑条件下晶体纤维素在铬表面滑动的摩擦特性

在研究纤维素与铬的润滑摩擦时,仅仅关注无定形纤维素是不够的,晶体纤维素同样需要纳入研究。然而,目前对晶体纤维素的研究仍显不足。本小节通过分子动力学模拟,考虑载荷(F_n)和滑动速度(v_x)等因素,探讨了以水为润滑剂的晶体纤维素与铬的摩擦和磨损特性。与理想的光滑表面不同[7-8,41]，本研究采用了粗糙的铬表面，这一选择使得纤维素与铬之间的摩擦和磨损更为严重，但更接近实际摩擦条件。

从原子的角度分析载荷和滑动速度对摩擦力、接触界面温度及磨损原子的影响，本文研究了在水润滑条件下硬质铬与软质晶体纤维素的摩擦磨损行为。研究发现，摩擦力在滑动速度变化时的敏感性高于载荷变化，且在高滑动速度下更容易达到稳定的摩擦状态。稳定阶段的平均摩擦力随着载荷和速度的增加而逐渐增大，具体表现为随载荷的增加而减小，随速度的增加而增大。

接触界面的温度在滑动开始时变化迅速，随后趋于稳定。稳定化后的温度明显随着速度的增加而上升，但对载荷变化不敏感。载荷和滑动速度对软质材料的磨损影响显著，其中磨损原子的数量随着速度的增加接近指数增长，而随载荷的增加呈线性增长。相比之下，硬质材料的磨损变化随着载荷和滑动速度的增加相对较小。这些结果揭示了在水润滑条件下，载荷和滑动速度对纤维素与铬摩擦磨损行为的重要影响。

一、模型与模拟方法

纤维素由晶体纤维素和非晶纤维素组成[52]，晶体纤维素结构排列整齐，非晶纤维素结构排列无序，如图7-8所示。因其结构特征，晶体纤维素和非晶纤维素性质差异大，需要分别研究，本文将晶体纤维素作为研究对象。

纤维素细胞中的每条链由两个葡萄糖残基组成，通过$\beta(1-4)$糖苷键连接。晶体纤维素分为I-α晶体纤维素及I-β晶体纤维素，其中，I-β纤维素在纤维素纤维的主要成分中更为稳定。I-β晶体纤维素的晶胞尺寸（unit cell dimensions）$a=7.8Å, b=8.2Å, c=10.4Å, \gamma=96.5°$[53]，如图7-9所示。将晶胞进行扩展，构建$101.4Å \times 16.4Å \times 20.8Å$的I-β晶体纤维素。

模拟模型包含上下两层铬原子层，下层是光滑表面，而上层是带有半径4Å的球形粗糙面。在两层铬原子层之间，填充有晶体纤维素及350个水分子形成

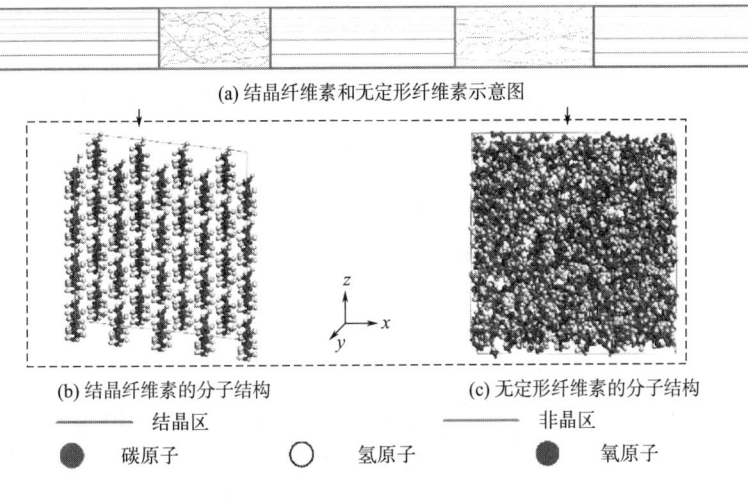

(a) 结晶纤维素和无定形纤维素示意图

(b) 结晶纤维素的分子结构　　(c) 无定形纤维素的分子结构

—— 结晶区　　　　—— 非晶区
● 碳原子　　○ 氢原子　　● 氧原子

图 7-8　晶体纤维素与非晶纤维素

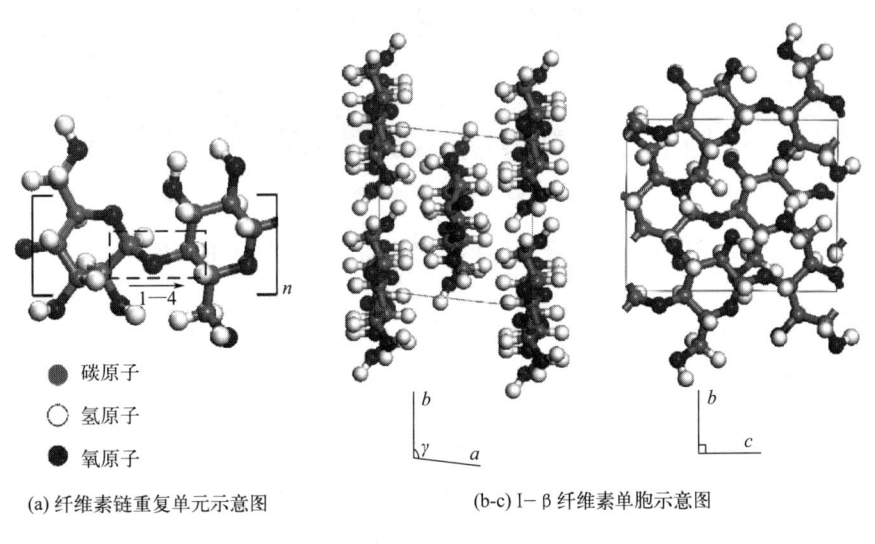

● 碳原子
○ 氢原子
● 氧原子

(a) 纤维素链重复单元示意图　　(b-c) I-β 纤维素单胞示意图

图 7-9　I-β 晶体纤维素

的水膜,其厚度为 6Å,如图 7-10 所示。模型的最外层是固定层,由位于上方的 Rigid Fixed Layer(RFL)和位于下方的 Rigid Moving Layer(RML)组成,沿 z 方向。位于固定层的铬原子在模拟过程中保持不变,RFL 固定不动,RML 用于承受沿 z 方向的压力及沿 x 方向的滑移速度。与固定层相邻的是恒温层,通过改变原子运动速度保持温度不变,本研究温度设定为 300K。剩下的原子组成牛顿层,包括铬原子、水分子及晶体纤维素。牛顿层原子遵守牛顿第二运动定律进行运动。x 和 y 方向的边界条件设为周期性边界条件,z 方向设为非周期性边界条件,模拟步长为 0.25fs。为了进一步平衡模型,在模拟开始前,在 NVT 系综下进行退火,采用 4K/ps 的速率使温度从 300K 缓慢升到 500K,然后采用 80K/ps 的速率迅速降至 300K,共进行 5 次。

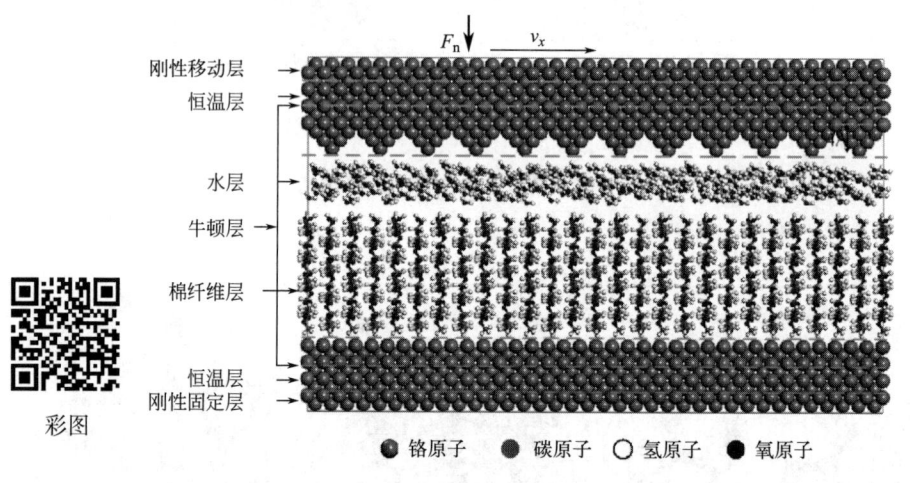

图 7-10 水分子位于 Cr 薄膜和晶体纤维素之间的摩擦模型

MD 模拟包括三个阶段,时间分别为 100ps、200ps 和 100ps,以确保它们趋于稳定,时间步长为 0.25fs。在第一阶段,在 300K 的恒温条件下进行弛豫,以降低系统的内应力,促进水分子的运动,使其随机分布。随后,通过对 Cr 原子施加均匀的力,沿 z 方向对 RML 进行加载。最后,在 RML 上施加沿 x 方向的滑动速度,以实现铬膜与晶体纤维素之间的相对滑动。在本研究中,为了分析载荷的影响,将载荷设置为 1GPa、2GPa、3GPa、4GPa 和 5GPa,同时将滑动速度保持为 1Å/ps。为了研究滑动速度的影响,滑动速度则设置为 1Å/ps、2Å/ps、3Å/ps、4Å/ps 和 5Å/ps,而载荷固定为 1GPa。通过这样的设置,能够系统地评估载荷和滑动速度对摩擦特性的影响[54-57]。

二、载荷和滑动速度对摩擦的影响

摩擦力(F_f)由上刚性层中所有铬原子沿 x 方向的切向力求和而得[58-59]。图 7-11 显示了不同载荷下 F_f 的变化,从图中可以看出,Cr 与晶体纤维素的水润滑摩擦可分为三个阶段。在施加滑动速度之前,所有的铬原子、水分子和晶体纤维素都保持静止,然后摩擦进入起始阶段(S_I),在此阶段,当施加滑动速度时,所有的原子和分子都开始运动。RML 中的铬原子沿 x 方向以滑动速度运动,水分子和晶体纤维素开始在铬膜的驱动下运动,并产生相对滑动,摩擦状态从静摩擦变为动摩擦。由于水分子处于静止状态,需要时间才能自由流动并发挥润滑作用,因此在 S_I 阶段 F_f 值较低且变化幅度较大。当水分子充分流动起到润滑作用后,摩擦进入第二阶段(S_{II}),F_f 变小,因为纤维素与 Cr 膜一起运动。随着运动的继续,纤维素逐渐进入稳定的静止状态,F_f 也随之增大,直至摩擦进入稳定阶段(S_{III})。本研究利用 S_{III} 阶段的平均摩擦力(AF_f)来分析载荷和滑动速度的影响。如图 7-11(f)所示,AF_f 随荷载增加而增大,但增长率并非线性地逐渐减小。因此,可以大胆假设,如果载荷达到足够大,AF_f 将不再随载荷增加而增加。

不同滑动速度下的 F_f 如图 7-12 所示。在低速时(v_x = 1Å/ps 和 2Å/ps),摩擦也分为三个阶段,这与加载时的情况类似,由于 S_{II} 的时间缩短,随着速度的增加,更有可能进入 S_{III} 阶段。然而,在高速(v_x = 3Å/ps、4Å/ps 和 5Å/ps)下,由于 S_{II} 的时间极短,因此只存在 S_I 和 S_{III},而缺少 S_{II}。此外,铬膜和纤维素之间的相对滑动速度随速度的增加而增加,导致 F_f 增加,S_I 处的变化也更为剧烈。如图 7-12(f)所示,AF_f 随速度增加而增大,增长速率也逐渐增加。

如图 7-13 所示,Cr 薄膜和纤维素相对滑动产生的摩擦力导致接触界面的温度发生变化,在不同的载荷和滑动速度下,温度也不同。开始时,温度因高,F_f 剧烈波动,然后逐渐稳定并在一定范围内波动。我们注意到,开始时温度随速度的增加变化更为剧烈,最大值甚至高于稳定时的温度。最重要的原因是 F_f 和滑动距离随速度增加而增大,产生的热量来不及散失,从而产生瞬时高温。

(a) 1GPa下的F_f

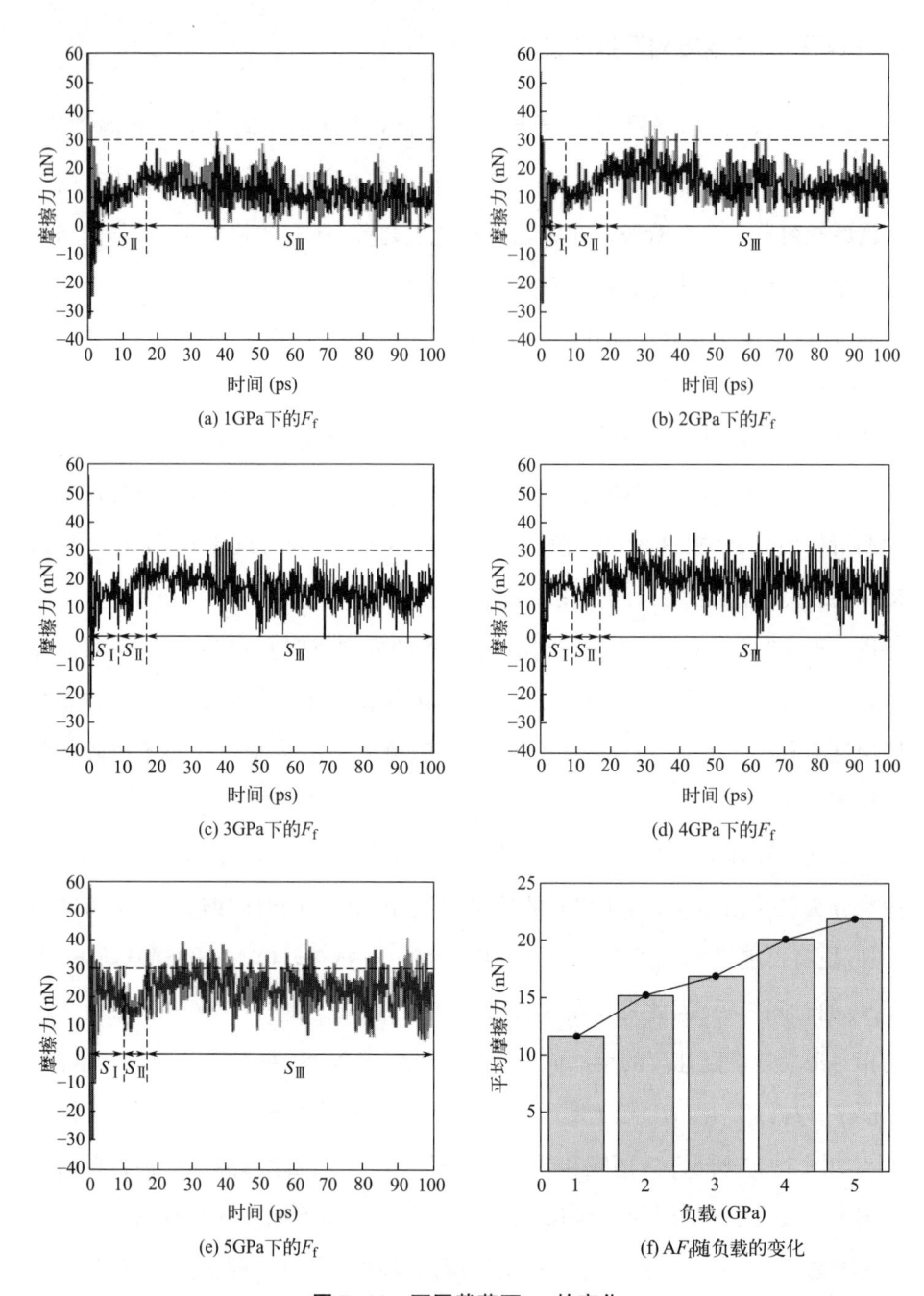

(b) 2GPa下的F_f

(c) 3GPa下的F_f

(d) 4GPa下的F_f

(e) 5GPa下的F_f

(f) AF_f随负载的变化

图 7-11　不同载荷下 F_f 的变化

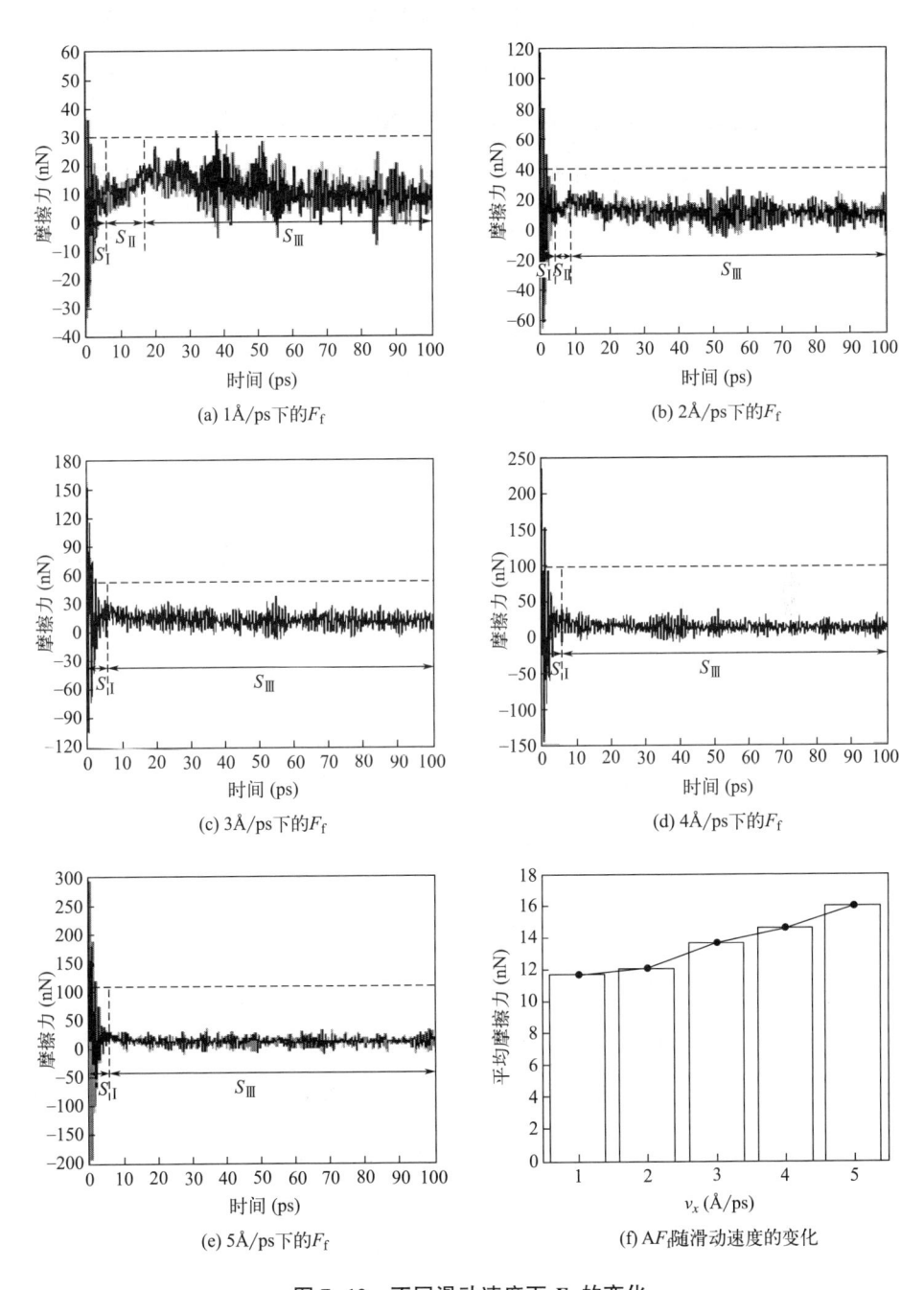

图 7-12　不同滑动速度下 F_f 的变化

如果相对滑动产生的热量不能及时发散,接触界面的温度就会持续上升,从而导致恶劣的工作条件。在该模型中,由于热量扩散到恒温层,温度在稳定时会在一定范围内波动。稳定层的温度随速度的增加而显著升高,这与加载不同。显然,载荷对 F_f 和温度的影响小于滑动速度,因此选择合适的速度可以改善工作条件。

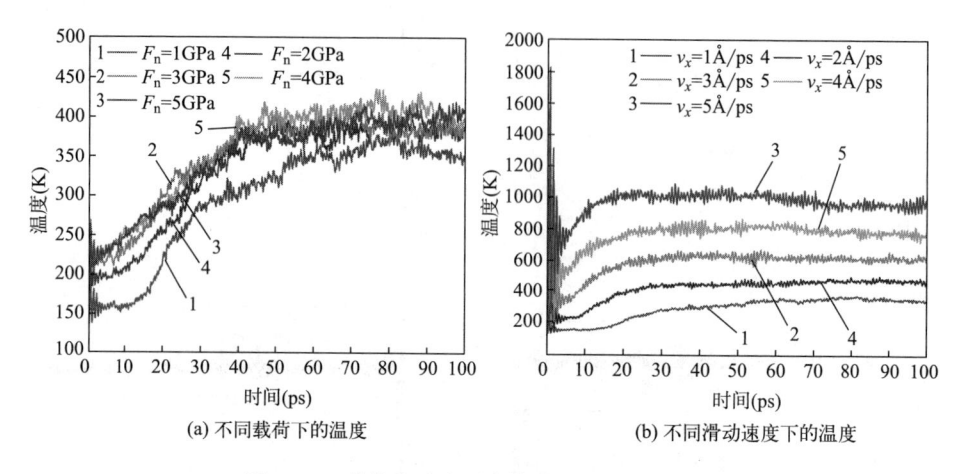

图 7-13 载荷和速度对摩擦产生的温度的影响

三、载荷和滑动速度对磨损的影响

磨损可以描述为由于物理相互作用造成的表面材料损耗,并在宏观实验中通过重量损耗进行量化,然而,在纳米尺度下测量微小的重量损失面临挑战[60]。MD 模拟的一个重要优势在于能够通过计算纳米尺度上磨损原子的数量来表征磨损[61-62]。如胡等[62]将磨损原子定义为在滑动稳态时位移大于铜晶格常数(0.361nm)的原子。研究中使用的模型包括四种原子(Cr、C、H 和 O)。选择 C 原子是为了量化纤维素的磨损,因为 C 原子存在于纤维素中。如图 7-11 和图 7-12 所示,当时间大于 20ps 时,滑动进入稳态。为了计算稳定状态下的 C 原子磨损量,磨损原子的定义是:在某个滑动时间 $t(t>20ps)$ 与滑动时间 20ps 时的位置相比,其位置变化超过 7.8Å(沿滑动方向的单胞尺寸)的三倍的原子。

如图 7-14 所示展示了在特定载荷和滑动速度下磨损原子的平均数量。结果显示，磨损原子的数量随载荷的增加而接近线性增加，但随滑动速度的增加而呈指数增加。一个重要的原因是速度的增加会产生更多的热量，从而产生高温，使 C 原子更加活跃，更容易发生位移，从而导致严重磨损。此外，随着滑动速度的增加，单位时间内的滑动距离也增加，使更多的 C 原子受到摩擦和高温的影响，从而产生更多的磨损原子。此外，F_f 随速度增加对磨损也有影响，但影响较小。滑动距离随速度线性增加，因此可以推断，指数增加是由高温引起的，通过降低接触界面的温度可以减少磨损。使用水润滑剂是减少磨损的好方法，因为它可以促进散热，从而降低温度并减少 F_f。

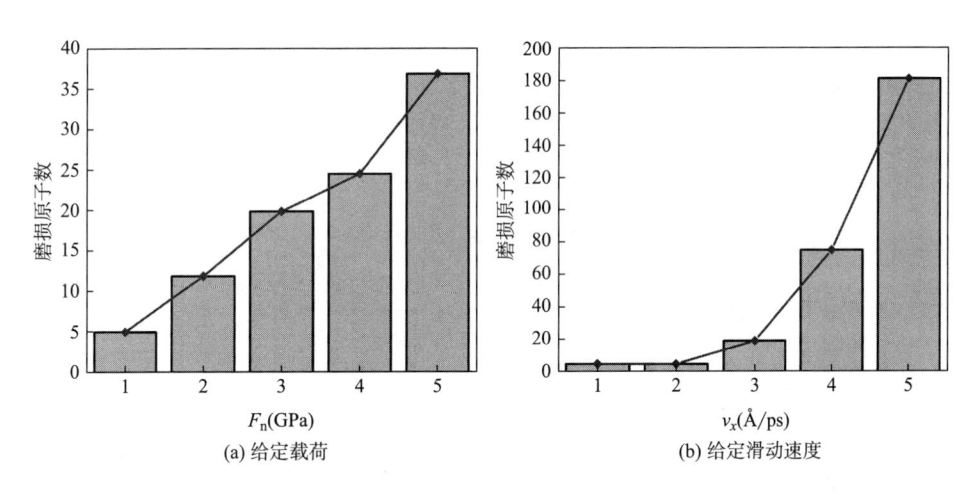

(a) 给定载荷

(b) 给定滑动速度

图 7-14　在给定载荷和滑动速度下被磨损的 C 原子的平均数量

事实上，相对滑动也会造成铬的磨损。磨损的铬原子数量不能仅通过所有铬原子随 RML 长距离滑动而产生的位置变化来计算。从图 7-15 中可以看出，顶部的铬膜有若干原子从基底上脱落，因此可以将磨损的铬原子定义为从基底上脱落的原子。磨损的铬原子数量随载荷和滑动速度的增加而增加，但如图 7-16 所示，磨损的铬原子数量很少且变化不明显。如上所述，可以推断出在硬质材料(铬)和软质材料(纤维素)的相对滑动过程中，磨损主要发生在软质材料上，而硬质材料上的磨损很小，软质材料的磨损随载荷和滑动速度的增加而明显增加，尤其是随速度的增加而增加。

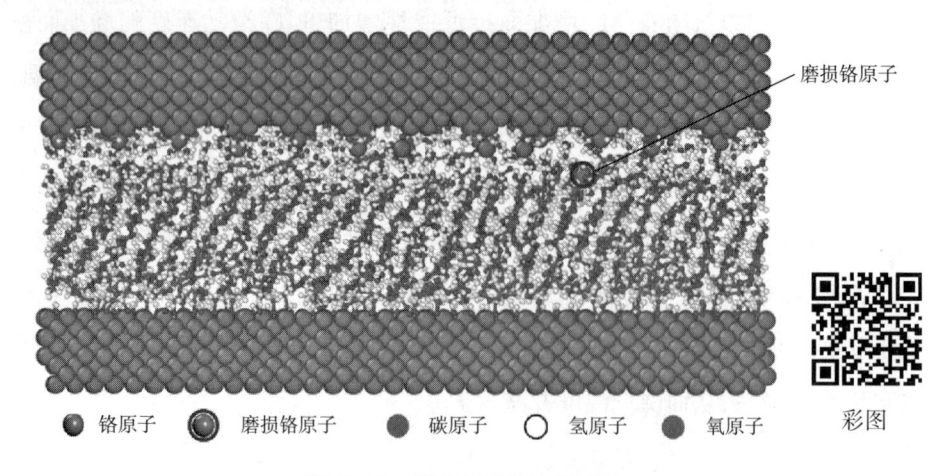

图 7-15　模型中磨损的铬原子

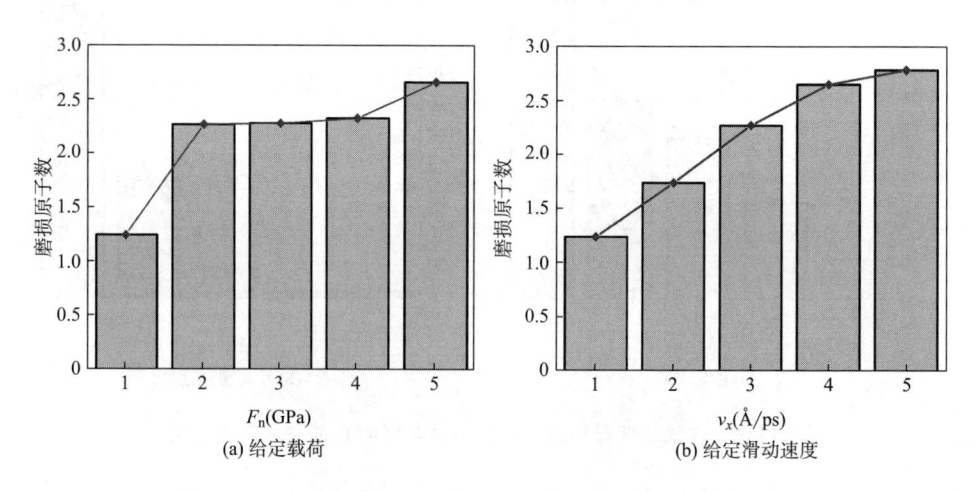

图 7-16　在给定载荷和滑动速度下磨损的铬原子的平均数量

四、润滑剂对摩擦磨损的影响

水润滑剂通过滑动降低接触界面上的 F_f 和温度，这种运动可以用水分子的均方位移（MSD_w）来表征。从图 7-17 中可以看出，水分子沿 x（MSD_x）、y（MSD_y）和 z（MSD_z）方向扩散，其中 MSD_x 变化较快，而 MSD_y 和 MSD_z 变化缓慢。这表明水分子主要沿 x 方向（滑动方向）运动，因为 MSD_w 主要受 MSD_x 的影响。由于水分子作为润滑剂需要一定的时间才能自由流动,因此在开始时水分子的扩散非常缓慢。随着滑动的进行,水分子的运动逐渐活跃,起到润滑剂的作用,从而降低接触界面的温度和 F_f。此外,水分子的扩散与载荷和滑动速度的关系已在之前的研究中讨论过[8],因此不再重复分析。

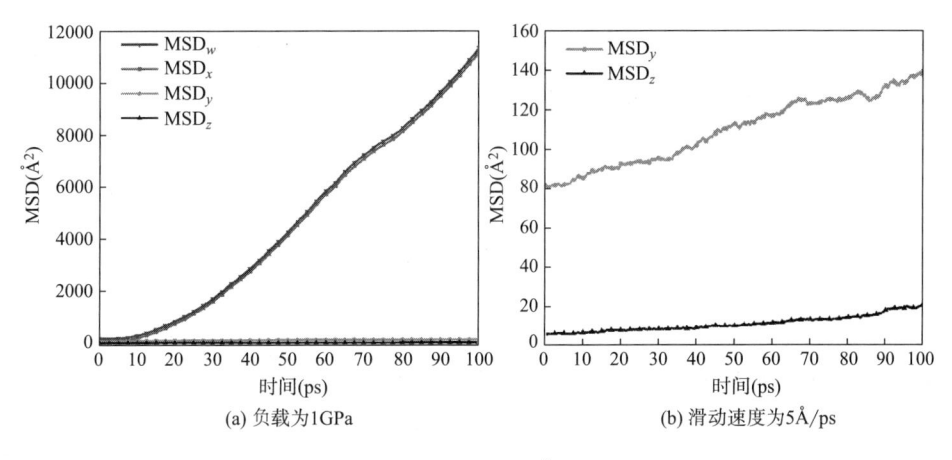

图 7-17 负载为 1GPa 和滑动速度为 5Å/ps 时的水分子均方位移

五、小结

本文通过 MD 模拟研究了 Cr 和晶体纤维素在水润滑条件下的摩擦和磨损行为,重点分析了载荷和滑动速度的影响。研究发现,在滑动初期,由于水分子尚未充分扩散以发挥润滑作用,F_f 较高且变化剧烈。此外,F_f 受滑动速度的影响较为显著,F_f 及其波动随滑动速度的增加而显著增大,而随载荷的增加则相对较小。F_f 随着作为润滑剂的水流逐渐趋于稳定,但在低滑动速度(v_x = 1Å/ps 和 2Å/ps)时,摩擦力由三个阶段组成,而在高滑动速度(v_x = 3Å/ps、4Å/ps 和 5Å/ps)时,摩擦力只有两个阶段。这一差异源于第二阶段(S_{II})的时间随速度的增加而减少,甚至导致在高速滑动时没有 S_{II} 的出现。在稳定阶段,F_f 随载荷和速度的增加而增大,尽管其增长率随载荷的增加而减小,但有随速度的增加而逐渐增大的趋势。

磨损的 C 原子数量几乎随加载呈线性增加,而随速度的增加呈近似指数增加。相比之下,磨损的 Cr 原子数量随加载的增加仅有轻微提升。因此,在由硬材料和软材料组成的摩擦对中,软材料更容易受到磨损,而且磨损随着滑动速度的增加而更加明显。此外,接触界面的相对滑动会产生大量热量,导致温度升高,这对磨损具有重要影响。综上所述,高温是造成严重磨损的主要因素,因此降低接触界面的温度显得尤为重要。在此背景下,使用水润滑剂可有效降低温度,从而减少磨损,是一种有效的解决方案。

第四节　含水率对棉纤维素力学行为及微观特性的影响

在纤维素基材上构建的纤维素材料和复合材料的实际应用中,由于环境湿度引起的材料稳定性降低和性能下降是不可避免的。这是由于纤维素链的独特结构,天然纤维素具有两相结构,包括结晶区和非晶区。在结晶区,纤维素链排列紧密整齐,分子间和分子内相互作用大。因此,水分子只能吸附在其表面,对纤维素的性质没有影响[63]。但是水分子很容易与纤维素链非晶区域上暴露的羟基和羟甲基之间形成氢键作用,导致水分子聚集在纤维素链周围,破坏了纤维素链的原始结构,从而降低了材料的可靠性和使用性能[64-67]。马佐[63]构建了不同水含率的无定形纤维素复合模型,探讨了水分子的聚集状态、迁移率及其对纤维素玻璃化转变温度的影响,研究发现纤维素体系中水的存在状态从单一到聚集成簇,然后形成连续的通道。当纤维素体系中的含水率由 0.83% 增加到 18.14% 时,水分子出现的团聚现象导致水的扩散系数从 $1.08\times10^{-11}\,m^2/s$ 下降到 $0.13\times10^{-11}\,m^2/s$。

单等[68]使用分子动力学模拟研究了水分子对纤维素力学性能的影响。随着含水率的增加,纤维素的亲水位点已被完全占据,水分子更多地以游离水的形式存在。游离水的强扩散能力显著破坏了纤维素链的稳定结构,形成塑化效应,进而使纤维素体系的弹性模量和剪切模量分别降低 31% 和 26%。这些学者的工作为研究水分造成的纤维素材料性能下降的问题提供了新思路,不再只是将关注点放到氢键作用上。对含水量造成纤维素性能降低的研究对纤维素材料的进一步发展有重要意义。因此,深入了解水分在纤维素链上的运动及其聚集状态,对于认识纤维素在水分存在下的机械降解行为至关重要。本小节通过对不同含水率的纤维素非晶体系进行分子动力学模拟。得到了不同含水率模型的拉伸应力—应变曲线及其微观性质,包括自由体积变化、水分子的聚集状态及扩散系数、玻璃转化温度及纤维素链上水合位点的吸附顺序。最后,计算了糖苷键周围水分子的配位数,以进一步评价纤维素的力学降解机理。

一、模型与模拟方法

考虑到模拟时间和纤维素的实际状态,首先构建了聚合度为 20 的纤维素链[图7-18(b)],并使用 MS 软件中的 Amorphous cell 模块构建了包含两条纤维素链的模拟盒子。本文含水率范围的确定是根据棉花在大气条件下的标准回潮率 8.5%[69],建立了 5 种不同含水率(0、2%、4%、6% 和 8%)的非晶纤维素

(a) 标有官能团的纤维素单体结构

(b) 聚合度20的纤维素链

(c) 含水率为0的纤维素非晶模型

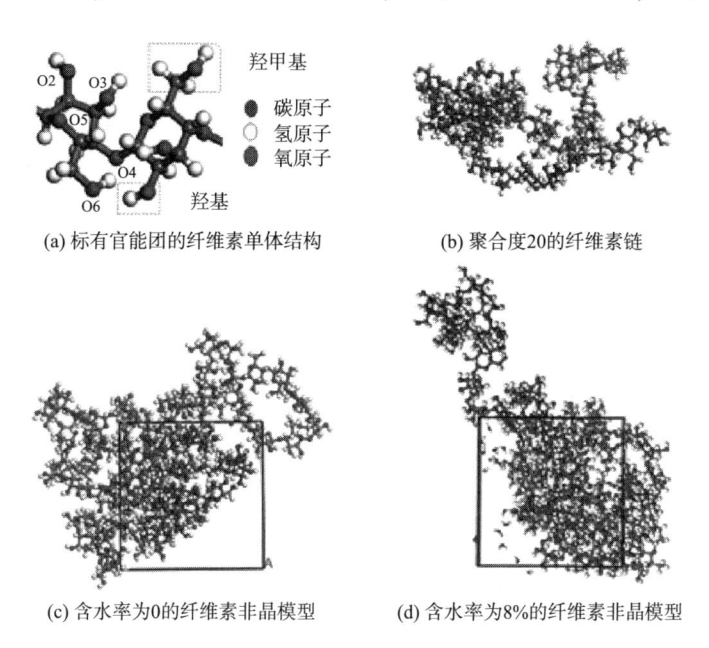

(d) 含水率为8%的纤维素非晶模型

图 7-18　纤维素单体结构及分子模型

复合模型。模型的水分含量通过主观改变水分子的数量来调控。无定形纤维素—水模型构建使用的方法和纤维素非晶体系模型的方法一致。建立好的无定形纤维素—水模型和纤维素非晶结构一样要经过结构优化、能量优化以及后续的退火模拟。模型结构的合理性通过与纤维素的实际密度值 1.5g/cm³ 比较来验证,动力学优化之后的纯纤维素密度为 1.477g/cm³,偏差为 1.5%。这是由于模拟纤维素分子率与自然纤维素的不同造成的。含水率不同的五种模型结构的密度如图 7-19 所示。优化后的结构模型如图 7-18(c)、(d)所示(仅展示两组),模型详细信息见表 7-1。

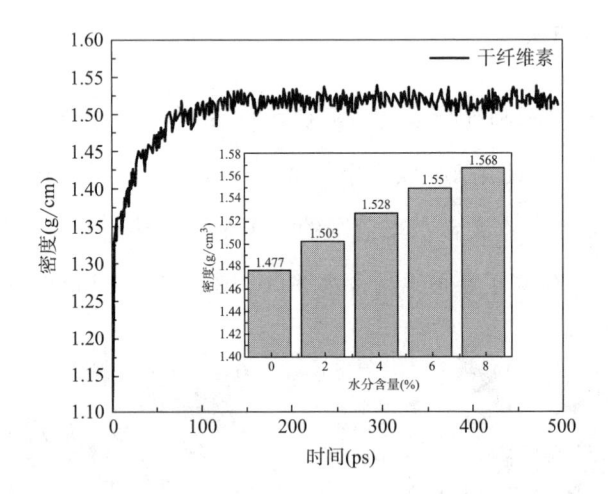

图 7-19 优化后不同含水率模型下纤维素模型的密度

表 7-1 含水率不同的纤维素非晶模型的详细信息

含水率(%)	0	2	4	6	8
nH_2O	0	15	30	46	63
原子数	1684	1729	1774	1822	1873
体积(Å³)	24.3³	24.5³	24.6³	24.8³	25³

二、不同含水率下非晶棉纤维素的应力应变行为

不同含水率下纤维素非晶体系的应力—应变曲线如图 7-20(a)所示。在

含水率为4%时,纤维素表现出最佳的拉伸性能和最高的弹性模量。值得注意的是,水分子对纤维素非晶体系的影响并非都是负面的。当含水率在0~4%时,水分子对体系的力学性能起到了积极作用。随着含水率的增加,体系的拉伸性能有了不同程度的下降,即含水率分别为6%和8%时。由应力—应变曲线只能定性分析含水率对非晶体系拉伸性能的影响。为了进一步的定量分析,使用MS软件中的Mechanical properties模块计算了模拟系统的弹性模量和剪切模量,结果如图7-20(b)所示。这一分析为理解含水率对纤维素非晶体系力学性能的影响提供了更深入的视角。

(a) 不同含水率纤维素非晶体系的应力—应变曲线

(b) 含水率对纤维素非晶体系弹性模量和剪切模量的影响

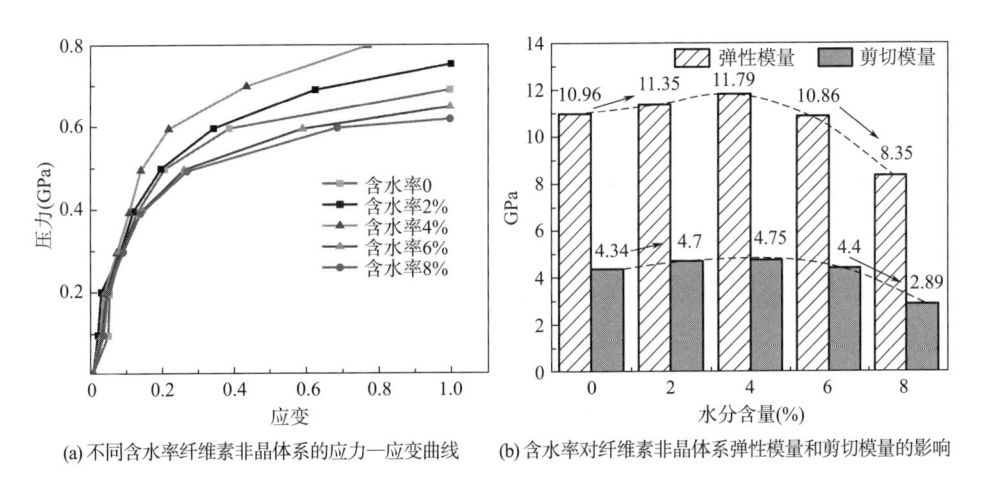

图 7-20 含水量对纤维素非晶体系力学性能的影响

当含水率为0时,体系的弹性模量和剪切模量分别为10.96GPa和4.34GPa。这与文献中的干纤维素体系的弹性模量和剪切模量的大小是一致[70-71]。这表明研究过程中选择的模拟方法和力场是合适的,与文献的差异是由于所选力场与模型大小之间的差异造成的。根据图7-21(b)的数据可知,体系的弹性模量和剪切模量先增大后减小。与干纤维素相比,含水率为2%和4%体系的弹性模量分别提高3.6%和7.6%,剪切模量分别提高8.3%和9.4%。随着含水率的进一步增加,体系的弹性模量和剪切模量开始降低。当含水率为8%时,体系的弹性模量和剪切模量分别为8.35GPa和2.89GPa,与干纤维素相

(a) 不同含水率下纤维素链的均方位移值
(W_x表示基于质量的水分百分比，x表示0、2、4、6和8)

(b) 不同含水率下体系中纤维素链的扩散系数

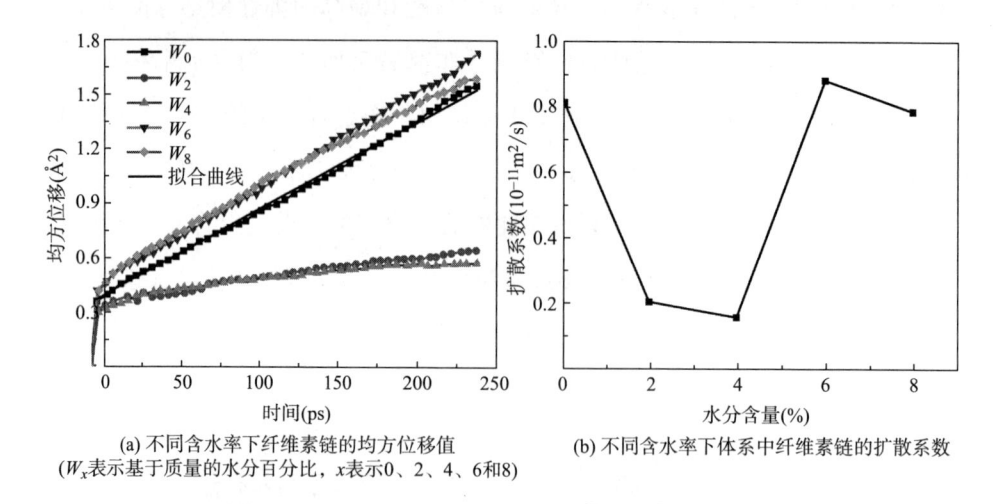

图 7-21　不同含水率下纤维素链的均方位移值和扩散系数

比分别降低 23.81% 和 33.4%，与含水率 4% 的体系相比分别降低 29.17% 和 35.15%。水分子对纤维素非晶体系力学性能的影响是显著的。为了进一步研究纤维素非晶体系力学性能下降的原因，计算了不同含水率下体系中纤维素链的均方位移和扩散系数，结果如图 7-21(a) 和表 7-2 所示。当含水率从 0 增加到 4% 时，模拟体系中纤维素链的均方位移和扩散系数减小，相对应的纤维素链刚性增强，增加了体系的弹性模量和剪切模量。弹性模量和剪切模量的增加的程度与扩散系数的减小的程度存在相关性，但并没有严格的比例关系。这表明，纤维素体系的弹性模量和剪切模量受纤维素链刚度与体系中水分子存在导致纤维素链产生裂纹和空隙的耦合影响，而不是受单一因素的影响。纤维素链的均方位移表现出先减小后增大的趋势，这与系统中水分子的状态密切相关。丹等[68]提出，纤维素非晶模拟体系中的水分子根据与之形成的氢键数量可以分为三种形式：Ⅰ型和Ⅱ型水（一个或两个以上的氢键）和自由水（无氢键）。与游离水即自由水相比，Ⅰ型和Ⅱ型水的存在使纤维素链更稳定，降低了其柔韧性，变相增加了体系的刚度。当含水率从 0 增加到 4% 时，Ⅰ型或Ⅱ型水分子吸附到纤维素链上并限制其运动，导致纤维素链的均方位移和扩散系数降低。在 6% 和 8% 含水率下，体系中纤维素链的均方位移均高于干纤维素。此时随着含水率的增大,纤维素链上的可用亲水位点已经被占据,水分子多以游离水的形式存在,在一定程度上增加了纤维素链的均方位移。如图 7-21(b) 所示,当含水率为 4% 时,纤维素的扩散系数最小,相应体系的力学性能最好。这是由于含水率低,在纤维素链内部结构上由水分子引起的孔隙和裂缝较少,另外,扩散系数的降低也导致纤维素链刚性的增强。

表 7-2 不同含水率模型中纤维素链均方位移曲线的斜率值、相关系数(R^2)和相应的扩散系数

含水率(%)	0	2	4	6	8
k	0.0049	0.0013	0.0010	0.0053	0.0047
R^2	0.9972	0.9905	0.9378	0.9991	0.9965
扩散系数($10^{-11} m^2/s$)	0.817	0.217	0.167	0.883	0.783

三、体系的自由体积变化

为了更进一步探究体系力学性能变化的原因,采用硬球探针方法[72]对不同含水量下纤维素体系的自由体积进行计算,将水分子作为探针,其范德瓦耳斯半径为 1.45Å。利用 MS 软件中的 Atom Volume 和 Surface 模块,网格半径选择 1.45Å,计算得到自由体积示意图,如图 7-22 所示。为了使计算结果更加直观,将不同含水量下体系中占据体积和自由体积的变化趋势呈现在图 7-23 中。根据弗罗丽提出的自由体积理论(Free Volume Theory)[73]可知:物质的总体积由两部分组成:被自身分子占据的体积(占据体积)和未被占据的体积(自由体积)。自由体积以"孔穴"的方式分散在整个物质空间中,代表了分子链条的活动空间。自由体积越大,分子链条运动的可能性越大。当自由体积逐渐减少到一定程度时,链条的运动会受到限制。图 7-22 中灰色表示自由体积表面,表面包裹的内部即为自由体积。由于模拟盒子是周期性边界的缘故,灰色部分并不一定闭口,其开口部分呈深灰色。由图 7-23 可知,随着体系中含水率的增加,体系的占据体积一直增大,这是体系中总分子数在不断增加的缘故。但自由体积随含水率变化并没有呈现出明确的趋势。而是在含水率为 4% 时,体系的自

由体积最小,其值为 697.79Å^3,相较于含水率为 0 时的 1476.97Å^3 下降 52.76%。根据自由体积理论可知,自由体积的减小,其分子链段的活动空间减少,分子链条运动的可能性降低,纤维素链条的刚性增强,这也解释了为什么在含水率为 4%时纤维素体系的弹性模量和剪切模量最大。

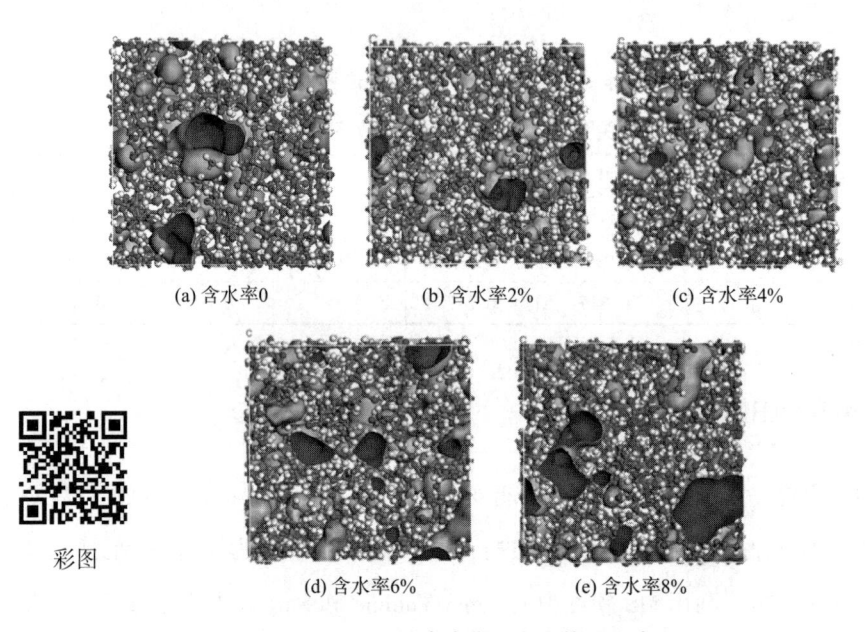

(a) 含水率0

(b) 含水率2%

(c) 含水率4%

(d) 含水率6%

(e) 含水率8%

图 7-22　不同含水率下自由体积示意图

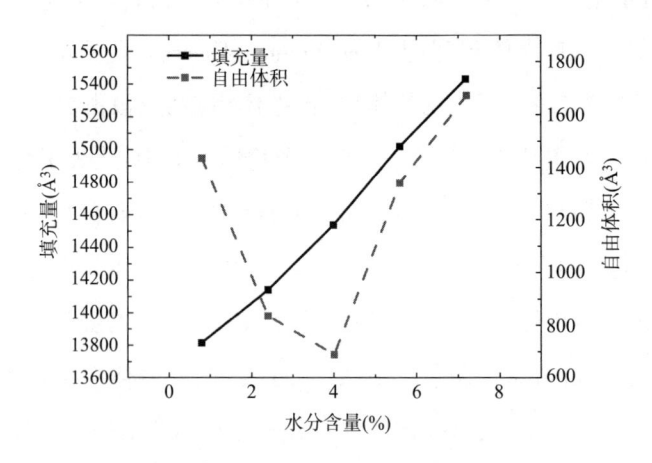

图 7-23　不同含水率下体系中占据体积和自由体积的变化趋势

四、体系中水分子的聚集状态及其扩散系数

计算不同含水率体系中水的均方位移及扩散系数,计算结果如图 7-24(a)和表 7-3 所示。当含水率为 2%和 4%时,水分子的均方位移值大致相同。随着含水量的增加,水分子的均方位移值增加。理论上来讲,含水率为 4%的体系中水的均方位移值要大于含水率为 2%的体系中水的均方位移值,但得到的结果却不尽然,这可能与体系中水分子的聚集状态有关。模型中存在的水分子可以是个体的形式,也可以是聚在一起的形式,通过分析分子动力学过程的水分子轨迹来区分这两种形式。如果两个水分子之间的距离超过 4Å,则认为两个水分子彼此独立。相反,如果距离小于 4Å,则认为它们聚集在一起[74]。分子动力学的模拟过程是一个动态过程,很难定量分析水分子的状态。为了研究聚集状态对水分子扩散系数的影响,计算了氧原子(水分子中的特征原子)之间的径向分布函数,以表征水分子之间的距离[图 7-24(b)]。王等[75]提出原子之间的距离不同对应于不同的相互作用力:氢键(0.26~0.31nm),强范德瓦耳斯(0.31~0.50nm)和弱范德瓦耳斯力(0.50nm 以上)。图 7-24(b)中 2.76Å 处的峰值需要特别注意,这是一个典型的氢键相互作用距离,为说明水分子的聚集状态提供了基础。当含水量为 2%时,图中 2.76Å 的峰值最高。此时体系中本身水分子的含量少,大部分又因为氢键作用聚集在一起,导致此时水分子的扩散系数很小为 $4.178 \times 10^{-11} m^2/s$。含水率为 4%的体系和含水率为 2%的体系在 2.76Å 处形成的峰高度大致相同,表明两个体系中因为氢键作用形成水分子团簇的可能性是相同的。但是在范德瓦耳斯力的作用下,含水率为 4%的体系中的水分子在 3.1Å 和 4Å 之间形成两个峰,而含水率为 2%的体系仅形成一个峰,且该峰的高度低于含水率为 4%的体系。这意味着在含水率为 4%的体系中由于范德瓦耳斯力作用形成水分子团簇的可能性要高于含水率为 2%的体系。水分子团簇的存在抑制了水分子的运动,这反映在体系中较低的水分子扩散系数上。当体系含水率分别为 6%和 8%时,虽然 2.76Å 处含水率为 6%的体系峰值低于含水率为 8%的体系,但明显 2.76Å 处含水率为 6%的体系的峰宽大于含水率

为8%的体系,表明体系中氢键形成的水分子团聚的可能性要大于含水率为8%的体系,且随着含水率的增加,含水率为8%体系中自由水的数量在增加。这两个原因导致含水率为8%的体系的均方位移和扩散系数高于含水率为6%的体系。

(a) 不同含水率下体系中水分子的均方位移值

(b) 不同含水率下体系中水分子与水分子之间相互作用的径向分布函数

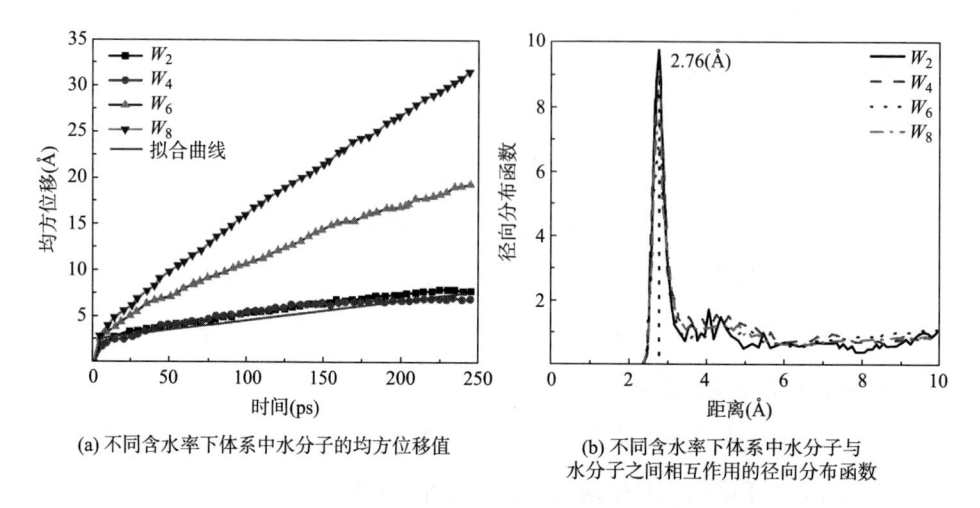

图 7-24 不同含水率下体系中水分子状态

表 7-3 不同含水率体系中水的均方位移曲线斜率值、相关系数(R^2)和相应的水扩散系数

含水率(%)	2	4	6	8
k	0.0251	0.0211	0.0689	0.1171
R^2	0.9417	0.8362	0.9778	0.9920
扩散系数(10^{-11} m²/s)	4.183	3.517	11.483	19.500

五、体系的玻璃转化温度

玻璃转化温度是无定形聚合物材料在玻璃态和高弹性状态之间转变的关键温度。纤维素材料的性能在玻璃转化温度以下表现出高度稳定性,类似于玻璃,在外力的作用下仅发生非常小的变形。材料内部分子的流动性、自由度和强度等特性会发生显著变化。因此,为确保性能的稳定性,研究含水量对纤维素玻璃转化温度的影响至关重要。本文采用比体积法测量玻璃化转变温度,该

方法已被证明适用于测量聚合物的玻璃化转变温度[76]。具体模拟流程如下。在动力学平衡后的模拟系统基础上,在650K的定量温度下进行300ps的动力学平衡,NPT系综下以完全松弛的模型。然后将松弛模型从650K冷却到250K,温度步长为50K,在NPT系综下,每个温度运行300ps的动力学平衡。每个温度下的结构计算均基于前一个温度的结果。在数据分析过程中,为防止系统波动引起的误差,提取最后150ps的数据进行分析。图7-25中的散点采用区域线性最小二乘法拟合。需要注意的是,每个模型都可以得到两条不同斜率的线性拟合线,两条拟合线的交点就是模型的玻璃化转变温度。

根据模拟数据,当含水率为0、2%、4%、6%和8%时,模拟体系的玻璃化转变温度值分别为424K、432K、496K、422K和381K[图7-25(f)]。玻璃转化温度的变化趋势与力学性能的变化趋势相一致,表现为先升高后降低。这一现象表明,随着环境条件的变化,纤维素材料的结构特性和力学性能之间存在密切的关联。当含水率为4%时,体系的玻璃化转变温度达到最高496K,比干纤维素(424K)提高17%。较高的玻璃化转变温度表明此时的纤维素材料具有优越的力学性能。

六、体系中棉纤维素链上水合位点的吸附顺序

纤维素链上除了暴露的羟基O2、O3和O6容易与水分子形成氢键,破坏纤维素链的原始结构,醚基O4和O5也可以吸附体系中的水分子。图7-26显示了体系中纤维素链上氧原子和水分子之间的径向分布函数。这些径向分布函数揭示了不同含水量下纤维素链上水化位点的吸附优先级。无论含水量如何变化,图中均显示出两个显著的峰值:一个峰值对应羟基O2、O3和O6与水分子之间通过氢键形成的相互作用,另一个峰值则代表醚基O4和O5与水分子之间通过范德瓦耳斯力形成的相互作用。这些峰值反映了不同水化位点与水分子的结合方式及其相对强度。与羟基O2、O3和O6与水分子形成的峰相比,醚基基团形成的峰值非常低。这表明,纤维素单体上的五个水合位点虽然都吸附系统中的水分子,但羟基O2,O3和O6与水的吸附要优于O4和O5醚基基团。

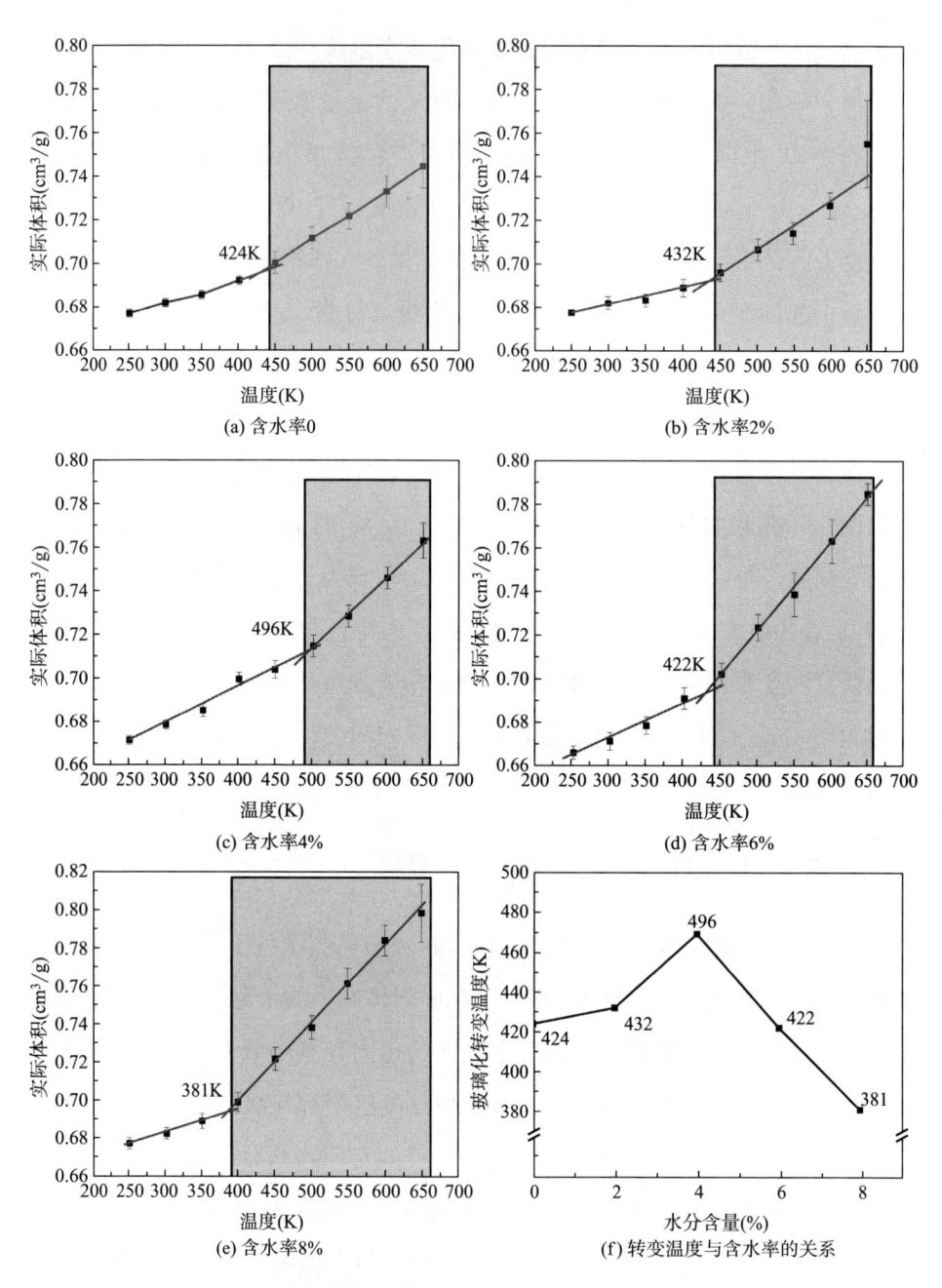

图 7-25 不同含水率的纤维素的玻璃化转变温度与含水率的关系

如图 7-26(a)所示,当含水率为 2%时,体系中的水分子数非常少,羟基 O2 对水的吸附性最强,其次是 O6 和 O3。当含水率为 4%、6%和 8%时,随着水分子数增加，羟基 O2、O3、O6 和水形成的峰有不同程度的增减。然而，水合优先顺序并没有发生变化，为 O6>O2>O3。在含水率为 2% 和 4% 时，醚基基团 O4 和 O5 按 O4>O5 的顺序吸附体系中的水分子。随着含水率的增加，达到 6% 和 8%，醚基基团 O4 和 O5 按 O5>O4 的优先顺序吸附水分。

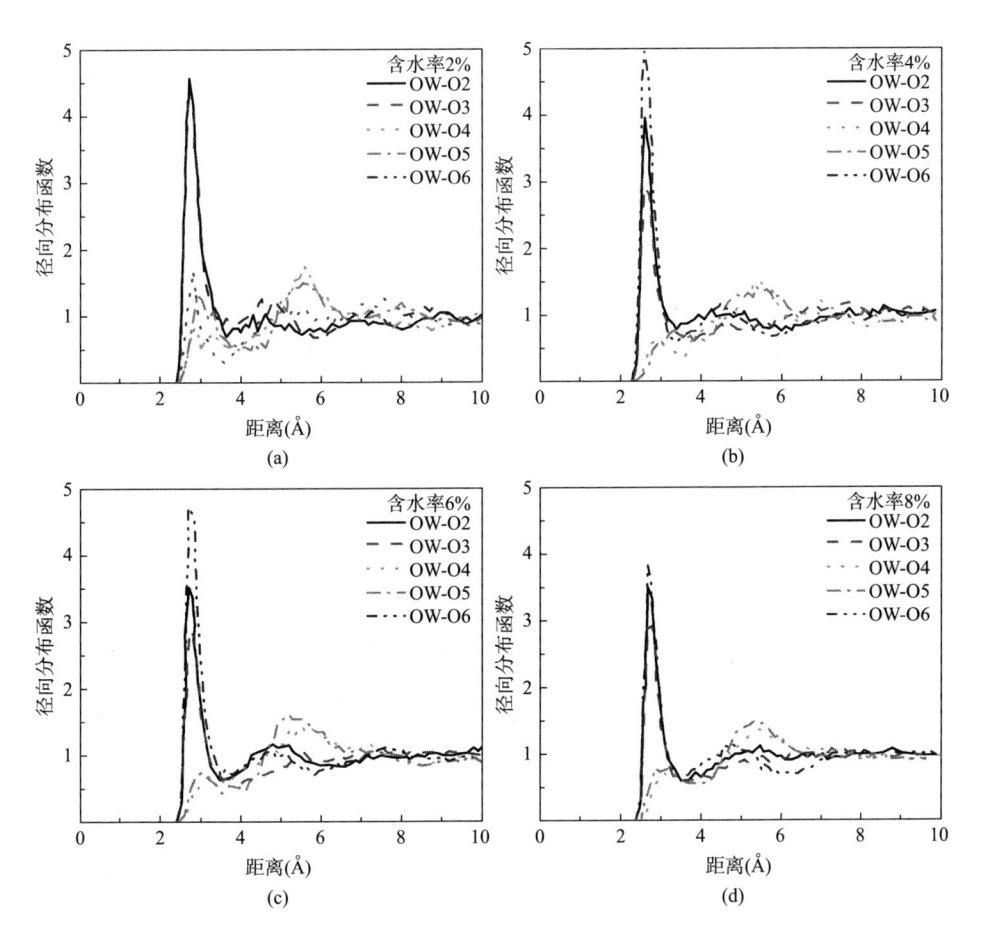

图 7-26 不同含水率下水分子与纤维素链上的水合位点之间的径向分布函数

通常，水分子聚集在糖苷键 O4 附近会破坏连接氧桥，形成游离羟基，破坏纤维素链结构的完整性，导致纤维素材料性能的下降。为了量化这种影响，对氢键作用范围内（0.26~0.31nm）O4 周围水分子的配位数进行了计算，结果如图 7-27 所示。随着含水率的增加，配位在糖苷键 O4 附近的水分子数量显著增加,最高提高约 3.26 倍。这一现象表明,纤维素性能的稳定性随着含水率的增加而降低。值得注意的是,在含水率为 4% 的体系中,糖苷键 O4 附近的水分子配位数最小,对纤维素的原始结构破坏最小。

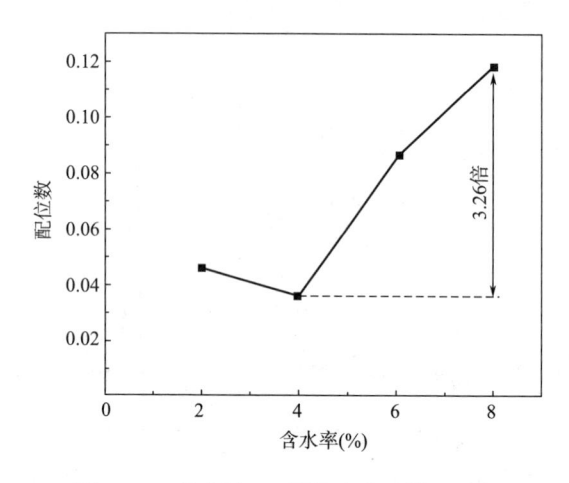

图 7-27 糖苷键 O4 周围水分子的配位数

七、小结

为深入理解棉花在机械作用下的力学行为,并探讨棉纤维素的内在性质,本文采用分子动力学方法模拟了棉纤维素在不同应变率下的力学行为,并分析了其断裂机制。接着针对纤维素及纤维素基材料在使用过程中因为环境湿度存在不可控形变和性能退化的问题,建立不同含水率的纤维素非晶模型,研究了含水率对纤维素力学性能及其微观特性的影响。以上这些研究为人们更好地开发新型纤维素基材料及高效使用纤维素基材料提供了理论基础。得出了以下结论:

(1)纤维素非晶体系在三种应变率下的拉伸过程中,体系表现的力学性能与应变率之间存在显著的正相关关系。

(2)纤维素非晶体系在拉伸过程中表现出塑性特性,分子链伸长而未发生断裂。不同应变率下,模拟体系拉伸伸长的原因不同。在应变率为 $10^{-4}/ps$ 时,分子内键长、键角和二面角的变化是体系拉伸伸长的主要原因,而在 10^{-5}/ps 和 10^{-6}/ps 的较小应变率下,键长变化对体系伸长的贡献较小。

(3)水分子对纤维素的影响并不总是负面的,在模拟试验中,当含水率为 4%时,体系的力学性能最为优异。弹性模量和剪切模量分别比干纤维素提高了 7.6% 和 9.4%,达到 11.79GPa 和 4.75GPa。

(4)通过模拟含水率对纤维素体系自由体积、玻璃转化温度、均方位移等微观特性的影响,得出纤维素体系在含水量为 4% 时表现出的综合性能更为优异。这一结论为纤维素及纤维素基材料的更好应用提供了理论基础。

——————— 参考文献 ———————